高职高专土建类"十二五"规划教材

建筑工程计量与计价
（第二版）

主　　审　代学灵
主　　编　崔秀琴
副 主 编　张　霞　张献梅　赵玉琴
　　　　　徐毅安
参编人员　崔秀琴　张　霞　张献梅
　　　　　赵玉琴　甘承顺　李　军
　　　　　王玉雅　徐毅安　王艳俊

华中科技大学出版社
中国·武汉

内 容 简 介

《建筑工程计量与计价》(第二版)是"高职高专土建类'十二五'规划教材"之一,本教材按照《建设工程工程量清单计价规范》(GB 50500—2013)、《房屋建筑与装饰工程工程量计算规范》(GB 50854—2013)、《河南省建设工程工程量清单综合单价(2008)》(建筑工程、装饰装修工程)、《混凝土结构设计规范》(GB 50010—2010)、《11G101-1 混凝土结构施工图平面整体表示方法制图规则和构造详图(现浇混凝土框架、剪力墙、梁、板)》、《11G101-2 混凝土结构施工图平面整体表示方法制图规则和构造详图(现浇混凝土板式楼梯)》、《11G101-3 混凝土结构施工图平面整体表示方法制图规则和构造详图(独立基础、条形基础、筏形基础及桩基承台)》及《河南省建设工程设计标准图集》(05YJ)等有关新规范、新标准编写。编写过程中,结合高职高专的特点,强调适用性和实用性,理论联系实际,以实用为重点。

本教材主要内容包括:建筑工程计价概述、工程建设费用构成、建筑工程造价计价依据、建筑工程工程量计算与定额应用、装饰工程工程量计算与定额应用、建设工程工程量清单计价规范、房屋建筑与装饰工程工程量计算及清单计价、×××公司办公楼建筑与装饰工程定额计价预算书、×××公司办公楼建筑与装饰工程工程量清单、×××公司办公楼建筑与装饰工程工程量清单计价、×××公司办公楼建筑结构施工图。

本教材适用于高职高专院校工程造价专业、建筑工程管理专业、建筑工程技术专业及相关专业的教学用书,也可作为工程造价及有关工程技术人员的参考书。

图书在版编目(CIP)数据

建筑工程计量与计价/崔秀琴主编. —2 版. —武汉:华中科技大学出版社,2012.9
 (高职高专土建类"十二五"规划教材)
 ISBN 978-7-5609-8396-7

Ⅰ.①建… Ⅱ.①崔… Ⅲ.①建筑工程-计量-高等职业教育-教材 ②建筑造价-高等职业教育-教材 Ⅳ.①TU723.3

中国版本图书馆 CIP 数据核字(2012)第 230480 号

建筑工程计量与计价(第二版)	崔秀琴 主编

责任编辑:李 莹
封面设计:张 璐
责任校对:何 欢
责任监印:张贵君
出版发行:华中科技大学出版社(中国·武汉)
　　　　　武昌喻家山 邮编:430074 电话:(027)81321915
录　 排:武汉楚海文化传播有限公司
印　 刷:武汉华工鑫宏印务有限公司
开　 本:850mm×1065mm　1/16
印　 张:27 插页 11
字　 数:710 千字
版　 次:2017 年 6 月第 2 版第 5 次印刷
定　 价:55.00 元

本书若有印装质量问题,请向出版社营销中心调换
全国免费服务热线:400-6679-118　竭诚为您服务
版权所有　侵权必究

第二版前言

《建设工程工程量清单计价规范》(GB 50500—2013)、《房屋建筑与装饰工程工程量计算规范》(GB 50854—2013)于2013年7月1日开始实施。为使工程造价及有关工程技术人员更好地掌握和使用2013清单规范,为此,进行了《建筑工程计量与计价》(第二版)的编写。

《建筑工程计量与计价》(第二版)是"高职高专土建类专业'十二五'规划教材"之一,本教材按照《建设工程工程量清单计价规范》(GB 50500—2013)、《房屋建筑与装饰工程工程量计算规范》(GB 50854—2013)、《河南省建设工程工程量清单综合单价》(2008建筑工程、装饰装修工程)、《混凝土结构设计规范》(GB 50010—2010)、《11G101-1混凝土结构施工图平面整体表示方法制图规则和构造详图(现浇混凝土框架、剪力墙、梁、板)》、《11G101-2混凝土结构施工图平面整体表示方法制图规则和构造详图(现浇混凝土板式楼梯)》、《11G101-3混凝土结构施工图平面整体表示方法制图规则和构造详图(独立基础、条形基础、筏形基础及桩基承台)》及《河南省建设工程设计标准图集》(05YJ)等有关新规范、新标准编写。编写过程中,结合高职高专的特点,强调适用性和实用性,理论联系实际,以实用为重点。

本教材主要内容包括:建筑工程计价概述、工程建设费用构成、建筑工程造价计价依据、建筑工程工程量计算与定额应用、装饰工程工程量计算与定额应用、建设工程工程量清单计价规范、房屋建筑与装饰工程工程量计算及清单计价、×××公司办公楼建筑与装饰工程定额计价预算书、×××公司办公楼建筑与装饰工程工程量清单、×××公司办公楼建筑与装饰工程工程量清单计价、×××公司办公楼建筑结构施工图。本教材按60学时编写。讲课时,结合本地区情况进行取舍。为方便教学,每章最后附有思考题供学生练习,以加深对内容的理解和掌握。

参加编写本教材的人员均具有多年的实践经验。本教材由三明学院崔秀琴担任主编,开封大学张霞、济源职业技术学院张献梅、鹤壁职业技术学院赵玉琴、安阳职业技术学院徐毅安担任副主编。其中,第1章、第3章由鹤壁职业技术学院赵玉琴编写;第2章由安阳职业技术学院徐毅安编写;第4.1节~第4.3节、附录1、附录2、附录3由三明学院崔秀琴编写;第4.4节~第4.9节由开封大学张霞编写;第4.10节~第4.14节、第5章由开封大学李军编写;第6章由焦作市宏博房屋建筑设计有限责任公司甘承顺编写;第7.1节~第7.9节由永城职业学院王玉雅编写;第7.10节~第7.17节由济源职业技术学院张献梅编写;附录4由焦作市宏博房屋建筑设计有限责任公司王艳俊编写;全书由徐毅安负责统稿。

本教材编写过程中得到焦作市宏博房屋建筑设计有限责任公司、广联达软件股份有限公司大力支持,同时参考了一些公开出版和发表的文献,在此一并感谢。

限于编者的理论水平和实践经验,加之时间仓促,教材中难免有不当之处,恳请读者批评指正。

编 者
2014年1月

前　言

《建筑工程计量与计价》是"高职高专土建类'十二五'规划教材"之一。本教材按照最新计价规范《建设工程工程量清单计价规范》(GB 50500—2008)、《河南省建设工程工程量清单综合单价(2008)》(建筑工程、装饰装修工程)、《河南省建设工程设计标准图集》(05YJ)等有关新规范、新标准编写，全书结合高职高专的特点，强调适用性和实用性，对理论内容的推导作了适当删减，理论联系实际，以实用为重点。

本教材主要内容包括：建筑工程计价概述、工程建设费用构成、建筑工程造价计价依据、建筑工程工程量计算与定额应用、装饰工程工程量计算与定额应用、建筑工程工程量清单计价、装饰工程工程量清单计价、×××公司综合楼建筑和装饰工程定额计价方式预算书、×××公司综合楼建筑和装饰工程工程量清单及计价。本教材按60学时编写，讲课时，可结合本地区情况进行取舍。为方便教学，每章最后附有思考题供学生练习，便于学生加深对内容的理解和掌握。

参加编写本教材的人员均具有多年的实践经验。本教材由崔秀琴、肖钧担任主编，林家农、赵楠、范秀兰担任副主编。其中第1章、第3.6节、第4.1节、第4.2节、附录2由崔秀琴编写；第2章、第4.11节～第4.14节由薛东奎编写；第3.1节～第3.5节由范秀兰编写；第4.3节～第4.10节由肖钧编写；第5.1节～第5.3节、第7章由林家农编写；第5.4节～第5.9节、第6章由陈金顺编写；附录1、附录3由赵楠编写；插图由尚幸芳编写。

本教材由代学灵教授担任主审。代教授提出了许多宝贵意见，编者在此表示衷心感谢。本教材在编写过程中还得到甘承顺、苏延伟、石海霞、李金端的大力支持，同时参考了一些公开出版和发表的文献，在此一并感谢。

限于编者的理论水平和实践经验，加之时间仓促，教材中难免有不当之处，恳请读者批评指正。

编　者

2010年5月

目 录

第 1 章　建筑工程计价概述 ……………………………………………………………… (1)
　1.1　基本建设概述 ……………………………………………………………………… (1)
　1.2　基本建设造价文件的分类 ………………………………………………………… (3)
　1.3　建筑工程造价计价方法 …………………………………………………………… (5)

第 2 章　工程建设费用构成 ……………………………………………………………… (12)
　2.1　基本建设费用的构成 ……………………………………………………………… (12)
　2.2　按照费用构成要素建筑安装工程费的构成 ……………………………………… (23)
　2.3　按照工程造价形成建筑安装工程费的构成 ……………………………………… (29)
　2.4　建筑安装工程计价程序 …………………………………………………………… (32)

第 3 章　建筑工程造价计价依据 ………………………………………………………… (35)
　3.1　建筑工程定额概述 ………………………………………………………………… (35)
　3.2　施工定额及企业定额 ……………………………………………………………… (38)
　3.3　预算定额 …………………………………………………………………………… (50)
　3.4　概算定额、概算指标与投资估算指标 …………………………………………… (63)
　3.5　施工资源单价 ……………………………………………………………………… (65)

第 4 章　建筑工程工程量计算与定额应用 ……………………………………………… (73)
　4.1　工程量计算概述 …………………………………………………………………… (73)
　4.2　建筑面积计算 ……………………………………………………………………… (78)
　4.3　土石方工程 ………………………………………………………………………… (86)
　4.4　桩与地基基础工程 ………………………………………………………………… (102)
　4.5　砌筑工程 …………………………………………………………………………… (110)
　4.6　混凝土及钢筋混凝土工程 ………………………………………………………… (119)
　4.7　厂库房大门、特种门、木结构工程 ……………………………………………… (156)
　4.8　金属结构工程 ……………………………………………………………………… (159)
　4.9　屋面及防水工程 …………………………………………………………………… (163)
　4.10　防腐、隔热、保温工程 ………………………………………………………… (169)
　4.11　室外工程 ………………………………………………………………………… (171)
　4.12　零星拆除及构件加固工程 ……………………………………………………… (174)

4.13　建筑物超高施工增加费 …………………………………………………… (176)
　　4.14　建筑工程措施项目费 ……………………………………………………… (179)
第5章　装饰工程工程量计算与定额应用 ……………………………………………… (189)
　　5.1　楼地面工程 …………………………………………………………………… (189)
　　5.2　墙柱面工程 …………………………………………………………………… (195)
　　5.3　天棚工程 ……………………………………………………………………… (201)
　　5.4　门窗工程 ……………………………………………………………………… (205)
　　5.5　油漆、涂料、裱糊工程 ……………………………………………………… (207)
　　5.6　其他工程 ……………………………………………………………………… (214)
　　5.7　单独承包装饰工程超高费 …………………………………………………… (216)
　　5.8　装饰工程措施项目费 ………………………………………………………… (216)
第6章　建设工程工程量清单计价规范 ………………………………………………… (220)
　　6.1　总则 …………………………………………………………………………… (220)
　　6.2　术语 …………………………………………………………………………… (220)
　　6.3　一般规定 ……………………………………………………………………… (225)
　　6.4　工程量清单编制 ……………………………………………………………… (226)
　　6.5　招标控制价 …………………………………………………………………… (228)
　　6.6　投标报价 ……………………………………………………………………… (230)
　　6.7　合同价款约定 ………………………………………………………………… (231)
　　6.8　工程计量 ……………………………………………………………………… (232)
　　6.9　合同价款调整 ………………………………………………………………… (233)
　　6.10　合同价款期中支付 …………………………………………………………… (240)
　　6.11　竣工结算与支付 ……………………………………………………………… (241)
　　6.12　合同解除的价款结算与支付 ………………………………………………… (245)
　　6.13　合同价款争议的解决 ………………………………………………………… (246)
　　6.14　工程造价鉴定 ………………………………………………………………… (247)
　　6.15　工程计价资料与档案 ………………………………………………………… (249)
　　6.16　工程计价表格 ………………………………………………………………… (250)
　　6.17　附录A　物价变化合同价款调整方法 ……………………………………… (251)
第7章　房屋建筑与装饰工程工程量计算及清单计价 ………………………………… (255)
　　7.1　土石方工程 …………………………………………………………………… (257)
　　7.2　地基处理与边坡支护工程 …………………………………………………… (263)
　　7.3　桩基工程 ……………………………………………………………………… (263)

7.4	砌筑工程	(269)
7.5	混凝土及钢筋混凝土工程	(278)
7.6	金属结构工程	(288)
7.7	木结构工程	(291)
7.8	门窗工程	(291)
7.9	屋面及防水工程	(299)
7.10	保温、隔热、防腐工程	(310)
7.11	楼地面装饰工程	(312)
7.12	墙、柱面装饰与隔断、幕墙工程	(323)
7.13	天棚工程	(333)
7.14	油漆、涂料、裱糊工程	(341)
7.15	其他装饰工程	(349)
7.16	拆除工程	(349)
7.17	措施项目	(349)

附录1 ×××公司办公楼建筑与装饰工程定额计价预算书 (362)

附录2 ×××公司办公楼建筑与装饰工程工程量清单 (378)

附录3 ×××公司办公楼建筑与装饰工程工程量清单计价 (394)

参考文献 (424)

插图 ×××公司办公楼建筑结构施工图

第 1 章 建筑工程计价概述

【学习要求】

了解基本建设的概念、基本建设的内容及基本项目的划分；熟悉基本建设造价文件的分类；掌握建筑工程造价计价方法。

1.1 基本建设概述

1.1.1 基本建设的概念

基本建设是指国民经济各部门实现以扩大生产能力和工程效益等为目的新建、改建、扩建工程的固定资产投资及其相关管理活动。它是通过建筑业的生产活动和其他部门的经济活动，把大量资金、建筑材料、机械设备等，经过购置、建筑及安装调试等施工活动形成新的生产能力或新的使用效益的过程。因此，基本建设是一种特殊的综合性经济活动。

1.1.2 基本建设项目的内容

1. 建筑工程

建筑工程是指永久性或临时性的建筑物、构筑物的土建、设备基础、给排水、照明、采暖、通风、动力、电信管线的敷设，建筑场地的清理、平整、排水、竣工后的整理、绿化、铁路、公路、桥梁涵洞、隧道、水利、电力线路、防空设施等的建设。

2. 设备安装工程

设备安装工程包括各种电器设备、机械设备的安装，与设备相连的工作台、梯子等的安装，附属于被安装设备的管线敷设和设备的绝缘、保温、油漆等，为测定安装质量而对单个设备进行试运转等工作。

3. 设备、工具、器具的购置

设备、工具、器具的购置是指医院、学校、实验室、车间、车站等所应配备的各种设备、工具、器具、实验仪器和生产家具的购置。

4. 其他基本建设工作

其他基本建设工作是指上述各类工作以外的各项基本建设工作，如筹建机构、征用土地、工程设计、工程监理、勘察设计、人员培训及其他生产准备工作等。它包括地质、地形测量及工程设计等方面的工作。

基本建设所形成的固定资产，按其形成方式可分为两类：一类是购置后即可直接使用的，如火车、飞机及各种机械设备；另一类是通过一定的生产过程才能形成的，如学校、工厂、医院、住宅、飞机场、铁路等建筑物、构筑物。因此，基本建设在商品经济条件下是一种购买行为，是用投资购买其他产业部门(包括建筑业)提供的产品作为固定资产使用的。

1.1.3 基本建设项目的划分

根据基本建设管理及合理确定工程造价的需要,基本建设项目可划分为建设项目、单项工程、单位工程、分部工程和分项工程五个基本层次。

1. 建设项目

建设项目是指具有经过有关部门批准的立项文件和设计任务书,经济上实行统一核算、行政上具有独立的组织形式、实行统一管理的建设工程总体。

一个建设单位就是一个建设项目。在一个总体设计或初步设计范围内,它由一个或若干个互相有内在联系的单项工程组成。例如,在工业建设中,一个化工厂、一个铝厂、一个水泥厂等,在民用建设中,一所中学、一所大学、一所医院等都是一个建设项目。

2. 单项工程

单项工程又称工程项目,是建设项目的组成部分。它是指具有独立的设计文件,建成后能独立发挥生产能力或效益的工程。如一所医院的门诊楼、住院楼、办公楼、宿舍楼、餐厅、锅炉房等,一所大学的教学楼、实验楼、办公楼、餐厅、宿舍楼等,一个工厂的生产车间、办公楼、餐厅、宿舍等都是单项工程。一个单项工程由多个单位工程组成。

3. 单位工程

单位工程是指具有独立设计文件,可以有独立施工组织并可进行单体核算,但竣工后不能独立发挥生产能力和效益的工程。单位工程是单项工程的组成部分。

通常按照单项工程所包含的不同性质的工程内容,根据能否独立施工组织的要求,将一个单项工程划分为若干个单位工程,如一个生产车间是由建筑工程、装饰工程、电器照明工程、给水排水工程、工业管道安装、机械设备安装、电器设备安装等单位工程组成。民用建筑由建筑工程、装饰工程、给水排水工程、电器照明工程、采暖工程、通风工程等单位工程组成。一个单位工程由多个分部工程组成。

4. 分部工程

分部工程是指按工程部位、结构形式、使用的材料、设备的种类及型号、工种等的不同来划分的工程项目。如建筑工程中的单位工程分为土(石)方工程、桩与地基基础工程、砌筑工程、混凝土及钢筋混凝土工程、厂库房大门特种门及木结构工程、金属结构工程、屋面及防水工程、防腐隔热保温工程、室外工程、零星拆除及构件加固工程、建筑物超高施工增加费、建筑工程措施项目费等多个分部工程。装饰工程中的单位工程分为楼地面工程、墙柱面工程、天棚工程、门窗工程、油漆涂料裱糊工程、其他工程、单独承包装饰工程超高费、措施项目费等多个分部工程。分部工程是单位工程的组成部分,一个分部工程由多个分项工程组成。

5. 分项工程

分项工程是分部工程的组成部分。根据不同的工种、不同的施工方法、不同的材料、不同的构造及规格,将一个分部工程分解为若干个分项工程。如分部工程砌筑工程可划分为砖基础、砖砌体、砖构筑物、砌块砌体、石砌体等多个分项工程。

分项工程是可用适当的计量单位计算和估价的建筑或安装工程产品,它是便于测定或计算的工程基本构造要素,是工程划分的基本单元,因此,工程量均按分项工程计算。

图1-1为××医院建设项目划分图,从图中可以看出建设项目、单项工程、单位工程、分部工程和分项工程之间的关系。

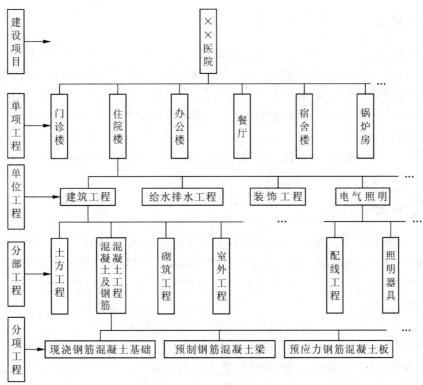

图1-1 ××医院建设项目划分图

1.2 基本建设造价文件的分类

基本建设造价文件按照建设阶段可分为投资估算、设计概算、修正概算、施工图预算、标底及标价、工程结算、竣工决算等,如图1-2所示。

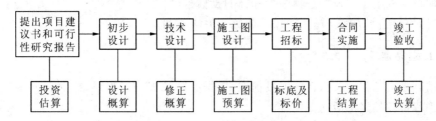

图1-2 基本建设造价文件的分类图

1.2.1 投资估算

投资估算是指建设项目在可行性研究、立项阶段由建设单位或可行性研究单位估计计算,用以确定建设项目投资控制额的工程建设的计价文件。

投资估算一般比较粗略，仅作投资估算控制用，其方法是根据建设规模结合估算指标进行估算，一般根据立方米指标、平方米指标或产量指标等进行估算。

1.2.2 设计概算

设计概算是在初步设计或扩大初步设计阶段编制的计价文件，是在投资估算的控制下由设计单位根据初步设计图纸及说明、概算定额（或概算指标）、各项费用定额或取费标准、设备、材料预算价格和建设地点的自然、技术经济条件等资料，用科学的方法计算、编制和确定的建设项目从筹建至竣工交付使用所需全部费用的文件。采用两阶段设计的建设项目，初步设计阶段必须编制设计概算。

设计概算编制的方法有三种：① 根据概算指标编制设计概算；② 根据概算定额编制设计概算；③ 根据类似工程预算编制设计概算。

1.2.3 修正概算

修正概算是指当采用三阶段设计时，在技术设计阶段，随着对初步设计内容的深化，对建设规模、结构性质、设备类型等方面进行必要的修改和变动，由设计单位对初步设计总概算作出相应调整和变动，即形成修正概算。修正概算是设计概算的延伸，属设计概算范畴。

1.2.4 施工图预算

施工图预算是指在施工图设计完成并经过图纸会审之后，工程开工之前，根据施工图纸、图纸会审记录、预算定额、计价规范、费用定额、各项取费标准、工程所在地的设备、人工、材料、施工机械台班等预算价格编制和确定的单位工程全部建设费用的建筑安装工程造价文件。施工图预算确定的工程造价更接近工程实际造价。

1.2.5 标底及标价

标底是指建设工程发包方为施工招标选取工程承包方而编制的标底价格，如果施工图预算满足招标文件的要求，则该施工图预算就是标底，即满足招标文件要求的施工图预算就是标底。标价是指建设工程施工招投标过程中投标方的投标报价。

标底、标价的编制方法与施工图预算的编制方法相同。

1.2.6 工程结算

工程结算是指工程承包商在施工过程中，依据实际完成的工程量，按照合同规定的程序向业主收取工程价款的经济活动。

工程结算可采用按月结算、分段结算、竣工后一次结算（即竣工结算）和双方约定的其他结算方式。

竣工结算是指在一个单项工程或单位工程全部竣工，经验收质量合格，并符合合同要求之后，在交付生产或使用前，由施工企业根据合同价格和实际发生的费用增减变化等情况进行编制,并经发包方签字认可的,表达承包商在建筑安装工程中所花费的全部费用,向建设单位办理最终结算的技术经济文件。

1.2.7 竣工决算

竣工决算是指业主在工程建设项目竣工验收后,由业主组织有关部门,以竣工结算等资料为依据进行投资控制的经济技术文件。竣工决算真实地反映了业主从筹建到竣工交付使用为止的全部建设费用,是业主进行投资效益分析的依据。

竣工结算与竣工决算有很大的区别。竣工结算是由承包商编制的,它反映承包商在建筑安装工程中所花费的全部费用,是承包商与业主办理工程价款最终结算的依据,也是业主编制竣工决算的主要资料。

1.3 建筑工程造价计价方法

1.3.1 建筑工程造价计价的特点

作为建筑工程这一特殊商品的价值表现形式,建筑工程造价计价具有单件性、多次性和组合性等特点。

1. 造价计价的单件性

建筑工程的每个项目都有特定的用途和目的,有不同的结构形式、造型及装饰。建设施工时可采用不同的工艺设备、建筑材料和施工方案,因此每个建设项目一般只能单独设计、单独建造。建筑工程产品的这种个体差别性决定了每项工程都必须单独计算造价。

2. 造价计价的多次性

工程项目建设是一个造价高、物耗多、周期长、规模大的投资生产活动,必须按照规定的建设程序分阶段进行建设,才能按时、保质、有效地完成建设项目。相应地,也要在不同阶段进行多次计价以保证工程造价计算的准确性和控制的有效性。多次计价是一个逐步深化、细化和接近实际造价的过程。对于大型建设项目,其计价过程如图1-2所示。

3. 造价计价的组合性

工程造价的计算是分部组合而成的,这一特征和建设项目的组合性有关。工程建设项目根据投资规模大小可分为大型、中型、小型项目,而每个建设项目又可分解为单项工程、单位工程、分部工程和分项工程,如图1-1所示。建设项目的组合性决定了工程造价计价的过程是一个逐步组合的过程。其计算过程和计算顺序是:分部分项工程单价→单位工程造价→单项工程造价→建设项目总造价。

1.3.2 影响工程造价的因素

影响工程造价的因素很多,主要有政策法规性因素、地区性与市场性因素、设计因素、施工因素和编制人员素质因素等五个方面。

1. 政策法规性因素

在整个基本建设过程中,国家和地方主管部门对于基本建设项目的审查、基本建设程序、投资费用的构成及计取都有严格而明确的规定,具有强制的政策法规性。因此,概预算的编制必须严格遵循国家及地方主管部门的有关政策、法规和制度,按规定的程序进行。

2. 地区性与市场性因素

存在于不同地域空间的建筑产品,其产品价格必然受到所在地区时间、空间、自然条件和市场环境的影响。其一,不同地区的物资供应条件、交通运输条件、技术协作条件、现场施工条件有所不同,反映到概预算定额的基价中,使得各地区定额水平不同。这也就是说,各地区编制概预算所采用的定额不尽相同。其二,各地区的地形地貌、地质条件不同,也会给概预算费用带来较大的影响,即使是同一套设计图纸的建筑物或构筑物,由于建造地区的不同,至少会在现场条件处理和基础工程费用上产生较大的差异,使得工程造价不同。其三,在社会主义市场经济条件下,构成建筑实体的各种建筑材料价格经常发生变化,使得建筑产品的价格也随之变化。

3. 设计因素

编制概预算的基本依据之一是设计图纸,因此,影响建设项目投资的关键就在于设计。有资料表明,影响建设项目投资最大的阶段,是技术设计结束前的工作阶段。在初步设计阶段,对地理位置、占地面积、建设标准、建设规模、工艺设备水平,以及建筑结构选型和装饰标准等的确定,对工程费用影响的可能性占 75%～95%。在技术设计阶段,影响工程造价的可能性占 35%～75%。在施工图设计阶段,影响工程造价的可能性占 5%～35%。由此可见,设计是否经济合理,会给工程造价带来很大影响。

4. 施工因素

在编制概预算过程中,施工组织设计和施工技术措施同施工图纸一样,是编制工程概预算的重要依据之一,因此,在施工中合理布置施工现场,减少运输总量,采用先进的施工技术,合理运用新的施工工艺,采用新技术、新材料等,对节约投资有显著的作用。但就目前所采用的概预算方法而言,在节约投资方面施工因素没有设计因素影响突出。

5. 编制人员素质因素

工程概预算的编制是一项十分复杂而细致的工作,在工作中稍有疏忽就会错算、漏算或需要重算,因此要求编制人员具有强烈的责任感和认真细致的工作作风。要想编制一份准确的概预算,除了熟练掌握概预算定额、费用定额、计价规范等使用方法外,还要熟悉有关概预算编制的政策、法规、制度和与定额、计价规范有关的动态信息。编制概预算涉及的知识面很宽,因此,要求编制人员具有较全面的专业理论和业务知识,如工程识图、建筑构造、建筑结构、建筑施工、建筑材料、建筑设备知识及相应的实践经验,还要有建筑经济学、投资经济学等方面的理论知识,这样才能准确无误地编制概预算。另外,概预算编制人员的政策观念要强,编制概预算要本着公平、公正、实事求是的原则,不能为了某一方利益,高估冒算,要严格遵守行业道德规范。

1.3.3 建筑工程施工图预算编制的方法和步骤

建筑工程施工图预算编制的方法主要有定额计价法和工程量清单计价法两种。

1. 定额计价法编制建筑工程施工图预算的方法和步骤

定额计价法是我国传统的计价方式。在招投标时,不论作为招标标底,还是投标报价,其招标人和投标人首先都要按国家规定的统一工程量计算规则计算工程量,然后按建设行政主管部门颁发的预算定额计算人工费、材料费、机械费,再按有关费用标准计取其他费用,最后汇总得到工程造价。其整个计价过程中的计价依据是固定的,即法定的"定额"。定额是计划经济时代的产物,在特定的历史条件下,起到了确定和衡量工程造价标准的作用,规范了建筑市场,是专业人士确定工程计价的依据。但定额指令性过强,反映在具体表现形式上,就是施工手段消耗部分统得过死,把企业的技术装备、施工手段、管理水平等本属于竞争内容的活跃因素固定化了,不利于竞争机制的发挥。

定额计价法建筑安装工程费用由直接费、间接费、利润、税金组成。

定额计价法编制建筑工程施工图预算的方法主要有单价法和实物法两种。

1) 单价法

(1) 单价法是一种编制施工图预算的方法。

单价法分为工料单价法和综合单价法。单价法编制施工图预算,就是利用定额中的各分项工程综合单价,乘以相应的各分项工程的工程量并加以汇总,得到单位工程的人工费、材料费、机械使用费之和,再加上按规定程序计算出来的措施费、间接费、利润和税金,即可得到单位工程的施工图预算。

单价法编制施工图预算,其中直接工程费按式(1-1)计算。

$$\text{单位工程直接工程费} = \sum(\text{工程量} \times \text{预算定额分项工程综合单价}) \qquad (1\text{-}1)$$

(2) 单价法编制施工图预算的步骤。

① 搜集各种编制依据资料。各种编制依据资料包括施工图纸及设计说明、图纸会审记录、设计变更通知、施工组织设计或施工方案、现行建筑安装工程预算定额、取费标准、统一的工程量计算规则、预算工作手册和工程所在地区的人工、材料、机械台班预算价格与调价规定等。

② 熟悉施工图纸及预算定额。编制施工图预算前,应对施工图及设计说明书和预算定额有全面详细的了解,这样才能全面准确地计算出工程量,进而合理地编制出施工图预算造价。

③ 计算工程量。工程量是预算的主要数据,计算工程量的一般步骤:首先,根据施工图纸上的工程内容和定额项目,列出计算工程量分部分项工程;其次,根据一定的计算顺序和计算规则,列出计算式;然后,根据施工图纸上的设计尺寸及有关数据,代入计算式进行数值计算;最后,根据定额中的分部分项工程的计量单位对计算结果的计量单位进行调整,使之与定额中的计量单位保持一致。

④ 套用预算综合单价。工程量计算完毕,经反复核对确定无误后,用所得到的各分部分项工程量与定额中的对应综合单价相乘,并把各相乘的结果相加,求得单位工程的人工费、材料费和机械使用费之和。

⑤ 编制工料分析表。施工图预算工料分析表的内容主要包括分部分项工程工料分析表、单位工程工料分析汇总表和有关文字说明。施工图预算工料分析是根据各分部分项工程项目的实物工程量和相应定额中项目所列的人工、材料、机械台班的数量,计算出各分部分项工程所

需的人工、材料、机械台班数量,进行汇总计算后,即得出该单位工程所需的各类人工、材料及机械台班的总消耗数量。

⑥ 计算其他各项费用、利税并汇总。根据建筑安装单位工程造价构成规定的费用项目、费率和相应的计费基础,分别计算措施费、间接费、利润和税金。把上述费用相加,并与前面套用综合基价算出的人工费、材料费和机械使用费进行汇总求得单位工程的预算造价,即

单位工程预算造价 = 直接费(直接工程费 + 措施费) + 间接费 + 利润 + 税金

⑦ 复核。单位工程预算编制后,应由有关人员对单位工程预算进行复核,及时发现差错,及时修改,以利于提高预算质量。复核时应对项目填列、工程量计算公式和结果、套用综合基价、各项费用的取费费率、计算基础和计算结果、材料和人工预算价格及其价格调整等方面进行全面复核。

⑧ 编制说明、填写封面。编制说明是编制者向审核者交代编制方面有关情况,包括编制依据、工程性质、工程范围、设计图纸号、所用预算定额编制年份、承包方式、有关部门现行的调价文件号、套用单价或补充单位估价表方面的情况及其他需要说明的问题。

封面填写应写明工程名称、工程编号、工程量(建筑面积)、预算总造价及单方造价、编制单位名称及负责人、编制日期、审查单位名称及负责人、审核日期等。

综上所述,单价法是目前国内编制施工图预算的主要方法,主要是采用了各地区、各部门统一制定的综合单价,具有计算简单、工作量较小、编制速度较快及便于工程造价管理部门集中统一管理的优点。但由于是采用事先编制好的统一的单位综合基价,其价格水平只能反映定额编制年份的价格水平,而在市场经济价格波动较大的情况下,单价法的计算结果与实际价格水平往往会造成偏离,虽然可采用调价,但调价系数和指数从测定到颁布又要滞后一段时间,而且计算也较烦琐。

2) 实物法

(1) 实物法编制施工图预算的方法。实物法首先是根据施工图纸分别计算出各分项工程的实物工程量,然后套用相应定额计算人工、材料、机械台班的定额用量,再分别乘以工程所在地当时的人工、材料、机械台班的实际单价,求出单位工程的人工费、材料费和施工机械使用费,并汇总求和,进而求得直接工程费,最后按规定计取其他各项费用,汇总就可得出单位工程施工图预算造价。

实物法编制施工图预算,其中直接工程费按式(1-2)计算。

$$
\begin{aligned}
单位工程直接工程费 = &\sum(工程量 \times 人工预算定额用量 \times 当时当地人工费单价) \\
&+ \sum(工程量 \times 材料预算定额用量 \times 当时当地材料费单价) \\
&+ \sum(工程量 \times 机械预算定额用量 \times 当时当地机械费单价) \quad (1-2)
\end{aligned}
$$

(2) 实物法编制施工图预算的步骤。实物法编制施工图预算的首尾步骤与单价法是相同的。实物法和单价法在编制步骤中最大的区别在于中间的步骤,也就是计算人工费、材料费和施工机械使用费及汇总三者费用之和的方法不同。采用实物法编制施工图预算,由于所用的人工、材料、施工机械台班的单价都是当时当地的实际价格,所以编制出的预算能比较准确地反映实际水平,误差较小,这种方法适合于市场经济条件下价格波动较大的情况。

2. 工程量清单计价法编制建筑工程施工图预算的方法和步骤

《建设工程工程量清单计价规范》(GB 50500—2003)中强调：从 2003 年 7 月 1 日起"全部使用国有资金投资或国有资金投资为主的大中型建设工程应执行本规范"，即在招投标活动中，必须采用工程量清单计价。《建设工程工程量清单计价规范》(GB 50500—2008)中强调：从 2008 年 12 月 1 日起"全部使用国有资金投资或国有资金投资为主的工程建设项目，必须采用工程量清单计价"。《建设工程工程量清单计价规范》(GB 50500—2013)中强调：从 2013 年 12 月 1 日起"使用国有资金投资的建设工程发承包，必须采用工程量清单计价"。

工程量清单计价法，是指由招标人按照国家统一规定的工程量计算规则计算工程数量和招标控制价，由投标人按照企业自身的实力，根据招标人提供的工程数量，自主报价的一种模式。由于"工程数量"由招标人提供，增大了招标市场的透明度，为投标企业提供了一个公平合理的基础和环境，真正体现了建设工程交易市场的公平、公正。"工程价格由投标人自主报价"即定额不再作为计价的唯一依据，政府不再作任何参与，而是企业根据自身技术专长、材料采购渠道和管理水平等，制定企业自己的报价定额，自主报价。

工程量清单计价费用由分部分项工程费、措施项目费、其他项目费、规费和税金组成。

1) 工程量清单计价法编制施工图预算的方法

工程量清单计价法编制施工图预算的方法，是在统一的工程量计算规则的基础上，设置工程量项目名称、项目特征，根据具体工程的施工图纸计算出各个清单项目的工程量，再根据各种渠道所获得的工程造价信息和经验数据计算得到工程造价。

施工图预算的编制过程可以分为两个阶段：工程量清单的编制阶段和利用工程量清单投标报价阶段。业主编制工程量清单，投标报价是在业主提供的工程量清单基础上，根据企业自身所需要掌握的各种信息、资料，结合企业定额进行报价。

2) 工程量清单计价法编制施工图预算的步骤

(1) 搜集各种编制依据资料。各种编制依据资料包括施工图纸及设计说明、图纸会审记录、设计变更通知、施工组织设计或施工方案、现行建设工程工程量清单计价规范、现行建筑安装工程预算定额、取费标准、统一的工程量计算规则。

(2) 熟悉施工图纸、清单规范、预算定额、施工组织设计等资料。全面、系统地阅读图纸，是准确计算工程造价的重要基础。工程量清单是计算工程造价最重要的依据，应熟悉工程量清单计价规范及预算定额，了解分项工程项目编码、项目名称设置、单位、计算规则、项目特征等，以便在计量、计价时不漏项，不重复计算。

施工组织设计或施工方案是施工单位的技术部门针对具体工程编制的施工作业的指导性文件，其中施工技术措施、安全措施、施工机械配置、是否增加辅助项目等，都应在工程计价的过程中予以关注。

工程招标文件的有关条款、要求及合同条件，是工程量清单计价的重要依据。在招标文件中对有关承包发包工程范围、内容、期限、工程材料、设备采购及供应方法等都有具体规定，只有在计价时按规定进行，才能保证计价的有效性。因此，投标单位拿到招标文件后，应根据招标文件的要求，对照图纸复查和复核招标文件提供的工程量清单。

熟悉加工订货的有关情况，明确建设单位和施工单位双方在加工订货方面的分工。对需要进行委托加工订货的设备、材料零件等,提出委托加工计划,并落实加工单位及加工产品的价格。

明确主材和设备的来源情况。主材和设备的型号、规格、数量、材质、品牌等对工程计价影响很大,因此需要招标人明确主材和设备的采购范围及有关内容,必要时应注明产地和厂家。

(3) 计算工程量。工程量计算分两种情况:一种是招标方计算的清单工程量,是投标报价的依据;另一种是投标方计算的工程量,包括对清单工程量的核算和组价中的工程量计算。

(4) 组合综合单价(简称组价)。综合单价是指完成工程量清单中一个规定计量单位项目所需的全部费用,综合单价的费用包括人工费、材料费、机械费、管理费、利润,并适当考虑风险因素。计算综合单价时将工程主体项目及其组合的辅助项目汇总,填入分部综合单价分析表。综合单价是报价和调价的主要依据。分部分项工程综合单价计算公式见式(1-3),措施项目综合单价计算公式见式(1-4)。

$$分部分项工程综合单价 = 人工费 + 材料费 + 机械费 + 管理费 + 利润 + 风险因素 \quad (1-3)$$

$$措施项目综合单价 = 人工费 + 材料费 + 机械费 + 管理费 + 利润 + 风险因素 \quad (1-4)$$

(5) 计算分部分项工程费。分部分项工程组价完成后,根据分部分项工程量清单及综合单价,以单位工程为对象计算分部分项工程费。分部分项工程费计算公式见式(1-5)。

$$分部分项工程费 = \sum 分部分项工程量清单数量 \times 分部分项工程综合单价 \quad (1-5)$$

(6) 计算措施项目费。措施项目费计算公式见式(1-6)。

$$措施项目费 = \sum 措施项目工程量 \times 措施项目综合单价 \quad (1-6)$$

(7) 计算其他项目费。其他项目费计算公式见式(1-7)。

$$其他项目费 = 暂列金额 + 材料暂估价(只列项不计价) + 专业工程暂估价 + 记日工 + 总承包服务费 \quad (1-7)$$

(8) 计算规费、税金。规费、税金按照规定费率计算。

(9) 计算单位工程费。将分部分项工程费、措施项目费、其他项目费、规费和税金汇总即形成单位工程费。单位工程费计算公式见式(1-8)。

$$单位工程费 = 分部分项工程费 + 措施项目费 + 其他项目费 + 规费 + 税金 \quad (1-8)$$

(10) 计算单项工程费。将单项工程中各单位工程费汇总即形成单项工程费。单项工程费计算公式见式(1-9)。

$$单项工程费 = \sum 单位工程费 \quad (1-9)$$

(11) 计算工程项目总造价。将工程项目中各单项工程费汇总即形成工程项目总造价。工程项目总造价计算公式见式(1-10)。

$$工程项目总造价 = \sum 单项工程费 \quad (1-10)$$

综上所述,采用工程量清单计价法编制施工图预算,由于所采用的人工、材料、机械的单价都是当时当地的实际价格,所以编制出的预算能比较准确地反映实际水平,误差较小,竣工结算比较简单。因此,工程量清单计价法是与市场经济体制相适应的预算编制方法,更符合价值规律。

【思考题】

1-1　简述基本建设项目的划分。
1-2　简述基本建设项目的分类和内容。
1-3　基本建设造价文件按照建设阶段如何划分？
1-4　定额计价法与清单计价法的区别是什么？
1-5　影响工程造价的因素有哪些？
1-6　简述施工图预算编制的方法和步骤。

第 2 章 工程建设费用构成

【学习要求】

了解基本建设费用的构成;掌握按照费用构成要素建筑安装工程费用的构成;掌握建筑安装工程计价程序。

2.1 基本建设费用的构成

2.1.1 建设项目总投资的构成

我国现行建设项目总投资主要由设备及工器具购置费用、建筑安装工程费用、工程建设其他费用、预备费用和建设期贷款利息等构成。

1. 建设项目总投资及其构成

建设项目总投资是指投资主体为获取预期收益,在选定的建设项目上所需投入的全部资金。建设项目按用途可分为生产性建设项目和非生产性建设项目,生产性建设项目总投资包括固定资产投资和流动资产投资两部分,而非生产性建设项目总投资只有固定资产投资,不包括流动资产投资。

2. 固定资产投资及其构成

固定资产投资是投资主体为达到预期收益的资金垫付行为。我国固定资产投资包括基本建设投资、更新改造投资、房地产开发投资和其他固定资产投资四类。

(1) 基本建设投资是指以扩大生产能力、新增生产能力为目的,用于新建、改建、扩建和重建项目的资金投入行为,是形成固定资产的主要手段,占全社会固定资产投资总额的 50%～60%。

(2) 更新改造投资是指通过采用先进科学技术来改造原有技术,以实现内涵扩大再生产为主的资金投入行为,占全社会固定资产投资总额的 20%～30%。

(3) 房地产开发投资是指房地产企业为实现某种预定的开发和经营目标,在开发厂房、宾馆、写字楼、仓库及住宅等房屋设施和土地活动中的资金投入行为,目前在全社会固定资产投资总额中已占到 20% 左右。

(4) 其他固定资产投资是指按规定不纳入投资计划和专项资金的进行基本建设和更新改造的资金投入行为,它在固定资产投资中占的比重较小。

固定资产投资由设备及工器具购置费用、建筑安装工程费用、工程建设其他费用、预备费用、建设期贷款利息和固定资产投资方向调节税等几项构成,具体构成内容如图 2-1 所示。在固定资产投资构成中,非生产性建设项目的建筑安装工程费用占 50%～60%,但在生产性建设项目中,设备费则占较大的比例。在非生产性基本建设投资中,由于经济发展、科技进步和消费水平的提高,设备费也有增大的趋势。

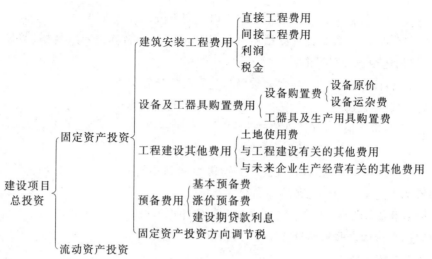

图 2-1　工程建设费用的构成

2.1.2　设备及工器具购置费用

设备及工器具购置费用由设备购置费和工具、器具及生产用具购置费构成。

1. 设备购置费

设备购置费是指为建设项目购置或自制的达到固定资产标准的各种国产或进口设备、工具、器具的购置费用。

1) 国产设备购置费

国产设备购置费由国产设备原价及国产设备运杂费两部分构成。

(1) 国产设备原价包括国产标准设备原价及国产非标准设备原价。

国产标准设备原价,一般指设备制造厂的交货价,即出厂价。设备的出厂价分两种情况:一是带备件的出厂价,二是不带备件的出厂价。在计算设备原价时,应按带备件的出厂价计算。如设备由设备成套公司供应,则应以订货合同价为设备原价。

国产非标准设备原价有多种计算方法,如成本计算法、系列设备插入估价法、分部组合估价法和定额估价法等。无论采用哪种方法,都应该使国产非标准设备原价接近实际出厂价,并且计算方法应简便。如按成本计算法估价,国产非标准设备原价由以下各项组成。

① 材料费,其计算公式为

$$\text{材料费} = \text{材料净重(t)} \times (1 + \text{加工损耗系数}) \times \text{每吨材料综合单价} \qquad (2-1)$$

② 加工费,包括生产工人工资和工资附加费、燃料动力费、设备折旧费和车间经费等,其计算公式为

$$\text{加工费} = \text{设备总重量(t)} \times \text{设备每吨加工费} \qquad (2-2)$$

③ 辅助材料费(简称为辅助费),包括焊条、焊丝、氧气、氩气、氮气、油漆和电石等费用,其计算公式为

$$\text{辅助材料费} = \text{设备总重量(t)} \times \text{辅助材料费标准} \qquad (2-3)$$

④ 专用工具费,按照上述①~③项之和乘以一定百分比计算得出。

⑤ 废品损失费,按照上述①～④项之和乘以一定百分比计算得出。

⑥ 外购配套件费,按设备设计图纸所列的外购配套件的名称、型号、规格、数量和重量,根据相应的价格加运杂费计算得出。

⑦ 包装费,按照上述①～⑥项之和乘以一定百分比计算得出。

⑧ 利润,按照上述①～⑤项加⑦项之和乘以一定利润计算得出。

⑨ 税金,主要指增值税,其计算公式为

$$增值税 = 当期销项税额 - 进项税额 \quad (2\text{-}4)$$

$$当期销项税额 = 销售额 \times 适用增值税率 \quad (2\text{-}5)$$

式中,销售额为上述①～⑧项之和。

⑩ 非标准设备设计费,按照国家规定的设计费计算得出。

综上所述,单台国产非标准设备原价可用式(2-6)表示。

$$\begin{aligned}单台国产非标准设备原价 = &\{[(材料费 + 加工费 + 辅助材料费) \times (1 + 专用工具费率) \\ & \times (1 + 废品损失率) + 外购配套件费] \times (1 + 包装费率) \\ & - 外购配套件费\} \times (1 + 利润率) + 销项税金 \\ & + 非标准设备设计费 + 外购配套件费 \end{aligned} \quad (2\text{-}6)$$

(2) 国产设备运杂费一般是指由设备制造厂交货地点至工地仓库(或施工组织设计指定的需要安装设备的堆放地点)期间所发生的运输费、装卸费、供销手续费(发生时计算)和建设单位(或工程承包公司)的采购与仓库保管费等。设备运杂费一般按设备原价乘以设备运杂费率计算,其中设备运杂费率视具体交通运输情况或按各部门及省、市规定情况确定。

2) 进口设备购置费

进口设备购置费由进口设备抵岸价和进口设备国内运杂费两部分构成。

(1) 进口设备抵岸价是指抵达买方边境港口或车站,且交完关税以后的价格。进口设备抵岸价的构成与进口设备的交货方式有关。

① 进口设备交货方式可分为内陆交货类、目的地交货类和装运港交货类三种。

a. 内陆交货类,即卖方在出口国内陆的某个地点交货。在交货地点,卖方及时提交合同规定的货物和有关凭证,并负担交货前的一切费用和风险;买方按时接受货物,交付货款,负担交货后的一切费用和风险,并自行办理出口手续和装运出口。货物的所有权也在交货后由卖方转移给买方。

b. 目的地交货类,即卖方在进口国的港口或内陆交货,主要有目的港船上交货价、目的港船边交货价(FOS)、目的港码头交货价(关税已付)及完税后交货价(进口国的指定地点)等几种交货价。目的地交货类的特点是:买卖双方承担的责任、费用和风险是以目的地约定交货点为界线,只有当卖方在交货点将货物置于买方控制下时才视为交货,才能向买方收取货款。这种交货类别对卖方来说承担的风险较大,在国际贸易中卖方一般不愿采用。

c. 装运港交货类,即卖方在出口国装运港交货,主要有装运港船上交货价(FOB价,习惯称为离岸价格)、运费在内价(C&F价)及运费和保险费在内价(CIF价,习惯称为到岸价格)。装运港交货类的特点是：卖方按照约定的时间在装运港交货，只要卖方把合同规定的货物装船并提供货运单据便完成交货任务，可凭单据收回货款。

装运港船上交货价(FOB 价)是我国进口设备采用最多的一种货价。采用这种货价时，卖方的责任是：在规定的期限内，负责在合同规定的装运港头将货物装上买方指定的船只，并及时通知买方；负担货物装船前的一切费用和风险，负责办理出口手续；提供出口国政府或有关方面签发的证件；负责提供有关装运单据。买方的责任是：负责租船或订舱，支付运费，并将船期和船名通知卖方；负担货物装船后的一切费用和风险；负责办理及支付保险费用，办理在目的港的进口和收货手续；接受卖方提供的有关装运单据，并按合同规定支付货款。

② 进口设备抵岸价的构成。进口设备如采用装运港船上交货价(FOB 价)方式，其抵岸价主要包括货价、国际运费、国际运输保险费、银行财务费、外贸手续费、进口关税、增值税、消费税、海关监管手续费和车辆购置附加费等，其计算公式为

$$\text{进口设备抵岸价} = \text{货价} + \text{国际运费} + \text{国际运输保险费} + \text{银行财务费} + \text{外贸手续费} + \text{进口关税} + \text{增值税} + \text{消费税} + \text{海关监管手续费} + \text{车辆购置附加费} \tag{2-7}$$

a. 货价。一般指装运港船上交货价(FOB 价)。设备货价分为原币货价和人民币货价两种，原币货价全部折算为美元表示，人民币货价按照原币货价乘以外汇市场美元兑换人民币中间价确定。进口设备货价按有关生产厂商询价、报价和订货合同价计算。

b. 国际运费。指从出口国装运港(站)到进口国抵达港(站)的运费。我国进口设备大部分采用海洋运输，小部分采用铁路运输，个别采用航空运输。进口设备国际运费的计算公式为

$$\text{国际运费(海、陆、空运)} = \text{装运港船上交货价(FOB 价)} \times \text{运费率} \tag{2-8}$$

或

$$\text{国际运费(海、陆、空运)} = \text{运量} \times \text{单位运价} \tag{2-9}$$

式中，运费率和单位运价参照有关部门或进出口公司的规定执行。

c. 国际运输保险费。指对外贸易货物运输中由保险人(保险公司)与被保险人(出口人或进口人)订立保险契约，在保险人交付协议保险费后，保险人依据保险契约的规定对货物在运输过程中发生的承担责任范围内的损失给予经济上的补偿，这是一种财产保险。国际运输保险费即为对外贸易货物运输保险交付的费用，其计算公式为

$$\text{国际运输保险费} = \frac{\text{原币货价(FOB)} + \text{国外运费}}{1 - \text{保险费率}} \times \text{保险费率} \tag{2-10}$$

式中，保险费率按照保险公司规定的进口货物保险费率计算。

d. 银行财务费。一般指中国银行手续费。该项费用可按下式简化计算：

$$\text{银行财务费} = \text{装运港船上交货价(FOB 价)} \times \text{银行财务费率} \tag{2-11}$$

式中，银行财务费率按银行相关规定计算(一般为 0.4%～0.5%)。

e. 外贸手续费。指按对外经济贸易部规定的外贸手续费率计取费用，外贸手续费率一般取 1.5%，其计算公式为

$$\text{外贸手续费} = (\text{装运港船上交货价(FOB 价)} + \text{国际运费} + \text{国际运输保险费}) \times \text{外贸手续费率} \tag{2-12}$$

f. 进口关税。该税是对进出国境或关境的货物或物品征收的税种,其计算公式为

$$进口关税 = 到岸价格(CIF 价) \times 进口关税税率 \qquad (2\text{-}13)$$

式中,到岸价格(CIF 价)包括离岸价格(FOB 价)、国际运费和国际运输保险费等费用,它是关税完税价格。进口关税税率费分为优惠和普通两种:优惠税率是用于与我国签订了有关互惠条款的贸易条约或协定的国家的进口设备;普通税率是用于未与我国签订有关互惠条款的贸易条约或协定的国家的进口设备。进口关税税率按我国海关总署发布的进口关税税率计算。

g. 增值税。该税是对从事进口贸易的单位和个人,在进口商品报送进口后征收的税种。《中华人民共和国增值税条例》规定,进口应税产品均按组成计税价格和增值税税率来计算应纳税额,其计算公式为

$$增值税 = 组成计税价格 \times 增值税税率 \qquad (2\text{-}14)$$

h. 消费税。该税是对部分进口设备(如轿车和摩托车等)征收的税种。一般其计算公式为

$$应纳消费税额 = \frac{到岸价 + 关税}{1 - 消费税税率} \times 消费税税率 \qquad (2\text{-}15)$$

式中,消费税税率根据税法规定的税率计算。

i. 海关监管手续费。指海关对进口减税、免税和保税货物实施监督、管理和提供服务的手续费(对全额征收进口关税的货物不计本项费用),其计算公式为

$$海关监管手续费 = 到岸价格 \times 海关监管手续费费率 \qquad (2\text{-}16)$$

式中,海关监管手续费费率一般为 0.3%。

j. 车辆购置附加费。进口车辆需缴纳车辆购置附加费,其计算公式为

$$进口车辆购置附加费 = (到岸价 + 关税 + 消费税 + 增值税) \times 进口车辆购置附加费率 \qquad (2\text{-}17)$$

(2) 进口设备国内运杂费是指进口设备由进口国到岸港口或边境车站至工地仓库(或施工组织设计制定的需要安装设备的堆放地点)所发生的运费、装卸费、采购与保管费等,进口设备国内运杂费一般按进口设备抵岸价乘以设备运杂费率计算,其中设备运杂费率视具体交通运输情况或各部门及省、市规定情况确定。

2. 工器具及生产用具购置费

工器具及生产用具购置费是指新建或扩建项目初步设计规定的,保证初期正常生产必须购置的没有达到固定资产标准的设备、仪器、工卡模具、器具、生产用具和备品备件等的购置费用。一般以设备购置费为计算基数,按照部门或行业规定的工器具及生产用具费率计算,其计算公式为

$$工器具及生产用具购置费 = 设备购置费 \times 定额费率 \qquad (2\text{-}18)$$

2.1.3 工程建设其他费用

工程建设其他费用是指从工程筹建起到工程竣工验收交付使用止的整个建设期间,除建筑安装工程费用和设备、工器具购置费用以外的,为保证工程建设顺利完成和交付使用后能够正常发挥效用而发生的各项费用的总和。

工程建设其他费用按其内容大体可分为三类:① 土地使用费;② 与工程建设有关的其他费

用;③与未来企业生产经营有关的其他费用。

1. 土地使用费

土地使用费是指通过取得土地使用权而支付的土地征用及迁移补偿费,或者通过土地使用权出让方式取得土地使用权而支付的土地使用权出让金。

1) 土地征用及迁移补偿费

土地征用及迁移补偿费指建设项目通过划拨方式取得无限期的土地使用权,并按《中华人民共和国土地管理法》等规定支付的费用,其总和一般不得超过被征用土地年产值的30倍,土地年产值则按该地被征用前3年的平均产值和国家规定的价格计算。

费用内容包括土地补偿费,青苗补偿费和被征用土地上的房屋、水井、树林等附着物补偿费,安置补助费及耕地占用税或城镇土地使用税、土地登记费及征地管理费,征地动迁费,水利水电工程水库淹没处理补偿费。

(1) 土地补偿费。征用耕地(包括菜地)的补偿标准,为该耕地年产值的6～10倍,具体补偿标准由省、自治区、直辖市人民政府在此范围内制定。征用园地、鱼塘、藕塘、苇塘、宅基地、林地、牧场、草原等的补偿标准,由省、自治区、直辖市人民政府制定。征收无收益的土地,不予补偿。土地补偿费归农村集体经济组织所有。

(2) 青苗补偿费和被征用土地上的房屋、水井、树木等附着物补偿费。这些补偿费的标准由省、自治区、直辖市人民政府制定。征用城市郊区的菜地时,还应按照有关规定向国家缴纳新菜地开发建设基金费。

(3) 安置补助费。征用耕地、菜地的,每个农业人口的安置补助费为被征用前3年平均年产值的4～6倍,每亩耕地的安置补助费最高不得超过其年产值的15倍。

(4) 耕地占用税或城镇土地使用税、土地登记费及征地管理费。县市土地管理机关从征地费中提取土地管理费的比率,要按征地工作量的大小,视不同情况,在1‰～4‰幅度内提取。

(5) 征地动迁费。包括征用土地上的房屋及附属构筑物、城市公共设施等拆除、迁建补偿费、搬迁运输费,企业单位因搬迁造成的减产、停工损失补贴费,拆迁管理费等。

(6) 水利水电工程水库淹没处理补偿费。包括农村移民安置迁建费,城市迁建补偿费,库区工矿企业、交通、电力、通信、广播、管网、水利等的恢复、迁建补偿费,库底清理费,防护工程费,环境影响补偿费用等。

2) 土地使用权出让金

土地使用权出让金指建设项目通过土地使用权出让方式,取得有限期的土地使用权;依照《中华人民共和国城镇国有土地使用权出让和转让暂行条例》规定,支付土地使用权出让金。

(1) 城市土地所有权及其使用权。国家是城市土地的唯一所有者,可以分层次、有偿、有限期地出让、转让城市土地。第一层次是城市政府将国有土地使用权出让给用地者,该层次由城市政府垄断经营,出让对象可以是有法人资格的企事业单位,也可以是外商。第二层次及以下层次的转让则发生在使用者之间。

(2) 城市土地的出让和转让方式。城市土地的出让和转让可采用协议、招标、公开拍卖等方式。

① 协议方式。由用地单位申请,经市政府批准同意后双方洽谈具体地块及地价。该方式

适用于市政工程、公益事业用地及需要减免地价的机关、部队用地和需要重点扶持、优先发展的产业用地。

② 招标方式。在规定的期限内,由用地单位以书面形式投标,市政府根据投标报价、提供的规划方案及企业信誉,综合考虑,择优而取。该方式适用于一般工程建设用地。

③ 公开拍卖是指在指定的地点和时间,由申请用地者叫价应价,价高者得。这完全是由市场竞争决定,适用于盈利高的行业用地。

(3) 有偿出让和转让土地的原则。在有偿出让和转让土地时,政府对地价不做统一规定,但应坚持以下原则:① 地价对目前的投资环境不产生大的影响;② 地价与当地的社会经济承受能力相适应;③ 地价要考虑已投入的土地开发费用、土地市场供求关系、土地用途和使用年限。

(4) 有偿出让土地使用权的年限。关于政府有偿出让土地使用权的年限,各地可根据时间、区位等条件做不同的规定,一般可在 30~99 年之间。按照地面附属建筑物的折旧年限来看,50 年为宜。

(5) 土地使用者和所有者签约。土地有偿出让和转让,土地使用者和所有者要签约,明确使用者对土地享有的权利和对土地所有者应承担的义务。签约内容如下:① 有偿出让和转让使用权,要向土地受让者征收契税;② 转让土地如有增值,要向转让者征收土地增值税;③ 在土地转让期间,国家要区别不同地段、不同用途向土地使用者收取土地占用费。

2. 与工程建设有关的其他费用

根据项目的不同,与项目建设有关的其他费用的构成也不尽相同,在进行工程量估算及概预算中可根据实际情况进行计算。

(1) 建设单位管理费是指建设项目从立项、筹建、建设、联合试运转、竣工验收交付使用及后评估等全过程管理所需费用。具体包括以下内容。

① 建设单位开办费是指新建项目为保证筹建和建设工作正常进行所需的办公设备、生活家具、用具、交通工具等购置费用。

② 建设单位经费。包括工作人员的基本工资、工资性补贴、职工福利费、劳动保护费、劳动保险费、办公费、差旅交通费、工会经费、职工教育经费、固定资产使用费、工具用具使用费、技术图书资料费、生产人员招募费、工程招标费、合同契约公证费、工程质量监督检测费、工程咨询费、法律顾问费、审计费、业务招待费、排污费、竣工交付使用清理及竣工验收费、后评估等费用,不包括应计入设备、材料预算价格的建设单位采购及保管设备材料所需的费用。

建设单位管理费一般按照单项工程费之和(包括设备工器具购置费和建筑安装工程费)乘以建设单位管理费费率进行计算,其中,建设单位管理费率按照建设项目的不同性质、不同规模确定。但有的建设项目则应按照建设工期和规定的金额计算建设单位管理费。

(2) 勘察设计费是指委托勘察设计单位进行勘察设计时,建设单位按规定应支付的工程勘察设计费,为本建设项目进行可行性研究而支付的费用,以及在规定范围内由建设单位自行勘察设计所需的费用。勘察设计费的编制方法一般是按国家有关部门颁发的工程勘察设计收费标准和有关规定进行编制,其内容包括以下三方面。

① 编制项目建议书、可行性研究报告及投资估算、工程咨询、评价等所需的费用,以及为编制上述文件所进行勘察、设计、研究试验等所需的费用。

② 委托勘察设计单位进行初步设计、施工图设计及概预算编制等所需费用。

③ 在规定范围内由建设单位自行完成的勘察、设计工作所需的费用。

勘察设计费中,项目建议书、可行性研究报告按国家颁布的收费标准计算,设计费按国家颁布的工程设计收费标准计算。

(3) 研究试验费是指为本建设项目提供或验证设计数据和资料进行必要的研究试验,按照设计规定在施工过程中必须进行试验所需的费用。其费用内容包括:自行或委托其他部门研究试验所需的人工费、材料费、试验设备及仪器使用费,支付科技成果、先进技术和一次性技术转让等费用。它不包括:应由科技三项费用(即新产品试制费、中间试验费和重要科学研究补助费)开支的项目,应由其他直接费开支的施工企业对建筑材料、构件和建筑物进行一般鉴定、检查所发生的费用及技术革新的研究试验费,应由勘察设计费、勘察设计单位的事业费或基本建设投资中开支的其他项目费。研究试验费通常按照设计提出的研究试验内容和要求进行编制。

(4) 建设单位临时设施费是指为保证新建、改建和扩建项目初期正常生产、使用和管理所必须购置的办公和生活家具、用具的费用。改建、扩建项目所需的办公和生活用具购置费,应低于新建项目的费用,费用的内容包括购置办公室、会议室、资料档案室、阅览室、文娱室、食堂、浴室、理发室、单身宿舍和设计规定必须建设的托儿所、卫生所、招待所、中小学校等的家具和用具的费用。费用的计算方法通常按照设计定员和办公生活用具等综合费用定额及中学、小学、招待所、托儿所、卫生所六项费用定额计算,包干使用。

(5) 工程监理费是指建设单位委托工程监理单位对工程实施监理工作所需的费用。根据国家物价局、建设部《关于发布工程建设监理费用有关规定的通知》等文件规定,选择下列方法之一计算。

① 一般情况应按工程建设监理收费标准计算,即按占所监理工程概算或预算的百分比计算。

② 对于单工种或临时性项目,可根据参与监理的年度平均人数,按 3~5 万元/(人·年)计算。

(6) 工程保险费是指建设项目在建设期间根据需要实施工程保险所需的费用。它包括以各种建筑工程及其在施工过程中的物料、机器设备为保险标底的建筑工程一切险,以安装工程中的各种机器、机械设备为保险标底的安装工程一切险,以及机器损坏保险等。根据不同的工程类别,工程保险费分别以建设项目的建筑、安装工程费乘以建筑、安装工程保险费率计算,其中,民用建筑(住宅楼、综合性大楼、商场、旅馆、医院、学校)工程保险费占建筑工程费的 2‰~4‰,其他建筑(工业厂房、仓库、道路、码头、水坝、隧道、桥梁、管道等)工程保险费占建筑工程费的 3‰~6‰,安装工程(农业、工业、机械、电子、电器、纺织、矿山、石油、化学及钢铁工业、钢结构桥梁)工程保险费占安装工程费的 3‰~6‰。

(7) 引进技术和进口设备其他费用。包括出国人员费用、国外工程技术人员来华费用、技术引进费、分期延期付款利息、担保费和进口设备检验鉴定费用。

(8) 工程承包费是指具有总承包条件的工程公司,对工程建设项目从开始建设至竣工投产全过程的总承包所需的管理费用。具体内容包括组织勘察设计、设备材料采购、设备设计制造与销售、施工招标、发包、工程预决算、项目管理、施工质量监督、隐蔽工程检查、验收和试车直至竣工投产的各种管理费用。该费用按国家主管部门或省、自治区、直辖市协调规定的工程总承包费的取费标准计算。如无规定时,一般工业建设项目的工程承包费为投资估算的6%～8%,民用建筑(包括住宅建设)和市政项目的工程承包费为投资估算的4%～6%。不实行工程总承包的项目不计算本项费用。

3. 与未来企业生产经营有关的其他费用

(1) 联合运转费是指新建企业或新增加生产工艺过程的扩建企业,在竣工前,按照设计规定的工程质量标准进行整个车间的负荷试运转,试运转期间所发生的费用支出大于试运转收入的亏损部分费用和必要的工业炉烘炉费。不发生试运转的工程或者试运转收入和支出可相抵消的工程,不列此费用项目。费用内容包括试运转所需的原料、燃料、油料和动力的消耗费用,机械使用费用,低值易耗品及其他物品的费用和施工企业参加联合试运转人员的工资等,不包括应由设备安装费用开支的试车费用。试运转收入包括试运转产品销售收入和其他收入。联合运转费的编制方法一般以单项工程费用总和为基础,按照工程项目的不同规模规定的试运转费率计算,或以试运转率的金额总数包干使用。

(2) 生产准备费是指新建企业或新增生产能力的企业,为保证竣工交付使用进行必要的生产准备所发生的费用。其费用包括:① 生产人员培训费,包括自行培训费、委托其他单位培训的人员工资、工资性补贴、职工福利费、差旅交通费、学习资料费、学习费、劳动保护费等;② 生产单位提前进厂参加施工、设备安装、调试和熟悉工艺流程及设备性能等人员的工资、工资性补贴、职工福利费、差旅交通费、劳动保护费等。

生产准备费一般根据所要培训和提前进厂人员的人数及培训时间按生产准备费指标进行估算。生产准备费在实际执行中是一笔在时间、人数、培训深度上很难划分的、活口很大的支出,尤其要严格掌握。

(3) 办公和生活用具购置费是指为保证新建、改建和扩建项目初期正常生产、使用和管理所必须购置的办公和生活家具、用具的费用。改建、扩建项目所需的办公和生活用具购置费,应低于新建项目的费用。费用的内容包括购置办公室、会议室、资料档案室、阅览室、文娱室、食堂、浴室、理发室、单身宿舍和设计规定必须建设的托儿所、卫生所、招待所、中小学校等的家具和用具购置费。这项费用按照设计定员人数乘以综合指标计算,一般为600～800元/人。

2.1.4 预备费用

根据我国现行规定,预备费用根据其内容不同分为基本预备费、涨价预备费和建设期贷款利息三种。

1. 基本预备费

基本预备费是指在初步设计及概算内难以预料,而在工程建设期间可能发生的工程费用。其费用包括三方面内容。

(1) 在批准的初步设计范围内,技术设计、施工图设计及施工过程中所增加的工程费用和设计变更、局部地基处理等增加的费用。

(2) 一般自然灾害造成的损失和预防自然灾害所采取的措施费用。实行工程保险的工程项目费用应适当降低。

(3) 竣工验收时为鉴定工程质量对隐蔽工程进行必要的挖掘和修复所花费的费用。

基本预备费的编制方法通常以单项工程费用总和及其他工程费用之和,按规定的预备费率计算。引进技术和进口设备项目应按国内配套部分费用计算。计算公式为

$$\text{基本预备费} = \left(\text{设备及工器具购置费} + \text{建筑安装工程费} + \text{工程建设其他费用}\right) \times \text{基本预备费率} \tag{2-19}$$

基本预备费率的取值应执行国家及部门的有关规定。在项目建议书阶段和可行性研究阶段,基本预备费率一般取 $10\%\sim15\%$,在初步设计阶段,基本预备费率一般取 $7\%\sim10\%$。

2. 涨价预备费

涨价预备费是指建设项目在建设期间由于价格等因素的变化引起工程造价变化的预测预留费用。其费用内容包括人工、设备、材料、施工机械价差,建筑安装工程费及其他工程费用调整,利率、汇率调整等。

涨价预备费的计算一般是根据国家规定的投资综合价格指数,以估算年份价格水平的投资额为基数,采用复利方法计算。计算公式为

$$PF = \sum_{t=0}^{n} I_t [(1+f)^t - 1] \tag{2-20}$$

式中:PF——涨价预备费;

n——建设期年份数;

I_t——建设期间第 t 年投资计划额,$I_t =$ 工程建设费 + 基本预备费 = (工器具购置费 + 建筑安装工程费 + 工程建设其他费用) + 基本预备费;

f——年平均投资价格上涨率。

3. 建设期贷款利息

建设期贷款利息包括向国内银行和其他非银行金融机构、出口信贷、外国政府贷款、国际商业银行贷款及在境外发行债券等在建设期间内应偿还的借款利息。

当贷款在年初一次性贷出且利率固定时,建设期贷款利息按下式计算

$$I = P(1+i)^n - P \tag{2-21}$$

式中:I——贷款利息;

P——一次性贷款数额;

i——年利率;

n——计息期。

当总贷款为分年均衡发放时,建设期利息的计算可按当年借款只在年中考虑,即当年贷款按半年计息,上年贷款按全年计息。计算公式为

$$q_j = \left(P_{j-1} + \frac{1}{2}A_j\right) \cdot i \tag{2-22}$$

式中:q_j——建设期第 j 年应计利息;

P_{j-1}——建设期第 $(j-1)$ 年末贷款累计金额与利息累计金额之和;

A_j——建设期第 j 年贷款金额;

i——年利率。

2.1.5 固定资产投资方向调节税

固定资产投资方向调节税是指国家对在我国境内进行固定资产投资的单位和个人,就其固定资产投资的各种资金征收的一种税。1991年4月16日国务院发布《中华人民共和国固定资产投资方向调节税暂行条例》,从1991年4月16日起施行。自2000年1月1日起新发生的投资额,暂停征收固定资产投资方向调节税,但该税种并未取消。

1. 税率

根据国家产业政策和项目经济规模,投资方向调节税的税率实行差别税率,分别为0、5%、10%、15%、30%五个档次。差别税率按两大类设计,一是基本建设项目投资适用的税率,二是更新改造项目投资适用的税率。对前者设计了四档税率,即0、5%、15%、30%,对后者设计了两档税率,即0、10%。

(1) 基本建设项目投资适用的税率。

① 国家急需发展的项目投资,如农业、林业、水利、能源、交通、通信、原材料、科教、地质、勘探、矿山开采等基础产业和薄弱环节的部门项目投资,适用零税率。

② 对国家鼓励发展但受能源、交通等制约的项目投资,如钢铁、化工、石油、水泥等部分重要原材料项目,以及一些重要机械、电子、轻工业和新型建材的项目,实行5%的税率。

③ 为配合住房制度改革,对城乡个人修建、购买住宅的投资实行零税率;对单位修建、购买一般性住宅投资,实行5%的低税率;对单位用公款修建、购买高标准独门独院、别墅式住宅投资,实行30%的高税率。

④ 对楼堂馆所及国家严格限制发展的项目投资,课以重税,税率为30%。

⑤ 对不属于上述四类的其他项目投资,实行中等税负政策,税率为15%。

(2) 更新改造项目投资适用的税率。

① 为了鼓励企事业单位进行设备更新和技术改造,促进技术进步,对国家急需发展的项目投资予以扶持,适用零税率;对单纯工艺改造和设备更新的项目投资,适用零税率。

② 对不属于上述提到的其他更新改造的项目投资,一律按建筑工程投资考虑,适用10%的税率。

2. 计税依据

投资方向调节税以固定资产投资项目实际完成投资额为计税依据。实际完成投资额包括:设备及工器具购置费、建筑安装工程费、工程建设其他费用及预备费。但更新改造项目是以建筑工程实际完成的投资额为计税依据的。

3. 计税方法

首先确定单位工程应税投资完成额,其次根据工程的性质及划分的单位工程情况,确定单位工程的适用税率,最后计算各个单位工程应纳的投资方向调节税税额,并且将各个单位工程应纳的税额汇总,即得出整个项目的应纳税额。

4. 缴纳方法

投资方向调节税按固定资产投资项目的单位工程年度计划投资额预缴,年终按年度实际完成投资额结算,多退少补。项目竣工后,按应征收投资方向调节税的项目及其单位工程的实际完成投资额进行清算,多退少补。

2.2 按照费用构成要素建筑安装工程费的构成

根据中华人民共和国住房城乡建设部及财政部印发的建标[2013]44号文"关于印发《建筑安装工程费用项目组成》的通知",建筑安装工程费按照费用构成要素划分,由人工费、材料(包含工程设备,下同)费、施工机具使用费、企业管理费、利润、规费和税金组成(见图2-2)。

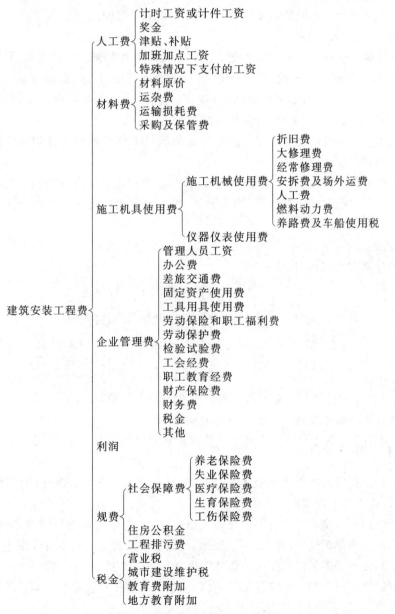

图2-2 建筑安装工程费用项目组成图(按费用构成要素划分)

2.2.1 人工费

人工费是指按工资总额构成规定,支付给从事建筑安装工程施工的生产工人和附属生产单位工人的各项费用。

1. 人工费的组成

人工费主要由以下几个部分组成。

(1) 计时工资或计件工资是指按计时工资标准和工作时间或对已做工作按计件单价支付给个人的劳动报酬。

(2) 奖金是指对超额劳动和增收节支支付给个人的劳动报酬。如节约奖、劳动竞赛奖等。

(3) 津贴、补贴是指为了补偿职工特殊或额外的劳动消耗和因其他特殊原因支付给个人的津贴,以及为了保证职工工资水平不受物价影响支付给个人的物价补贴。如流动施工津贴、特殊地区施工津贴、高温(寒)作业临时津贴、高空津贴等。

(4) 加班加点工资是指按规定支付的在法定节假日工作的加班工资和在法定日工作时间外延时工作的加点工资。

(5) 特殊情况下支付的工资是指根据国家法律、法规和政策规定,因病、工伤、产假、计划生育假、婚丧假、事假、探亲假、定期休假、停工学习、执行国家或社会义务等原因按计时工资标准或计时工资标准的一定比例支付的工资。

2. 计算方法

人工费的计算方法有两种,即

$$人工费 = \sum(工日消耗量 \times 日工资单价) \quad (2\text{-}23)$$

$$人工费 = \sum(工程工日消耗量 \times 日工资单价) \quad (2\text{-}24)$$

$$日工资单价 = \frac{生产工人平均月工资(计时、计件) + 平均月(奖金+津贴补贴+特殊情况下支付的工资)}{年平均每月法定工作日}$$

式(2-23)主要适用于施工企业投标报价时自主确定人工费,是工程造价管理机构编制计价定额确定定额人工单价或发布人工成本信息的参考依据。

式(2-24)适用于工程造价管理机构编制计价定额时确定定额人工费,是施工企业投标报价的参考依据。

日工资单价是指施工企业平均技术熟练程度的生产工人在每工作日(国家法定工作时间内)按规定从事施工作业应得的日工资总额。

工程造价管理机构确定日工资单价应通过市场调查,根据工程项目的技术要求,参考实物工程量人工单价综合分析确定,普工、一般技工、高级技工最低日工资单价分别不得低于工程所在地人力资源和社会保障部门所发布的最低工资标准的1.3倍、2倍、3倍。

工程计价定额不可只列一个综合工日单价,应根据工程项目技术要求和工种差别适当划分多种日人工单价,确保各分部工程人工费的合理构成。

2.2.2 材料费

材料费是指施工过程中耗费的原材料、辅助材料、构配件、零件、半成品或成品、工程设备的费用。工程设备是指构成或计划构成永久工程一部分的机电设备、金属结构设备、仪器装置及其他类似的设备和装置。

1. 材料费的组成

材料费主要由以下几个部分组成。

（1）材料原价是指材料、工程设备的出厂价格或商家供应价格。

（2）运杂费是指材料、工程设备自来源地运至工地仓库或指定堆放地点所发生的全部费用。

（3）运输损耗费是指材料在运输装卸过程中不可避免的损耗。

（4）采购及保管费是指为组织采购、供应和保管材料、工程设备的过程中所需要的各项费用。包括采购费、仓储费、工地保管费、仓储损耗等。

2. 计算方法

（1）材料费。

$$材料费 = \sum（材料消耗量 \times 材料单价） \tag{2-25}$$

$$材料单价 = [（材料原价 + 运杂费） \times （1 + 运输损耗率）] \times （1 + 采购保管费率） \tag{2-26}$$

（2）工程设备费。

$$工程设备费 = \sum（工程设备量 \times 工程设备单价） \tag{2-27}$$

$$工程设备单价 = （设备原价 + 运杂费） \times （1 + 采购保管费率） \tag{2-28}$$

2.2.3 施工机械使用费

施工机械使用费是指施工机械作业所发生的施工机械使用费和仪器仪表使用费。

1. 施工机械使用费的组成

（1）施工机械使用费以施工机械台班耗用量乘以施工机械台班单价表示，施工机械台班单价应由下列七项费用组成。

① 折旧费是指施工机械在规定的使用年限内，陆续收回其原值及购置资金的时间价值。

② 大修理费是指施工机械按规定的大修理间隔台班进行必要的大修理，以恢复其正常功能所需的费用。

③ 经常修理费是指施工机械除大修理以外的各级保养和临时故障排除所需的费用，包括为保障机械正常运转所需替换设备与随机配备工具附具的摊销和维护费用、机械运转中日常保养所需的润滑与擦拭的材料费用及机械停滞期间维护和保养费用等。

④ 安拆费及场外运费。安拆费是指施工机械在现场进行安装与拆卸所需的人工、材料、机械和试运转费用及机械辅助设施的折旧、搭设、拆除等费用。场外运费是指施工机械整体或分体自停放地点运至施工现场或由一施工地点运至另一施工地点的运输、装卸、辅助材料及架线等费用。

⑤ 人工费是指机上司机（司炉）和其他工作人员的工作日人工费及上述人员在施工机械规

定的年工作台班以外的人工费。

⑥ 燃料动力费是指施工机械在运转作业中所消耗的固体燃料(煤、木炭)、液体燃料(汽油、柴油)及水、电等。

⑦ 养路费及车船使用税是指施工机械按照国家规定和有关部门规定应缴纳的养路费、车船使用税、保险费及年检费等。

(2) 仪器仪表使用费。指工程施工所需使用的仪器仪表的摊销及维修费用。

2. 计算方法

(1) 施工机械使用费。

施工机械使用费的计算公式如下

$$\text{施工机械使用费} = \sum (\text{施工机械台班消耗量} \times \text{机械台班综合单价}) \tag{2-29}$$

$$\text{施工机械台班消耗量} = \text{工程量} \times \text{施工机械台班定额消耗量} \tag{2-30}$$

$$\begin{aligned}\text{机械台班综合单价} =\ &\text{台班折旧费} + \text{台班大修理费} + \text{台班经常修理费} + \text{台班安拆费及场外运输费} \\ &+ \text{台班人工费} + \text{台班燃料动力费} + \text{台班养路费及车船使用税}\end{aligned} \tag{2-31}$$

施工企业可以参考工程造价管理机构发布的台班单价,自主确定施工机械使用费的报价,如租赁施工机械,公式为

$$\text{施工机械使用费} = \sum (\text{施工机械台班消耗量} \times \text{机械台班租赁单价})$$

(2) 仪器仪表使用费。

仪器仪表使用费的计算公式如下

$$\text{仪器仪表使用费} = \text{工程使用的仪器仪表摊销费} + \text{维修费} \tag{2-32}$$

2.2.4 企业管理费

企业管理费是指建筑安装企业组织施工生产和经营管理所需的费用。

1. 企业管理费的组成

企业管理费由以下几个部分组成。

(1) 管理人员工资是指按规定支付给管理人员的计时工资、奖金、津贴补贴、加班加点工资及特殊情况下支付的工资等。

(2) 办公费是指企业管理办公用的文具、纸张、账表、印刷、邮电、书报、办公软件、现场监控、会议、水电、烧水和集体取暖降温(包括现场临时宿舍取暖降温)等费用。

(3) 差旅交通费是指职工因公出差或调动工作的差旅费、住勤补助费、市内交通费和误餐补助费,职工探亲路费,劳动力招募费,职工退休、退职一次性路费,工伤人员就医路费,工地转移费及管理部门使用的交通工具的油料费、燃料费等费用。

(4) 固定资产使用费是指管理和试验部门及附属生产单位使用的属于固定资产的房屋、设备仪器等的折旧费、大修费、维修费或租赁费。

(5) 工具用具使用费是指企业施工生产和管理使用的不属于固定资产的工具、器具、家具、

交通工具和检验、试验、测绘、消防用具等购置、维修和摊销费。

(6) 劳动保险和职工福利费是指由企业支付的职工退职金、按规定支付给离休干部的经费、集体福利费、夏季防暑降温、冬季取暖补贴、上下班交通补贴等。

(7) 劳动保护费是指企业按规定发放的劳动保护用品的支出。如工作服、手套、防暑降温饮料以及在有碍身体健康的环境中施工的保健费用等。

(8) 检验试验费是指施工企业按照有关标准规定,对建筑以及材料、构件和建筑安装物进行一般鉴定、检查所发生的费用,包括自设试验室进行试验所耗用的材料等费用。不包括新结构、新材料的试验费,对构件做破坏性试验及其他特殊要求检验试验的费用和建设单位委托检测机构进行检测的费用,此类检测发生的费用,由建设单位在工程建设其他费用中列支。但对施工企业提供的具有合格证明的材料进行检测不合格的,该检测费用由施工企业支付。

(9) 工会经费是指企业按职工工资总额计提的工会经费。

(10) 职工教育经费是指企业为职工进行专业技术和职业技能培训、专业技术人员继续教育、职工职业技能鉴定、职业资格认定以及根据需要对职工进行各类文化教育所发生的费用,按职工工资总额的规定比例计提。

(11) 财产保险费是指施工管理用财产、车辆等的保险费用。

(12) 财务费是指企业为施工生产筹集资金或提供预付款担保、履约担保、职工工资支付担保等所发生的各种费用。

(13) 税金是指企业按规定缴纳的房产税、车船使用税、土地使用税、印花税等。

(14) 其他。包括技术转让费、技术开发费、投标费、业务招待费、绿化费、广告费、公证费、法律顾问费、审计费、咨询费、保险费等。

2. 计算方法

按取费基数的不同,企业管理费费率分为以下三种计算方法。

(1) 以分部分项工程费为计算基础的计算方法。

$$\text{企业管理费费率}(\%) = \frac{\text{生产工人年平均管理费}}{\text{年有效施工天数} \times \text{人工单价}} \times \text{人工费占分部分项工程费比例}(\%) \tag{2-33}$$

(2) 以人工费和机械费合计为计算基础的计算方法。

$$\text{企业管理费费率}(\%) = \frac{\text{生产工人年平均管理费}}{\text{年有效施工天数} \times (\text{人工单价} + \text{每工日机械使用费})} \times 100\% \tag{2-34}$$

(3) 以人工费为计算基础的计算方法。

$$\text{企业管理费费率}(\%) = \frac{\text{生产工人年平均管理费}}{\text{年有效施工天数} \times \text{人工单价}} \times 100\% \tag{2-35}$$

式(2-33)~式(2-35)适用于施工企业投标报价时自主确定管理费,是工程造价管理机构编制计价定额确定企业管理费的参考依据。

2.2.5 利润

利润是指施工企业完成所承包工程获得的盈利。其计算方法如下。

(1) 施工企业根据企业自身需求并结合建筑市场实际自主确定,列入报价中。

(2) 工程造价管理机构在确定计价定额中利润时,以定额人工费(或定额人工费+定额机械费)作为计算基数,其费率根据历年工程造价积累的资料,并结合建筑市场实际确定,以单位(单项)工程测算,利润在税前建筑安装工程费的比重可按不低于5%且不高于7%的费率计算。利润应列入分部分项工程和措施项目中。

2.2.6 规费

规费是政府和有关权力部门规定必须缴纳的费用。

1. 规费的组成

规费主要由社会保障费、住房公积金、工程排污费等组成。

(1) 社会保障费。包括:① 养老保险费,即企业按国家规定标准为职工缴纳的基本养老保险费;② 失业保险费,即企业按国家规定标准为职工缴纳的失业保险费;③ 医疗保险费,即企业按国家规定标准为职工缴纳的基本医疗保险费;④ 生育保险费,即企业按国家规定标准为职工缴纳的生育保险费;⑤ 工伤保险费,即企业按国家规定标准为职工缴纳的工伤保险费。

(2) 住房公积金是指企业按国家规定标准为职工缴纳的住房公积金。

(3) 工程排污费是指按规定缴纳的施工现场工程排污费。

其他应列而未列入的规费,按实际发生计取。

2. 计算方法

(1) 社会保障费和住房公积金。

社会保障费和住房公积金以定额人工费为计算基础,根据工程所在地省、自治区、直辖市建设主管部门规定费率计算。

$$社会保障费和住房公积金 = \sum(工程定额人工费 \times 社会保障费和住房公积金费率) \tag{2-36}$$

社会保障费和住房公积金费率可以每万元发承包价的生产工人人工费和管理人员工资含量与工程所在地规定的缴纳标准综合分析取定。

(2) 工程排污费。

工程排污费等其他应列而未列入的规费应按工程所在地环境保护等部门规定的标准缴纳,按实计取列入。

2.2.7 税金

税金是指按国家税法规定的应计入建筑安装工程造价内的营业税、城市建设维护税、教育费附加以及地方教育附加。其计算公式如下

$$税金 = 税前造价 \times 综合税率(\%) \tag{2-37}$$

综合税率根据企业纳税地点的不同可分为以下三种。

(1) 纳税地点在市区的企业。

$$综合税率(\%) = \frac{1}{1-3\%-(3\%\times7\%)-(3\%\times3\%)-(3\%\times2\%)} - 1 \tag{2-38}$$

(2) 纳税地点在县城、镇的企业。

$$综合税率(\%) = \frac{1}{1-3\%-(3\%\times5\%)-(3\%\times3\%)-(3\%\times2\%)} - 1 \tag{2-39}$$

(3) 纳税地点不在市区、县城、镇的企业。

$$综合税率(\%) = \frac{1}{1-3\%-(3\%\times1\%)-(3\%\times3\%)-(3\%\times2\%)} - 1 \qquad (2\text{-}40)$$

实行营业税改增值税的,按纳税地点现行税率计算。

2.3 按照工程造价形成建筑安装工程费的构成

根据中华人民共和国住房城乡建设部及财政部印发的建标[2013]44号文"关于印发《建筑安装工程费用项目组成》的通知",建筑安装工程费按照工程造价形成由分部分项工程费、措施项目费、其他项目费、规费、税金组成,分部分项工程费、措施项目费、其他项目费包含人工费、材料费、施工机械使用费、企业管理费和利润(见图2-3)。

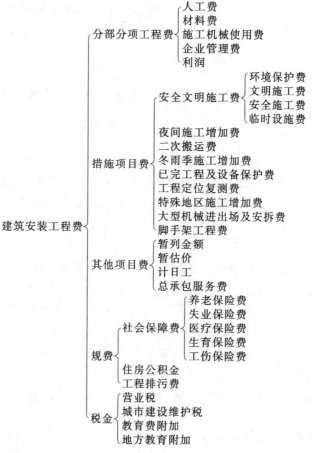

图2-3 建筑安装工程费用项目组成图(按造价形成划分)

2.3.1 分部分项工程费

1. 分部分项工程费的组成

分部分项工程费是指完成各专业工程的各分部分项工程所需要的人工费、材料费、施工机械使用费、企业管理费和利润,并考虑风险因素的费用。

(1) 专业工程是指按现行国家计量规范划分的房屋建筑与装饰工程、仿古建筑工程、通用安装工程、市政工程、园林绿化工程、矿山工程、构筑物工程、城市轨道交通工程、爆破工程等各类工程。

(2) 分部分项工程是指按现行国家计量规范对各专业工程划分的项目。如房屋建筑与装饰工程划分的土石方工程、地基处理与桩基工程、砌筑工程、钢筋及钢筋混凝土工程等。

各专业工程的分部分项工程划分详见现行国家或行业计量规范。

2. 计算方法

分部分项工程费采用综合单价计价,其计算公式如下

$$分部分项工程费 = \sum (分部分项工程量 \times 综合单价) \tag{2-41}$$

综合单价包括人工费、材料费、施工机具使用费、企业管理费和利润以及一定范围的风险费用。

2.3.2 措施项目费

措施项目费是指为完成建设工程施工,发生于该工程施工前和施工过程中的技术、生活、安全、环境保护等方面的费用。

1. 措施项目费的组成

(1) 安全文明施工费。包括:① 环境保护费,即施工现场为达到环保部门要求所需要的各项费用;② 文明施工费,即施工现场文明施工所需要的各项费用;③ 安全施工费,即施工现场安全施工所需要的各项费用;④ 临时设施费,即施工企业为进行建设工程施工所必须搭设的生活和生产用的临时建筑物、构筑物和其他临时设施费用,包括临时设施的搭设、维修、拆除、清理费或摊销费等。

(2) 夜间施工增加费是指因夜间施工所发生的夜班补助费、夜间施工降效、夜间施工照明设备摊销及照明用电等费用。

(3) 二次搬运费是指因施工场地条件限制而发生的材料、构配件、半成品等一次运输不能到达堆放地点,必须进行二次或多次搬运所发生的费用。

(4) 冬雨季施工增加费是指在冬季或雨季施工需增加的临时设施、防滑、排除雨雪,人工及施工机械效率降低等费用。

(5) 已完工程及设备保护费是指竣工验收前,对已完工程及设备采取的必要保护措施所发生的费用。

(6) 工程定位复测费是指工程施工过程中进行全部施工测量放线和复测工作的费用。

(7) 特殊地区施工增加费是指工程在沙漠或其边缘地区、高海拔、高寒、原始森林等特殊地区施工增加的费用。

(8) 大型机械设备进出场及安拆费是指机械整体或分体自停放场地运至施工现场或由一个施工地点运至另一个施工地点,所发生的机械进出场运输及转移费用及机械在施工现场进行安装、拆卸所需的人工费、材料费、机械费、试运转费和安装所需的辅助设施的费用。

(9)脚手架工程费是指施工需要的各种脚手架搭、拆、运输费用以及脚手架购置费的摊销(或租赁)费用。

措施项目及其包含的内容详见各类专业工程的现行国家或行业计量规范。

2. 计算方法

(1)国家计量规范规定应予计量的措施项目,其计算公式为

$$措施项目费 = \sum (措施项目工程量 \times 综合单价) \tag{2-42}$$

(2)国家计量规范规定不宜计量的措施项目有安全文明施工费、夜间施工增加费、二次搬运费、冬雨季施工增加费和已完工程及设备保护费,其计算方法如下。

① 安全文明施工费的计算方法为

$$安全文明施工费 = 计算基数 \times 安全文明施工费费率(\%) \tag{2-43}$$

计算基数应为定额基价(定额分部分项工程费+定额中可以计量的措施项目费)、定额人工费(或定额人工费+定额机械费),其费率由工程造价管理机构根据各专业工程的特点综合确定。

② 夜间施工增加费的计算方法为

$$夜间施工增加费 = 计算基数 \times 夜间施工增加费费率(\%) \tag{2-44}$$

③ 二次搬运费的计算方法为

$$二次搬运费 = 计算基数 \times 二次搬运费费率(\%) \tag{2-45}$$

④ 冬雨季施工增加费的计算方法为

$$冬雨季施工增加费 = 计算基数 \times 冬雨季施工增加费费率(\%) \tag{2-46}$$

⑤ 已完工程及设备保护费的计算方法为

$$已完工程及设备保护费 = 计算基数 \times 已完工程及设备保护费费率(\%) \tag{2-47}$$

上述②~⑤项措施项目的计费基数为定额人工费(或定额人工费+定额机械费),其费率由工程造价管理机构根据各专业工程特点和调查资料综合分析后确定。

2.3.3 其他项目费

1. 其他项目费的组成

其他项目费包括暂列金额、计日工、总承包服务费。

(1)暂列金额是指招标人在工程量清单中暂定并包括在工程合同价款中的一笔款项。用于施工合同签订时尚未确定或者不可预见的所需材料、工程设备、服务的采购,施工中可能发生的工程变更、合同约定调整因素出现时的工程价款调整以及发生的索赔、现场签证确认等的费用。

(2)暂估价是指招标人在工程量清单中提供的用于支付必然发生但暂时不能确定价格的材料的单价及专业工程的金额。包括材料暂估价、专业工程暂估价。

(3)计日工是指在施工过程中,完成发包人提出的施工图纸以外的零星项目或工作所需的费用。

(4)总承包服务费是指总承包人为配合协调发包人进行的工程分包自行采购的材料、工程设备等进行管理、服务以及施工现场管理、竣工资料汇总整理等服务所需的费用。

2. 计算方法

（1）暂列金额由招标人根据工程特点，按有关计价规定估算，施工过程中由发包人掌握使用、扣除。合同价款调整后如有余额，归发包人。

（2）为方便合同管理，需要纳入分部分项工程量清单综合单价中的暂估价应只是材料费，以方便投标人组价。

专业工程暂估价一般应是综合暂估价，应当包括除规费和税金以外的企业管理费、利润等费用。

（3）计日工由发包人和承包人按施工过程中的签证计价。

（4）总承包服务费由招标人在招标控制价中根据总包服务范围和有关计价规定编制，总承包人投标时自主报价，施工过程中按签约合同价执行。

2.3.4 规费和税金

规费和税金的定义及内容分别同 2.2.6 和 2.2.7。

建设单位和施工企业均应按照省、自治区、直辖市建设主管部门发布标准计算规费和税金，不得作为竞争性费用。

2.4 建筑安装工程计价程序

根据中华人民共和国住房城乡建设部及财政部印发的建标[2013]44号文，建筑安装工程计价程序如下。

建设单位工程招标控制价计价程序

工程名称：   标段：

序号	内容	计算方法	金额/元
1	分部分项工程费	按计价规定计算	
1.1			
1.2			
1.3			
1.4			
1.5			
2	措施项目费	按计价规定计算	
2.1	其中:安全文明施工费	按规定标准计算	
3	其他项目费		

续表

序号	内容	计算方法	金额/元
3.1	其中:暂列金额	按计价规定估算	
3.2	其中:专业工程暂估价	按计价规定估算	
3.3	其中:计日工	按计价规定估算	
3.4	其中:总承包服务费	按计价规定估算	
4	规费	按规定标准计算	
5	税金(扣除不列入计税范围的工程设备金额)	(1+2+3+4)×规定税率	
	招标控制价合计＝1+2+3+4+5		

施工企业工程投标报价计价程序

工程名称： 　　　　　　　　　　　　　　　　　　　　　标段：

序号	内容	计算方法	金额(元)
1	分部分项工程费	自主报价	
1.1			
1.2			
1.3			
1.4			
1.5			
2	措施项目费	自主报价	
2.1	其中:安全文明施工费	按规定标准计算	
3	其他项目费		
3.1	其中:暂列金额	按招标文件提供金额计列	
3.2	其中:专业工程暂估价	按招标文件提供金额计列	
3.3	其中:计日工	自主报价	
3.4	其中:总承包服务费	自主报价	
4	规费	按规定标准计算	
5	税金(扣除不列入计税范围的工程设备金额)	(1+2+3+4)×规定税率	
	投标报价合计＝1+2+3+4+5		

竣工结算计价程序

工程名称：　　　　　　　　　　　　　　　　　　　　　　　　　　　标段：

序号	汇总内容	计算方法	金额(元)
1	分部分项工程费	按合同约定计算	
1.1			
1.2			
1.3			
1.4			
1.5			
2	措施项目费	按合同约定计算	
2.1	其中：安全文明施工费	按规定标准计算	
3	其他项目费		
3.1	其中：专业工程结算价	按合同约定计算	
3.2	其中：计日工	按计日工签证计算	
3.3	其中：总承包服务费	按合同约定计算	
3.4	索赔与现场签证	按发承包双方确认数额计算	
4	规费	按规定标准计算	
5	税金(扣除不列入计税范围的工程设备金额)	(1＋2＋3＋4)×规定税率	
竣工结算总价合计＝1＋2＋3＋4＋5			

【思考题】

2-1　什么是人工费？它由哪几部分组成？

2-2　什么是材料费？它由哪几部分组成？

2-3　什么是机械费？它由哪几部分组成？

2-4　简述建设项目总投资的构成。

2-5　简述按照费用构成要素建筑安装工程费的构成。

2-6　简述按照工程造价形式建筑安装工程费的构成。

第 3 章　建筑工程造价计价依据

【学习要求】

了解建筑工程定额的特点、作用和分类;了解施工定额及企业定额的编制原则和编制方法;掌握预算定额消耗量指标的确定;熟悉预算定额编制的方法和步骤;掌握预算定额应用;了解概算定额、概算指标与投资估算指标;掌握施工资源单价的确定。

工程造价计价依据是指在编制投资估算、设计概算、施工图预算时,各项费用计取所依据的定额、计价规范、标准和费用构成、计费基数和费率。

根据建设程序各阶段所对应的工程造价文件,工程造价依据可分为以下几类。

(1) 与投资估算相对应的估算指标。
(2) 与设计概算相对应的概算定额和费用定额。
(3) 与施工图预算相对应的预算定额、建设工程工程量清单计价规范和费用定额。
(4) 与投标报价相对应的企业定额。
(5) 施工资源单价,包括人工、材料和机械台班的价格。

3.1　建筑工程定额概述

3.1.1　建筑工程定额的概念

建筑工程定额是工程建设中各类定额的总称。建筑工程定额是指在正常的施工条件和合理的劳动组织、合理使用材料及机械的条件下,完成单位合格产品所必须消耗资源的数量标准。其中的资源主要包括在建设生产过程中所投入的人工、机械、材料和资金等生产要素。建筑工程定额反映了建设工程投入与产出的关系,不仅规定了建设工程投入产出的数量标准,还规定了具体的工作内容、质量标准和安全要求。

定额中规定资源消耗的多少反映了定额水平,定额水平是一定时期社会生产力的综合反映。在制定建筑工程定额、确定定额水平时,要正确地、及时地反映先进的建筑技术和施工管理水平,以促进新技术的不断推广和提高以及施工管理的不断完善,达到合理使用建设资金的目的。

在社会主义市场经济条件下,建设工程定额的指令性降低,指导性增强。从发展趋势来看,随着工程造价领域工程量清单计价办法的开展,建筑企业可以根据自身技术专长、材料采购渠道和管理水平制定企业自己的定额,没有能力制定企业定额的,可以参考使用当地工程造价管理部门颁发的《消耗量定额》或《综合定额》。由此可见,在现阶段,各类定额仍是建设工程计价的主要依据之一。

建筑工程定额是建筑工程的施工定额、预算定额、概算定额和概算指标的统称。

3.1.2 建筑工程定额的特点

1. 科学性

建筑工程定额的科学性包括两重含义：一是指建筑工程定额和生产力发展水平相适应，反映出建设工程中生产消耗的客观规律；二是指建筑工程定额管理在理论、方法和手段上适应现代化科学技术和信息社会发展的需要。

2. 系统性

建筑工程定额是相对独立的系统，它是由多种定额结合而成的有机的整体。它的结构复杂、层次鲜明、目标明确，具有系统性的特点。

3. 统一性

建筑工程定额的统一性，主要是根据国家宏观调控职能决定的。为使国民经济按照预定的目标发展，就需要借助某些标准、定额、参数等对工程建设进行规划、组织、调节和控制。而这些标准、定额、参数必须在一定范围内是一种统一的尺度，才能利用它来对项目的决策、设计方案、投标报价、成本控制进行比选和评价。

4. 权威性

建筑工程定额具有权威性，这种权威性在一些情况下具有经济法规性质。权威性反映统一的意志和统一的要求，也反映信誉和信赖程度，并反映定额的严肃性。

5. 稳定性和时效性

建筑工程定额中的任何一种都是一定时期技术发展和管理水平的反映，因而在一段时间内都表现出稳定的状态。稳定的时间有长有短，一般在5～10年之间。保持定额的稳定性是维护定额的权威性所必需的，更是有效地贯彻定额所必需的。如果某种定额处于经常修改变动之中，那必然造成执行中的困难和混乱，使人们感到没有必要去认真对待它，很容易导致定额权威性的丧失。工程建设定额的不稳定也会给定额的编制工作带来极大的困难。但是建筑工程定额的稳定性是相对的，当生产力向前发展了，定额就会与已经发展了的生产力不相适应。这样，它原有的作用就会逐步减弱以至消失，需要重新编制或修订。

3.1.3 建筑工程定额的作用

定额是一切企业实行科学管理的必备条件，没有定额就没有企业的科学管理。建筑工程定额的作用主要表现在以下几个方面。

1. 定额有利于节约社会劳动和提高生产效率

第一，企业以定额作为促使工人节约社会劳动（工作时间、原材料等）和提高劳动效率、加快工作进度的手段，以增加市场竞争能力，获取更多的利润；第二，作为工程造价计算依据的各类定额，又促使企业加强管理，把社会劳动的消耗控制在合理的限度内；第三，作为项目决策依据的定额指标，又在更高的层次上促使项目投资者合理而有效地利用和分配社会劳动。这些都证明了定额在工程建设中节约社会劳动和优化资源配置的作用。

2. 定额有利于建筑市场公平竞争

定额所提供的准确信息，为市场需求主体和供给主体之间的竞争及供给主体和供给主体之间的公平竞争提供了有利条件。

3. 定额有利于市场行为的规范

定额既是投资决策的依据，又是价格决策的依据。对于投资者来说，可以利用定额权衡自己的财务状况和支付能力、预测资金投入和预期回报,还可以充分利用有关定额的大量信息,有效地提高其项目决策的科学性,优化其投资行为。对于建筑企业来说,企业在投标报价时,只有充分考虑定额的要求,作出正确的价格决策,才能占有市场竞争的优势,才能获得更多的工程合同。可见,定额在上述两个方面规范了市场主体的经济行为,对完善我国固定资产投资市场和建筑市场都能起到重要作用。

4. 定额有利于完善市场的信息系统

定额管理是对大量市场信息的加工,也是对大量信息进行市场传递,同时也是市场信息的反馈。信息是市场体系中不可缺少的要素,它的可靠性、完备性和灵敏性是市场成熟和市场效率的标志。在我国,以定额形式建立和完善市场信息系统,也是社会主义市场经济的特色。

3.1.4 建筑工程定额的分类

建筑工程定额的种类很多,可以按照不同的原则和方法对它进行科学的分类。

1. 按照定额反映的生产要素消耗内容分类(见图 3-1)

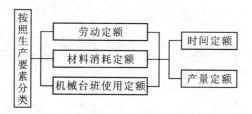

图 3-1 按照生产要素消耗内容分类

2. 按照编制程序和用途分类(见图 3-2)

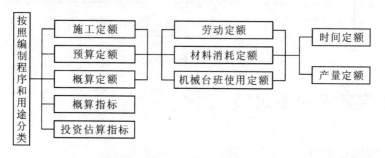

图 3-2 按照编制程序和用途分类

3. 按照投资的费用性质分类(见图 3-3)

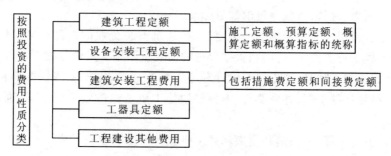

图 3-3 按照投资的费用性质分类

4. 按照专业性质分类（见图 3-4）

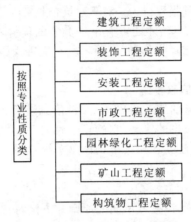

图 3-4　按照专业性质分类

5. 按照主编单位和管理权限分类（见图 3-5）

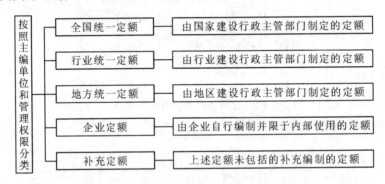

图 3-5　按照主编单位和管理权限分类

3.2　施工定额及企业定额

3.2.1　施工定额的概念

施工定额是指在正常的施工条件下，以施工工程为标定对象而规定的，完成单位合格产品所必需消耗的劳动力、材料、机械台班的数量标准。

施工定额是直接用于施工管理的一种定额，是建筑安装企业的内部定额。根据施工定额，可以计算不同工程项目的人工、材料和机械台班的需要量。施工定额是施工单位企业管理的基础之一，是企业编制施工预算、施工组织设计和施工作业计划，签发工程任务单和限额领料单，实行经济核算，结算计件工资，计发奖金，考核基层施工单位经济效果的依据，也是制定预算定额的基础。

施工定额由劳动定额、材料消耗定额和施工机械台班使用定额组成。

3.2.2 施工定额的编制原则

为保证施工定额的编制质量,编制定额时要遵循定额水平平均先进和定额结构形式简明适用的原则。

1. 定额水平要平均先进

施工定额水平是指定额的劳动力、材料和施工机械台班的消耗标准。施工定额水平的确定,必须符合平均先进的原则。也就是说,在正常的施工条件下,经过努力,多数人可以达到或者超过、少数人可以接近的定额水平。

2. 定额的结构形式简明适用

所谓简明适用,是指定额结构合理,定额步距大小适当,文字通俗易懂,计算方法简便,易为群众掌握,具有多方面的适应性,能在较大的范围内,满足不同的情况、不同用途的需要。

3.2.3 施工定额人工消耗量的确定

施工定额人工消耗量指标是通过劳动定额的制定确定的。

1. 劳动定额概述

(1) 劳动定额的概念。劳动定额是指在一定的生产组织和生产技术条件下,完成单位合格产品所必需的劳动消耗标准。劳动定额是人工消耗定额,又称人工定额。因为劳动消耗定额是采用技术分析的方法制定的,所以又叫技术定额或时间技术定额。

(2) 劳动定额的表现形式。劳动定额根据表现形式分为两种,即时间定额和产量定额。

① 时间定额是指在一定的生产技术和生产组织下,某工种、某技术等级的工人小组或个人,完成单位合格产品所必需消耗的工作时间。

$$单位产品时间定额 = \frac{1}{每工日产量} \tag{3-1}$$

或

$$单位产品时间定额 = \frac{小组成员工日数总和}{小组台班产量} \tag{3-2}$$

时间定额以工日为单位,根据现行的劳动制度,每工日的工作时间为 8 小时。

② 产量定额是指在一定的生产技术和生产组织下,某工种、某技术等级的工人小组或个人,在单位时间内所应该完成的合格产品的数量。

$$每工日产量 = \frac{1}{单位产品时间定额} \tag{3-3}$$

或

$$小组台班产量 = \frac{小组成员工日数总和}{单位产品时间定额} \tag{3-4}$$

时间定额和产量定额互为倒数,即

$$时间定额 = \frac{1}{产量定额} \tag{3-5}$$

或

$$时间定额 \times 产量定额 = 1 \tag{3-6}$$

2. 劳动定额制定的方法

劳动定额制定的方法有四种,即经验估工法、统计分析法、比较类推法和技术测定法。

1) 经验估工法

经验估工法是由定额人员、工程技术人员和工人三者结合,根据个人或集体的实践经验,经过图纸分析和现场观察,了解施工工艺,分析施工的生产技术组织条件和操作方法的繁简难易等情况,进行座谈讨论,从而制定劳动定额的方法。

运用经验估工法制定定额,应以工序(或单项产品)为对象,将工序分为操作(或动作),分别测算出操作(或动作)的基本工作时间,然后考虑辅助工作时间、准备时间、结束时间和休息时间,经过综合整理,并对整理结果予以优化处理,即得出该工序(或产品)的时间定额或产量定额。

这种方法的优点是方法简单,速度快。缺点是容易受参加人员的主观因素和局限性影响,使制定出来的定额出现偏高或偏低的现象。因此,经验估工法只适用于企业内部,作为某些局部项目的补充定额。

2) 统计分析法

统计分析法就是把过去施工中同类工程或同类产品的工时消耗的统计资料,与当前生产技术组织条件的变化因素结合在一起进行研究,以制定劳动定额的方法。

由于统计分析资料反映的是工人过去已经达到的水平,在统计时没有也不可能剔除施工过程中的不合理的因素,因而这个水平一般偏于保守。为了克服统计分析资料的这个缺陷,使确定出来的定额保持平均先进的水平,可以采用"二次平均法"计算平均先进值作为确定定额水平的依据。其步骤为:① 剔除统计资料中特别偏高、偏低的明显的不合理的数据;② 计算平均数;③ 计算平均先进值。

对于时间定额,平均值与数列中小于平均值的各数值的平均值相加;对于产量定额,平均值与大于平均值的各数值的平均值相加,再求其平均数,亦即第二次平均,以此作为确定定额水平的依据。

用统计分析法得出的结果,一般偏于先进,可能大多数工人达不到,不能较好地体现平均先进的原则。还可推荐一种概率测算法,即以渴望有多少百分比的工人可达到或超过定额作为确定定额水平的依据。具体步骤为:① 确定有效数据;② 计算工时消耗的平均值;③ 计算工时消耗数组的均方差;④ 运用正态分布确定定额水平。

3) 比较类推法

比较类推法又叫典型定额法,是以同类型、相似类型产品或工序的典型定额项目的定额水平为标准,经过分析比较,类推出同一组定额中相邻项目定额水平的方法。这种方法简便,工作量小,只要典型定额选择恰当,切合实际,具有代表性,类推出的定额一般比较合理,适用于同类型规格多、批量小的施工过程。为了提高定额水平的精确度,通常采用主要项目作为典型定额来类推。

比较类推法常用的有比例数示法和坐标图示法两种。

4) 技术测定法

技术测定法是根据先进合理的生产(施工)技术、操作工艺、劳动组织和正常的生产(施工)条件,对施工过程中的具体活动进行实地观察,详细记录施工的工人和机械的工作时间消耗、完成产品的数量及有关影响因素,将记录的结果加以整理,客观分析各种因素对产品的工作时间消耗的影响,据此进行取舍,以获得各个项目的时间消耗资料,从而制定劳动定额的方法。

这种方法有较高的准确性和科学性,是制定新定额和典型定额的主要方法。

根据施工过程的特点和技术测定的目的、对象和方法的不同,技术测定法又可以分为测时法、写实记录法、工作日写实法和简易测定法四种。

3.2.4 施工定额材料消耗量的确定

1. 材料消耗定额概述

1）材料消耗定额的概念

施工材料消耗定额是指在合理和节约使用材料的条件下,生产单位合格产品所必需消耗的一定品种、规格的原材料、燃料、半成品、配件和水、动力等资源的数量标准,也是施工企业核算材料消耗、考核材料节约或浪费的指标。

2）材料消耗定额的组成

单位合格产品所消耗的材料数量,由生产单位合格产品的材料净耗量和合理的损耗量两部分组成,即

$$材料消耗量 = 净耗量 + 损耗量$$

损耗量是指材料从现场仓库领出,到完成合格产品的过程中的合理的损耗数量。包括场内搬运的合理损耗、加工制作的合理损耗和施工操作损耗等。

材料的损耗一般以损耗率表示,材料损耗率有两种不同含义,由此材料的消耗量计算有两个不同的公式,即

$$材料损耗率 = \frac{材料损耗量}{材料净用量} \times 100\% \tag{3-7}$$

或

$$材料消耗量 = 材料净用量 \times (1 + 材料损耗率) \tag{3-8}$$

材料、成品、半成品损耗率见表3-1。

表3-1 材料、成品、半成品损耗率参考表　　　　单位:%

材料名称	工程项目	损耗率	材料名称	工程项目	损耗率
标准砖	基础	0.4	石灰砂浆	抹墙及墙裙	1
标准砖	实砖墙	1	水泥砂浆	抹天棚	2.5
标准砖	方砖柱	3	水泥砂浆	抹墙及墙裙	2
多孔砖	墙	1	水泥砂浆	地面、屋面	1
白瓷砖	墙面	2.5	混凝土(现浇)	地面	1
陶瓷锦砖	墙面、马赛克	1.5	混凝土(现浇)	其余部分	1.5
铺缸砖	地面	1.5	混凝土(预制)	梁、柱、屋架	1.5
砂	混凝土工程	1.5	混凝土(预制)	其余部分	3
砾石	混凝土工程	2	钢筋综合	灌注桩	2
生石灰			铁件	成品	
水泥		1	钢材综合	钢结构	6
砌筑砂浆	实心砖砌体	1	木材	门窗框、扇	6
混合砂浆	抹墙及墙裙	2	木材	龙骨	3
混合砂浆	抹天棚	3	玻璃	安装	3
石灰砂浆	抹天棚	1.5	石油沥青	操作	1

产品中的材料净用量可以根据产品的设计图纸计算求得,只要已知生产某种产品的某种材料的损耗率,就可以计算出该单位产品材料的消耗数量。

3) 材料消耗定额的作用

材料是完成产品的物化劳动过程的物质条件,在建筑工程中,所用的材料品种繁多,耗用量大,在一般的工业与民用建筑工程中,材料费用占整个工程造价的60%~70%,因此,合理使用材料,降低材料消耗,对于降低工程成本具有举足轻重的意义。材料消耗定额的具体作用如下:

① 材料消耗定额是施工企业确定材料需要量和储备量的依据;

② 材料消耗定额是企业编制材料需用量计划的基础;

③ 材料消耗定额是施工队对工人班组签发限额领料的依据,也是考核、分析班组材料使用情况的依据;

④ 材料消耗定额是进行材料核算,推行经济责任制,促进材料合理使用的重要手段。

2. 材料消耗定额的制定方法

施工中使用的材料根据性质可以分为直接性材料和周转性材料。

直接性材料也叫实体性材料,在施工过程中一次性消耗并且构成工程实体,如水泥、钢材、木材、砖、瓦、砂石等。

周转性材料在施工的过程中可多次使用,反复周转,但是不构成工程实体,如各种模板、活动支架、脚手架、挡土板等。

1) 直接性材料消耗定额的制定

在施工过程中的直接性材料消耗,可以分为两类:一类是在合理与节约使用材料的条件下,完成单位合格产品所必需消耗的材料数量;另一类是可以避免的材料损失。材料消耗定额不应包括可以避免的材料损失。

编制直接性材料消耗定额的方法有四种:观察法、试验法、统计法和计算法。

(1) 观察法也称施工实验法,是指在施工现场对某一产品的材料消耗量进行实际测算,通过对产品数量、材料消耗量和材料净耗量的计算,确定该单位产品的材料消耗量或损耗率的方法。

用观察法制定材料消耗定额时,所选用的观察对象应该符合下列要求:① 建筑物应具有代表性;② 施工方法应符合操作规范的要求;③ 建筑材料的品种、规格、质量应符合技术、设计要求;④ 被观测的对象在节约材料和保证产品质量等方面有较好的成绩。

同时,还要做好观察前的技术准备和组织准备工作。包括被测定材料的性质、规格、质量、运输条件、运输方法、堆放地点、堆放方法及操作方法,并准备标准桶、标准运输工具和标准运输设备等;事先与工人队组联系,说明观测的目的和要求,以便在观察中及时测定材料消耗的数量、完成产品的数量及损耗量、废品数量等。

(2) 试验法是指通过专门的仪器和设备在实验室内确定材料消耗定额的一种方法。这种方法适用于能在实验室条件下进行测定的塑性材料和液体材料,常见的有混凝土、砂浆、沥青玛蹄脂、油漆涂料、防腐剂等。

由于在实验室内比施工现场具有更好的工作条件,所以能够更深入、详细地研究各种因素对材料消耗的影响,从中得出比较准确的数据。但是,在实验室中,无法充分估计到施工现场中某些外界因素对材料消耗的影响,因此,要求实验室条件尽可能与施工过程中的正常施工条件相一致,同时在测定后用观察法进行审核和修订。

(3) 统计法是指在施工过程中,对分部分项工程拨发的各种材料数量、完成的产品数量和竣工后剩余的材料数量,进行统计、分析、计算来确定材料消耗定额的方法。这种方法简便易行,不需组织专人观测和试验,但应注意统计资料的真实性和系统性,要有准确的领退料统计数据和完成工程量的统计资料。统计对象也应加以认真选择,并注意和其他方法结合起来使用,以提高所拟定定额的准确程度。

(4) 计算法是指根据施工图纸和其他技术资料,用理论公式计算出产品材料的净用量,从而制定出材料的消耗定额的方法。这种方法主要适用于制定块状、板状和卷筒状产品(如砖、钢材、玻璃、油毡等)的材料消耗量定额。

① 每立方米砖砌体材料消耗量的计算。

$$1 \text{ m}^3 \text{ 墙体标准砖净用量(块)} = \frac{\text{墙厚砖数} \times 2}{\text{墙厚} \times (\text{砖长} + \text{灰缝}) \times (\text{砖厚} + \text{灰缝})} \quad (3\text{-}9)$$

$$1 \text{ m}^3 \text{ 墙体标准砖消耗量(块)} = \frac{\text{砖净用量}}{1 - \text{损耗率}} \quad (3\text{-}10)$$

$$1 \text{ m}^3 \text{ 墙体砂浆消耗量}(\text{m}^3) = \frac{1 - \text{砖净用量} \times \text{每块砖体积}}{1 - \text{损耗率}} \quad (3\text{-}11)$$

经计算,每块标准砖体积为 $0.001\ 462\ 8 \text{ m}^3$;灰缝为 0.01 m;墙厚砖数见表 3-2。

表 3-2 墙厚砖数

墙厚砖数	$\frac{1}{2}$	$\frac{3}{4}$	1	$1\frac{1}{2}$	2
墙厚/m	0.115	0.18	0.24	0.365	0.49

【例题一】 计算 $1\frac{1}{2}$ 标准砖外墙每立方米砌体中砖和砂浆的消耗量。砖与砂浆损耗率见表 3-1。

【解】 $$\text{砖净用量} = \frac{1.5 \times 2}{0.365 \times (0.24 + 0.01) \times (0.053 + 0.01)} \text{ 块} = 522 \text{ 块}$$

$$\text{砖消耗量} = \frac{522}{1 - 1\%} \text{ 块} = 528 \text{ 块}$$

$$\text{砂浆消耗量} = \frac{1 - 522 \times 0.24 \times 0.115 \times 0.053}{1 - 1\%} \text{ m}^3 = 0.239 \text{ m}^3$$

② 每 100 m^2 块料面层材料消耗量计算。块料面层一般指瓷砖、锦砖、预制水磨石、大理石等。通常以 100 m^2 为计量单位,其计算公式如下

$$100 \text{ m}^2 \text{ 块料面层净用量} = \frac{100}{(\text{块料长} + \text{灰缝}) \times (\text{块料宽} + \text{灰缝})} \quad (3\text{-}12)$$

$$100 \text{ m}^2 \text{ 块料面层消耗量} = \frac{\text{面层净用量}}{1 - \text{损耗率}} \quad (3\text{-}13)$$

【例题二】 彩色地面砖规格为 $200 \text{ mm} \times 200 \text{ mm}$,灰缝 1 mm,其损耗率为 1.5%,试计算 100 m^2 地面砖消耗量。

【解】 $$\text{彩色地面砖净用量} = \frac{100}{(0.2 + 0.001) \times (0.2 + 0.001)} \text{ 块} = 2\ 476 \text{ 块}$$

$$彩色地面砖消耗量 = \frac{2\,476}{1-0.015} 块 = 2\,514 块$$

上述四种建筑材料消耗量定额的制定方法,都有一定的优缺点,在实际工作中应根据所测定的材料的不同,分别选择其中的一种或两种以上的方法结合使用,来制定直接性材料的消耗量定额。

2) 周转性材料消耗定额的制定

周转性材料的消耗定额,应按照多次使用、分次摊销的方法确定。周转性材料使用一次,在单位产品上的消耗量,称为摊销量。以模板为例,在具体确定的过程中,现浇构件和预制构件模板摊销量的确定不同。

(1) 现浇钢筋混凝土模板摊销量。

① 材料一次使用量是指为完成定额单位合格产品,周转性材料在不重复使用条件下的一次性用量,通常根据选定的结构设计图纸进行计算。

$$\frac{一次}{使用量} = \frac{每\,10\,m^3\,混凝土和模板接触面积 \times 每\,m^2\,接触面积模板用量}{1-模板制作及安装损耗率} \tag{3-14}$$

② 材料周转次数是指周转性材料从第一次使用起,到报废为止,可以重复使用的次数。一般采用现场观察法或统计分析法来测定材料周转次数,或查相关手册。

③ 材料补损量是指周转使用一次后,由于损坏需补充的数量,也就是在第二次和以后各次周转中为了修补难以避免的损耗所需要的材料消耗,通常用补损率来表示。

补损率的大小主要取决于材料的拆除、运输和堆放的方法及施工现场的条件。在一般情况下,补损率要随周转次数增多而加大,所以一般采取平均补损率来计算。

$$平均补损率 = \frac{平均每次损耗量}{一次使用量} \times 100\% \tag{3-15}$$

④ 材料周转使用量是指周转性材料在周转使用和补损条件下,每周转使用一次平均所需的材料数量。一般应按材料周转次数和每次周转发生的补损量等因素,计算出生产一定单位结构构件的材料周转使用量。

$$周转使用量 = \frac{一次使用量 + 一次使用量 \times (周转次数 - 1) \times 补损率}{周转次数}$$

$$= 一次使用量 \times \frac{1 + (周转次数 - 1) \times 补损率}{周转次数} \tag{3-16}$$

⑤ 材料回收量是指在一定周转次数下,每周转使用一次平均可以回收材料的数量。

$$回收量 = \frac{一次使用量 - 一次使用量 \times 补损率}{周转次数}$$

$$= 一次使用量 \times \frac{1 - 补损率}{周转次数} \tag{3-17}$$

⑥ 材料摊销量是指周转性材料在重复使用条件下,应分摊到每一计量单位结构构件的材料消耗量。这是应纳入定额的实际周转性材料消耗数量。

$$摊销量 = 周转使用量 - 回收量 \tag{3-18}$$

式中:周转使用量——平均每周转一次的模板用量;

回收量——平均到每周转一次的模板回收数量。

$$一次使用量 = \frac{每 100\ m^2\ 混凝土构件模板接触面积}{} \times 每 1\ m^2\ 接触面积模板用量 \times (1 + 损耗率) \quad (3-19)$$

式中：一次使用量——第一次投入使用的模板数量；

周转次数——模板可以重复使用的次数；

损耗率——每周转一次因损坏不能重复使用，必须另做补充的数量占一次用量的百分比，又称平均每次周转补损率。

(2) 预制构件模板摊销量的计算。由于预制构件厂的施工条件（包括支模和拆模条件）近似理想状态，所以，预制构件的每次安拆损耗都很小，在计算模板消耗量时，可以不考虑补损和回收，故其摊销量可以按多次使用，平均摊销的方法计算。

$$摊销量 = \frac{一次使用量}{周转次数} \quad (3-20)$$

3.2.5 施工定额机械台班消耗量的确定

1. 施工机械台班定额的概念

(1) 施工机械台班定额的概念。

施工机械台班定额是指在合理使用机械和合理的施工组织条件下，完成单位合格产品所必需消耗的机械台班数量标准。

施工机械台班定额是编制机械需用量计划和考核机械效率的依据，也是对操作机械的工人班组签发施工任务书、实行计件奖励的依据。一个台班是指工人使用一台机械工作8个小时。一个台班的工作既包括机械的运行，也包括工人的劳动。

(2) 施工机械台班定额的表现形式。

① 机械台班的时间定额是指在合理的劳动组织与合理使用机械的条件下，某种机械生产单位合格产品所必须消耗的台班数量。可以按下式计算

$$机械台班时间定额 = \frac{1}{机械台班产量定额} \quad (3-21)$$

② 机械台班的产量定额是指在合理的劳动组织和合理使用机械的条件下，某种机械在一个台班时间内所应完成的合格产品的数量。可以按下式计算

$$机械台班产量定额 = \frac{1}{机械台班时间定额} \quad (3-22)$$

由此可以看出，机械台班的时间定额和产量定额互为倒数关系。

③ 机械和人共同工作时的人工时间定额。由于机械必须由工人小组来操作，所以，必须列出完成单位合格产品的人工时间定额。

$$\begin{aligned}单位产品人工时间定额 &= 小组定员人数 \times 机械台班时间定额 \\ &= \frac{小组定员人数}{机械台班产量定额}\end{aligned} \quad (3-23)$$

$$\begin{aligned}某工种人工时间定额 &= 某工种工人数 \times 机械台班时间定额 \\ &= \frac{某工种工人数}{机械台班产量定额}\end{aligned} \quad (3-24)$$

2. 施工机械台班定额的制定方法

1) 确定机械正常的施工条件

机械正常施工条件的确定,主要应根据机械施工过程的特点,并充分考虑机械性能及装置的不同。其具体内容包括:① 施工对象的类别和质量要求;② 使用的材料名称和种类;③ 选用的机械型号及性能;④ 主要的施工操作方法和程序;⑤ 合理的劳动组织和正常的工作地点等。

在拟定合理的劳动组织时,应根据施工机械的性能和设计能力、工人的专业分工和劳动工效,确定直接操纵机械的工人(如司机、维修工)与配合机械工作的其他工人(如混凝土搅拌机装料、卸料的工人)的合理配备,并确定正常的编制人数。在确定正常的工作地点时,应对施工地点机械、材料和构件堆放的位置及工人从事操作的条件,做出科学合理的平面布置和空间安排,使之有利于机械运转和工人操作,有利于充分利用工时,最大限度地发挥机械的效能。

2) 确定机械定额时间组成

机械的定额时间,可以分为净工作时间和其他工作时间两类。净工作时间是指工人利用机械对劳动对象进行加工,用于完成基本操作所消耗的时间,它与完成产品的数量成正比。主要包括机械的有效工作时间、机械在工作中循环的不可避免的无负荷的空转时间、与操作有关的循环的不可避免的中断时间。净工作时间以外的定额时间,即其他工作时间。

通过确定净工作时间的具体数值或其与工作班延续时间的比值,可以确定出机械的定额时间。机械净工作时间与工作班延续时间的比值,通常被称为机械时间利用系数。

$$K_B = \frac{t}{T} \tag{3-25}$$

式中: K_B——机械时间利用系数;
  t——机械净工作时间;
  T——工作班延续时间。

3) 确定机械净工作 1 小时的效率

建筑机械可以分为循环动作的机械和连续动作的机械两大类型。在确定机械净工作 1 小时的效率时,需要对这两种机械分别进行分析。

(1) 循环动作的机械。循环动作的机械净工作 1 小时的生产率(N_h)可由下式计算

$$N_h = n \cdot m \tag{3-26}$$

式中: n——该机械净工作 1 小时的正常循环次数;
  m——每一次循环中所生产的产品数量。

(2) 连续动作的机械。连续动作的机械净工作 1 小时的生产率(N_h),主要是根据机械性能来确定。在一定条件下,N_h 通常是一个比较稳定的数值,可由下式计算

$$N_h = \frac{m}{t} \tag{3-27}$$

式中: m——在 t 小时内完成的产品数量,常通过实验或实际观察获得。

4) 确定机械台班定额

机械台班产量定额($N_{台班}$),等于该机械工作 1 小时的生产率(N_h)乘以工作班的延续时间 T(一般都是 8 小时),再乘以台班时间利用系数(K_B),即

$$N_{台班} = N_h \cdot T \cdot K_B \tag{3-28}$$

对于某些一次循环时间大于 1 小时的机械施工过程,就不必计算净工作 1 小时生产率,可以直接用一次循环时间 t,求出台班循环次数(T/t),再根据每次循环的产品数量(m),确定其台

班产量定额。计算公式如下

$$N_{台班} = \frac{T}{t} \cdot m \cdot K_B \tag{3-29}$$

3.2.6 施工定额的内容和应用

1. 施工定额的主要内容

施工定额是由总说明和分册章节说明、定额项目表以及有关的附录、加工表等三部分内容组成的。

(1) 总说明和分册章节说明。

总说明包括说明该定额的编制依据、适用范围、工程质量要求,各项定额的有关规定及说明,以及编制施工预算的若干说明。

分册章节说明,主要说明本册章节定额的工作内容、施工方法、有关规定及说明,工程量计算规则等内容。

(2) 定额项目表。

定额项目表由完成本定额子目的工作内容、定额表、附注组成,以干粘石为例,见表3-3。

① 工作内容指除说明规定的工作内容外,完成本定额子目另外规定的工作内容,通常列在定额表上端。

② 定额表由定额编号、定额项目名称、计量单位及工料消耗指标组成。

③ 附注。某些定额项目设计有特殊要求需要单独说明,写入附注内,通常列在定额表下端。

表 3-3 干粘石

工作内容:包括清扫、打底、弹线、嵌条、筛洗石渣、配色、抹光、起线、粘石等　　　单位:10 m²

编号	项目			人工			水泥	砂	石渣	107胶	甲基硅醇钠
				综合	技工	普工	kg				
147	墙面、墙裙			$\frac{2.62}{0.38}$	$\frac{2.08}{0.48}$	$\frac{0.54}{1.85}$	92	324	60		
148	混凝土墙面	不打底	干粘石	$\frac{1.85}{0.54}$	$\frac{1.48}{0.68}$	$\frac{0.37}{2.7}$	53	104	60	0.26	
149			机喷石	$\frac{1.85}{0.54}$	$\frac{1.48}{0.68}$	$\frac{0.37}{2.7}$	49	46	60	4.25	0.4
150	柱		方柱	$\frac{3.96}{0.25}$	$\frac{3.1}{0.32}$	$\frac{0.86}{1.16}$	96	340	60		
151			圆柱	$\frac{4.21}{0.24}$	$\frac{3.24}{0.31}$	$\frac{0.97}{1.03}$	92	324	60		
152	窗盘心			$\frac{4.05}{0.25}$	$\frac{3.11}{0.32}$	$\frac{0.94}{1.06}$	92	324	60		

注:① 墙面(裙)、方柱以分格为准,不分格者,综合时间定额乘0.85;
② 窗盘心以起线为准,不带起线者,综合时间定额乘0.8。

(3) 附录及加工表。

附录一般放在定额分册说明之后,包括名词解释、图示及有关参考资料。例如,材料消耗计算附表,砂浆、混凝土配合比表等。

加工表是指在执行某定额项目时,在相应的定额基础上需要增加工日的数量表。

2. 施工定额的应用

要正确使用施工定额,首先要熟悉定额编制总说明,册、章、节说明及附注等有关文字说明部分,以便了解定额项目的工作内容、有关规定及说明、工程量计算规则、施工操作方法等。施工定额一般可直接套用,但有时需要换算后才可套用。

(1) 直接套用定额。

当设计要求与施工定额表的工作内容完全一致时,可直接套用定额。

(2) 施工定额的换算。

当设计要求与定额项目内容不符时,按附注、加工表的有关说明和规定换算定额。

3.2.7 企业定额

1. 企业定额的概念

企业定额是指建筑安装企业根据本企业的技术和管理水平,编制完成单位合格产品所必需的人工、材料和施工机械台班的消耗量,以及其他生产经营要素消耗的数量标准。

企业定额反映企业的施工生产与生产消费之间的数量关系,是施工企业生产力水平的体现,每个企业均应拥有反映自己企业生产水平的企业定额。企业的技术和管理水平不同,企业定额的水平也就不同。因此,企业定额是施工企业进行施工管理和投标报价的基础和依据,从一定意义上讲,企业定额是企业的商业秘密,是企业参与市场竞争的核心竞争能力的具体表现。

企业定额在不同的历史时期有着不同的概念。在计划经济时期,"企业定额"也称"临时定额",是国家统一定额或地方定额中缺项定额的补充,它仅限于企业内部临时使用,而不是一级管理层次。在市场经济条件下,"企业定额"有着新的概念,它是参与市场竞争、自主报价的依据。《建筑工程施工发包与承包计价管理办法》(中华人民共和国建设部令第107号)第七条第二款规定:"投标报价应当依据企业定额和市场价格信息,并按照国务院和省、自治区、直辖市人民政府建设行政主管部门发布的工程造价计价办法进行编制。"

目前,大部分施工企业是以国家或行业制定的预算定额作为施工管理、工料分析和施工成本计算的依据。随着市场改革的不断深入和发展,施工企业可以参照预算定额和基础定额,逐步建立起反映企业自身施工管理水平和技术装备程度的企业定额。

2. 企业定额的特点

作为企业定额,必须具备以下特点。

(1) 各项平均消耗要比社会平均水平低,体现其先进性。

(2) 可以表现本企业在某些方面的技术优势。

(3) 可以表现本企业局部或全面管理方面的优势。

(4) 所有匹配的单价都是动态的,具有市场性。

(5) 与施工方案能全面接轨。

3. 企业定额编制的原则

(1) 平均先进性原则。

所谓平均先进水平,就是在正常的施工条件下,大多数施工队组和大多数生产者经过努力能够达到和超过的水平。平均先进是就定额的水平而言,定额水平是指规定消耗在单位产品上的劳动、机械和材料数量的多少。也可以说,它是按照一定施工程序和工艺条件规定的施工生产中活劳动和物化劳动的消耗水平。

企业定额应以企业平均先进水平为基准,制定企业定额,使多数单位和员工经过努力,能够达到或超过企业平均先进水平,以保持定额的先进性和可行性。

(2) 简明适用性原则。

简明适用是就企业定额的内容和形式而言,要便于定额的贯彻和执行。制定企业定额的目的是适用于企业内部管理,具有可操作性。

贯彻定额的简明适用性原则,关键要做到定额项目设置完全,项目划分粗细适当。还应正确选择产品和材料的计量单位,适当利用系数,并辅以必要的说明和附注。总之,贯彻简明适用性原则,要努力使施工定额达到项目齐全、粗细恰当、步距合理。

(3) 以专家为主,专群结合编制定额的原则。

编制企业定额,要以专家为主,这是实践经验的总结。企业定额的编制要求有一支经验丰富、技术与管理知识全面、有一定政策水平的稳定的专家队伍,同时也要注意必须走群众路线,尤其是在现场测试和组织新定额试点时,这一点非常重要。

(4) 独立自主的原则。

企业独立自主地制定定额,主要是自主地确定定额水平,自主地划分定额项目,自主地根据需要增加新的定额项目。但是,企业定额毕竟是一定时期企业生产力水平的反映,它不可能也不应该割断历史。因此,企业定额应是对国家、部门和地区的原有施工定额的继承和发展。

(5) 时效性原则。

企业定额是一定时期内技术发展和管理水平的反映,所以在一段时期内表现出稳定的状况。这种稳定性又是相对的,它还有显著的时效性。如果当企业定额不再适应市场竞争和成本监控的需要时,它就要重新编制和修订,否则,会挫伤群众的积极性,甚至产生负效应。

(6) 保密原则。

企业定额的指标体系及标准要严格保密。建筑市场强手林立,竞争激烈。就企业现行的定额水平,工程项目在投标中如被竞争对手获取,会使本企业陷入十分被动的境地,给企业带来不可估量的损失,所以,企业要有自我保护意识和相应的加密措施。

4. 企业定额的编制方法

编制企业定额最关键的工作是确定人工、材料和机械台班的消耗量,计算分项工程单价或综合单价。

人工消耗量的确定,首先是根据企业环境,拟定正常的施工作业条件,分别计算测定基本用工和其他用工的工日数,进而拟定施工作业的定额时间。

材料消耗量的确定是通过企业历史数据的统计分析、理论计算、实验室试验、实地考察等方法计算确定材料包括周转材料的净用量和损耗量,从而拟定材料消耗的定额指标。

机械台班消耗量的确定,同样需要按照企业的环境,拟定机械工作的正常施工条件,确定机械工作效率和利用系数,据此拟定施工机械作业的定额台班与机械作业相关的工人小组的定额时间。

实际编制时可以参照施工定额中人工、材料、机械台班定额的确定方法。

3.3 预算定额

3.3.1 预算定额概述

1. 预算定额的概念

预算定额是以分部分项工程为研究对象,在正常的施工技术和合理的劳动组织条件下,完成单位合格产品所需要消耗的人工、材料、机械台班及货币的数量标准。

预算定额由国家或地区行业主管部门制定发布。在现阶段,预算定额仍然是工程建设经济管理的重要工具之一。

预算定额是工程建设中的一项重要的技术经济文件,它的各项指标,反映了在完成规定计量单位、符合设计标准和施工及验收规范要求的分项工程消耗的活化劳动和物化劳动的数量限度。这种限度最终决定着单项工程和单位工程的成本和造价。

在编制施工图预算时,需要按照施工图纸和工程量计算规则计算工程量,还需要借助于某些可靠的参数计算人工、材料、机械台班的耗用量,并在此基础上计算出资金的需要量,计算出建筑安装工程的价格。

在我国,现行的工程建设概、预算制度规定了通过编制概算和预算确定造价,概算定额、概算指标、预算定额等则为计算人工、材料、机械台班耗用量提供了统一的可靠参数。同时,现行制度还赋予了概、预算定额相应的权威性,使之成为建设单位和施工企业之间建立经济关系的重要基础。

2. 预算定额的作用

(1) 预算定额是编制施工图预算、确定建筑安装工程造价的基础。
(2) 预算定额是编制施工组织设计的依据。
(3) 预算定额是工程结算的依据。
(4) 预算定额是施工单位进行经济活动分析的依据。
(5) 预算定额是编制概算定额的基础。
(6) 预算定额是合理编制招标标底、投标报价的基础。

3.3.2 预算定额与施工定额的关系

预算定额和施工定额既有联系又有区别。两种定额之间的联系,表现在预算定额是以施工定额为基础编制的。两种定额之间的区别,表现在以下几个方面。

(1) 两种定额的作用不同。预算定额用来确定工程造价,属于计价定额;施工定额则用于施工管理。

(2) 预算定额的编制，不能简单地套用施工定额，必须考虑到它比施工定额包含了更多可变的因素，需要保留一个合理的幅度差。

(3) 预算定额和施工定额的定额水平不同。预算定额资源消耗量的确定，采用的是社会平均水平，而施工定额资源消耗量的确定，则是平均先进水平。

3.3.3 预算定额的编制

1. 预算定额的编制原则

为保证预算定额的编制质量，充分发挥预算定额的作用，便于实际使用，在编制工作中应遵循以下原则。

(1) 社会平均的定额水平。

(2) 定额形式简明适用。

(3) 坚持统一性和差别性相结合。

2. 预算定额的编制依据

编制预算定额的依据主要有以下内容。

(1) 现行劳动定额和施工定额。预算定额是在现行劳动定额和施工定额的基础上编制的。预算定额中人工、材料、机械台班消耗水平，需要根据劳动定额或施工定额取定；预算定额中计量单位的选择，也要以施工定额为参考，从而保证两者的协调和可比性，减轻预算定额的编制工作量，缩短编制时间。

(2) 现行设计规范、施工及验收规范、质量评定标准和安全操作规程。预算定额在确定人工、材料、机械台班消耗数量时，必须考虑上述各项规范的要求和规定。

(3) 具有代表性的典型工程施工图及有关标准图。在编制定额时，应对这些图纸仔细进行分析研究，并计算出工程数量，作为编制定额时选择施工方法、确定定额含量的依据。

(4) 新技术、新结构、新材料和先进的施工方法等。这类资料是调整定额水平和增加新的定额项目所必需的依据。

(5) 有关科学实验、技术测定的统计及经验资料。这类工作是确定定额水平的重要依据。

(6) 现行的预算定额、材料预算价格及有关文件规定等。包括过去定额编制过程中积累的基础资料，也是编制预算定额的依据和参考。

3.3.4 预算定额消耗量指标的确定

预算定额编制的核心工作，就是定额资源消耗量的确定，定额资源消耗量指标包括人工工日消耗量、材料消耗量和机械台班消耗量。

1. 人工工日消耗量指标的确定

人工的工日消耗量可以由两种方法确定：一种是以劳动定额为基础确定；另一种是以现场观察测定资料为基础确定。遇到劳动定额缺项时，采用现场工作日写实等测时方法确定和计算定额的人工消耗量。

预算定额中人工工日消耗量，是指在正常施工条件下，生产单位合格产品所必需消耗的人工工日数量，是由分项工程所综合的各个工序劳动定额包括的基本用工、其他用工两部分组成的。

(1) 基本用工。

基本用工指完成单位合格产品所必须消耗的技术工种用工。按技术工种相应劳动定额工时定额计算,以不同工种列出定额工日。基本用工包括以下内容。

① 完成定额计量单位的主要用工。按综合取定的工程量和相应劳动定额进行计算。计算公式如下

$$主要用工 = \sum (综合取定的工程量 \times 劳动定额) \tag{3-30}$$

② 按劳动定额规定应增加计算的用工量。例如,砖基础埋深超过 1.5 m,超过部分要增加用工。预算定额中应按一定比例给予增加。

③ 由于预算定额是以施工定额子目综合扩大的,包括的工作内容较多,施工的效果视具体部位而不同,需要另外增加用工,列入基本用工内。

(2) 其他用工。

其他用工包括超运距用工、辅助用工和人工幅度差用工。

① 超运距用工 超运距是指劳动定额中已包括的材料、半成品场内水平搬运距离与预算定额所考虑的现场材料、半成品堆放地点到操作地点的水平运输距离之差。计算公式为

$$超运距 = 预算定额取定运距 - 劳动定额已包括的运距 \tag{3-31}$$

需要指出,实际工程现场运距超过预算定额取定运距时,可另行计算现场二次搬运费。

预算定额砖砌体工程材料超运距见表 3-4。

表 3-4 预算定额砖砌体工程材料超运距   单位:m

材 料 名 称	预算定额运距	劳动定额运距	超 运 距
砂子	80	50	30
石灰膏	150	100	50
标准砖	170	50	120
砂浆	180	50	130

② 辅助用工是指技术工种劳动定额内不包括而在预算定额内又必须考虑的用工。例如,机械土方工程配合用工、材料加工(筛砂、洗石、淋化石膏)、电焊点火用工等。计算公式为

$$辅助用工 = \sum (材料加工数量 \times 相应的加工劳动定额) \tag{3-32}$$

③ 人工幅度差用工即预算定额与劳动定额的用工差额,主要是指在劳动定额中未包括而在正常施工情况下不可避免,但又很难准确计量的用工和各种工时损失。内容包括:各工种间的工序搭接及交叉作业相互配合或影响所发生的停歇用工;施工机械在单位工程之间转移及临时水电线路移动所造成的停工;质量检查和隐蔽工程验收工作的影响;班组操作地点转移用工;工序交接时对前一工序不可避免的修整用工;施工中不可避免的其他零星用工。人工幅度差计算公式如下

$$人工幅度差 = (基本用工 + 辅助用工 + 超运距用工) \times 人工幅度差系数 \tag{3-33}$$

人工幅度差系数一般为10%～15%。在预算定额中，人工幅度差的用工量列入其他用工量中。

$$\text{劳动定额用工量} = \text{基本用工} + \text{超运距用工} + \text{辅助用工} + \text{人工幅度差用工} \quad (3\text{-}34)$$

2. 材料消耗量指标的确定

(1) 材料消耗量指标的分类。

材料消耗量是指完成单位合格产品所必需消耗的材料数量，按其用途可划分为以下四种。

① 主要材料是指直接构成工程实体的材料，其中也包括成品、半成品的材料。

② 辅助材料是指构成工程实体除主要材料以外的其他材料，如垫木、钉子、铅丝等。

③ 周转性材料是指脚手架、模板等多次周转使用的、不构成工程实体的、用摊销量表示的材料。

④ 其他材料是指用量较少，难以计量的零星用料，如棉纱、编号用的油漆等。

(2) 材料消耗量指标的计算方法。

① 凡有标准规格的材料，按规范要求计算定额计量单位的耗用量，如砖、防水卷材、块料面层等。

② 凡设计图纸标注尺寸及下料要求的，按设计图纸尺寸计算材料净用量，如门窗制作用材料、枋、板料等。

③ 换算法。各种胶结、涂料等材料的配合比用料，可以根据要求条件换算，得出材料用量。

④ 测定法。包括实验室试验法和现场观察法，指各种强度等级的混凝土及砌筑砂浆配合比的耗用原材料数量的计算，应按照规范要求试配，经过试压合格，并经过必要的调整后得出的水泥、砂子、石子、水的用量。对新材料、新结构不能用其他方法计算定额消耗用量时，需要用现场测定方法来确定，根据不同条件可以采用写实记录法和观察法，得出定额的消耗量。

材料损耗量是指在正常条件下不可避免的材料损耗，如现场内材料运输及施工操作过程中的损耗等。其关系式如下

$$\text{材料损耗率} = \frac{\text{材料损耗量}}{\text{材料净用量}} \times 100\% \quad (3\text{-}35)$$

$$\text{材料损耗量} = \text{材料净用量} \times \text{材料损耗率} \quad (3\text{-}36)$$

$$\text{材料消耗量} = \text{材料净用量} + \text{材料损耗量} \quad (3\text{-}37)$$

$$\text{材料消耗量} = \text{材料净用量} \times (1 + \text{材料损耗率}) \quad (3\text{-}38)$$

其他材料的确定，一般按工艺测算，在定额项目材料计算表内列出名称、数量，并根据编制期价格以其他材料占主要材料的比率计算。定额内不列材料名称及消耗量，此项可列在定额材料栏之下。

3. 机械台班消耗量指标的确定

预算定额中的机械台班消耗量，是指在正常施工条件下，生产单位合格产品(分部分项工程或结构构件)必须消耗的某种型号施工机械的台班数量。

预算定额中施工机械台班消耗量指标的确定方法有两种：一是根据施工定额确定机械台班消耗量指标；二是以现场测定资料为基础确定机械台班消耗量指标。

(1) 根据施工定额确定机械台班消耗量指标。

这种方法是指利用施工定额或劳动定额中机械台班产量加机械幅度差计算预算定额的机械台班消耗量。机械台班幅度差一般包括：

① 正常施工组织条件下不可避免的机械空转时间；
② 施工技术原因造成的中断及合理停滞时间；
③ 因供电供水故障及水电线路移动检修而发生的运转中断时间；
④ 因气候变化或机械本身故障影响工时利用的时间；
⑤ 施工机械转移及配套机械相互影响损失的时间；
⑥ 配合机械施工的工人因与其他工种交叉造成的间歇时间；
⑦ 因检查工程质量造成的机械停歇的时间；
⑧ 工程收尾和工作量不饱满造成的机械停歇时间等。

大型机械幅度差系数为：土方机械 25%，打桩机械 33%，吊装机械 30%。砂浆、混凝土搅拌机由于按小组配用，以小组产量计算机械台班产量，不另增加机械幅度差。其他分部工程中如钢筋加工、木材、水磨石等各项专用机械的幅度差为 10%。

综上所述，预算定额的机械台班消耗量按下式计算

$$\text{预算定额机械台班消耗量} = \text{施工定额机械台班消耗量} \times (1 + \text{机械幅度差系数}) \qquad (3\text{-}39)$$

占比重不大的零星小型机械按劳动定额小组成员计算出机械台班使用量，以"机械费"或"其他机械费"表示，不再列台班数量。

(2) 以现场测定资料为基础确定机械台班消耗量指标

如遇到施工定额（劳动定额）缺项者，则需要依据单位时间完成的产量进行现场测定。

3.3.5 预算定额编制的方法和步骤

1. 预算定额的编制方法

(1) 确定预算定额的计量单位。

预算定额与施工定额计量单位往往不同，施工定额的计量单位一般按照工序或施工过程确定；而预算定额的计量单位主要是根据分部分项工程和结构构件的形体特征及其变化确定。由于工作内容具综合性，预算定额的计量单位亦具有综合的性质。工程量计算规则的规定应确切反映定额项目所包含的工作内容。

预算定额的计量单位关系到预算工作的繁简和准确性，因此，要正确地确定各分部分项工程的计量单位，一般依据以下建筑结构构件形体的特点确定。

① 凡建筑结构构件的断面有一定形状和大小，但是长度不定时，可按长度以"延长米"为计量单位。如踢脚线、楼梯栏杆、木装饰条、管道线路安装等。

② 凡建筑结构构件的厚度有一定规格，但是长度和宽度不定时，可按面积以"平方米"为计量单位。如地面、楼面、墙面和天棚面抹灰等。

③ 凡建筑结构构件的长度、厚（高）度和宽度都变化时，可按体积以"立方米"为计量单位。如土方、钢筋混凝土构件等。

④ 钢结构由于重量与价格差异很大，形状又不固定，采用质量以"吨(t)"为计量单位。

⑤ 凡建筑结构没有一定规格,而其构造又较复杂时,可按"个"、"台"、"座"、"组"为计量单位。如卫生洁具安装、铸铁水斗等。

定额单位确定之后,往往因人工、材料或机械台班量很小,出现小数点后好几位。为了减少小数位数和提高预算定额的准确性,采取扩大单位的办法,把 1 m³、1 m²、1 m 扩大 10 倍或 100 倍等,这样相应的消耗量也增大了倍数,取一定小数后再四舍五入,可达到相对的准确性。

预算定额中各项人工、机械、材料的计量单位选择相对比较固定。人工、机械按"工日"、"台班"计量,各种材料的计量单位与产品计量单位基本一致。精确度要求高、材料贵重的,小数点后多取三位有效数字。如钢材"t"以下取三位有效数字,木材"m³"以下取三位有效数字,一般材料小数点后取两位有效数字。

(2) 按典型设计图纸和资料计算工程数量。

计算工程数量,是为了通过计算出典型设计图纸所包括的施工过程的工程量,在编制预算定额时,有可能利用施工定额的人工、机械和材料消耗指标来确定预算定额所含工序的消耗量。

(3) 确定预算定额各项目人工、材料和机械台班消耗指标。

确定预算定额人工、材料、机械台班消耗指标时,必须先按施工定额的分项逐项计算出消耗指标,然后,再按预算定额的项目加以综合。但是,这种综合不是简单的合并和相加,而需要在综合过程中增加两种定额之间的适当的水平差。预算定额的水平,首先取决于这些消耗量的合理确定。

人工、材料和机械台班消耗量指标,应根据定额编制的原则和要求,采用理论与实际相结合、图纸计算与施工现场测算相结合、编制人员与现场工作人员相结合等方法进行计算和确定,使定额既符合政策要求,又与客观情况一致,便于贯彻执行。

(4) 编制定额项目表和拟定有关说明。

定额项目表的编制是预算定额编制的核心工作。一般格式是将横向排列为各分项工程的项目名称,竖向排列为分项工程的人工、材料和施工机械消耗量指标。有的项目表下部还有附注,以说明设计有特殊要求时,怎样进行调整和换算。

《全国统一建筑工程基础定额》(土建工程)(GJD—101—95)中砖石结构工程分部部分砖墙项目的示例见表 3-5。

表 3-5 砖墙定额示例

工作内容:调、运、铺砂浆,运砖;砌砖包括窗台虎头砖、腰线、门窗套;安装木砖、铁件等。　　　　　　单位:10 m³

定额编号			4—2	4—3	4—5	4—8	4—10	4—11
项目		单位	单面清水砖墙			混水砖墙		
			1/2 砖	1 砖	1 砖半	1/2 砖	1 砖	1 砖半
人工	综合工日	工日	21.79	18.87	17.83	20.14	16.08	15.63
材料	水泥砂浆 M5	m³	—	—	—	1.95	—	—
	水泥砂浆 M10	m³	1.95	—	—	—	—	—
	水泥混合砂浆 M2.5	m³	—	2.25	2.40	—	2.25	2.04
	普通黏土砖	千块	5.641	5.341	5.350	5.641	5.341	5.350
	水	m³	1.13	1.06	1.07	1.33	1.06	1.07
机械	灰浆搅拌机 200 L	台班	0.33	0.38	0.40	0.33	0.38	0.40

预算定额的说明包括定额总说明、分部工程说明及各分项工程说明。涉及各分部的共性问题列入总说明,属某一分部的事项列入章节说明。说明要求简明扼要,但是必须分门别类注明,尤其是对特殊的变化,力求使用简便,避免产生争议。

2. 预算定额编制的步骤

预算定额的编制,大致可以分为准备工作、收集资料、定额编制、定额报批和修改稿整理5个阶段。各阶段工作相互有交叉,有些工作还有多次反复。

(1) 准备工作阶段。

① 拟定编制方案。

② 调抽人员根据专业需要划分编制小组和综合组。

(2) 收集资料阶段。

① 普遍收集资料。在已确定的范围内,采用表格形式收集定额编制的基础资料,以统计资料为主,注明所需要的资料内容、填表要求和时间范围,便于资料整理,并具有广泛性。

② 专题座谈会。邀请建设单位、设计单位、施工单位及其他有关单位的有经验的专业人士开座谈会,就以往定额存在的问题提出意见和建议,以便在编制定额时加以改进。

③ 收集现行规定、规范和政策法规资料。

④ 收集定额管理部门积累的资料。主要包括日常定额解释资料,补充定额资料,新结构、新工艺、新材料、新机械、新技术用于工程实践的资料。

⑤ 专项测定及实验。主要指混凝土配合比和砌筑砂浆实验资料。除收集实验试配资料外,还应收集一定数量的现场实际配合比资料。

(3) 定额编制阶段。

① 确定编制细则主要包括统一编制表格及编制方法,统一计算口径、计量单位和小数点位数的要求,有关统一性规定,如名称统一、用字统一、专业用语统一、符号代码统一、简化字要规范、文字要简练明确等。

② 确定定额的项目划分和工程量计算规则。

③ 定额人工、材料、机械台班耗用量的计算、复核和测算。

(4) 定额报批阶段。

① 审核定稿。

② 预算定额水平测算。新定额编制成稿,必须与原定额进行对比测算,分析水平升降原因。一般新编定额的水平应该不低于历史上已经达到过的水平,并略有提高。在定额水平测算前,必须编出工人工资、材料价格、机械台班费的新、旧两套定额的工程单价。定额水平的测算方法一般有以下两种。

第一种,按工程类别比重测算。在定额执行范围内,选择有代表性的各类工程,分别以新旧定额对比测算并按测算的年限,以工程所占比例加权以考查宏观影响。

第二种,单项工程比较测算法。以典型工程为例分别用新旧定额对比测算,以考查定额水平升降及其原因。

(5) 修改稿、整理资料阶段。

① 印发征求意见。定额编制初稿完成后,需要征求各有关方面意见,并组织讨论,反馈意

见。在统一意见的基础上整理分类,制定修改方案。

② 修改整理报批。按修改方案的决定,将初稿按照定额的顺序进行修改,并经审核无误后形成报批稿,经批准后交付印刷。

③ 撰写编制说明。为顺利地贯彻执行定额,需要撰写新定额编制说明。其内容包括:项目、子目数量;人工、材料、机械的内容范围;资料的依据和综合取定情况;定额中规定允许换算和不允许换算的计算资料;人工、材料、机械单价的计算资料;施工方法、工艺的选择及材料运距的考虑;各种材料损耗率的取定资料;调整系数的使用;其他应该说明的事项及计算数据、资料等。

④ 立档、成卷。定额编制资料是贯彻执行定额中应查对资料的唯一依据,也为修编定额提供历史资料数据,应作为技术档案永久保存。

3.3.6 预算定额的应用

1. 预算定额组成

预算定额主要由目录、总说明、建筑面积的计算规则、分部工程说明、工程量计算规则、分部工程定额项目表及附录组成。

(1) 总说明。

在总说明中,主要阐述了预算定额的编制原则、指导思想、编制依据、编制作用、适用范围,定额编制过程中已经考虑的因素和未考虑的因素,预算定额的使用方法等。

(2) 建筑面积的计算规则。

建筑面积是一项重要的技术经济参数。在建筑面积的计算规则中,系统地规定了应计算和不应计算建筑面积的范围,单层建筑物、多层建筑物计算建筑面积的规定,地下室、阳台、雨篷、连廊、伸缩缝等特殊部位建筑面积的计算方法。

(3) 分部工程说明。

分部工程说明是使用定额的指南,主要说明每一分部工程中包括的各分项工程及工作内容,定额编制中有关问题的说明,使用过程中的一些规定,特殊情况的处理方法等。

(4) 工程量计算规则。

工程量计算规则规定了各分部分项工程量计算中如何列项,计算工程量的规定,工程量的计量单位,工程量计算的起止边界等。

(5) 分部工程定额项目表。

定额项目表是预算定额的核心内容。一般由工作内容、定额计量单位、分项工程定额项目表和附注组成。《河南省建设工程工程量清单综合单价(2008)》(建筑工程)中砌筑工程分部部分砖墙项目的示例见表3-6。

① 工作内容说明了分项工程项目所包括的施工过程和施工内容,正确分析和理解工作内容是正确使用定额的前提。

② 定额计量单位是指定额工程量计算规则所规定的计量单位,与定额项目表中的资源消耗量相对应。大部分定额计量单位与常规的分项工程的计量单位相一致,但是也有一些特别规定的定额计量单位,在使用时要特别注意。

表3-6　2008年河南省砖墙定额示例

A.3.2 砖砌体(010302)

010302001 实心砖墙(m³)

一、黏土标准砖

工作内容：1.调运砂浆、运砌体；2.安放木砖、铁件。　　　　　　　　　　　　　　计量单位：10 m³

定额编号			3-5	3-6	3-7	3-8
项目			砖 墙			
			1砖以上	1砖	3/4砖	1/2砖
综合单价/元			2 579.30	2 596.69	2 783.02	2 828.28
其中	人工费/元		572.33	583.94	728.42	746.91
	材料费/元		1 829.82	1 833.19	1 836.80	1 861.52
	机械费/元		19.16	18.55	17.93	15.46
	管理费/元		89.89	91.61	113.72	116.29
	利润/元		68.10	69.40	86.15	88.10
名称	单位	单价/元	数量			
综合工日	工日	43.00	(13.62)	(13.88)	(17.23)	(17.62)
定额工日	工日	43.00	13.310	13.580	16.940	17.370
混合砂浆 M5 砌筑砂浆	m³	153.39	—	—	—	2.030
混合砂浆 M2.5 砌筑砂浆	m³	147.89	2.480	2.370	2.280	—
机砖 240 mm×115 mm×53 mm	千块	280.00	5.210	5.280	5.340	5.520
水	m³	4.05	1.050	1.060	1.090	1.120
灰浆搅拌机 200 L	台班	61.82	0.310	0.300	0.290	0.250

③ 分项工程定额项目表是定额的核心内容，定额项目表中包括了完成一个分项工程相应工作内容所需要的人工、材料和机械台班等资源数量。

④ 附注位于定额项目表的下方，说明了当设计规定与定额不符时，应该如何进行调整、换算等问题。

(6) 附录。

附录位于预算定额的下册，包括人工、材料和机械台班的预算价格表，混凝土、砂浆配合比取定表，材料损耗率取定表等资料，以供编制补充定额或定额换算时使用。

2. 预算定额应用

编制施工图预算应用定额时，通常有两种方法，即定额的直接使用和定额的换算使用。现以《河南省建设工程工程量清单综合单价(2008)》(建筑工程、装饰装修工程)为例，说明预算定额的使用方法。

1) 定额的直接使用

根据施工图纸，当分项工程设计要求、结构特征、施工方法等与定额项目的内容完全相符时，则可以直接套用定额,计算该分项工程的综合费及人工、材料、机械需用量。

【例题三】 某工程采用M2.5混合砂浆砌一砖混水砖墙100 m³,试计算完成该分项工程的综合费及主要材料消耗量。

【解】 ① 由于设计要求和定额内容完全相同,可直接采用《河南省建设工程工程量清单综合单价(A建筑工程2008)》A(3-6)子目,定额综合单价=2 596.69元/10 m³

② 计算完成该分项工程的综合费。

$$综合费=综合单价×工程量=2 596.69×10 元=25 966.9 元$$

③ 材料消耗量。

$$综合工日=(13.88×100÷10)工日=138.8 工日$$
$$砖=(5.28×100÷10)千块=52.8 千块$$
$$M2.5 混合砂浆=(2.37×100÷10) m^3=23.7 m^3$$

2) 定额综合单价的换算

当分项工程设计要求与定额的工作内容、材料规格、施工方法等条件不完全相符时,则不能直接套用定额,必须根据总说明、分部工程说明、附注等有关规定,在定额范围内加以换算。在经过换算的子目定额编号下端应写个"换"字,以示区别,如:3-6换。换算的主要内容有系数换算、标号换算、断面换算、其他换算等。

(1) 系数换算。

系数换算是一种简单的换算方法。根据定额的分部说明或附注规定,对定额单价或部分内容乘以规定的系数,从而换算得到新的单价。换算公式为

$$换算后单价=定额单价×调整系数 \qquad (3-40)$$

或

$$换算后单价=定额单价+需调整项目×(调整系数-1) \qquad (3-41)$$

【例题四】 试确定人工挖地坑的定额单价。(条件:一般土、干土、深度5 m)

【解】 查《河南省建设工程工程量清单综合单价(A建筑工程2008)》A(1-29)子目。由土石方工程分部说明可知,应按相应定额项目乘以系数1.10,同时每100 m³ 土方另增加少先吊3.25台班,少先吊台班的单价为66.76元/台班,计算得

$$换算后单价=定额单价×调整系数+少先吊机械台班费$$
$$=(2 186.81×1.10+3.25×66.76)元/100 m^3$$
$$=(2 405.49+216.97)元/100 m^3$$
$$=2 622.46 元/100 m^3$$

【例题五】 试确定人工挖沟槽的定额单价。(条件:一般土、湿土、深度4 m)

【解】 查《河南省建设工程工程量清单综合单价(A建筑工程2008)》A(1-21)子目。由土石方工程分部说明可知,应按人工项目乘以系数1.18计算得

$$换算后单价=原单价+人工费×(调整系数-1)$$
$$=[2 005.61+1 591.17×(1.18-1)]元/100 m^3$$
$$=2 292.02 元/100 m^3$$

【例题六】 试确定人工挖沟槽的定额单价。(条件:一般土、湿土、深度5 m)

【解】 查《河南省建设工程工程量清单综合单价(A建筑工程2008)》A(1-21)子目。由土

石方工程分部说明可知,应按相应定额项目乘以系数1.10,同时每100 m³土方另增加少先吊3.25台班,少先吊台班的单价为66.76元/台班,挖湿土人工乘以系数1.18,计算得

换算后单价＝定额单价×超深调整系数＋少先吊机械台班费＋人工费×超深调整系数
　　　　　×(湿土调整系数－1)
　　　　＝[2 005.61×1.10＋3.25×66.76＋1 591.17×(1.18－1)×1.10]元/100 m³
　　　　＝(2 423.14＋315.05)元/100 m³
　　　　＝2 738.19元/100 m³

【例题七】 试确定一板一纱木门的定额单价。(条件:一底油、二调和漆)

【解】 套《河南省建设工程工程量清单综合单价(B装饰装修工程2008)》B(5-1)子目。由油漆、涂料、裱糊工程分部说明可知,应按相应定额项目乘以系数1.36。

换算后单价＝定额单价×调整系数
　　　　＝2 345.86×1.36元/100 m³
　　　　＝3 190.37元/100 m³

(2) 标号换算。

当工程图纸中设计的砂浆、混凝土强度及配合比,与定额项目的规定不相符时,可根据定额说明的规定进行相应的换算。在进行换算时,应遵循两种材料的单价不同,而定额含量不变的原则。其换算公式如下

$$\text{换算后单价} = \text{定额单价} + (\text{换入单价} - \text{换出单价}) \times \text{该材料的定额含量} \quad (3\text{-}42)$$

【例题八】 试确定M7.5混合砂浆砌1砖混水砖墙的定额单价。

【解】 查《河南省建设工程工程量清单综合单价(A建筑工程2008)》A(3-6)子目,定额按M2.5混合砂浆编制,设计为M7.5混合砂浆与定额不符,根据该分部说明,可以换算。查定额附录可得,M7.5混合砂浆的材料单价为159.98元/m³,计算得

换算后单价＝[2 596.69＋(159.98－147.89)×2.37]元/10 m³
　　　　＝2 625.34元/10 m³

【例题九】 试确定C30(32.5水泥,40)碎石现浇混凝土异形梁混凝土的定额单价。

【解】 查《河南省建设工程工程量清单综合单价(A建筑工程2008)》A(4-25)子目,由于异形梁定额中混凝土是按C20(32.5,40)碎石编制的,设计为C30(32.5水泥,40)碎石与定额不符。虽然石子粒径相同,但混凝土强度等级不符,根据该分部说明,应进行换算。查定额附录可得C30(32.5水泥,40)混凝土的定额单价为195.03元/m³,计算得

换算后单价＝[2 542.71＋(195.03－170.97)×10.15]元/10 m³
　　　　＝2 786.92元/10 m³

在利用定额确定混凝土单价时,应按下列步骤进行查表。

① 第一步,确定应执行哪个类型的混凝土单价,是现浇混凝土还是预制混凝土,是水下混凝土还是泵送混凝土,不同类型混凝土的单价不同。

② 第二步,根据设计要求或施工实际确定石子种类是砾石还是碎石,一般无明确要求时,可执行碎石定额单价。

③ 第三步,确定混凝土所用石子的最大粒径,石子粒径可根据设计和施工规范确定。当无

明确要求时,可按与定额中石子粒径相同确定。

④ 最后,根据混凝土强度等级确定具体单价。当混凝土强度等级有两个单价时,还须根据实际施工采用的水泥标号做进一步确定。一般情况,应首先选用低标号水泥配制的混凝土单价。

【例题十】 试确定2:8灰土地面垫层的定额单价。

【解】 查《河南省建设工程工程量清单综合单价(B装饰装修工程2008)》B(1-136)子目,定额垫层是按3:7灰土编制的,设计为2:8灰土与定额不符,根据该分部说明,应进行换算。查定额可得,2:8灰土单价为33.45元/m^3,计算得

$$换算后单价 = [1\,098.17 + (33.45 - 54.51) \times 10.10] 元/10\,m^3$$
$$= 885.46 \,元/10\,m^3$$

(3) 木材断面的换算。

预算定额中各类木门窗的框扇、亮子、纱扇等木材耗用量,是以边立框断面、扇边立梃断面为准,按一定断面取定的。例如,普通木门框断面以58 cm^2 为准,而在实际中设计断面往往与定额不符,这就使得其实际木材耗用量与定额用量产生差异,就必须进行换算,其换算原则是:"板方木材可按比例增减,其他不变"。其换算步骤如下。

① 计算设计毛断面面积。定额中所注木材断面或厚度都是以毛料为准,如设计图纸所注尺寸为净料时,应增加刨光损耗:板方材一面刨光增加3 mm,双面刨光增加5 mm;圆木刨光,每立方米体积增加0.05 m^3。设计毛断面面积计算公式为

$$设计毛断面面积 = (设计断面净长 + 刨光损耗) \times (设计断面净宽 + 刨光损耗) \quad (3\text{-}43)$$

② 计算换算比例系数,即换算比例系数 = 设计毛断面面积 ÷ 定额毛断面面积。

③ 计算木材调整量,即木材调整量 = (换算比例系数 - 1) × 定额木材消耗量,计算结果:正值为调增,负值为调减。

④ 计算木材材料费调整值,即木材材料费调整值 = 木材调整量 × (定额木材单价 + 干燥费单价)。

⑤ 最后,计算换算后单价,即换算后单价 = 原单价 + 木材材料费调整值。

【例题十一】 试确定单扇有亮普通木门的定额单价。(框断面净尺寸为100 mm×60 mm)

【解】 查《河南省建设工程工程量清单综合单价(B装饰装修工程2008)》B(4-3)子目,综合单价:16 741.51元/100 m^2,木材单价:1 550元/m^3,干燥费单价:59.38元/m^3,木材消耗量:2.095 m^3/100 m^2,定额中规定框毛断面面积为58 cm^2。

① 设计毛断面面积 = (6+0.3) × (10+0.5) cm^2 = 66.15 cm^2 > 58 cm^2(框按三面刨光)

由于框断面毛面积大于定额断面,需要进行框断面换算。

② 换算比例系数 = 66.15 ÷ 58 = 1.141

③ 木材调整量 = 2.095 × (1.141 - 1) m^3/100 m^2 = 0.295 m^3/100 m^2

④ 材料费调整值 = 0.295 × (1 550 + 59.38)元/100 m^2 = 474.77元/100 m^2

⑤ 换算后单价 = (16 741.51 + 474.77)元/100 m^2 = 17 216.28元/100 m^2

(4) 其他换算。

定额应用中,除了上述三类换算外,还有一些换算。这些换算是对人工、材料、机械的部分量进行增减,或利用辅助定额对基本定额进行换算。

【例题十二】 试确定人工运土方,运距为150 m的定额单价。

【解】 查《河南省建设工程工程量清单综合单价(A建筑工程2008)》A(1-36)子目,该子目仅包括了50 m以内的运距,定额又设置了运距400 m以内,每增加50 m的辅助定额A(1-37)子目。

换算后单价=[1 407.04+164.24×(150−50)÷50]元/100 m³=1 735.52元/100 m³

【例题十三】 试确定彩色镜面现浇水磨石地面的定额单价。(条件:30 mm厚1∶3水泥砂浆找平层;25 mm厚1∶2白水泥彩色石子浆磨光)

【解】 彩色镜面现浇水磨石地面应执行《河南省建设工程工程量清单综合单价(B装饰装修工程2008)》B(1-13)子目,综合单价为10 179.05元/100 m²。现将综合单价做如下调整:

水泥砂浆找平层由20 mm厚增加到30 mm厚,套《河南省建设工程工程量清单综合单价(A建筑工程2008)》A(7-207)子目,综合单价增加199.19×2元/100 m²=398.38元/100 m²;1∶2白水泥彩色石子浆由20 mm厚增加到25 mm厚,套《河南省建设工程工程量清单综合单价(B装饰装修工程2008)》B(1-14)子目,综合单价增加397.66元/100 m²,则:

换算后单价=(10 179.05+398.38+397.66)元/100 m²
=10 975.09元/100 m²

3. 人工、材料及机械分析

(1) 工料分析的概念。

工料分析是指按照分部分项工程项目计算各工种用工数量和各种材料消耗量。它是根据定额中的单位定额人工消耗量和材料消耗量分别乘以各个分部分项工程的实际工程量,求出各个分部分项工程的各工种用工数量和各种材料的数量,从而反映出单位工程中全部分项工程的人工和各种材料的预算用量。

(2) 工料分析的作用。

工料分析是施工企业编制劳动力计划和材料需用量计划的依据,是向工人班组签发工程任务书、限额领料单、考核工人节约材料情况及对工人班组进行核算的依据,是进行"两算"对比和进行成本分析、降低成本的依据,是施工单位和建设单位材料结算和调整材料价差的主要依据。

(3) 工料分析的方法。

工料分析一般与套用定额同时进行,以减少翻阅定额的次数。这也就是说,在套定额单价时,同时查出各项目单位定额人工消耗量和材料消耗量,用工程量分别与其定额用量相乘,即可得到每一分项的用工量和各材料的消耗数量,并填入相应的栏内,最后逐项汇总。在进行材料分析时,应注意经过标号换算的分项工程,应用换算后的混凝土或砂浆标号的配合比进行计算。

【例题十四】 试分析砌筑200 m³ M5.0水泥砂浆砌砖基础的人工、主要材料及机械的消耗量。

【解】 ① 查定额附录,根据M5.0水泥砂浆其配合比可知,1 m³ M5.0水泥砂浆中32.5级水泥含量为0.220 t,中砂、粗砂含量为1.02 m³,水含量为0.220 m³。

② 查《河南省建设工程工程量清单综合单价(A建筑工程2008)》A(3-1)子目可知,砌筑10 m³砖基础需要综合工日12.01工日、M5.0水泥砂浆2.44 m³、机砖5.2千块等。

③ 砌筑200 m³ M5.0水泥砂浆砖基础工料分析如下。

综合工日： (12.01×200÷10)工日＝240.2 工日
机砖(240 mm×115 mm×53 mm)： (5.2×200÷10)千块＝104 千块
M5.0 水泥砂浆用量： (2.44×200÷10) m³＝48.8 m³
水泥 32.5 级： 48.8×0.220 t＝10.736 t
中砂、粗砂： 48.8×1.02 m³＝49.776 m³
水： 48.8×0.400 m³＝19.52 m³

3.4 概算定额、概算指标与投资估算指标

3.4.1 概算定额与概算指标

1. 概算定额

1) 概算定额的概念

概算定额是指在预算定额基础上，确定完成合格的单位扩大分项工程或扩大结构件所需消耗的人工、材料和机械台班的数量标准，概算定额又称扩大结构定额。

概算定额是预算定额的综合与扩大，是将预算定额中有联系的若干个分项工程项目综合为一个概算定额项目。如概算定额中的砖基础项目，就是以砖基础为主，综合了平整场地、挖沟槽、铺设垫层、砌砖基础、铺设防潮层、回填土及运土等预算定额中分项工程项目。又如砖墙定额，就是以砖墙为主，综合了砌砖、钢筋混凝土过梁制作、运输、安装、勒脚、内外墙面抹灰、内外墙面刷白等预算定额的分项工程项目。

概算定额与预算定额的相同之处在于，它们都是以建(构)筑物各个结构部分和分部分项工程为单位表示的，内容也包括人工、材料和机械台班使用量三个基本部分，并列有单价。概算定额表达的主要内容、主要方式及基本使用方法都与预算定额相近。

概算定额与预算定额的不同之处，在于项目划分和综合扩大程度上的差异，同时，概算定额主要用于设计概算的编制。由于概算定额综合了若干分项工程的预算定额，因此，概算工程量计算和概算指标的编制，都比编制施工图预算更简化。

2) 概算定额的作用

概算定额的主要作用如下。

(1) 概算定额是初步设计阶段编制设计概算、扩大初步设计阶段编制修正概算的主要依据。

(2) 概算定额是对设计项目进行技术经济分析比较的基础资料之一。

(3) 概算定额是建设工程主要材料计划编制的依据。

(4) 概算定额是编制概算指标的依据。

2. 概算指标

1) 概算指标的概念及其作用

建筑安装工程概算指标通常是以整个建筑物和构筑物为对象，以建筑面积、体积或成套设备装置的台或组为计量单位而规定的人工、材料、机械台班的消耗量标准和造价的指标。从概念中可以看出，建筑安装工程概算定额与概算指标的主要区别如下。

(1) 确定各种消耗量指标的对象不同。

概算定额是以单位扩大分项工程或单位扩大结构构件为对象,而概算指标则是以整个建筑物和构筑物为对象。因此,概算指标比概算定额更加综合与扩大。

(2) 确定各种消耗量指标的依据不同。

概算定额以现行预算定额为基础,通过计算之后才综合确定出各种消耗量指标,而概算指标中各种消耗量指标的确定,则主要来自各种预算或结算资料。

概算指标和概算定额、预算定额一样,都是与各个设计阶段相适应的多次性计价的产物,它主要用于投资估价、初步设计阶段。其作用主要有:① 概算指标可以作为投资估算的参考;② 概算指标中的主要材料指标可以作为匡算主要材料用量的依据;③ 概算指标是设计单位进行设计方案比较,建设单位选择的一种依据;④ 概算指标是编制固定资产投资计划、确定投资额和主要材料计划的主要依据。

2) 概算指标的分类

概算指标可分为两大类,一类是建筑工程概算指标,另一类是安装工程概算指标。

(1) 建筑工程概算指标包括一般土建工程概算指标,给排水工程概算指标,采暖工程概算指标,通信工程概算指标和电气照明工程概算指标。

(2) 安装工程概算指标包括机械设备及安装工程概算指标,电气设备及安装工程概算指标和工、器具及生产家具购置费概算指标。

3.4.2 投资估算指标

1. 投资估算指标的作用

工程建设投资估算指标是编制建设项目建议书、可行性研究报告等前期工作阶段投资估算的依据,也可以作为编制固定资产长远规划投资额的参考。投资估算指标为完成项目建设的投资估算提供依据和手段,在固定资产的形成过程中起着投资预测、投资控制、投资效益分析的作用,是合理确定项目投资的基础。投资估算指标中的主要材料消耗量也是一种扩大材料消耗量指标,可以作为计算建设项目主要材料消耗量的基础。估算指标的正确制定,对提高投资估算的准确度、建设项目的合理评估和正确决策都具有重要意义。

2. 投资估算指标的内容

投资估算指标是确定和控制建设项目全过程各项投资支出的技术经济指标,其范围涉及建设前期、建设实施期和竣工验收交付使用等各个阶段的费用支出,内容因行业不同各异,一般可分为建设项目综合指标、单项工程指标和单位工程指标3个层次。

(1) 建设项目综合指标。

建设项目综合指标是指按规定应列入建设项目总投资的、从立项筹建开始至竣工验收交付使用的全部投资额,包括单项工程投资、工程建设其他费用和预备费等。

建设项目综合指标一般以项目的综合生产能力单位投资表示,如"元/t"、"元/kW",或以使用功能表示,如医院床位"元/床"。

(2) 单项工程指标。

单项工程指标是指按规定应列入能独立发挥生产能力或使用效益的单项工程内的全部投

资额,包括建筑工程费、安装工程费、设备、工器具及生产家具购置费和其他费用。

单项工程指标一般以单项工程生产能力单位表示,如变配电站用"元/(kV·A)"表示,锅炉房用"元/蒸汽吨"表示,供水站用"元/m³"表示,办公室、仓库、宿舍、住宅等房屋则区别不同结构形式以"元/m²"表示等。

(3) 单位工程指标。

单位工程指标按规定应列入能独立设计、施工的工程项目的费用,即建筑安装工程费用。单位工程指标一般用以下方式表示:房屋区别于不同结构形式以"元/m²"表示;道路区别不同结构层、面层以"元/m²"表示;水塔区别不同结构层、容积以"元/座"表示;管道区别不同材质、管径以"元/m"表示等。

3.5 施工资源单价

施工资源包括人工、材料和施工机械。

建筑工程定额体系中的人工、材料和机械台班预算单价,各地多采用定额编制地区省会城市的人工、材料和机械台班的预算价格。在定额使用期内,由于使用时间和使用地点的不同,需要通过工程造价管理部门测算下达的调整文件,对人工、材料和机械台班的预算价格进行调整,以适应实际情况。

随着工程造价管理体制和工程计价模式的改革,量价分离的计价模式和工程量清单计价模式的推广使用,越来越需要编制动态或者说是市场人工、材料和机械台班的预算价格。

本节所讲的施工资源单价的概念,就是指施工过程中人工、材料和机械台班的动态价格或市场计算。对每一种资源的单价,分别从价格组成和计算方法进行介绍。

3.5.1 人工单价的确定

1. 人工单价的概念

人工单价是指一个建筑安装生产工人一个工作日中应计入的全部人工费用,它基本上反映了建筑安装生产工人的工资水平和一个工人在一个工作日中可以得到的报酬。合理确定人工工日单价是正确计算人工费和工程造价的前提和基础。

2. 人工单价的组成内容

按照现行规定,生产工人的人工工日单价组成见表3-7。

表3-7 人工工日单价组成

基 本 工 资	岗位工资、技能工资、年功工资
工资性津贴	交通补贴、流动施工津贴、房补、工资附加、地区津贴、物价补贴
辅助工资	非作业工日发放的工资和工资性补贴
劳动保护费和职工福利费	劳动保护、书报费、洗理费、取暖费

人工工日单价组成内容,在各部门、各地区并不完全相同,但都执行岗位技能工资制度,以

便更好地体现按劳取酬和适应市场经济的需要。人工工日单价中的每一项内容都是根据有关法规、政策文件的精神,结合本部门、本地区的特点,通过反复测算最终确定的。

3. 人工单价的确定方法

(1) 年有效工作天数的计算。

$$年有效工作天数 = 年应工作天数 - 年非工作天数$$

式中,年应工作天数等于年日历天数365天,减去双休日、法定节假日后的天数。年非工作天数是指职工学习、培训、调动工作、探亲、休假、因气候影响不能工作的天数,女职工哺乳期,6个月以内的病假及产、婚、丧假等,在年工作天数之内,但未工作。

$$月有效工作天数 = \frac{年应工作天数}{12} \qquad (3-44)$$

(2) 工资组成内容的计算。

① 生产工人基本工资。生产工人的基本工资应执行岗位工资和技能工资制度。根据有关部门制定的《全民所有制大中型建筑安装企业的岗位技能工资试行方案》,工人的基本工资是按岗位工资、技能工资和年功工资(按职工工作年限确定的工资)计算的。工人岗位工资标准设8个岗次,技能工资分初级工、中级工、高级工、技师和高级技师五类工资标准,分33档。

② 生产工人工资性津贴是指为了补偿工人额外或特殊的劳动消耗及为了保证工人的工资水平不受特殊条件的影响,以补贴形式支付给工人的劳动报酬,它包括按规定标准发放的物价补贴、煤、燃气补贴,交通费补贴,住房补贴,流动施工津贴及地区津贴等。

③ 生产工人辅助工资是指生产工人年有效施工天数以外非作业天数的工资。

④ 职工福利费是指按规定标准计提的职工福利费。

⑤ 生产工人劳动保护费是指按规定标准发放的劳动保护用品等的购置费及修理费,徒工服装补贴,防暑降温费,在有碍身体健康环境中的施工保健费用等。

近几年来,我国陆续出台了养老保险、医疗保险、住房公积金、失业保险等社会保障的改革措施,新的工资标准会将上述内容逐步纳入人工预算单价之中。

(3) 人工预算单价的计算。

对于建筑安装工程生产工人的日工资标准(即日工资单价或定额工日取定价),以往我国建筑业长期沿用1980年国家建工总局制定的建筑安装工人一级工工资标准及工资等级系数来确定日工资单价。

4. 影响人工单价的因素

影响建筑安装工人人工单价的因素很多,归纳起来有以下方面。

(1) 社会平均工资水平。

建筑安装工人人工单价必然和社会平均工资水平趋同,社会平均工资水平取决于经济发展水平。由于我国改革开放以来经济迅速增长,社会平均工资也有大幅增长,从而影响人工单价的大幅提高。

(2) 生活消费指数。

生活消费指数的提高会影响人工单价的提高,减少生活水平的下降,或维持原来的生活水平。生活消费指数的变动取决于物价的变动,尤其取决于生活消费品物价的变动。

(3) 人工单价的组成内容。

住房消费、养老保险、医疗保险、失业保险等列入人工单价,会使人工单价提高。

(4) 劳动力市场供需变化。

劳动力市场如果需求大于供给,人工单价就会提高;供给大于需求,市场竞争激烈,人工单价就会下降。

(5) 政府推行的社会保障和福利政策也会影响人工单价的变动。

3.5.2 材料预算价格的确定

在建筑工程中,材料费占总造价的 60%~70%,在金属结构工程中,材料费所占比重还要大,是工程直接费的主要组成部分。因此,合理确定材料预算价格构成和正确编制材料预算价格,有利于合理确定和有效控制工程造价。

1. 材料预算价格的构成

材料的预算价格是指材料(包括构件、成品及半成品等)从其来源地(供应者仓库或提货地点)到达施工工地仓库(施工场地内存放材料的地点)后出库的综合平均价格。它由材料原价、供销部门手续费、包装费、运杂费、采购及保管费组成。

2. 材料预算价格的分类

材料预算价格按适用范围划分,有地区材料预算价格和某项工程使用的材料预算价格。地区材料预算价格是按地区(城市或建设区域)编制的,以手册的形式颁布在本地区工程中使用;某项工程(一般指大中型重点工程)使用的材料预算价格,是以一个工程为编制对象,专供该工程项目使用。

3. 材料预算价格的确定

(1) 材料原价。

材料原价指材料的出厂价格、进口材料抵岸价或销售部门的批发牌价和零售价。在确定原价时,凡同一种材料因来源地、交货地、供货单位、生产厂家不同而有几种价格(原价)时,根据不同来源地供货数量比例,采取加权平均的方法确定其综合原价,即

$$加权平均原价 = \frac{K_1 C_1 + K_2 C_2 + \cdots + K_n C_n}{K_1 + K_2 + \cdots + K_n} \tag{3-45}$$

式中:$K_1, K_2, \cdots, K_n$——各不同供应地点的供应量或各不同使用地点的需要量;

$C_1, C_2, \cdots, C_n$——各不同供应地点的原价。

(2) 供销部门手续费。

供销部门手续费是指通过物资部门供应材料而发生的经营管理费用。不经过物资供应部门的材料,不计供销部门手续费。物资部门内互相调拨,不收管理费,不论经过几次中间环节,只能计算一次管理费。供销部门手续费按费率计算,其费率由地区物资管理部门规定,一般为 1%~3%,即

$$供销部门手续费 = 材料原价 \times 供销部门手续费率 \times 供销部门供应比重 \tag{3-46}$$

(3) 包装费。

包装费是指为了保护材料或便于材料运输进行包装需要的一切费用,将其列入材料的预算价格中,包括水运、陆运的支撑、篷布、包装箱、绑扎材料等费用。

材料包装费有一种情况是生产厂家负责包装,如袋装水泥、玻璃、铁钉、油漆、卫生瓷器等,包装费已计入材料原价中,不得另行计算包装费,但应考虑扣回包装品的回收价值。回收价值可按当地旧、废包装器材出售价计算或按生产厂主管部门的规定计算,如无规定者,可根据实际情况,参照相关资料计算。

包装材料的回收价值为

$$\text{包装材料回收价值} = \text{包装材料原价} \times \text{回收率} \times \text{回收价值率} \tag{3-47}$$

(4) 运杂费。

运杂费是指材料由采购地点或发货地点至施工现场的仓库或工地存放地点所发生的所有费用,含外埠中转运输过程中所发生的一切费用和过境过桥费用,包括调车和驳船费、装卸费、运输费及附加工作费等。材料运杂费的取费标准,应根据材料的来源地、运输里程、运输方法,并根据国家有关部门或地方政府交通运输管理部门规定的运价标准分别计算。外埠运输费是指材料由来源地(交货地)运至本市仓库的全部费用,包括调车费、装卸费、车船运费、保险费等,按交通部门规定费用标准计算。市内运费是由本市仓库至工地仓库的运费,按市有关规定,结合建设任务分布情况加权平均计算。运杂费中应考虑装卸费和运输损耗费。

(5) 采购及保管费。

采购及保管费是指材料供应部门(包括工地仓库及其以上各级材料主管部门)在组织采购、供应和保管材料过程中所需的各项费用,包括工资、职工福利费、办公费、差旅及交通费、固定资产使用费、工具用具使用费、劳动保护费、检验试验费、材料储存损耗及其他费用。

材料采购及保管费为

$$\text{采购及保管费} = \text{材料运到工地仓库价格} \times \text{采购及保管费率} \tag{3-48}$$

或

$$\text{材料采购及保管费} = (\text{材料原价} + \text{供销部门手续费} + \text{包装费} + \text{运杂费}) \\ \times \text{采购及保管费率} \tag{3-49}$$

$$\text{材料预算价格} = (\text{材料原价} + \text{供销部门手续费} + \text{包装费} + \text{运杂费}) \\ \times (1 + \text{采购及保管费率}) - \text{包装材料回收价值} \tag{3-50}$$

3.5.3 施工机械台班单价的确定

施工机械台班单价是指一台施工机械,在正常运转条件下,工作8小时所必须消耗的人工、物料和应分摊的费用。

施工机械台班单价由七项费用组成,包括折旧费、大修理费、经常修理费、安拆费及场外运输费、燃料动力费、人工费、养路费及车船使用税等。

1. 折旧费

折旧费是指施工机械在规定使用期限内,每一台班所分摊的机械原值及支付贷款利息的费用,即

$$台班折旧费 = \frac{机械预算价格 \times (1 - 残值率) \times 贷款利息系数}{耐用总台班} \tag{3-51}$$

机械预算价格按机械出厂（或到岸完税）价格和从交货地点（或口岸）运至使用单位机械管理部门的全部运杂费计算。

残值率是指机械报废时回收的残值占机械原值（机械预算价格）的比率。残值率按1993年有关文件规定执行，运输机械2%，特大型机械3%，中小型机械4%，掘进机械5%。

贷款利息系数是为补偿企业贷款购置机械设备所支付的利息，它合理反映资金的时间价值，以大于1的贷款利息系数，将贷款利息（单利）分摊在台班折旧费中，即

$$贷款利息系数 = 1 + \frac{n+1}{2} \times i \tag{3-52}$$

式中：n——国家有关文件规定的此类机械折旧年限；

i——当年银行贷款利率。

耐用总台班是指机械在正常施工作业条件下，从投入使用直到报废止，按规定应达到的使用总台班数。《全国统一施工机械台班费用定额》中的耐用总台班是以经济使用寿命为基础，并依据国家有关固定资产折旧年限规定，结合施工机械工作对象和环境及年工作台班确定，即

$$\frac{耐用}{总台班} = 折旧年限 \times 年工作台班 = 大修间隔台班 \times 大修周期 \tag{3-53}$$

式中：年工作台班——根据有关部门对各类主要机械最近三年的统计资料分析确定；

大修间隔台班——机械自投入使用起至第一次大修止或自上一次大修后投入使用起至下一次大修止，应达到的使用台班数；

大修周期——机械在正常的施工作业条件下，将其寿命期（即耐用总台班）按规定的大修理次数划分为若干个周期，即

$$大修周期 = 寿命期大修理次数 + 1 \tag{3-54}$$

2. 大修理费

大修理费是指机械设备按规定必须进行大修理，以恢复机械正常功能所需的费用。

台班大修理是对机械进行全面的修理，更换其磨损的主要部件和配件，大修理费包括更新零配件和其他材料费、修理工时费等，即

$$台班大修理费 = \frac{一次大修理费 \times 寿命期内大修理次数}{耐用总台班} \tag{3-55}$$

式中：一次大修理费——机械设备规定的大修理范围和工作内容，进行一次全面修理所需消耗的工时、配件、辅助材料、油燃料及送修运输等全部费用；

寿命期大修理次数——为恢复原机械功能按规定在寿命期内需要进行的大修理次数。

3. 经常修理费

经常修理费是指机械在寿命期内除大修理以外的各级保养及临时故障排除和机械停置期间的维护等所需各项费用，还包括为保障机械正常运转所需替换设备、随机工具、附具的摊销费用及机械日常保养所需润滑擦拭材料费之和，是按大修理间隔台班分摊提取的，即

$$\frac{台班经常}{修理费} = \frac{\sum(各级保养一次费用 \times 寿命期各级保养总次数) + 临时故障排除费}{经常修理费耐用总台班}$$

$$+ 替换设备台班摊销费 + 工具附具台班摊销费 + 例保辅料费 \quad (3-56)$$

或

$$台班经常修理费 = 台班大修费 \times K \quad (3-57)$$

$$K = \frac{机械台班经常修理费}{机械台班大修理费} \quad (3-58)$$

例保辅料费是指机械日常保养所需润滑擦拭材料的费用。

各级保养一次费用是指机械在各个使用周期内为保证机械处于完好状况,必须按规定的各级保养间隔周期、保养范围和内容进行的一、二、三级保养或定期保养所消耗的工时、配件、辅料、油燃料等费用。

寿命期各级保养总次数是指一、二、三级保养或定期保养在寿命期内各个使用周期中保养次数之和。

临时故障排除费是指机械除规定的大修理及各级保养以外,临时故障所需费用及机械在工作日以外的保养维护所需润滑擦拭材料费,可按各级保养(不包括例保辅料费)费用之和的 3% 计算,即

$$临时故障排除费 = \sum (各级保养一次费用 \times 寿命期各级保养总次数) \times 3\% \quad (3-59)$$

替换设备及工具、附具台班摊销费是指轮胎、电缆、蓄电池、运输皮带、钢丝绳、胶皮管、履带板等消耗性设备和按规定随机配备的全套工具附具的台班摊销费,即

$$替换设备及工具、附具台班摊销费 = \sum \left[\left(各类替换设备数量 \times \frac{单价}{耐用台班} \right) + \left(各类随机工具附具数量 \times \frac{单价}{耐用台班} \right) \right] \quad (3-60)$$

4. 安拆费及场外运输费

(1) 安拆费。

安拆费指机械在施工现场进行安装、拆卸所需人工、材料、机械和试运转费用,包括机械辅助设施(如基础、底座、固定锚桩、行走轨道、枕木等)的折旧、搭设、拆除等费用。

(2) 场外运输费。

场外运输费指机械整体或分体自停置地点运至现场或某一工地运至另一工地的运输、装卸、辅助材料及架线等费用。定额台班单价内所列安拆费及场外运输费,是分别按不同机械型号、重量、外形体积及不同的安拆和运输方式测算其人工、材料、机械的耗用量综合计算取定的。除了金属切削加工机械、不需要拆除和安装自身能开行的机械(如水平运输机械)、不合适按台班摊销本项费用的机械(如特、大型机械)外,均按年平均 4 次运输、运距平均 25 km 以内考虑。

$$台班安拆费 = \frac{机械一次安拆费 \times 年平均安拆次数}{年工作台班} + 台班辅助设施摊销费 \quad (3-61)$$

$$台班辅助设施摊销费 = \frac{辅助设施一次费用 \times (1-残值率)}{辅助设施耐用台班} \quad (3-62)$$

$$台班场外运输费 = \frac{一次运输及装卸费 + 辅助材料一次摊销费 + 一次架线费}{年工作台班} \\ \times 年平均场外运输次数 \quad (3-63)$$

5. 燃料动力费

燃料动力费是指机械在运转或施工作业中所耗用的固体燃料(煤炭、木材)、液体燃料(汽油、柴油)、电力、水和风等费用。

$$台班燃料动力消耗量 = \frac{实测次数 \times 4 + 定额平均值 + 调查平均值}{6} \tag{3-64}$$

$$燃料动力费 = 台班燃料动力消耗量 \times 各地市规定的相应单价 \tag{3-65}$$

6. 人工费

人工费是指机上司机或副司机、司炉的基本工资和其他工资性津贴。年工作台班以外的机上人员基本工资和工资性津贴以增加系数的形式表示。

$$台班人工费 = 定额机上人工工日 \times 日工资单价 \tag{3-66}$$

$$定额机上人工工日 = 机上定员工日 \times (1 + 增加工日系数) \tag{3-67}$$

$$增加工日系数 = \frac{年制度工日 - 年工作台班 - 管理费内非生产天数}{年工作台班} \tag{3-68}$$

式中,增加工日系数一般取定为0.25。

7. 养路费及车船使用税

养路费及车船使用税是指机械按照国家有关规定应交纳的养路费和车船使用税,按各省、自治区、直辖市规定标准计算后列入定额,即

$$\frac{养路费及}{车船使用税} = \frac{养路费标准(元/吨·月) \times 12 + 车船使用税标准(元/吨·年)}{年工作台班}$$

$$\times 载重量(或核定自重吨位) \tag{3-69}$$

在预算定额的各个分部分项中,已列有"机械费"的,不再计算"进(退)场"、"组装"、"拆卸"费用。

对于大型施工机械的安装、拆卸、场外运输费用,应按《大型施工机械的安装、拆卸、场外运输费用定额》计算。

【思考题】

3-1 简述建筑工程定额的特点、作用和分类。

3-2 简述施工定额及企业定额的编制原则和编制方法。

3-3 简述预算定额消耗量指标的确定。

3-4 简述预算定额编制的方法和步骤。

3-5 简述预算定额的组成。

3-6 简述预算定额应用的方法。

3-7 简述施工资源单价的确定。

【习题】

计算下列分项工程综合费、人工费、材料费、机械费、管理费、利润、综合工日、定额工日、机械定额工日及主要材料消耗量。

3-1　人工挖沟槽(三类土,深 6 m)共 300 m³。

3-2　机械挖土方 2 000 m³,挖土深度 5.5 m,砂砾坚土。

3-3　人工挖地坑(一般土,深 4.5 m)200 m³。

3-4　人工运土 50 m³,运距 400 m。

3-5　M10 混合砂浆砌 370 砖墙 200 m³。

3-6　M10 水泥砂浆砌砖基础 100 m³。

3-7　C30(42.5 水泥,25)现浇碎石钢筋混凝土独立基础 50 m³,现场搅拌混凝土。

3-8　C30(25)现浇商品混凝土条形基础 200 m³。

3-9　C40(25)现浇商品混凝土单梁 100 m³。

3-10　110 mm 厚 C30(20)现浇商品混凝土有梁板 200 m³。

3-11　C35(42.5 水泥,40)现浇碎石钢筋混凝土矩形柱(400 mm×600 mm)30 m³,现场搅拌混凝土。

3-12　现浇混凝土构件直径 10 mm 以上一级钢筋 10 t。

3-13　现浇混凝土构件二级钢筋 20 t。

3-14　石油沥青三毡四油卷材屋面 500 m²。

3-15　加气混凝土屋面保温层 200 m³。

3-16　水泥砂浆楼梯 100 m²(带金刚砂防滑条 1000 m)。

3-17　200 m² 普通水磨石地面,嵌铜条,磨光打蜡。

3-18　400 m² 不规则砖墙挂贴大理石。

3-19　100 m² 螺旋楼梯粘贴地板砖。

3-20　500 m² 花岗岩地面 1:3 水泥砂浆粘贴。

3-21　100 m² 弧形楼梯粘贴 300 mm×300 mm 花岗岩。

3-22　200 m² 单层木门刷聚氨酯漆三遍,一遍润油粉,三遍聚氨酯漆。

3-23　30 mm×40 mm 木龙骨,五合板基层,防火板面层墙面 300 m²。

3-24　U 型轻钢龙骨纸面石膏板吊顶 300 m²,不上人型,跌级高为 210 mm,跌级侧面面积为 20 m²,面层规格 600 mm×600 mm,刷乳胶漆三遍。

第4章 建筑工程工程量计算与定额应用

【学习要求】

熟悉工程量的计算方法、顺序;掌握工程量计算应遵循的原则、建筑面积计算;掌握土方工程、桩与地基基础工程、砌筑工程、混凝土及钢筋混凝土工程、屋面及防水工程、防腐隔热保温工程、室外工程、建筑物超高施工增加费、建筑工程措施项目费等工程量计算与定额应用。

4.1 工程量计算概述

4.1.1 正确计算工程量的意义

工程量是用物理计量单位或自然计量单位表示的各分项工程或构件的数量。物理计量单位是指物体的物理属性单位,是需要度量的,如长度(m)、面积(m^2)、体积(m^3)、质量(t 或 kg)等。自然计量单位是以物体本身的自然属性为计量单位,是不需要度量的,如个、台、座、组等。

计算工程量是根据施工图纸、预算定额及工程量计算规则,列出分项工程名称和计算式,最后计算出结果的过程。它是编制施工图预算的基础工作,是预算文件的重要组成部分。工程量计算是否准确,将直接影响工程直接费的准确,从而影响工程造价、材料数量、劳动力需求量及机械台班消耗量的准确。因此,正确计算工程量对建设单位、施工企业和管理部门正确确定工程造价具有重要的现实意义,在计算工程量过程中,一定要做到认真细致。

4.1.2 工程量计算的依据

计算工程量,主要依据是下列技术文件、资料及有关规定。

1. 建筑工程预算定额

建筑工程预算定额系指《全国统一建筑工程基础定额》、《全国统一建筑工程预算工程量计算规则》,以及省、市、自治区颁发的地区性建筑工程预算定额。定额中详细地规定了各个分部、各个分项工程工程量计算规则,计算工程量时必须严格按照定额中规定的计算规则、方法、单位进行计算。建筑工程预算定额具有一定的权威性。

2. 经审定的单位工程全套施工图纸(包括设计说明)及图纸会审纪要

施工图纸是计算工程量的基本资料,在取得施工图纸等资料后,必须认真、细致地熟悉图纸,并将会审纪要上的有关变更反映到图纸上,以此作为计算工程量的依据。

3. 现场地质勘探报告

现场地质勘探报告主要影响土石方、人工降水、桩基础等工程的工程量计算。

4. 标准图及有关计算手册

施工图中引用的有关标准图集,表明了建筑结构构件的具体构造做法和细部尺寸,是编制预算必不可少的。另外,计算工程量时一些常用的技术数据,可直接从有关部门发行的手册中直接查出,可大大减轻计算的工作量,提高计算工程量的效率,如五金手册、材料手册等。

5. 已批准的施工组织设计和施工方案

计算工程量仅依据施工图纸和定额是不够的,因为每个工程都有自身的具体情况,如土壤类别、土方施工方法、运距等,这些内容主要从施工组织设计和施工方案中才能体现出来,因此计算工程量之前,必须认真阅读施工组织设计及施工方案。

4.1.3 工程量的计算方法

工程量计算一般采用统筹法进行计算。统筹法是一种科学的计划和管理方法,它分析和研究事物内在的相互依赖关系和固有的规律。根据此原理,在进行工程量计算时应找出各分项工程自身的特点及内在联系,运用统筹法合理安排工程量计算顺序,以达到简化计算、提高工作效率的目的。例如,地面打夯工程量、地面防潮层工程量、地面垫层工程量、地面面层工程量、天棚工程量等,它们都与地面面积有关,地面面积是计算上述工程量的重要数据,因此"面"是统筹法计算工程量的基数之一。

运用统筹法计算工程量的要点有以下两点。

1. 统筹顺序,合理安排

计算工程量的顺序是否合理,直接关系到计算速度。工程量计算一般是以施工顺序和定额顺序进行计算的,若没有充分利用项目之间的内在联系,将导致重复计算。例如:在计算室内回填夯实、地面垫层、地面面层工程量时,运用统筹法计算,就是把具有共性的地面面层工程量放在前面计算,利用地面面层工程量乘以垫层厚度,得出地面垫层的工程量,同样,利用地面面层的工程量乘以室内回填土厚度得出室内回填夯实工程量,这样以地面面层面积为基数计算多项工程量,避免了不必要的重复计算。

2. 利用基数,连续计算

基数是指工程量计算中可重复利用的数据。工程量计算的基数是"三线一面",其中"三线"是指外墙中心线($L_{中}$)、外墙外边线($L_{外}$)、内墙净长线($L_{内}$),"一面"是指底层建筑面积($S_{底}$),这些数据计算一次,可多次使用。

上述基数由于基础及各层布局不同,常常有若干组,如基础中的 $L_{中}$ 和 $L_{内}$,各层墙体中的 $L_{中}$、$L_{外}$、$L_{内}$、$S_{底}$。每一个基数又要划分为若干个,如内墙净长线的个数应根据不同墙厚、墙高、砂浆品种和强度等级,计算出若干个基数。因此,应用基数时应灵活掌握,切忌生搬硬套。

4.1.4 工程量计算的顺序

每一幢建筑物的分项工程繁多,少则几十项,多则上百项,且图纸内容上下、左右、内外交叉,如果计算时不讲顺序,就很可能造成漏算或重复计算,并且给计算和审核工程量带来不便。因此,在计算工程量时必须按照一定的顺序进行,常用的计算顺序有以下几种。

1. 不同分项工程之间计算的先后次序

(1) 施工顺序法。

此方法即按各分项工程施工的先后次序依次计算。按照先地下,后地上;先底层,后上层;先结构,后装修;先主要,后次要顺序计算。例如,条形基础施工,一般涉及基槽土方开挖、基础垫层铺设、基础砌筑和基础回填土四个分项工程,上述次序即为四个分项工程施工的先后顺序,故各分项工程量的计算就可按下列次序进行:基槽土方开挖→基础垫层铺设→基础砌筑→基础土方回填。

此方法一般适用于业务较熟练者,熟悉施工过程,有扎实的建筑结构和建筑构造方面的知识。此方法便于利用基数。

(2) 定额顺序法。

此方法即参照使用预算定额所列分部工程、分项工程顺序进行计算,适合于对不太熟悉的工程项目或初编预算时采用。

2. 同一分项工程内各组成部分之间计算的先后次序

(1) 顺时针方向顺序法。

此方法即按顺时针顺序,从平面图左上角开始,环绕一周后再到左上角为止。适用范围:外墙、外墙基础、楼地面、天棚、室内装修等。

(2) 先横后竖、先左后右、先上后下顺序法。

该法先计算横向工程量,后计算竖向工程量。横向采用先左后右,先上后下的顺序;竖向采用先上后下,先左后右的顺序。适用范围:内墙、内墙基础和各种间隔墙。

(3) 构件编号顺序法。

该法是按照图纸上所标注的各种构件、配件符号顺序,先统计出构件、配件数量,然后逐一进行计算。此法适用于梁、板、柱、独立基础、门窗、预制构件、屋架等。例如:L1,L2,L3…;Z1,Z2,Z3…;C1,C2,C3…

(4) 其他顺序。

如水暖工程可按供回水顺序计算管线长度;电气照明工程可按引入线、总配电箱、干线、分配电箱、分支回路等次序计算配管配线长度。

注意:实务操作中,无论采用哪种计算顺序,均应力争不重不漏。

4.1.5 工程量计算应遵循的原则

在进行工程量计算时应注意下列基本原则。

1. 计算口径与定额(或规范)一致

计算工程量时,根据施工图纸所列出的工程子目的口径(指工程子目所包含的内容),必须与定额(或规范)中相应工程子目的口径一致。如镶贴面层项目,定额中除包括镶贴面层工料外,还包括了结合层的工料,即黏结层不得另行计算。这就要求预算人员必须熟悉定额组成及其所包含的内容。

2. 计算规则与定额(或规范)一致

工程量计算时,必须遵循定额(或规范)中所规定的工程量计算规则,否则将是错误的。如墙体工程量计算中,外墙长度按外墙中心线计算,内墙长度按内墙净长线计算;楼梯面层和台阶面层工程量按水平投影面积计算。

3. 计算单位与定额(或规范)一致

工程量计算时,工程量计算单位必须与定额(或规范)单位相一致。在定额中,工程量的计算单位规定为:以体积计算的为 m^3,以面积计算的为 m^2,以长度计算的为 m,以质量计算的为 t 或 kg,以件(个或组)计算的为件(个或组)。

建筑工程预算定额中大多数用扩大定额(按计算单位的倍数)的方法来计量,即"100 m^3"、"10 m^3"、"100 m^2"、"100 m"等,如门窗工程量定额以"100 m^2"来计量。

4. 工程量计算所用原始数据必须和设计图纸相一致

工程量是按每一分项工程,根据设计图纸计算的。计算时所采用的数据,都必须以施工图纸所示的尺寸为准进行计算的,不得任意加大或缩小各部位尺寸。

5. 按图纸,结合建筑物的具体情况进行计算

一般应做到主体结构分层计算,内装修分层分房间计算,外装修分立面计算,或按施工方案要求分段计算。不同的结构类型组成的建筑,按不同结构类型分别计算。

4.1.6 工程量的分类

工程量是以物理计量单位或自然计量单位表示的各分项工程(实体项目或措施项目)的具体数量。由于工程所处的设计阶段不同,工程施工所采用的施工工艺、施工组织方法的不同,在反映工程造价时会有不同类型的工程量,具体可以划分为以下几类。

1. 设计工程量

设计工程量是指在可行性研究阶段或初步设计阶段为编制设计概算而根据初步设计图纸计算出的工程量。它一般由图纸工程量和设计阶段扩大工程量组成,其中,图纸工程量是按设计图纸的几何轮廓尺寸算出的,设计阶段扩大工程量是考虑设计工作的有限深度和误差,为留有余地而设置的工程量,它可根据分部分项工程的特点,以图纸工程量乘一定的系数求得。

2. 施工超挖工程量

在施工过程中,由于生产工艺及产品质量的需要,往往需要进行一定的超挖,如土方工程中的放坡开挖、水利工程中的地基处理等,其施工超挖量的多少与施工方法、施工技术、管理水平及地质条件等因素有关。

3. 施工附加量

施工附加量是指为完成本项工程而必须增加的工程量。例如,小断面圆形隧洞为满足交通需要扩挖下部而增加的工程量,隧洞工程为满足交通、放炮的需要设置洞内错车道、避炮洞所增加的工程量,为固定钢筋网而增加的工程量等。

4. 施工超填工程量

施工超填工程量是指由于施工超挖量、施工附加量相应增加的回填工程量。

5. 施工损失量

(1) 体积变化损失量。如土石方填筑过程中的施工期沉陷而增加的工程量,混凝土体积收缩而增加的工程量等。

(2) 运输及操作损耗量。如混凝土、土石方在运输、操作过程中的损耗。

(3) 其他损耗量。如土石方填筑工程阶梯形施工后,按设计边坡要求的削坡损失工程量、接缝削坡损失工程量、混凝土防渗墙一、二期墙槽接头孔重复造孔及混凝土浇筑增加的工程量。

6. 质量检查工程量

(1) 基础处理工程检查工程量。基础处理工程大多采用钻一定数量检查孔的方法进行质量检查。

(2) 其他检查工程量。如土石方填筑工程通常采用挖试坑的方法来检查其填筑成品方的干密度。

7. 试验工程量

如土石方工程为取得石料场爆破参数和土方碾压参数而进行的爆破试验、碾压试验而增加的工程量;为取得灌浆设计参数而专门进行的灌浆试验增加的工程量等。

8. 措施项目工程量

为完成工程项目施工,发生于该工程施工前和施工过程中技术、生活、安全等方面的非工程实体项目的具体数量。如施工排水、降水工程量,大型机械进出场及安拆费工程量,现浇混凝土及预制混凝土构件模板工程量,脚手架搭拆工程量等。

阐述以上工程量的分类,主要是为理解工程量计算规则及准确报价服务的,因为在不同的定额、不同计算规则中有不同的规定,有些是在我国的现行定额中规定已列入定额中,有些有计入范围的限制,有些需要单列项目计算等,这些在学习后面的工程量计算规则时应予注意。

4.1.7 工程量计算规则

工程量是工程计价的基本要素之一,工程量计算的准确性是工程计价质量的重要目标之一,然而工程量有多种分类,多种理解,为此,在确定工程造价进行相应的工程量计算时,需作出统一规定。

1. 工程量计算规则的概念

工程量计算规则是指对工程量计算所作的统一说明和规定,包括项目划分、计量方法、计量单位等。

2. 工程量计算规则的作用

(1) 为准确计算工程量提供统一的计算口径。

(2) 为工程结算中的工程计量提供依据。

(3) 为投标报价提供公平的竞争规则。

(4) 为造价资料的积累与分析奠定了基础。

3. 工程量计算规则的分类

(1) 按执行范围分为地方规定的计算规则、部门规定的计算规则、国家规定的计算规则、国际通用的计算规则。

(2) 按专业分为建筑工程的工程量计算规则、安装工程的工程量计算规则、装饰工程的工程量计算规则、市政工程的工程量计算规则、修缮工程的工程量计算规则等。

从上述内容可知,目前我国关于在定额计价模式之下的工程量计算规则有多种分类,但它们之间有许多的共同点,应用时可结合相应的规定执行。本章在讲述建筑工程各分部工程中相关分项工程量计算及定额应用时,均按现行《河南省建设工程工程量清单综合单价(2008)》中的工程量计算规则及有关说明、规定进行介绍。

4.2 建筑面积计算

建筑面积是以平方米为计量单位反映房屋建筑规模的实物量指标,它广泛应用于基本建设计划、统计、设计、施工和工程概预算等方面,在建筑工程造价管理方面起着非常重要的作用,是房屋建筑计价的主要指标之一。

建筑面积是指房屋建筑中各层外围(结构)水平投影面积相加后的总面积,以平方米为计算单位,包括使用面积、辅助面积和结构面积。其中使用面积是指建筑物各层平面布置中可直接为生产或生活使用的净面积总和;辅助面积是指建筑物各层平面布置中辅助生产或生活所占净面积的总和;结构面积是指建筑物各层平面布置中的墙体、柱等结构所占面积的总和。

目前,我国建筑工程的建筑面积按照《建筑工程建筑面积计算规范》(GB/T 50353—2013)执行。

4.2.1 房屋建筑的主体部分建筑面积计算

1. 单层建筑物

单层建筑物的建筑面积,应按其外墙勒脚以上结构外围水平面积计算,并应符合下列规定。

(1) 单层建筑物高度在 2.20 m 及以上的应计算全面积,高度不足 2.20 m 的应计算 1/2 面积。勒脚是指建筑物外墙与室外地面或散水接触部位墙体的加厚部分;高度是指室内地面至屋面(最低处)结构标高之间的垂直距离。

(2) 利用坡屋顶内空间时,净高超过 2.10 m 的部位应计算全面积,净高在 1.20~2.10 m 的部位应计算 1/2 面积,净高不足 1.20 m 的部位不应计算面积。

(3) 单层建筑物内设有局部楼层者,局部楼层的二层及以上楼层,有围护结构的应按其围护结构外围水平面积计算,无围护结构的应按其结构底板水平面积计算。层高在 2.20 m 及以上的应计算全面积,层高不足 2.20 m 的应计算 1/2 面积。围护结构是指围合建筑空间四周的墙体、门、窗等。

【例题一】 求图 4-1 所示的单层厂房的建筑面积。

【解】 (1) 底层建筑面积 S_1。
$$S_1 = 18.24 \times 8.04 \text{ m}^2 = 146.65 \text{ m}^2$$

(2) 局部二层建筑面积 S_2。
$$S_2 = (6+0.24) \times (3+0.24) \text{ m}^2 = 20.22 \text{ m}^2$$

(3) 单层厂房建筑面积 S。
$$S = S_1 + S_2 = (146.65 + 20.22) \text{ m}^2 = 166.87 \text{ m}^2$$

2. 多层建筑物

多层建筑物首层应按其外墙勒脚以上结构外围水平面积计算,二层及以上楼层应按其外墙

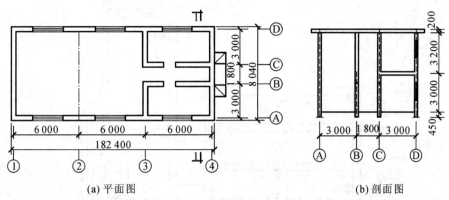

(a) 平面图　　　　　　　　　　　　　(b) 剖面图

图 4-1　单层厂房(墙厚 240 mm,单位:mm)

结构外围水平面积计算。层高在 2.20 m 及以上的应计算全面积,层高不足 2.20 m 的应计算 1/2 面积。

3. 多层建筑坡屋顶内空间

多层建筑坡屋顶内和场馆看台下,当设计加以利用时净高超过 2.10 m 的部位应计算全面积,净高在 1.20～2.10 m 的部位应计算 1/2 面积,当设计不利用或室内净高不足 1.20 m 时不应计算面积。

【例题二】　如图 4-2 所示,求多层建筑物建筑面积。

【解】　(1) 底层建筑面积 S_1。

$$S_1 = [(6.90+0.24) \times (4.50+4.50) + (11.50+0.24) \times (2.10+3.00+1.50+0.24)$$
$$-1.50 \times (2.40+2.10)] \text{ m}^2$$
$$= (64.26+80.30-6.75) \text{ m}^2$$
$$= 137.81 \text{ m}^2$$

(2) 二层建筑面积 S_2。

$$S_2 = [(6.90+0.24) \times (4.50+4.50) + (11.50+0.24) \times (2.10+3.00+1.50+0.24)] \text{ m}^2$$
$$= (64.26+80.30) \text{ m}^2$$
$$= 144.56 \text{ m}^2$$

(3) 三层建筑面积 S_3。

同二层,即　　　　　　　　　　$S_3 = S_2 = 144.56 \text{ m}^2$

(4) 四层建筑面积 S_4。

$$S_4 = [(6.9+0.24) \times 4.5 + (4.5+3.5+0.24) \times (2.1+4.5+0.24)] \text{ m}^2$$
$$= (32.13+56.36) \text{ m}^2 = 88.49 \text{ m}^2$$

(5) 总建筑面积 S。

$$S = S_1 + S_2 + S_3 + S_4 = (137.81+144.56+144.56+88.49) \text{ m}^2$$
$$= 515.42 \text{ m}^2$$

4. 地下建筑、架空层

地下室、半地下室,包括相应的有永久性顶盖的出入口,应按其外墙上口(不包括采光井、外墙防潮层及其保护墙)外边线所围水平面积计算。层高在 2.20 m 及以上的应计算全面积,层高

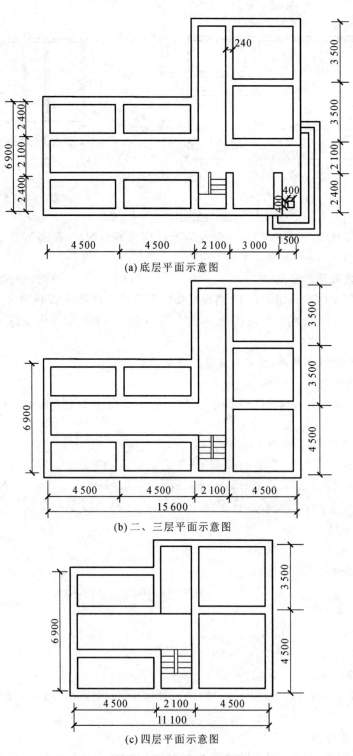

图 4-2 多层建筑物示意图

不足 2.20 m 的应计算 1/2 面积。房间地平面低于室外地平面的高度超过该房间净高的 1/2 者为地下室;房间地平面低于室外地平面的高度超过该房间净高的 1/3,且不超过 1/2 者为半地下室;永久性顶盖是指经规划批准设计的永久使用的顶盖。如图 4-3 所示,其宽度按图示 B 计算。

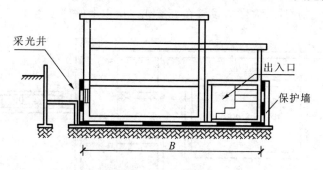

图 4-3　地下室剖面图

坡地的建筑物吊脚架空层、深基础架空层,设计加以利用并有围护结构的,层高在 2.20 m 及以上的部位应计算全面积,层高不足 2.20 m 的部位应计算 1/2 面积。设计加以利用但无围护结构的建筑吊脚架空层,应按其利用部位水平面积的 1/2 计算,设计不利用的深基础架空层、坡地吊脚架空层、多层建筑坡屋顶内、场馆看台下的空间不应计算面积,见图 4-4 至图 4-6。

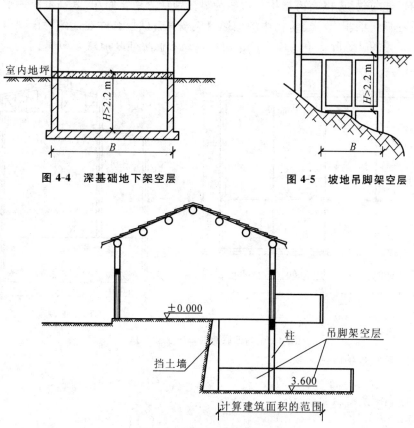

图 4-4　深基础地下架空层　　　　图 4-5　坡地吊脚架空层

图 4-6　坡地建筑吊脚架空层

5. 建筑物的门厅、大厅、回廊

建筑物的门厅、大厅按一层计算建筑面积。门厅、大厅内设有回廊时,应按其结构底板水平面积计算。层高在 2.20 m 及以上的应计算全面积,层高不足2.20 m 的应计算 1/2 面积,见图 4-7。回廊是指在建筑物门厅、大厅内设置在二层或二层以上的回形走廊。

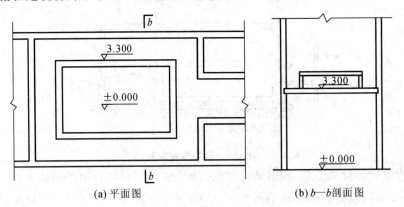

图 4-7 建筑物内大厅、回廊

6. 高低联跨的建筑物、变形缝

高低联跨的建筑物,应以高跨结构外边线为界分别计算建筑面积;其高低跨内部连通时,其变形缝应计算在低跨面积内。建筑物内的变形缝应按其自然层合并在建筑物面积内计算。

【例题三】 求图 4-8 所示单层工业厂房高跨部分及低跨部分的建筑面积。

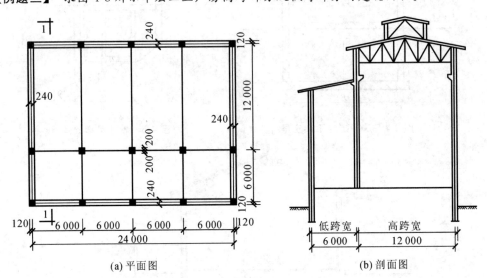

图 4-8 高低联跨的单层工业厂房

【解】 (1)高跨部分建筑面积 S_1。

$$S_1 = (24 + 2 \times 0.12) \times (12 + 0.12 + 0.2) \text{ m}^2 = 298.64 \text{ m}^2$$

(2)低跨部分建筑面积 S_2。

$$S_2 = (24 + 2 \times 0.12) \times (12 + 6 + 2 \times 0.12) - S_1 = (442.14 - 298.64) \text{ m}^2 = 143.50 \text{ m}^2$$

或

$$S_2 = (24 + 2 \times 0.12) \times (6 - 0.2 + 0.12) \text{ m}^2 = 143.50 \text{ m}^2$$

7. 室内楼梯、井道

建筑物内的室内楼梯间、电梯井、观光电梯井、提物井、管道井、通风排气竖井、垃圾道、附墙烟囱应按建筑物的自然层计算,并入建筑物面积内。自然层是指按楼板、地板结构分层的楼层。如遇跃层建筑,其共用的室内楼梯应按自然层计算面积;上下错层建筑共用的室内楼梯,应按上一层的自然层计算面积。

8. 建筑物顶部

建筑物顶部有围护结构的楼梯间、水箱间、电梯间房等,按围护结构外围水平面积计算。层高在 2.20 m 及以上者应计算全面积;层高不足 2.20 m 者应计算 1/2 面积。无围护结构的不计算面积。

9. 幕墙

以幕墙作为围护结构的建筑物,应按幕墙外边线计算建筑面积。建筑物外墙外侧有保温隔热层的建筑物,应按保温隔热层外边线计算建筑面积。

10. 外墙(围护结构)向外倾斜的建筑物

设有围护结构不垂直于水平面而超出底板外沿的建筑物,应按其底板面的外围水平面积计算。层高在 2.20 m 及以上者应计算全面积;层高不足 2.20 m 者应计算 1/2 面积。

如遇到向建筑物内倾斜的墙体,则应视为坡屋顶,应按坡屋顶内空间有关条文计算面积。

4.2.2 房屋建筑的附属部分建筑面积计算

1. 挑廊、走廊、檐廊

建筑物外有围护结构的挑廊、走廊、檐廊(见图 4-9),应按其围护结构外围水平面积计算。层高在 2.20 m 及以上者应计算全面积;层高不足 2.20 m 者应计算 1/2 面积。有永久性顶盖无围护结构的应按其结构底板水平面积的 1/2 计算。

走廊是指建筑物的水平交通空间;挑廊是指挑出建筑物外墙的水平交通空间;檐廊是指设置在建筑物底层出檐下的水平交通空间。

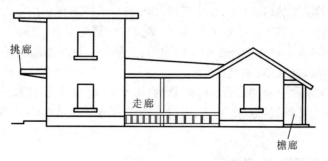

图 4-9 建筑物内挑廊、走廊、檐廊

2. 架空走廊

建筑物之间有围护结构的架空走廊,应按其围护结构外围水平面积计算。层高在 2.20 m 及以上者应计算全面积;层高不足 2.20 m 者应计算 1/2 面积。有永久性顶盖无围护结构的应按其结构底板水平面积的1/2计算。架空走廊是指建筑物与建筑物之间,在二层或二层以上专门为水平交通设置的走廊。

3. 门斗、橱窗

建筑物外有围护结构的门斗、落地橱窗,应按其围护结构外围水平面积计算。层高在2.20 m及以上者应计算全面积;层高不足2.20 m者应计算1/2面积。有永久性顶盖但无围护结构的应按其结构底板水平面积的1/2计算。门斗是指在建筑物出入口设置的建筑过渡空间,起分隔、挡风、御寒等作用;落地橱窗是指突出外墙面根基落地的橱窗。

4. 阳台、雨篷

建筑物阳台,不论是凹阳台、挑阳台、封闭阳台、敞开式阳台,均按其水平投影面积的1/2计算。阳台是供使用者进行活动和晾晒衣物的建筑空间。

雨篷,不论是无柱雨篷、有柱雨篷、独立柱雨篷,其结构的外边线至外墙结构外边线的宽度超过2.10 m者,应按其雨篷结构板的水平投影面积的1/2计算。宽度在2.10 m及以内的不计算面积。雨篷是指设置在建筑物进出口上部的遮雨、遮阳篷。

5. 室外楼梯

有永久性顶盖的室外楼梯,应按建筑物自然层的水平投影面积的1/2计算。无永久性顶盖,或不能完全遮盖楼梯的雨篷,则上层楼梯不计算面积,但上层楼梯可视作下层楼梯的永久性顶盖,下层楼梯应计算面积(即少算一层)。

6. 舞台灯光控制室

有围护结构的舞台灯光控制室,应按其围护结构外围水平面积计算。层高在2.20 m及以上者应计算全面积;层高不足2.20 m者应计算1/2面积。

4.2.3 特殊的房屋建筑面积计算

1. 立体库房

立体书库、立体仓库、立体车库,无结构层的应按一层计算,有结构层的应按其结构层面积分别计算。层高在2.20 m及以上者应计算全面积;层高不足2.20 m者应计算1/2面积。

2. 场馆看台

有永久性顶盖无围护结构的场馆看台应按其顶盖水平投影面积的1/2计算。场馆看台下空间,当设计加以利用时,其净高超过2.10 m的部位应计算全面积;净高在1.20~2.10 m的部位应计算1/2面积;净高不足1.20 m的部位不应计算面积。设计不利用时不应计算面积。

3. 站台、车(货)棚、加油站、收费站

有永久性顶盖无围护结构的站台、车棚、货棚、加油站、收费站等,应按其顶盖水平投影面积的1/2计算。在站台、车棚、货棚、加油站、收费站内设有有围护结构的管理室、休息室等,另按相关条文计算面积。

4.2.4 不计算建筑面积的部分

不计算建筑面积的部分主要包括以下几个方面(上述已提到的除外)。

(1) 建筑物通道,包括骑楼、过街楼的底层。建筑物通道是指为道路穿过建筑物而设置的建筑空间(见图4-10)。骑楼是指楼层部分跨在人行道上的临街楼房;过街楼是指有道路穿过建

筑空间的楼房。

(2) 建筑物内的设备管道夹层。

(3) 建筑物内分隔的单层房间、舞台及后台悬挂幕布、布景的天桥、挑台等。

(4) 屋顶水箱、花架、凉棚、露台、露天游泳池。

(5) 建筑物内的操作平台、上料平台、安装箱和罐体的平台。

(6) 勒脚、附墙柱、垛、台阶、墙面抹灰、装饰面、镶贴块料面层、装饰性幕墙、空调室外机搁板(箱)、飘窗、构件、配件、宽度在 2.10 m 及以内的雨篷以及与建筑物内不相连通的装饰性阳台、挑廊。

(7) 无永久性顶盖的架空走廊、室外楼梯和用于检修、消防等的室外钢楼梯、爬梯。

(8) 自动扶梯、自动人行道。

(9) 独立烟囱、烟道、地沟、油(水)罐、气柜、水塔、贮油(水)池、贮仓、栈桥、地下人防通道、地铁隧道。

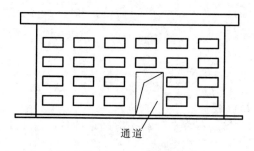

图 4-10 穿越建筑物的通道

4.2.5 商品房销售中相关建筑面积的计算

在我国大部分城市,根据建设部《商品房销售面积计算及公用建筑面积分摊规则》的规定,商品房按"套"或"单元"出售,商品房的销售面积即为购房者所购买的套内或单元内建筑面积(以下简称套内建筑面积)与应分摊的公用建筑面积之和。

商品房销售面积＝套内建筑面积＋分摊的公用建筑面积

套内建筑面积＝套内使用面积＋套内墙体面积＋阳台建筑面积

套内使用面积是每套住宅户门内除墙体厚度外全部净面积的总和。包括卧室、起居室、过厅、过道、厨房、卫生间、储藏室、壁柜(不包括吊柜)、户内楼梯(按投影面积)。利用坡屋顶内空间作房间时,其 1/2 面积净高不低于 2.10 m,其余部分最小净高不低于 1.50 m,符合以上要求的可计入使用面积;否则不算使用面积。每户阳台(无论凹、凸阳台)面积在 6 m^2 以下的,不计算使用面积;超过 6 m^2 的,超过部分按阳台净面积的 1/2 折算计入使用面积。

套内墙体面积是商品房各套(单元)内使用空间周围的维护或承重墙体的面积,有共用墙及非共用墙两种。商品房各套(单元)之间的分隔墙、套(单元)与公用建筑空间投影面积的分隔墙以及外墙(包括山墙)均为共用墙,共用墙墙体水平投影面积的 1/2 计入套内墙体面积。非共用墙墙体水平投影面积全部计入套内墙体面积。

阳台建筑面积:按国家现行《建筑面积计算规则》进行计算。

单元分摊的公用建筑面积由两部分组成:① 电梯井、楼梯间、垃圾道、变电室、设备室、公共门厅和过道等公共用房和管理用房的建筑面积；② 各单元与楼宇公共建筑空间之间的分隔墙以及外墙(包括山墙)墙体水平投影面积的1/2。公用建筑面积不包括任何作为独立使用空间租、售的地下室、车棚等，作为人防工程的地下室也不计入公用建筑面积。

整栋建筑物的面积扣除整栋建筑物各套(单元)套内建筑面积之和，并扣除已作为独立使用空间销售或出租的地下室、车棚及人防工程等建筑面积，即为整栋建筑物的公用建筑面积。

将整栋的公用建筑面积除以整栋的各套套内建筑面积之和，得到建筑物的公用建筑面积分摊系数，即

$$公用建筑面积分摊系数＝公用建筑面积/各套套内建筑面积之和$$

各套(单元)的套内建筑面积乘以公用建筑面积分摊系数，得到购房者应合理分摊的公用建筑面积，即

$$分摊的公用建筑面积＝公用建筑面积分摊系数×套内建筑面积$$

一般高层住宅公建分摊系数为0.4左右。

4.3 土石方工程

4.3.1 概述

1. 土石方工程定额子目设置

土石方工程定额设土方工程、石方工程和土方回填共三部分131条子目，以下为具体分项。

(1) 土方工程。

66条子目，包括平整场地、挖土方(挖基础土方)、挖淤泥。其中，挖土方包括人工挖土方、机械挖土方、其他等。

① 人工挖土方清单综合单价定额中，分别设置了人工挖一般土方，开挖深度为1.5 m、2 m、3 m、4 m、5 m、6 m、7 m以内及7 m以上八个定额子目；人工挖砂砾坚土土方，开挖深度为1.5 m、2 m、3 m、4 m、5 m、6 m、7 m以内及7 m以上八个定额子目；人工挖一般土沟槽，开挖深度为1.5 m、2 m、3 m、4 m以内四个定额子目；人工挖砂砾坚土沟槽，开挖深度为1.5 m、2 m、3 m、4 m以内四个定额子目；人工挖一般土地坑，开挖深度为1.5 m、2 m、3 m、4 m以内四个定额子目；人工挖砂砾坚土地坑，开挖深度为1.5 m、2 m、3 m、4 m以内四个定额子目；一般土和砂砾坚土山坡切土两个定额子目；双轮车运土运距在50 m以内及400 m以内每增加50 m的两个定额子目。

② 机械挖土方清单综合单价定额中，分别设置了机械挖土、机械挖土汽车运土1 km、推土机推土运距20 m以内、推土机推土运距20 m以上每增10 m、人工装土自卸汽车运土1 km内、装载机装土自卸汽车运土1 km内、自卸汽车运土运距每增加1 km、装载机装运土方、翻斗车运土等多个定额分项，其中机械挖土、机械挖土汽车运土1 km、推土机推土运距20 m以内分项又根据土壤类别不同分别划分为一般土和砂砾坚土两个定额子目；装载机运土方根据运距不同划分为运距20 m以内和运距每增20 m两个定额子目；翻斗车运土分项根据运距不同划分为100 m以内、200 m以内、400 m以内、600 m以内、900 m以内、1 200 m以内、1 600 m以内和2 000 m以内八个定额子目。

(2) 石方工程。

59条子目，包括预裂爆破、石方开挖、管沟石方三个专用分项，每个分项又根据施工方法、

岩石类别等不同设置有不同的定额子目。

(3) 土方回填。

6条子目,包括土方回填、原土打夯和碾压三个专用分项,其中,回填土根据松填和夯填不同划分为两个定额子目,场地机械碾压又分为原土碾压、填土羊足碾碾压和填土压路机碾压三个定额子目。

2. 土石方工程中分项工程的列项划分方法

分项工程的列项通常应根据设计图纸的内容结合工程的具体情况以定额子目的划分为原则,按照具体定额子目的设置情况、子目所包括的工作内容及定额中有关规则、说明、规定进行。

(1) 一般建筑工程土石方分部常列项目有:场地平整、土方开挖、沟槽开挖、地坑开挖、原土打夯、土方运输、土方回填等。

在具体工程中,分项工程的列项特征应尽可能在项目名称中描述清楚,以便于工程量计算及定额套用。例如,人工挖沟槽(一般土,挖深 $h=3.5$ m)。

(2) 列项划分计算土石方工程量前的准备工作,即应确定下列各项资料。

① 土壤及岩石分类的确定。同样条件下开挖不同土质的土石方,将耗用不同数量的人工和机械,因此,土壤及岩石的类别是影响土石方开挖的一个主要因素。如定额中开挖土方主要考虑挖一般土和砂砾坚土,开挖石方主要考虑松石、次坚石、普坚石和特坚石。

土石方工程土壤及岩石类别的划分,依工程勘测资料与《土壤及岩石分类表》(见表4-1)对照后确定。表中的Ⅰ~Ⅲ类土为定额中的一般土,Ⅳ类土为定额中的砂砾坚土,Ⅴ类土为定额中的松石,Ⅵ~Ⅷ类土为定额中的次坚石,Ⅸ、Ⅹ类土为定额中的普坚石,Ⅺ~ⅩⅣ类土为定额中的特坚石。

表 4-1 土壤及岩石(普氏)分类表

土壤及岩石类别	土壤及岩石名称	天然湿度下平均表观密度/(kg/m³)	极限压碎强度/MPa	用轻钻孔机钻进耗时/(min/m)	开挖方法及工具	紧固系数(f)	预算定额分类
Ⅰ	砂 砂壤土 腐殖土 泥炭	1 500 1 600 1 200 600			用尖锹开挖	0.5~0.6	一般土
Ⅱ	轻壤土和黄土类土 潮湿而松散的黄土,软的盐渍土和碱土 平均15 mm以内的松散而软的砾石 含有草根的密实植土 含有直径在30 mm以内根类的泥炭和腐殖土 掺有卵石、碎石和石屑的砂和腐殖土 含有卵石或碎石杂质的胶结成块的填土 含有卵石、碎石和建筑料杂质的砂壤土	1 600 1 600 1 700 1 400 1 100 1 650 1 750 1 900			用锹开挖并少数用镐开挖	0.6~0.8	

续表

土壤及岩石类别	土壤及岩石名称	天然湿度下平均表观密度/(kg/m³)	极限压碎强度/MPa	用轻钻孔机钻进耗时/(min/m)	开挖方法及工具	紧固系数(f)	预算定额分类
Ⅲ	肥黏土,其中包括石炭纪、侏罗纪的黏土和冰碛黏土 重壤土、粗砾石,粒径为15～40 mm的碎石和卵石 干黄土和掺有碎石或卵石的自然含水量黄土 含有直径大于30 mm根类的腐殖土或泥炭 掺有碎石、卵石或建筑碎料的壤土	1 800 1 750 1 790 1 400 1 900			用尖锹并同时用镐开挖(30%)	0.8～1.0	一般土
Ⅳ	含碎石、重黏土,其中包括侏罗纪和石炭纪的硬黏土 含有碎石、卵石、建筑碎料和质量达25 kg的顽石(总体积10%以内)等杂质的肥黏土和重壤土 含有质量在50 kg以内的巨砾(总体积10%以内)的冰碛黏土 泥板岩 不含或含有质量达10 kg的顽石	1 950 1 950 2 000 2 000 1 950			用尖铲并同时用镐和撬棍开挖(30%)	1.0～1.5	砂砾坚土
Ⅴ	含有质量在50 kg以内的巨砾(占体积10%以上)的冰碛石 矽藻岩和软白垩岩 胶结力弱的砾岩 各种不坚实的片岩 石膏	2 100 1 800 1 900 2 600 2 200	<20	<3.5	部分用手凿工具,部分用爆破来开挖	1.5～2.0	松石
Ⅵ	凝灰岩和浮石 松软多孔和裂隙严重的石灰岩和介质石灰岩 中等硬变的片岩 中等硬变的泥灰岩	1 100 1 200 2 700 2 300	20～40	3.5	用镐和爆破方法开挖	2～4	次坚石
Ⅶ	石灰石胶结的带有卵石和沉积岩的岩砾石 风化的和有大裂缝的黏土质砂岩 坚实的泥板岩 坚实的泥灰岩	2 200 2 000 2 800 2 500	40～60	6.0	用爆破方法开挖	4～6	

续表

土壤及岩石类别	土壤及岩石名称	天然湿度下平均表观密度/(kg/m³)	极限压碎强度/MPa	用轻钻孔机钻进耗时/(min/m)	开挖方法及工具	紧固系数(f)	预算定额分类
Ⅷ	砾质花岗岩 泥灰质石灰岩 黏土质砂岩 砂质云母片岩 硬石膏	2 300 2 300 2 200 2 300 2 900	60~80	8.5	用爆破方法开挖	6~8	次坚石
Ⅸ	严重风化的软弱的花岗石、片麻岩和正长岩 滑石化的蛇纹岩 致密的石灰岩 含有卵石、沉积岩的渣质胶结的砾石 砂岩 砂质石灰质片岩 菱镁矿	2 500 2 400 2 500 2 500 2 500 2 500 3 000	80~100	11.5	用爆破方法开挖	8~10	普坚石
Ⅹ	白云岩 坚固的石灰岩 大理岩 石灰质胶结的致密砾石 坚固砂质片岩	2700 2700 2700 2600 2600	100~120	15.0	用爆破方法开挖	10~12	
Ⅺ	粗花岗岩 非常坚硬的白云岩 蛇纹岩 石灰质胶结的含有火成岩之卵石的砾石 石英胶结的坚固砂岩 粗粒正长岩	2 800 2 900 2 600 2 800 2 700 2 700	120~140	18.5	用爆破方法开挖	12~14	特坚石
Ⅻ	具有风化痕迹的安山岩和玄武岩 片麻岩 非常坚固的石灰岩 硅质胶结的含有火成岩之卵石的砾岩 粗石岩	2 700 2 600 2 900 2 900 2 600	140~160	22.0	用爆破方法开挖	14~16	

续表

土壤及岩石类别	土壤及岩石名称	天然湿度下平均表观密度 /(kg/m³)	极限压碎强度 /MPa	用轻钻孔机钻进耗时 /(min/m)	开挖方法及工具	紧固系数(f)	预算定额分类
XIII	中粒花岗岩 坚固的片麻岩 辉绿岩 玢岩 坚固的粗石岩 中粒正长岩	3 100 2 800 2 700 2 500 2 800 2 800	160~180	27.5	用爆破方法开挖	16~18	特坚石
XIV	非常坚固的细粒花岗岩 花岗片麻岩 闪长岩 高硬度的石灰岩 坚固的玢岩	3 300 2 900 2 900 3 100 2 700	180~200	32.5	用爆破方法开挖	18~20	
XV	安山岩、玄武岩、坚固的角页岩 高硬度的辉绿岩和闪长岩 坚固的辉长岩和石英岩	3 100 2 900 2 800	200~250	46.0	用爆破方法开挖	20~25	
	拉长玄武和橄榄玄武岩 特别坚固的辉长辉绿岩、石英和石玢岩	3 300 3 000	>250	>60	用爆破方法开挖	>25	

② 地下水位标高及排(降)水方法。

③ 土方、沟槽、基坑挖(填)起止标高、施工方法、运距。不同的开挖深度在定额中有不同的定额子目,也要相应分别列项。如人工挖土方分为 1.5 m、2 m、3 m、4 m、5 m、6 m、7 m 以内及 7 m 以上子目,人工挖地槽、地坑分为 1.5 m、2 m、3 m、4 m 以内子目,超过 4 m 时按规定调整。

④ 岩石开凿、爆破方法、石渣清运方法及运距。

⑤ 其他有关资料。

4.3.2 土石方工程工程量计算

1. 土石方工程工程量计算的一般规则

(1) 土方体积应按挖掘前的天然密实体积计算,如遇必须以天然密实体积折算时,可按表 4-2 所列数值换算。

表 4-2 土方体积折算系数表

天然密实体积	虚土体积	夯实土体积	松填土体积
1.00	1.30	0.87	1.08
0.77	1.00	0.67	0.83
1.15	1.49	1.00	1.24
0.93	1.20	0.81	1.00

(2) 土方平均厚度应按自然地面测量标高至设计地坪标高间的平均厚度确定。基础土方、石方开挖深度应按基础垫层底表面标高至交付施工场地标高确定,无交付施工场地标高时,应按自然地面标高确定。

2. 场地平整工程量计算的规则

场地平整系指厚度在±30 cm 以内的挖、填、找平工作,按设计图示尺寸以建筑物首层面积计算。±30 cm 以外的竖向布置或山坡切土应另列项计算,不按平整场地计算。竖向布置挖土和管道支架、下水道、化粪池、窨井等零星工程不计算平整场地。围墙、地沟、水塔、烟囱按基坑垫层面积计算平整场地。

根据上述规则,一般建筑物的平整场地工程量即为该建筑物底层建筑面积。平整场地工程量计算公式如下

$$S = S_底 \tag{4-1}$$

式中:$S_底$——底层建筑面积(m^2)。

不是所有建筑物的平整场地工程量为底层建筑面积,当有落地阳台、地下室、半地下室的采光井也应计算平整场地的工程量(其中落地阳台计算全面积)。

【**例题四**】 如图 4-11 所示,某工程场地平整挖、填、找平厚度在 30 cm 内,计算其人工场地平整工程量及综合费。

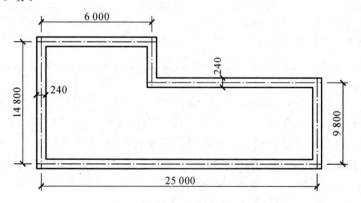

图 4-11 场地平整图

【**解**】 人工场地平整工程量=[(25+0.24)×(9.8+0.24)+(6+0.24)×(14.8-9.8)] m^2
=284.61 m^2

人工场地平整挖、填、找平厚度在 30 cm 内采用《河南省建设工程工程量清单综合单价(A

建筑工程2008)》A(1-1)子目。

$$人工场地平整综合费=(284.61÷100)×464.13 元=1\ 320.96 元$$

3. 挖沟槽、地坑、土(石)方工程量计算的规则

(1) 挖沟槽、地坑、土(石)方的区分。凡图示基底面积在 20 m² 以内(不包括加宽工作面)的为地坑。凡图示基底宽在 3 m 以内,且基底长大于基底宽 3 倍以上的,为沟槽。凡图示基底宽在 3 m 以上,基底面积在 20 m² 以上(不包括加宽工作面)的石方,为平基。凡图示基底宽在 3 m 以上,基底面积在 20 m² 以上(不包括加宽工作面),平整场地挖土方厚度在 30 cm 以上的,均为挖土方。山区或丘陵地建设中一边挖土的属于山坡切土。

(2) 按施工组织设计要求计算的沟槽、地坑、土方挖土工作面和方坡工程量系数,可按表 4-3、表 4-4 的规定计算。

表 4-3 基础施工所需工作面宽度计算表

基础材料	每边各增加工作面宽度 C/mm
砖基础	200
浆砌毛石、条石基础	150
混凝土基础垫层支模板	300
混凝土基础支模板	300
基础垂直面防水层	800

表 4-4 放坡起点深度及放坡系数

土壤分类	人工挖土放坡坡度	机械挖土放坡坡度		放坡起点深度/m
		坑内作业	坑上作业	
一般土	1:0.43	1:0.29	1:0.71	1.35
砂砾坚土	1:0.25	1:0.10	1:0.33	2.0

(3) 挖土方包括带形基础、独立基础、满堂基础(包括地下室基础)及设备基础等的挖方,其工程量均按设计图示尺寸以基础垫层底面积乘以挖土深度计算。带形基础应按不同底宽和深度列项计算,独立基础、满堂基础应按不同底面面积和深度分别列项计算。其中挖沟槽长度,外墙按图示中心线长度计算,内墙按图示基础垫层底面之间净长线长度计算,内外凸出部分(垛、附墙烟囱等)体积并入沟槽土方工程量内计算。

(4) 管沟土方按挖沟槽单独列项,其工程量应按设计图示的管沟中心线长度乘以截面面积计算。有管沟设计时,平均深度以沟垫层底表面标高至交付施工场地标高计算;无管沟设计时,直埋管深度应按管底外表面标高至交付施工场地标高的平均深度计算。设计规定沟底宽度的,按设计规定尺寸计算;设计无规定的,可按表 4-5 规定的宽度计算。

表 4-5　管道地沟沟底宽度计算表　　　　　　　　　　　　　　　单位：m

管径/mm	铸铁管、钢管、石棉水泥管	混凝土、钢筋混凝土、预应力混凝土管	陶　土　管
50～70	0.60	0.80	0.70
100～200	0.70	0.90	0.80
250～350	0.80	1.00	0.90
400～450	1.00	1.30	1.10
500～600	1.30	1.50	1.40
700～800	1.60	1.80	—
900～1 000	1.80	2.00	—
1 100～1 200	2.00	2.30	—
1 300～1 400	2.20	2.60	—

注：① 按上表计算管沟土方工程量时，各种井类及管道（不含铸铁给排水管）接口等处需加宽增加的土方量不另行计算，底面积大于 20 m² 的井类，其增加工程量并入管沟土方内计算。
② 铺设铸铁给排水管道时，其接口等处土方增加量，可按铸铁给排水管地沟土方总量的 2.5% 计算。

（5）工程量计算时应注意以下问题。

① 沟槽突出部分体积，并入沟槽工程量内计算。

② 沟槽断面不同时，应分别计算，然后将同一深度段内体积进行合并。

③ 同一槽内、坑内有干、湿土时，应分别计算。

④ 施工组织设计要求计算放坡时，交接处所产生的重复工程量不予扣除，单位工程中如内墙过多、过密、交接处重复计算量过大等，已超出大开口所挖土方量时，应按大开口规定计算土方工程量。

⑤ 放坡时，应从垫层下面开始放坡。

⑥ 注意沟槽、地坑及土方的区分。凡槽底宽度在 3 m 以内，且槽长大于槽宽 3 倍以上的，按沟槽计算；凡坑底面积在 20 m² 以内（不包括加宽工作面），按挖地坑计算；凡挖填土厚度在 30 cm 以上的场地平整工程，按挖土方计算；凡槽长不超过槽宽的 3 倍，且底面积大于 20 m²（不包括加宽工作面）的，按挖土方计算；凡槽长大于槽宽的 3 倍，且槽宽在 3 m 以上的，按挖土方计算。

（6）施工组织设计要求增加工作面和放坡时，增加土方工程量的常见计算方法如下。

① 沟槽开挖，以 m³ 为计量单位，如图 4-12 所示。由于增加工作面和放坡而增加的土方工

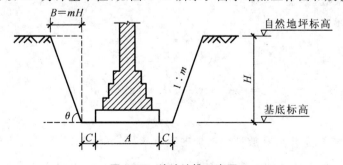

图 4-12　放坡地槽示意图

程量计算公式为

$$\Delta V = V_1 - V_2 \tag{4-2}$$

$$V_1 = (A + 2C + mH) \times H \times L \tag{4-3}$$

$$V_2 = S \times H \tag{4-4}$$

式中：ΔV——由于增加工作面和放坡而增加的挖槽工程量(m^3)；

V_1——由于增加工作面和放坡后总的挖槽工程量(m^3)；

V_2——不考虑增加工作面和放坡时的挖槽工程量(m^3)；

A——基础垫层底宽度(m)；

C——增加工作面宽度(m)，按表4-3确定；

m——放坡系数，土方边坡 $i = \tan\theta = H/B = 1:m$，即 $m = B/H$，m 应根据土壤类别和开挖方法及沟槽开挖深度查表4-4确定；

H——沟槽开挖深度(m)，指自然地坪至基底的高度，即 H = 自然地坪标高(交付施工场地标高) — 基础垫层底表面标高；

L——沟槽的计算长度(m)，外墙按图示槽底尺寸的中心线计算，内墙按图示槽底尺寸的净长线计算；

S——基础垫层底面积(m^2)。

② 地坑体积以 m^3 为计量单位，通常坑底为正方形、长方形或圆形，由于增加工作面和放坡而增加的土方工程量的计算公式如下。

a. 矩形基坑

$$\Delta V = V_1 - V_2 \tag{4-5}$$

$$V_1 = (A + 2C + mH)(B + 2C + mH)H + \frac{1}{3}m^2H^3 \tag{4-6}$$

$$V_2 = A \times B \times H \tag{4-7}$$

式中：ΔV——由于增加工作面和放坡而增加的土方工程量(m^3)；

V_1——由于增加工作面和放坡后总的土方工程量(m^3)；

V_2——不考虑增加工作面和放坡时的土方工程量(m^3)；

A、B——基础垫层双向尺寸(m)，如图4-13所示；

C——增加工作面宽度(m)，据表4-3确定；

m——放坡系数，据表4-4确定；

H——开挖深度(m)。

b. 方形基坑

$$\Delta V = V_1 - V_2 \tag{4-8}$$

$$V_1 = (A + 2C + mH)^2 H + \frac{1}{3}m^2H^3 \tag{4-9}$$

$$V_2 = A \times H \tag{4-10}$$

式中：ΔV——由于增加工作面和放坡而增加的土方工程量(m^3)；

V_1——由于增加工作面和放坡后总的土方工程量(m^3)；

V_2——不考虑增加工作面和放坡时的土方工程量(m^3)。

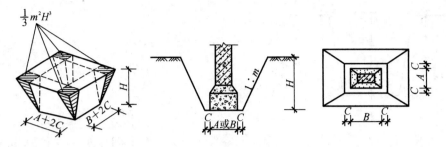

图 4-13 地坑示意图

c. 圆形地坑

$$\Delta V = V_1 - V_2 \tag{4-11}$$

$$V_1 = \frac{1}{3}\pi H(R^2 + r^2 + R \cdot r) \tag{4-12}$$

$$V_2 = \pi r^2 H \tag{4-13}$$

式中：ΔV——由于增加工作面和放坡而增加的土方工程量(m^3)；

V_1——由于增加工作面和放坡后总的土方工程量(m^3)；

V_2——不考虑增加工作面和放坡时的土方工程量(m^3)；

r——坑底半径(m)；

R——坑上口半径(m)，如图 4-14 所示。

4. 回填土工程量计算的规则

回填土分为夯填、松填，工程量计算按设计图示尺寸以体积并按下列规定计算。

(1) 场地回填。

场地面积乘以平均回填土厚度。

(2) 室内回填。

主墙间净面积乘以回填土厚度。室内回填土系指室内地面结构层以下不够设计标高时需回填的土方，计算公式为

$$\text{室内回填土体积} = \text{室内主墙间净面积} \times \text{回填土厚度} \tag{4-14}$$

式中：回填土厚度＝室内外设计标高差－室内结构层厚度。

(3) 基础回填。

挖方体积减去设计室外地坪以下埋设的基础体积(包括基础垫层及其他构筑物)。基础回填土是指在基础完工后，需将基础周围的槽(坑)部分回填至室外地坪标高，如图 4-15 所示。基础回填土计算公式为

$$\text{沟槽(坑)回填土体积} = \text{槽、坑挖土体积} - \text{设计室外地坪以下埋设部分体积} \tag{4-15}$$

式中，槽、坑挖土体积是指不考虑放坡及加宽工作面的挖土方的量；设计室外地坪以下埋设部分体积，包括基础垫层、墙基、柱基、杯形基础、基础梁、地圈梁、管道基础及设计室外地坪以下的地沟及地下室的体积等。

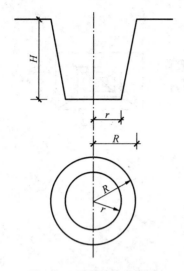

图 4-14 圆形地坑示意图

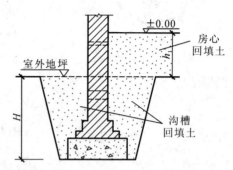

图 4-15 沟槽及室内回填土

(4) 管道沟槽回填。

以挖方体积减去管道所占体积计算。

$$\text{管道沟槽回填土体积} = \text{挖土体积} - \text{管道占体积} \tag{4-16}$$

式中,管径小于等于 500 mm 的管道所占体积可不扣除;管径超过 500 mm 的管道所占体积按表 4-6 规定扣除。

表 4-6 管沟回填土每延长米扣除体积表 单位:m³

管道名称	管道直径/mm					
	501~600	601~800	801~1 000	1 001~1 200	1 201~1 400	1 401~1 600
钢管	0.21	0.44	0.71	—	—	—
铸铁管	0.24	0.49	0.77	—	—	—
混凝土管	0.33	0.60	0.92	1.15	1.35	1.55

(5) 余土或取土。

余土是指挖土方经回填后剩余的土方,一般要外运至指定地点,即余土外运。取土是指挖出的土方不够回填,必须从其他地方取土(或买土),运到回填地点。此情况除执行运土方外,还应计取买土费用。余土或取土工程量计算公式为

$$\text{余(取)土体积} = \text{挖土总体积} - \text{回填土总体积} \tag{4-17}$$

式中,计算结果为正数时,为余土外运体积;如为负数,则为取土内运体积。人工土方运输距离,按单位工程施工中心点至卸土或取土中心点的距离计算。

土方运输除正常情况外,还有以下情况发生。

① 由于场地受限,挖出土方现场不能堆放,应先运至指定地点,待回填时再回运至回填地点,此情况下应分别计算外运土方工程量和回运土方工程量。

② 由于地质条件,原挖出土质不好,不能用于回填,需要换土回填,此情况下应计取外运土方、取土、回运土方的工程量。

5. 原土打夯工程量计算的规则

原土打夯是指按照设计的要求,在建筑物或构筑物施工时,对原状态土进行夯实的工作。主要适用于槽底、坑底和地面垫层下要求打夯的项目,打夯前要进行碎土、平土、找平等工序,并要求打夯两遍。

原土打夯在施工图纸上以"素土夯实"表示。而基坑、基槽垫层底均须对原状土进行夯实,施工图纸一般不另说明,在编制预算时称之为"槽、坑底打夯"。槽、坑底打夯工程量按图示尺寸以垫层底面积计算。

注意:回填土、垫层的分层夯实已包含在相应定额内,不得按原土打夯重复计算。而散水、坡道、台阶、平台、底层地面等部位的垫层下部夯实应另列项计算。

4.3.3 土石方工程定额应用

土石方工程定额应用含以下内容。

(1) 土方体积均按天然密度体积(自然方)计算。

(2) 湿土的划分按地质资料提供的地下常水位为界,地下常水位以下为湿土。人工挖土方、地槽、地坑均以干土编制,如挖湿土时,人工乘以系数 1.18。使用井点降水后,常水位以下的土不能再按湿土计算。机械土方子目以土壤天然含水量为准划分,当含水率大于 25% 时,定额子目人工、机械乘以系数 1.15;当含水率大于 40% 时,另行处理。

(3) 定额子目中未包括地下常水位以下施工的排水费用,发生时,应另按措施项目计算。

(4) 平整场地子目已综合考虑了各种因素,与实际不同时不能换算。计算挖土方时,也不扣除场地平整的厚度。

(5) 当人工挖地槽、地坑深度超过 4 m 时,以相应的 4 m 深子目单价为基础,分别乘以以下不同系数:6 m 以内为 1.1;8 m 以内为 1.15;10 m 以内为 1.2;10 m 以上为 1.25,同时每 100 m³ 土方增加挖掘机 3.25 台班。人工挖地槽(坑)深度超过 4 m 的湿土,其定额单价的换算公式为:相应的 4 m 内挖土单价×超深系数+该子目单价中的人工费×超深系数×湿土系数(0.18)+台班数(3.25)×挖掘机台班单价。

(6) 人工挖土定额子目内未考虑挖土工作面和放坡应增加的费用。如施工组织设计要求增加工作面和放坡时,增加土方工程量可依据本分部计算规则的相应规定计算,增加土方工程量的费用可考虑在综合单价内。计算出分项放坡及加宽工作面系数,作为分项综合单价的换算系数。分项放坡及加宽工作面系数=考虑放坡及加宽工作面的分项全部土方/分项土方工程量(不包括放坡及加宽工作面的土方量)。

(7) 人工运土方执行双轮车运土方子目,运距超过 400 m 者,执行机械运土子目。

(8) 人工运淤泥、流砂按运双轮车运土方子目乘以系数 1.9。

(9) 回填土已经包括回运 100 m 的费用,如运距不同者,可按运土子目进行换算。回填要求筛土的,回填土子目人工乘以系数 1.86,回填土综合单价子目人工增加 15.6 工日/100 m³。基础回填的工程量中没有考虑放坡及加宽工作面的系数增加的挖土部分的回填量,如果施工组织设计要求放坡及增加工作面,在执行基础回填土综合单价时,与挖基础土方一样,应该乘以基础回填土系数进行换算。基础回填土系数=(考虑放坡及增加工作面的全部挖土量−埋设量)/

(不考虑放坡及加宽工作面的挖土方的一回填量)。

(10) 对于凿、截桩头,已包括现场内的运输费用,不得再行计算。

(11) 本分部机械是按照通常采用的种类和规格综合取定的,除有特殊注明的之外,不得换算。

(12) 凡土壤中砾石比例大于30%或遇多年沉积的砂砾及泥砾层石质时,执行机械挖渣定额。

(13) 推土机推土土层平均厚度小于30 cm时,推土机台班用量乘以系数1.25;推土机推土、推石渣重车上坡,如果坡度大于5%时,其运距按坡度区段斜长乘以表4-2的系数计算。

(14) 机械挖土方深度按5 m取定,如深度超过5 m时,相应子目中的挖掘机台班数量乘以系数1.09。

(15) 机械挖土方,单位工程土方量小于2 000 m³时,相应子目乘以系数1.1。

(16) 机械挖土方子目,未考虑工作面和放坡应增加的费用。施工组织设计要求增加工作面和放坡时,增加土方工程量可依据本分部计算规则的相应规定计算。增加土方工程量的费用可考虑在综合单价内。

(17) 机械挖土方工程量,按机械挖土方90%、人工挖土方10%计算,人工挖土部分执行相应子目人工乘以系数2。

(18) 同一槽内、坑内有干湿土时应分别计算,但使用定额时,按槽、坑全深套用对应子目。

(19) 土方运输执行土方运输相应的定额子目,但综合单价需要乘以天然密实体积折算系数进行换算。基础回填土的运输执行土方运输相应的定额子目,但综合单价需要以天然密实体积折算系数和基础回填系数进行换算。

【例题五】 某工程基坑采用反铲挖掘机挖土自卸汽车运土。四类干土,筏板基础底面双向尺寸为12 m×25 m,混凝土垫层厚度100 mm,伸出基础100 mm,基础底标高为−5.8 m,室外地坪标高为−0.3 m,工作面为300 mm,采用坑内挖土,土方运距5.5 km,人工挖土方部分采用装载机装土自卸汽车运土。

试计算:(1) 各分项工程量;(2) 土方工程综合费。

【解】 (1) 土方工程量计算。

挖土深度 $H=(5.8+0.1-0.3)$ m$=5.6$ m>2.0 m,采用机械挖土、坑内挖土、四类土,放坡系数 $m=0.10$。

① 不考虑基础垫层工作面时的挖土工程量。

挖土方工程量$=(25+0.1\times2)\times(12+0.1\times2)\times5.6$ m³$=1\,721.66$ m³$<2\,000$ m³,属于小型工程。

② 考虑基础垫层工作面及放坡时的挖土方量。

含工作面挖土方量$=[(25+0.1\times2+0.3\times2+0.10\times5.6)\times(12+0.1\times2+0.3\times2+0.10$
$\times5.6)\times5.6+\dfrac{1}{3}\times0.10^2\times5.6^3]$ m³$=1\,972.74$ m³

因机械挖土方工程量按机械挖土方90%、人工挖土方10%计算。

故: 机械挖土方工程量$=1\,721.66\times90\%$ m³$=1\,549.49$ m³

人工配合机械挖土方工程量$=1\,721.66\times10\%$ m³$=172.17$ m³

装载机装土自卸汽车运土工程量$=172.17$ m³

(2) 挖掘机挖土汽车运土综合费。

反铲挖掘机挖土自卸汽车运土(四类土),采用《河南省建设工程工程量清单综合单价(A 建筑工程 2008)》A(1-41)子目,因定额中只包含运土距离 1 km,当运土距离超过 1 km 时,综合单价应进行换算,运距 5.5 km 按 6 km 计算,自卸汽车运土运距超过 1 km 时,采用《河南省建设工程工程量清单综合单价(A 建筑工程 2008)》A(1-47)子目;挖土工程量小于 2 000 m³,相应子目乘以系数 1.1;挖土深度 5.6 m 超过 5 m,相应子目中的挖掘机台班数量乘以 1.09;因为有放坡及工作面,相应子目乘以放坡及工作面土方开挖系数,放坡及工作面土方开挖系数=1 972.74÷1 721.66=1.145 8。

(1-41)换后综合单价=[(1-41)综合单价+挖掘机台班数量×(1.09−1)×挖掘机台班单价]

$$\times 1.1 \times 1.145\ 8 + (1\text{-}47)综合单价 \times \frac{6-1}{1}$$

$$=\{[10\ 402.31+2.998\times(1.09-1)\times964.88]\times1.1\times1.145\ 8$$
$$+1\ 628.04\times5\}\ 元/1\ 000\ m^3$$
$$=21\ 579.20\ 元/1\ 000\ m^3$$

机械挖土方综合费=(1 549.49÷1 000×21 579.20)元 = 33 436.75 元

(3) 人工配合机械挖土方综合费。

人工配合机械挖土方(四类土),采用《河南省建设工程工程量清单综合单价(A 建筑工程 2008)》A(1-15)子目,人工乘以系数 2,因为有放坡及工作面,相应子目乘以放坡及工作面土方开挖系数 1.145 8。

(1-15)换后综合单价=[3 484.52+2 764.47×(2−1)]×1.145 8 元/100 m³
$$= 7\ 160.09\ 元/100\ m^3$$

人工配合机械挖土方综合费=(172.17÷100)× 7 160.09 元=12 327.53 元

(4) 装载机装土自卸汽车运土综合费(人工配合机械挖土方)。

采用装载机装土自卸汽车运土,采用《河南省建设工程工程量清单综合单价(A 建筑工程 2008)》A(1-46)子目,因定额中只包含运土距离 1 km,当运土距离超过 1 km 时,综合单价应进行换算,运距 5.5 km 按 6 km 计算。自卸汽车运土运距超过 1 km,采用《河南省建设工程工程量清单综合单价(A 建筑工程 2008)》A(1-47)子目。

(1-46)换后综合单价=(6 922.87+1 628.04×5)元/1 000 m³=15 063.07 元/1 000 m³

装载机装土自卸汽车运土综合费= (172.17÷1 000×15 063.07)元
$$= 2\ 593.41\ 元$$

(5) 土方工程综合费。

土方工程综合费=机械挖土方综合费+人工配合机械挖土方综合费
+装载机装土自卸汽车运土综合费
=(33 436.75+12 327.53+2 593.41)元=48 357.69 元

【例题六】 某工程基础平面及详图如图 4-16 所示,现场土质为三类土,室内地面结构层总厚度为 140 mm,试列项计算该工程土方工程量及综合费。(施工组织设计要求,人工开挖,原槽浇筑灰土垫层,从灰土垫层上表面边缘增加砖基础工作面,基础及室内回填土均按夯填考虑,余

(取)土运输采用人工装土自卸车运土 5 km)

【解】 (1)平整场地。

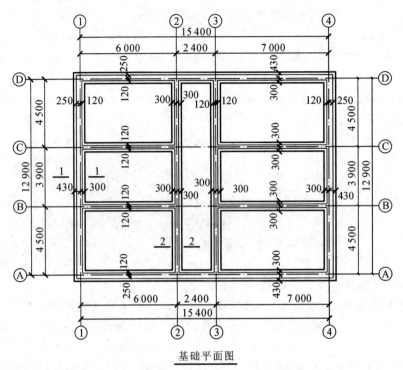

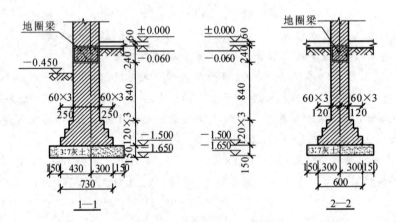

图 4-16 基础平面图及详图

$$S = S_底 = (15.4+0.5) \times (12.9+0.5) \text{ m}^2 = 213.06 \text{ m}^2$$

平整场地套定额(1-1)子目,综合费 = (213.06×464.13/100)元 = 988.88元

(2)开挖沟槽(一般土,$H_挖$ = 1.65 - 0.45 = 1.2 m < 放坡起点深度1.35 m,不放坡)。

2013清单中允许增加工作面,清单与定额中工作面相同。可直接用工作面土方量用来套定额,求综合费。因原槽浇筑灰土垫层,故应从灰土垫层上表面边缘增加50 mm以满足砖基础所需200 mm的工作面。

① 考虑工作面的挖土方量。
$$L_{1-1} = (15.4+0.13+12.9+0.13) \times 2 \text{ m} = 57.12 \text{ m}$$
$$S_{1-1\text{断面}} = [1.03 \times 0.15 + (1.03+0.05 \times 2) \times (1.5-0.45)] \text{ m}^2 = 1.34 \text{ m}^2$$
$$V_{1-1} = L_{1-1} \times S_{1-1\text{断面}} = 57.12 \times 1.34 \text{ m}^3 = 76.54 \text{ m}^3$$
$$L_{2-2\text{垫层}} = [(6-0.45-0.45) \times 2 + (7-0.45-0.45) \times 2 + (12.9-0.45-0.45) \times 2] \text{ m}$$
$$= 46.40 \text{ m}$$
$$L_{2-2} = [(6-0.45-0.45-0.05 \times 2) \times 2 + (7-0.45-0.45-0.05 \times 2) \times 2 + (12.9$$
$$-0.45-0.45-0.05 \times 2) \times 2] \text{ m} = 45.80 \text{ m}$$
$$S_{2-2\text{垫层}} = 0.9 \times 0.15 \text{ m}^2 = 0.14 \text{ m}^2$$
$$S_{2-2\text{断面}} = (0.9+0.05 \times 2) \times (1.5-0.45) \text{ m}^2 = 1.05 \text{ m}^2$$
$$V_{2-2} = L_{2-2\text{垫层}} \times S_{2-2\text{垫层}} + L_{2-2} \times S_{2-2\text{断面}}$$
$$= (46.40 \times 0.14 + 45.80 \times 1.05) \text{ m}^3$$
$$= 54.59 \text{ m}^3$$
$$V_{\text{槽}} = V_{1-1} + V_{2-2} = (76.54 + 54.59) \text{ m}^3 = 131.13 \text{ m}^3$$

② 开挖沟槽的综合费。

开挖三类土(一般土),$H=1.2$ m 沟槽,套用《河南省建设工程工程量清单综合单价(A 建筑工程2008)》A(1-18)子目。
$$\text{开挖沟槽综合费} = V_{\text{槽}} \div 100 \times (1-18) \text{综合单价}$$
$$= (131.13 \div 100 \times 1\ 549.53) \text{元}$$
$$= 2\ 031.90 \text{ 元}$$

(3) 基底钎探。
$$S_{\text{钎探}} = (57.12 \times 1.03 + 46.40 \times 0.9) \text{ m}^2 = (58.83 + 41.76) \text{ m}^2 = 100.59 \text{ m}^2$$

基底钎探套用《河南省建设工程工程量清单综合单价(A 建筑工程2008)》A(1-63)子目。
$$\text{基底钎探综合费} = S_{\text{钎探}} \div 100 \times (1-63) \text{综合单价}$$
$$= (100.59 \div 100 \times 372.45) \text{元}$$
$$= 374.65 \text{ 元}$$

(4) 基础回填土。
$$V_{\text{基回}} = V_{\text{槽}} - V_{\text{室外地坪以下砖基}} - V_{\text{垫层}}$$

其中:
$$V_{\text{室外地坪以下砖基}} = \{57.12 \times 0.365 \times (1.05+0.256) + [(6-0.24) \times 2 + (7-0.24) \times 2 + (12.9$$
$$-0.24) \times 2] \times 0.24 \times (1.05+0.394)\} \text{ m}^3$$
$$= 44.68 \text{ m}^3$$
$$V_{\text{垫层}} = (1.03 \times 57.12 \times 0.15 + 0.9 \times 46.40 \times 0.15) \text{ m}^3 = 15.09 \text{ m}^3$$

基础回填工程量 $V_{\text{基回}} = (131.13-44.68-15.09) \text{ m}^3 = 71.36 \text{ m}^3$

基础回填套用《河南省建设工程工程量清单综合单价(A 建筑工程2008)》A(1-127)子目。
$$\text{基础回填综合费} = V_{\text{基回}} \div 100 \times (1-127) \text{综合单价}$$
$$= (71.36 \div 100 \times 3\ 000.41) \text{元}$$
$$= 2\ 141.09 \text{ 元}$$

(5) 室内回填。

$$V_{内回} = S_{室内净空面积} \times h_{回}$$
$$= (S_{底} - 所有墙厚面积) \times h_{回}$$
$$= \{213.06 - 57.12 \times 0.37 - [(6-0.24) \times 2 + (7-0.24) \times 2 + (12.9-0.24) \times 2] \times 0.24\} \times (0.45-0.14) \text{ m}^3$$
$$= 55.75 \text{ m}^3$$

室内回填套用《河南省建设工程工程量清单综合单价(A 建筑工程 2008)》A(1-127)子目。

$$室内回填土综合费 = V_{内回} \div 100 \times (1\text{-}127)综合单价$$
$$= (55.75 \div 100 \times 3\,000.41) 元$$
$$= 1\,672.73\ 元$$

(6) 余(取)土运输。

$$V_{运} = V_{槽} - V_{基回} - V_{内回}$$
$$= (131.13 - 71.36 \times 1.15 - 55.75 \times 1.15) \text{ m}^3$$
$$= -15.05 \text{ m}^3 < 0,为取土内运。$$

取土内运采用人工装土自卸车运土 5 km,1 km 以内套用《河南省建设工程工程量清单综合单价(A 建筑工程 2008)》A(1-45)子目,每增加 1 km 套用《河南省建设工程工程量清单综合单价(A 建筑工程 2008)》A(1-47)子目。

$$(1\text{-}45)综合单价 + (1\text{-}47)综合单价 \times 4 = (13\,712.57 + 1\,628.04 \times 4) 元/1\,000\ \text{m}^3$$
$$= 20\,224.73\ 元/1\,000\ \text{m}^3$$
$$取土内运综合费 = (15.05 \div 1000 \times 20224.73 \times 1.3) 元$$
$$= 395.70\ 元$$

4.4 桩与地基基础工程

4.4.1 概述

1. 桩与地基基础工程定额子目设置

本分部设混凝土桩、其他桩、地基与边坡处理共 3 部分 94 条子目,以下为具体分项。

(1) 混凝土桩。

46 条子目,包括预制桩、接桩和灌注桩等。

① 预制桩清单综合单价定额中,分别设置了预制方桩、预制离心管桩、预制板桩。其中,预制钢筋混凝土方桩打桩及送桩分项,分别根据桩长不同划分为 12 m 以内、12 m 以上不同的定额子目;预制钢筋混凝土方桩压桩及送桩分项,分别根据桩长不同划分为 25 m 以内、25 m 以上不同的定额子目;预制钢筋混凝土离心管桩打桩分项、送桩分项和预制钢筋混凝土离心管桩压桩分项、送桩分项,分别根据桩直径不同划分为 400 mm 以内、400 mm 以上不同的定额子目;预制钢筋混凝土板桩打桩及送桩分项,分别根据单桩体积不同划分为 1.5 m³ 以内、1.5 m³ 以上不同的定额子目。

② 灌注桩清单综合单价定额中,分别设置了沉管灌注桩、长螺旋钻孔灌注桩、泥浆护壁钻

孔灌注桩、人工挖孔桩、多分支承力盘桩。其中，沉管灌注混凝土桩分项及空桩费分项，分别根据桩长不同划分为 15 m 以内、15 m 以上不同的定额子目；长螺旋钻孔灌注混凝土桩分项及空桩费分项，分别根据桩长不同划分为 12 m 以内、12 m 以上不同的定额子目；泥浆护壁钻孔灌注混凝土桩分项、空桩费分项及入岩增加费分项，分别根据桩径不同划分为 800 mm 以内、800 mm 以上不同的定额子目；人工挖孔混凝土桩分项及空桩费分项，分别根据桩径不同划分为 1 000 mm 以内、1 000 mm 以上不同的定额子目；多分支承力盘灌注混凝土桩根据钻孔方式不同（长螺旋钻孔机钻孔、浆护壁潜水机钻孔）相应分为不同的定额子目。

(2) 其他桩。

17 条子目，包括砂石灌注桩、灰土挤密桩、旋喷桩、喷粉桩、搅拌桩、CFG 桩。各类桩根据施工方法或桩长、桩径不同又分为不同的定额子目。

(3) 地基与边坡处理。

31 条子目，包括地下连续墙、地基强夯、锚杆支护、土钉支护、喷射混凝土护坡、打拔钢板护坡桩。

2. 桩与地基基础工程分项工程的列项划分方法

分项工程的列项，通常应根据设计图纸的内容，结合工程的具体情况，以定额子目的划分为原则，按照具体定额子目的设置情况、子目所包括的工作内容及定额中有关规则、说明和规定进行。

桩与地基基础工程在列项时，按照以上原则及上述定额子目设置情况，通常应考虑不同的施工方法、不同的桩长、不同的桩径、不同的材料等因素来正确列项。

(1) 桩与地基基础工程在列项时应考虑的因素。

① 施工方法。桩与地基基础工程定额项目按施工方法不同划分为预制桩和现浇灌注桩。预制桩又分为打预制钢筋混凝土桩和静力压桩机压钢筋混凝土预制桩，现浇灌注桩又分为打孔灌注混凝土桩、长螺旋钻孔灌注混凝土桩、泥浆护壁钻孔灌注混凝土桩、人工挖孔桩等。

② 预制桩断面形状。打预制钢筋混凝土桩根据断面形状划分为打预制钢筋混凝土方桩、打预制钢筋混凝土离心管桩、打预制钢筋混凝土板桩。

③ 桩基础材料。桩基础工程根据材料分为钢筋混凝土桩、混凝土桩、砂桩、碎石桩、灰土桩等。

④ 桩长和桩径。打预制钢筋混凝土方桩、打孔灌注混凝土（砂、碎石、灰土）桩、长螺旋钻孔灌注混凝土桩、CFG 桩定额子目划分时，考虑了桩长的影响，打预制钢筋混凝土离心管桩、泥浆护壁钻孔灌注混凝土桩、人工挖孔桩、旋喷桩考虑了桩径的影响。

(2) 桩与地基基础工程分部常列项目。

桩与地基基础工程根据具体的施工顺序，同时考虑各种影响因素常列为如下项目。

预制钢筋混凝土桩一般包括打桩（含制桩、运桩）、接桩、送桩、管桩填充材料等项目。

混凝土灌注桩一般包括钢筋笼制作和安装、灌注桩子目、空桩费、泥浆外运和入岩增加费等项目。

4.4.2 桩与地基基础工程工程量计算

1. 打预制钢筋混凝土桩计算规则

(1) 打桩。

① 打预制钢筋混凝土桩的单桩体积，按设计图示尺寸的桩长（包括桩尖，不扣除桩尖虚体

积)乘以设计桩截面面积以体积计算。管桩按设计图示尺寸以桩长计算,如管桩的空心部分按设计要求灌注混凝土或其他填充材料时,应以管桩空心部分计算体积,套用离心管桩灌混凝土子目或按该子目进行换算。

② 各类预制桩均按商品桩考虑,其施工损耗率分别为:预制静力压桩0,预制方桩1%,预制板、管桩1%。该损耗已计入相应的子目内。

根据以上规则可知

$$预制方桩、板桩打桩工程量 = 图示用量 = 桩长 \times 方桩、板桩截面面积 \quad (4-18)$$

$$预制离心管桩打桩工程量 = 图示用量 = 桩长 \quad (4-19)$$

式中,桩长为设计图示尺寸的桩全长(包括桩尖)。

③ 制桩、运桩。外购的商品预制桩,在施工前应运至工地现场位置,即应发生预制桩运输工作内容。此项工作内容所发生的费用已包含在相应打桩定额综合单价内,不再另外列项计算。

注意:各类预制桩打桩定额单价中,已包含购置成品桩及从购买地运至施工现场的运输费用,若工程实际发生不同时,可根据合同约定的价格对预制桩进行价差调整,并将所调整费用列入工程造价费用组成程序材料价差中,或直接在相应的打桩综合单价子目中换算预制桩的材料价格,并不再另外列项计取制桩及运桩费用。

$$商品预制桩调整费 = 预制桩图示用量 \times (1 + 损耗率)$$
$$\times (预制桩合同单价 - 预制桩定额取定价) \quad (4-20)$$

式中,预制桩合同单价应为购置成品桩单价、运至施工现场运输费用及其他相关费用的材料完全价格。

(2) 接桩。

定额中除静力压桩和离心管桩外,均按设计图示规定以接头数量(个)计算。如管桩需接桩,其接桩螺栓应按设计要求计算,并入制作项目内。

$$预制桩接桩工程量 = 接头个数 \quad (4-21)$$

接桩定额按桩的类别,列出了焊接桩、硫黄胶泥接桩两个定额子目。

(3) 送桩。

送桩是指采用送桩筒将预制桩送入自然地坪以下打至设计标高。

$$预制桩送桩工程量 = 桩截面面积 \times 送桩长度 \quad (4-22)$$

式中,送桩长度指打桩架底到桩顶面的高度,或按桩顶面至自然地坪另加50 cm计算。

2. 现浇灌注桩计算规则

现浇灌注桩是指先在地基下成孔,然后灌注混凝土(砂石等)或放入钢筋后灌注混凝土。按成孔施工方法不同分为沉管成孔灌注桩(混凝土桩、砂桩、碎石桩)、钻孔灌注桩和人工挖孔桩。

(1) 沉管成孔灌注桩(混凝土桩、砂桩、碎石桩),是将钢管打入土中,然后在钢管内放入钢筋笼,浇筑混凝土,逐步拔出钢管,边浇边拔边振实的一种施工方法。按设计图示尺寸的桩长(包括桩尖,不扣除桩尖虚体积)乘以设计截面面积,以体积计算其工程量。

$$沉管成孔灌注桩工程量 = 设计桩长 \times 设计桩截面面积 \quad (4-23)$$

式中,设计桩长包括桩尖,不扣减桩尖虚体积。如多次复打桩,应按设计要求的扩大直径计算工程量。

(2) 长螺旋钻机钻孔灌注混凝土桩,是直接用钻孔机在地基下钻孔后,将钢筋笼置放于孔中,再浇筑混凝土的一种施工方法。长螺旋钻机钻孔灌注混凝土桩工程量的计算公式同式(4-23)。

(3) 泥浆护壁钻孔灌注混凝土桩,是用钻(冲)孔机在地基下钻孔,在钻孔的同时,向孔内注入一定比重的泥浆,利用泥浆将孔内渣土带出,并保持孔内有一定的水压以稳定孔壁(简称泥浆护壁),成孔后清孔(即将孔内泥浆的比重降至1.1左右),然后将钢筋笼置放于孔中,用导管法灌注水下混凝土的一种施工方法。泥浆护壁钻孔灌注混凝土桩工程量的计算公式同式(4-23)。

(4) 人工挖孔混凝土灌注桩。现浇混凝土灌注桩时,由于桩径较大施工机械难以完成,或施工单位无施工机械,则可以采用人工挖孔,将钢筋笼放入孔中,再浇筑混凝土的一种施工方法,这种施工方法称为人工挖孔混凝土灌注桩,其工程量按设计图示长度乘以设计截面面积以体积计算。

$$人工挖孔灌注桩工程量 = 设计桩长 \times 设计桩径截面面积 + 扩底增量 \qquad (4-24)$$

(5) 钢筋笼制作。现浇灌注混凝土桩子目中包括了成孔、灌注混凝土等费用,而钢筋笼的加工制作及吊装入孔、对接等费用需按混凝土及钢筋混凝土工程分部的规定另列项计算,其工程量计算公式为

$$钢筋笼工程量 = 图示钢筋净用量 \qquad (4-25)$$

(6) 空桩费。因设计要求现场灌注桩的空桩(只成孔而不灌注混凝土的空孔),其工程量按自然地坪至设计桩顶标高的长度减去超灌(喷)长度乘以桩设计截面面积以体积计算。

(7) 泥浆运输。泥浆护壁钻孔灌注混凝土桩定额单价中,已包括泥浆的制作费用。但泥浆池及泥浆回收的导沟的修建费用和泥浆外运的费用,应另外列项计算,这些费用均综合考虑在泥浆运输子目内。泥浆运输工程量按钻孔体积计算。

(8) 入岩增加费。如果泥浆护壁钻孔灌注混凝土桩设计为端承桩,还需要根据桩端落根的岩石风化程度来判断是否需要列项计算入岩增加费。岩石风化程度的划分见表4-7所示。入岩增加费以设计桩截面面积乘以入岩深度以体积计算。

表4-7 岩石风化程度划分表

风化程度	特 征
强风化	1. 结构和构造层理不甚清晰,矿物成分已显著变化; 2. 岩质被节理、裂隙分割成碎块状(2~20 cm)碎石,用手可折断; 3. 用镐可以挖掘,手摇钻不易钻进
中等风化	1. 结构和构造层理清晰; 2. 岩质被节理、裂隙分割成碎块状(20~50 cm),裂隙中填充少量风化物,锤击声脆且不易击碎; 3. 用镐难挖掘,用岩心钻方可钻进
微风化	岩石新鲜,表面稍有风化迹象

岩层分为强风化岩、中风化岩、微风化岩三类。强风化岩不作入岩计算,中风化岩、微风化岩作入岩计算。强胶结层不得作为入岩计算,若实际发生,由各市定额站酌情处理。

(9) 混凝土预制桩尖。沉管灌注桩在施工时,为防止钢管在沉管过程中进土,应在钢管下

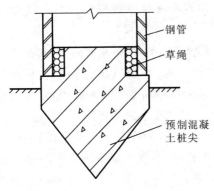

图4-17 预制混凝土桩尖

端用桩尖将口封堵。当施工组织设计确定采用混凝土预制桩尖时,需先将混凝土预制桩尖放置在桩位上,然后将钢管套在桩尖上(如图4-17所示)钢管与桩尖间放置草绳,沉管成孔,浇灌混凝土,拔管振捣,并靠混凝土自重冲开桩尖,最终成桩,混凝土预制桩尖也永远留在了桩端。编制预算时,混凝土预制桩尖需按图示体积另外列项计算,并套用本分部专用定额子目(2-32)。

3. 地下连续墙

(1)导墙开挖按设计图示墙中心线长度乘以开挖宽度及深度以体积计算。导墙混凝土浇灌按设计图示墙中心线长度乘以厚度及深度以体积计算。

(2)机械成槽按设计图示墙中心线长度乘以墙厚及成槽深度以体积计算。成槽深度按自然地坪至连续墙底面的垂直距离另加0.5 m计算。泥浆外运按成槽工程量计算。

(3)连续墙混凝土浇灌按设计图示墙中心线长度乘以墙厚及墙深以体积计算。

(4)清底置换、接头管安拔按分段施工时的槽壁单元以段计算。

4. 地基强夯

按设计图示尺寸以面积计算。设计无明确规定时,以建筑物基础外边线外延5 m计算。区分夯击能量,每夯击点数以每平方米计算。设计要求不布夯的空地,其间距不论纵横,如大于8 m且面积又在64 m^2 以上的应予以扣除,不足64 m^2 不予扣除。

5. 喷射混凝土护坡

按设计图示喷射的坡面面积计算。锚杆和土钉支护按设计图示尺寸的长度计算。锚杆的制作、安装按照设计要求的杆径和长度以质量计算。

6. 打拔钢板桩

按设计图示尺寸以钢板桩质量计算。

7. 安拆导向夹具

按设计图示的水平长度计算。

4.4.3 桩与地基基础工程定额的应用

桩与地基基础工程工程量计算完成后,应根据定额项目的划分方法及相关定额说明正确地使用定额,通常应注意以下几方面。

(1)本分部所配备的打桩机械已综合考虑了导管安装和移机费用,子目内的打桩机械种类、规格和型号按合理的施工组织取定。

(2)本分部除静力压桩、打预制钢筋混凝土离心管桩外,均未包括接桩。如需接桩,除按桩的总长度套用打桩子目外,需另按设计要求套用相应接桩子目。

(3)灌注桩子目未考虑翻浆因素。灌注工程桩考虑翻浆因素时,沉管桩单桩的翻浆工程量可按翻浆高度0.25 m乘以设计截面面积计算;钻孔桩单桩的翻浆工程量可按翻浆高度0.8 m乘以设计截面面积计算;灌注工程桩执行相应子目时,可将翻浆因素考虑在综合单价内。

(4) 单位工程打（灌）桩工程量在表 4-8 规定数量以内时，其人工、机械量按相应定额子目乘以系数 1.25 计算。

表 4-8 小型桩基工程表

项目	单位工程的工程量
钢筋混凝土方桩	150 m³
钢筋混凝土管桩	50 m³
钢筋混凝土板桩	50 m³
钢板桩	50 t
沉管灌注混凝土桩	60 m³
沉管灌注砂、石桩	60 m³
机械成孔灌注混凝土桩	100 m³
泥浆护壁成孔灌注混凝土桩	100 m³
喷粉桩、深层搅拌桩	100 m³
高压旋喷柱	200 m

(5) 本分部已综合考虑不同的土质情况，除山区外，无论何种土质，均执行本分部相应子目。

(6) 本分部未考虑桩的静载试验，如发生时，可按实际发生的费用计算，并列入税前造价。

(7) 泥浆护壁成孔灌注桩的泥浆池、沟的费用，已综合考虑在泥浆运输子目内。泥浆池费用为综合取定，如果不设泥浆池，而直接用罐车将泥浆运走，则不需换算。

(8) 本分部按平地打桩考虑（坡度小于 15°）。如在斜坡上打桩（坡度大于 15°），应按相应定额子目人工、机械乘以系数 1.15。如在基坑内打桩（基坑深度大于 1.5 m），或在地坪上打坑槽内桩（坑槽深度大于 1 m），按相应定额子目人工、机械量乘以系数 1.1。

(9) 本分部按打直桩考虑，如打斜度在 1∶6 以内的桩，按相应定额子目人工、机械乘以系数 1.25 调整；如斜度大于 1∶6 的桩，按相应定额子目人工、机械量乘以系数 1.43 调整。

(10) 定额子目中各种机械灌注桩的材料用量，均已包括表 4-9 规定的充盈系数和材料损耗（充盈系数已综合考虑土壤类别）。人工挖孔桩已综合考虑护壁和桩芯的混凝土，并包括了材料损耗。

表 4-9 灌注桩定额所含充盈系数及材料损耗表

项目名称	充盈系数	损耗率/(%)
沉管灌注混凝土桩	1.18	1.5
机械成孔灌注混凝土桩	1.23	1.5
沉管灌注砂桩	1.24	3
沉管灌注石桩	1.24	3

(11) 焊接桩接头钢材用量，设计与定额子目含量不同时，可按设计用量换算。但原桩位打试验桩时，不另增加费用。

(12) 在桩间补桩或在强夯后的地基上打桩时，按相应定额子目人工、机械量乘以系数 1.15。

(13) 打试验桩按相应定额子目的人工、机械乘以系数2。

(14) 打预制桩和机械打孔灌注桩,桩间净距小于4倍桩径(桩边长)的,按相应定额子目的人工、机械量乘以系数1.13。

(15) 高压旋喷桩设计水泥用量较定额子目含量差异在±1%以上的,可按设计用量调整。

(16) 水泥粉煤灰碎石桩(CFG桩)子目按长螺旋钻孔、管内泵压混凝土灌注桩考虑。

(17) 地基强夯:① 夯击能等于夯锤重乘以起吊高度;② 夯击点有梅花形和方块形等,本定额已综合取定各类布点形式,使用时不允许换算。

(18) 锚杆支护。

① 锚杆子目中注浆按满灌考虑,当锚杆设计有"非锚固段(自由段)"应调整灌浆用量时,自由段的防腐隔离要求可另行计算。

② 锚杆子目中的钢筋和铁件可按施工图设计用量调整。土钉定额中的锚杆长度应按单根长度8 m以内考虑,超过8 m时,人工费应乘以系数1.25。

③ 锚杆间的连梁可另行计算费用。

④ 基坑深度大于6 m时,人工乘以系数1.3。

(19) 混凝土灌注桩的钢筋笼、地下连续墙的钢筋网和喷射混凝土中的钢筋制作、桩顶或桩内预埋铁件,应按规定列项计算。

(20) 地下连续墙的模板和脚手架搭拆、垂直运输,另按措施项目计算。

【例题七】 某工程有20根钢筋混凝土柱,每根柱下有4根500 mm×500 mm预制方桩,桩长26 m(用2根长13 m的方桩用焊接方法接桩),桩采用C20级混凝土,桩顶距自然地坪4.5 m,土质为一级,采用柴油打桩机打桩,计算打、送、接方桩的综合费。

【解】 (1) 打预制钢筋混凝土方桩。

$$V = 0.5 \times 0.5 \times 26 \times 4 \times 20 \text{ m}^3 = 520 \text{ m}^3$$

桩全长26 m,采用《河南省建设工程工程量清单综合单价(A 建筑工程 2008)》A(2-3)"打预制钢筋混凝土方桩,桩长12 m以上"子目。

综合费1 = 520×1 038.96元 = 540 259.20元

(2) 接钢筋混凝土桩。

接桩工程量 = 20×4 个 = 80 个

采用《河南省建设工程工程量清单综合单价(A 建筑工程 2008)》A(2-22)"接桩(焊接桩)"子目。

综合费2 = 80×506.55元 = 40 524元

(3) 送桩。

送桩工程量 = 0.5×0.5×80×(4.5+0.5) m³ = 100 m³

采用《河南省建设工程工程量清单综合单价(A 建筑工程 2008)》A(2-4)"送桩、桩长12 m以上"子目。

综合费3 = 100×301.27元 = 30 127元

(4) 综合费合计。

综合费 = 综合费1+综合费2+综合费3 = (540 259.20+40 524+30 127)元
       = 610 910.20元

【例题八】 长螺旋钻孔灌注钢筋混凝土桩,桩机停置面标高与桩顶设计标高之差为 2 m,桩顶与桩底设计标高之差为 15 m,桩直径 500 mm,混凝土强度等级 C20,钢筋笼图示钢筋净用量为 0.36 t/根,计算 20 根桩的综合费。

【解】 (1)现浇灌注桩 C20。

$$\text{工程量} = 3.14 \times \left(\frac{0.5}{2}\right)^2 \times 15 \times 20 \text{ m}^3 = 58.88 \text{ m}^3 < 100 \text{ m}^3$$

$$\text{考虑翻浆因素的工程量} = 3.14 \times \left(\frac{0.5}{2}\right)^2 \times (15+0.8) \times 20 \text{ m}^3 = 62.02 \text{ m}^3$$

综合单价调整系数为

$$62.02/58.88 = 1.053$$

采用《河南省建设工程工程量清单综合单价(A 建筑工程 2008)》A(2-29)"钻孔灌注混凝土桩、桩长 12 m 以上"子目,综合单价 = 439.02 元/m³,当灌注桩单位工程量小于 100 m³ 时,其人工、机械量按相应定额子目乘以系数 1.25 计算,则

$$\text{调整后综合单价} = [439.02 + (88.37 + 65.85) \times (1.25-1)] \times 1.053 \text{ 元/m}^3 = 502.89 \text{ 元/m}^3$$

$$\text{综合费 1} = 58.88 \times 502.89 \text{ 元} = 29\ 610.16 \text{ 元}$$

(2)钢筋笼制作。

$$\text{工程量} = 0.36 \times 20 \text{ t} = 7.2 \text{ t}$$

采用《河南省建设工程工程量清单综合单价(A 建筑工程 2008)》A(4-182)"桩基钢筋笼"子目。

$$\text{综合费 2} = 7.2 \times 5\ 380.98 \text{ 元} = 38\ 743.06 \text{ 元}$$

(3)空桩。

$$\text{工程量} = 3.14 \times \left(\frac{0.5}{2}\right)^2 \times (2-0.8) \times 20 \text{ m}^3 = 4.71 \text{ m}^3$$

采用《河南省建设工程工程量清单综合单价(A 建筑工程 2008)》A(2-31)"钻孔灌注混凝土桩、桩长 12 m 以上空桩费"子目,综合单价 = 135.89 元/m³,则

$$\text{综合费 3} = 4.71 \times 135.89 \text{ 元} = 640.04 \text{ 元}$$

(4)综合费合计。

$$\text{综合费} = \text{综合费 1} + \text{综合费 2} + \text{综合费 3} = (29\ 610.16 + 38\ 743.06 + 640.04) \text{元}$$
$$= 68\ 993.26 \text{ 元}$$

【例题九】 某工程采用喷粉桩进行地基加固,设计桩顶距自然地面 1.5 m,基础垫层距自然地面 2.0 m,桩径 0.5 m,桩长 12 m,水泥掺量为每米桩长加水泥 50 kg,共 2 000 根桩。试计算喷粉桩工程的综合费。

【解】 首先确定水泥掺入百分比:

$$\text{每米桩的体积} \quad V = \frac{\pi}{4} \times 0.5^2 \times 1.0 \text{ m}^3 = 0.196 \text{ m}^3$$

假定桩身密度为 2 000 kg/m³,则每米桩长质量 $G = 2\ 000 \times V = 392$ kg。

水泥掺量百分比为:$\eta = 50/392 = 12.8\%$,可以近似按 13% 计算。

(1)喷粉桩。

$$\text{工程量} = 3.14/4 \times 0.5^2 \times 12 \times 2\ 000 \text{ m}^3 = 4\ 710 \text{ m}^3 > 100 \text{ m}^3$$

《河南省建设工程工程量清单综合单价(A 建筑工程 2008)》设置了水泥掺量为 12% 的喷粉桩基本综合单价子目 A(2-56) 和水泥掺量每增减 1% 的辅助综合单价子目 A(2-57)。当水泥掺量

为 13%,对基本综合单价进行换算。

$$换算后综合单价=(1\,239.52+54.32)元/10\,m^3=1\,293.84\,元/10\,m^3$$
$$综合费1=4\,710/10×1\,297.84\,元=611\,282.64\,元$$

(2) 空桩费。
$$工程量=3.14/4×0.5^2×1.5×2\,000\,m^3=588.75\,m^3$$

采用《河南省建设工程工程量清单综合单价(A 建筑工程 2008)》A(2-58)子目。
$$综合单价=209.54\,元/10\,m^3$$
$$综合费2=588.75/10×209.54\,元=12\,336.67\,元$$

(3) 截桩头。
$$工程量=2\,000\,根$$

采用《河南省建设工程工程量清单综合单价(A 建筑工程 2008)》A(1-61)子目。
$$综合单价=360.90\,元/10\,根$$
$$综合费3=2\,000/10×360.90\,元=72\,180\,元$$

(4) 综合费合计。
$$综合费=综合费1+综合费2+综合费3=(611\,282.64+12\,336.67+72\,180)元$$
$$=695\,799.31\,元$$

4.5 砌筑工程

4.5.1 概述

1. 砌筑工程定额子目设置

本分部设砖基础、砖砌体、砖构筑物、砌块砌体、石砌体共五部分 89 条子目,以下为具体分项。

(1) 砖基础。

4 条子目,包括砖基础、墙基找平层两个专用分项。其中,砖基础清单综合单价定额又划分为砖基础、烟囱砖基础和多孔砖基础三个定额子目。

(2) 砖砌体。

25 条子目,包括实心砖墙(黏土砖、蒸养灰砂砖)、空斗墙、空花墙、填充墙、实心砖柱、零星砌砖等。

① 实心砖墙清单综合单价定额中,分别设置了黏土标准砖、蒸养灰砂砖和墙面勾缝三个专用分项。其中,标准砖又划分为砖墙、砖围墙、钢筋砖过梁、砖平拱、贴砖、砖砌台阶、零星砌砖等不同分项,砖墙又细分为 1 砖以上、1 砖、3/4 砖、1/2 砖四个不同定额子目,砖围墙又细分为 1 砖和 1/2 砖 2 个定额子目,贴砖也细分为 1/2 砖和 1/4 砖两个定额子目。

② 蒸养灰砂砖清单综合单价定额中,分别设置了灰砂砖墙 1 砖以上、1 砖、3/4 砖、1/2 砖四个不同定额子目。

③ 墙面勾缝清单综合单价定额中,分别设置了加浆勾缝和原浆勾缝两个定额子目。

(3) 砖构筑物。

25 条子目,包括烟囱和水塔、烟道、窨井和检查井、水池和化粪池、地沟和涵洞。

(4) 砌块砌体。

9 条子目,包括空心砖墙和砌块墙、空心砖柱和砌块柱。

(5) 石砌体。

26 条子目,包括基础、墙、柱、护坡、台阶、地沟、涵洞、石材加工。

2. 砌筑工程分项工程的列项划分方法

分项工程的列项,通常应根据设计图纸的内容,结合工程的具体情况,以定额子目的划分为原则,按照具体定额子目的设置情况、子目所包括的工作内容及定额中有关规则、说明、规定进行。

砌筑工程在列项时,按照以上原则及上述定额子目设置情况,通常应考虑不同的材料、不同的砌筑方式、不同的部位、不同的墙厚等因素来正确列项。

(1) 砌筑工程在列项时应考虑的因素。

① 材料品种。砌筑工程按材料不同分为砖砌体、砌块砌体和石砌体,砖砌体又分为实心砖墙(黏土砖、蒸养灰砂砖)、空斗墙、空花墙、填充墙、实心砖柱、零星砌砖等,同时按所用砂浆品种、强度等级不同,又分为混合砂浆(M2.5、M5、M7.5…)、水泥砂浆(M2.5、M5、M7.5…)等。

② 砌筑方式。按砌筑方式分为实砌砖墙、空斗墙、空花墙、填充墙、其他隔墙等。

③ 砌筑部位。按砌筑部位分为基础、墙、柱等。

④ 砌筑厚度。实砌墙体按墙体厚度不同划分为 1/2 砖墙、3/4 砖墙、1 砖墙、1 砖以上墙。

(2) 砌筑工程分部常列项目。

砌筑工程分部常列项目有砖基础、石基础、1 砖墙(或 1/2 砖、3/4 砖、1 砖以上墙)、墙面勾缝、钢筋砖过梁、砖柱、零星砌体、砌体加固筋等项目。

在对实砌砖墙进行列项时,应区分不同的砂浆品种、强度等级、墙厚及部位,以便于正确地套用定额,例如"M5.0 混合砂浆砌 1 砖墙"。

4.5.2 砌筑工程工程量计算规则

1. 砖基础工程量计算

(1) 砖基础与砖墙身的划分。

砖基础与砖墙身的划分以设计室内地坪为界(有地下室的按地下室室内设计地坪为界),地坪以下为砖基础,地坪以上为墙(柱)身。基础与墙身使用不同材料时,位于设计室内地坪±300 mm 以内时以不同材料为界,超过±300 mm,应以设计室内地坪为界,以下为基础,以上为墙身。

(2) 砖基础工程量的计算规则。

按设计图示尺寸以体积计算,包括附墙垛基础宽出部分体积,扣除地梁(圈梁)、构造柱所占体积,不扣除砖基础大放脚 T 形接头处的重叠部分及嵌入基础内的钢筋、铁件、管道、基础砂浆防潮层和单个面积在 0.3 m² 以内的孔洞所占体积,靠墙暖气沟的挑檐不增加。砖基础工程量的计算公式见式(4-26)。

砖基础工程量 = 基础计算长度 × 基础断面面积　　(4-26)

式中,外墙基础长度按外墙中心线长度计算;内墙基础长度按内墙净长线长度计算。基础断面面积如图 4-18 所示。

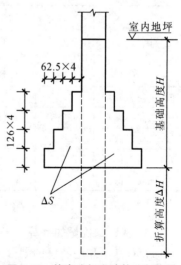

图 4-18　等高式标准砖基础断面图

$$基础断面面积=基础墙厚\times(基础高度+大放脚折算高度)$$
$$=基础墙厚\times基础高度+大放脚折算面积 \qquad (4\text{-}27)$$

式中,基础墙厚为基础主墙身的厚度,按图示尺寸,且应符合表 4-10 的规定。

表 4-10 标准砖砌体计算厚度

砖数(厚度)	1/4	1/2	3/4	1	1.5	2	2.5	3
计算厚度/mm	53	115	180	240	365	490	615	740

大放脚折算高度是将大放脚折算的断面面积按其相应墙厚折合成的高度,计算公式为

$$大放脚折算高度(\Delta H)=\frac{大放脚折算面积(\Delta S)}{基础高度} \qquad (4\text{-}28)$$

等高式和不等高式砖墙基础大放脚的折算高度和折算面积如表 4-11、表 4-12 所示,供计算基础体积时查用。

表 4-11 等高式砖墙基础大放脚的折算高度和折算面积

大放脚层数	折算为高度/m						折算为断面积/m²
	1/2 砖 (0.115)	1 砖 (0.240)	1.5 砖 (0.365)	2 砖 (0.490)	2.5 砖 (0.615)	3 砖 (0.740)	
一	0.137	0.066	0.043	0.032	0.026	0.021	0.015 75
二	0.411	0.197	0.129	0.096	0.077	0.064	0.047 25
三	0.822	0.394	0.256	0.193	0.154	0.128	0.094 50
四	1.369	0.656	0.432	0.321	0.256	0.213	0.157 50
五	2.054	0.984	0.647	0.432	0.384	0.319	0.236 30
六	2.876	1.378	0.906	0.675	0.538	0.447	0.330 80

表 4-12 不等高式砖墙基础大放脚的折算高度和折算面积

大放脚层数	折算为高度/m						折算为断面积/m²
	1/2 砖 (0.115)	1 砖 (0.240)	1.5 砖 (0.365)	2 砖 (0.490)	2.5 砖 (0.615)	3 砖 (0.740)	
一(一低)	0.069	0.033	0.022	0.016	0.013	0.011	0.007 88
二(一高一低)	0.342	0.164	0.108	0.080	0.064	0.053	0.039 38
三(二高一低)	0.685	0.328	0.216	0.161	0.128	0.106	0.078 75
四(二高二低)	1.096	0.525	0.345	0.257	0.205	0.170	0.126 00
五(三高二低)	1.643	0.788	0.518	0.386	0.307	0.255	0.189 00
六(三高三低)	2.260	1.083	0.712	0.530	0.423	0.351	0.259 90

注:上表层数中"高"是 2 皮砖,"低"是 1 皮砖,每层放出为 1/4 砖。

2. 石基础工程量的计算

(1) 石基础与毛石墙的划分。

石基础与石勒脚应以设计室外地坪为界,以下为基础;石勒脚与石墙身应以设计室内地坪

为界。石围墙内外地坪标高不同时,应以较低地坪标高为界,以下为基础;内外标高之差为挡土墙,挡土墙以上为墙身。

(2) 石基础工程量计算规则。

石基础按设计图示尺寸的实际体积,以 m³ 计算。石基础工程量计算规则与砖基础工程量计算规则相同。

3. 实砌砖墙工程量的计算

在计算实砌砖墙工程量时,应根据墙厚、砂浆品种、砂浆强度等级不同,分别列项计算。

$$实砌砖墙工程量 = 墙长 \times 墙高 \times 墙厚 - 应扣除部分体积 + 应增加部分体积 \tag{4-29}$$

(1) 墙长。

外墙长度按外墙中心线长度计算,若定位轴线为偏轴线时,要移为中心线;内墙长度按内墙净长线计算。

(2) 墙厚。

定额中的机砖按标准砖计算,标准砖的墙体厚度,应按规定的数值计算,即按实际尺寸计算其厚度。如一砖半墙图纸上往往标注厚度为 370 mm 或 360 mm,而其实际厚度为 365 mm。各种砖墙的标准厚度如表 4-10 所示。

(3) 墙高。

砖墙高度的起点,均从基础与墙身的分界面开始计算。砖墙高度的顶点,应按下列规定计算。

① 外墙。平屋面应算至钢筋混凝土板底面,如图 4-19(a)所示;斜(坡)屋面无檐口天棚者,高度算至屋面板底,如图 4-19(b)所示,即高度算至外墙中心线与屋面底板面相交点的高度;有屋架且室内外均有天棚的,其高度应算至屋架下弦底另加 200 mm,如图 4-19(c)所示;无天棚的算至屋架下弦另加 30 cm,出檐宽度超过 600 mm 时,应按实砌高度计算。

② 内墙。位于屋架下弦的,其高度算至屋架底;无屋架的,算至天棚底再加 100 mm;有钢筋混凝土楼板隔层的算至楼板顶;有框架梁时算至梁底。

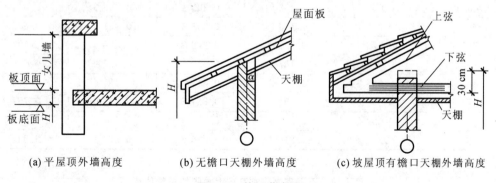

(a) 平屋顶外墙高度　　(b) 无檐口天棚外墙高度　　(c) 坡屋顶有檐口天棚外墙高度

图 4-19　檐口节点图

③ 女儿墙。从屋面板上表面算至女儿墙顶面(如有混凝土压顶时算至压顶下表面)的高度,如图 4-19(a)所示。

④ 内、外山墙按其平均高度计算。

(4) 应扣除的部分体积。

应扣除门窗洞口、过人洞、空圈、嵌入墙身的钢筋混凝土柱、梁、圈梁、挑梁、过梁及凹进墙内的壁龛、管槽、暖气槽、消火栓箱等所占的体积。

(5) 不应扣除的部分体积。

不应扣除梁头、板头、檩头、垫木、木楞头、沿椽木、木砖、门窗走头、墙身内的加固钢筋、木筋、铁件、钢管及单个面积在 $0.3 m^2$ 以下的孔洞所占的体积。

(6) 应增加的部分体积。

凸出墙面的砖垛并入墙体体积内计算。

(7) 不应增加的部分体积。

凸出墙面的腰线、挑檐、压顶、窗台线、虎头砖、门窗套的体积不增加。

4. 砖柱和砖柱基础工程量计算

砖柱和砖柱基础工程量以底层室内地坪为界分别计算,砖柱按砖柱定额执行,砖柱基础按砖柱基础定额执行。

砖柱基础工程量可按下式计算

$$砖柱基础工程量 = 柱断面积 \times 基础高度 + 大放脚体积 \qquad (4-30)$$

式中:基础高度——由柱基底面至底层室内地坪高度(m);

大放脚体积——按矩形砖柱两边之和除以一砖厚度(240 mm)(m^3),所得数值及放脚形式查表 4-13 和表 4-14 可得。

表 4-13 等高式砖柱基础大放脚的折算体积　　　　　　　　　　　　单位:m^3

矩形砖柱两边	大放脚层数(等高)				
之和(砖数)	2	3	4	5	6
3	0.044 3	0.096 5	0.174 0	0.280 7	0.420 6
3.5	0.050 2	0.108 4	0.193 7	0.310 3	0.461 9
4	0.056 2	0.120 3	0.213 4	0.339 8	0.503 3
4.5	0.062 1	0.132 0	0.233 1	0.369 3	0.544 6
5	0.068 1	0.143 8	0.252 8	0.398 9	0.586 0
5.5	0.073 9	0.155 6	0.272 5	0.428 4	0.627 3
6	0.079 8	0.167 4	0.292 2	0.457 9	0.668 7
6.5	0.085 6	0.179 2	0.311 9	0.487 5	0.715 0
7	0.091 6	0.191 1	0.331 5	0.517 0	0.751 3
7.5	0.097 5	0.202 9	0.351 2	0.546 5	0.792 7
8	0.103 4	0.214 7	0.370 9	0.576 1	0.834 0

表 4-14 不等高式砖柱基础大放脚的折算体积　　　　　　　　　　　　单位:m^3

矩形砖柱两边	大放脚层数(不等高)				
之和(砖数)	2	3	4	5	6
3	0.037 6	0.081 1	0.141 2	0.226 6	0.334 5
3.5	0.044 6	0.090 9	0.156 9	0.250 2	0.366 9

续表

矩形砖柱两边之和(砖数)	大放脚层数(不等高)				
	2	3	4	5	6
4	0.047 5	0.100 8	0.172 7	0.273 8	0.399 4
4.5	0.052 4	0.110 7	0.188 5	0.297 5	0.431 9
5	0.057 3	0.120 5	0.204 2	0.321 0	0.464 4
5.5	0.062 2	0.130 3	0.219 9	0.345 0	0.496 8
6	0.067 1	0.140 2	0.235 7	0.368 3	0.529 3
6.5	0.072 1	0.150 0	0.251 5	0.391 9	0.561 9
7	0.077 0	0.159 9	0.267 2	0.412 3	0.594 3
7.5	0.082 0	0.169 7	0.282 9	0.439 2	0.626 7
8	0.086 8	0.179 5	0.298 7	0.462 8	0.659 2

5. 墙面勾缝工程量计算

墙面勾缝是为了使清水墙灰缝紧密,防止雨水浸入墙内,同时也增加了墙面的装饰效果。墙面勾缝按材料不同分为原浆勾缝和加浆勾缝两种。原浆勾缝即在砌墙施工过程中,用砌筑砂浆勾缝,加浆勾缝即在墙体施工完成后用抹灰砂浆勾缝。

墙面勾缝按墙面垂直投影面积计算,应扣除墙裙和抹灰面积,不扣除门窗套和腰线等零星抹灰及门窗洞口所占面积,但垛和门窗洞口侧面的勾缝面积亦不增加。独立柱、房上烟囱勾缝,按图示外形尺寸以面积计算。

6. 砖平拱、砖过梁工程量计算

砖平拱、砖过梁,按设计图示尺寸以体积计算,如设计无规定时,砖平拱按门窗洞口宽度两端共加 100 mm 乘以高度 240 mm 计算。砖过梁长度按门窗洞口宽度两端共加 500 mm、高度按 440 mm 计算,过梁中的钢筋另按混凝土及钢筋混凝土分部中规定列项计算。砖过梁工程量可按下式计算

$$砖过梁工程量=(洞口宽+0.5)\times 0.44\times 墙厚 \tag{4-31}$$

在计算砖过梁时,往往会遇到设计图纸无规定,而由于圈梁的限制,砌砖高度不足 440 mm 的情况,这时钢筋砖过梁高度应算至圈梁底。

7. 砌体加固筋工程量计算

砌体加固筋应按混凝土及钢筋混凝土分部中规定列项计算,其工程量计算应根据设计规定,按钢筋的设计尺寸以吨(t)计算。

砌体加固筋主要包括墙体中的钢筋网片筋,构造柱、框架柱与墙体拉结筋,墙体转角处、内外墙交接处、空心板与砖墙的连接处加固筋等。

砌体加固筋钢筋损耗已包括在定额内,不另增加。在设计中未注明的拉结筋,应按实际发生量,凭会签单在决算中调整。

8. 零星砌砖

零星砌砖的工程量,按设计图示尺寸以体积计算,扣除混凝土及钢筋混凝土梁垫、梁头、板头所占体积。

砌砖的零星项目按零星砌砖列项。零星项目系指空斗墙的窗间墙,窗台下、楼板下等的实

砌砖部分,台阶、梯带、锅台、炉灶、蹲台、小便槽、池槽腿、花台、花池、楼梯栏板、阳台栏板、地垄墙、0.3 m² 以内的孔洞填塞等。

9. 其他砌体

(1) 砖砌地下室内、外墙与基础的工程量以地下室地坪为界分别计算,内外墙按相应墙厚执行墙体定额,地下室基础执行砖基础定额。地下室防潮层所需的贴砖工程量,应另列项计算,执行贴砖定额子目。

(2) 女儿墙自屋面板上表面算至图示高度,分别按不同墙厚以体积计算,执行相应的外墙定额。

(3) 砌砖围墙分别按不同的墙厚(1砖或1/2砖)以体积计算,高度算至压顶上表面(如有混凝土压顶时算至压顶下表面),围墙柱并入围墙体积内。

(4) 附墙烟囱、通风道、垃圾道应按设计图示尺寸以体积计算(扣除孔洞所占体积),并入所依附的墙体工程量内,当设计规定孔洞内需抹灰时,应按装饰装修工程中的B.2墙、柱面工程分部相关项目列项。

(5) 砖砌地沟(暖气沟)不分墙身和墙基,其工程量合并计算,工程量按设计图示尺寸以体积计算,执行砖地沟定额。

(6) 砖窨井、检查井、砖水池、化粪池砌体按设计图示尺寸以体积计算。

(7) 框架间块料砌体以框架间的净空面积扣除门窗洞口面积,然后乘以墙厚计算工程量。框架外表面的镶贴实心砖部分,应按图示尺寸另行计算体积,列入零星砌砖项目。

(8) 空斗墙按设计图示尺寸以空斗墙外形体积计算。墙角、内外墙交接处、门窗洞口立边、窗台砖、屋檐处的实砌部分并入空斗墙体积内。空斗墙的窗间墙、窗台下、楼板下等的实砌部分,应按零星砌砖计算。

(9) 空花墙按设计图示尺寸以空花部分外形体积计算,不扣除空洞部分体积。

(10) 填充墙按设计图示尺寸以填充墙外形体积计算,其中实砌部分已包括在定额内,不另计算。

4.5.3 砌筑工程定额的应用

(1) 砖墙(围墙)不分清水、混水均执行砖墙(围墙)子目,不得换算。砖围墙的原浆勾缝已包括在围墙定额内,不另计算。如设计要求围墙加浆勾缝或抹灰的,可以另行计算,原浆勾缝工料亦不扣除。厚度在1砖以上的砖围墙,执行相应的砖墙子目。

(2) 定额中的砌筑砂浆与设计要求不同时可以换算。

(3) 砖砌弧形基础、墙,可按相应定额子目人工乘以系数1.1。

(4) 本分部砌体内加筋的制作、安装,应按"混凝土及钢筋混凝土"分部中相关项目列项。

(5) 空斗墙定额已综合了各种不同因素,在执行本定额时,不论几斗几卧,均采用空斗墙定额,不得换算。

(6) 砌砖墙已综合考虑了腰线、窗台线、挑檐等艺术形式砌体及构造柱马牙岔、先立门窗框等增加用工因素,使用时不做调整。

(7) 砖砌挡土墙,2砖以上执行砖基础定额,2砖以下执行砖墙定额。

(8) 砌块墙已包括砌体内砌实心砖的工料费用。

(9) 填充墙子目采用炉渣、泡沫混凝土填充,如实际使用材料不同时允许换算,其他不变。

【例题十】 某条形砖基础平面示意图如图 4-20 所示,已知外墙基剖面 1—1,内墙基剖面 2—2。计算砖基础的工程量。

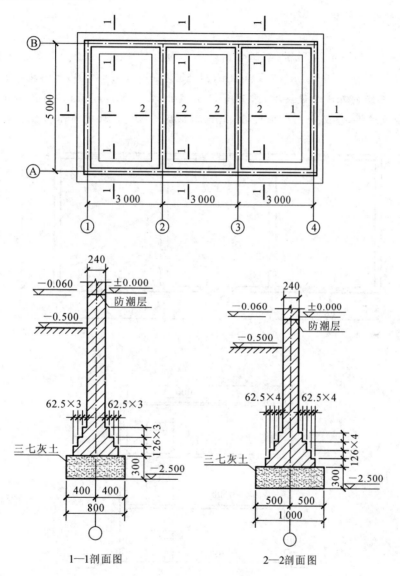

图 4-20 砖基础平面图及详图

【解】 室内地坪以下为砖基础,以上为墙身,由于截面分为 1—1 截面和 2—2 截面,需分别计算工程量

$$V = 长 \times 厚 \times (基础高 + 大放脚折算高)$$

(1) 1—1 截面砖基础体积。

$$L_{1-1} = (5+9) \times 2 \text{ m} = 28 \text{ m}(中心线长)$$

$$V_{1-1}=28\times0.24\times(2.2+0.394)\ \text{m}^3=17.43\ \text{m}^3$$

(2) 2—2 截面砖基础体积。

$$L_{2-2}=(5-0.24)\times2\ \text{m}=9.52\ \text{m}(净长)$$
$$V_{2-2}=9.52\times0.24\times(2.2+0.656)\ \text{m}^3=6.53\ \text{m}^3$$

(3) 合计砖基础体积。

$$V=V_{1-1}+V_{2-2}=(17.43+6.53)\ \text{m}^3=23.96\ \text{m}^3$$

【例题十一】 如图 4-21 所示,某工程内外墙厚均为 240 mm,采用 42.5 水泥配置的 M5 混合砂浆砌筑,M—1 为 1 200 mm×2 500 mm,M—2 为 900 mm×2 500 mm,C—1 为 1 500 mm×1 600 mm。三层内外墙均设圈梁,采用 C20 混凝土,断面为 240 mm×180 mm,且门窗洞口上方用圈梁兼做过梁,屋面女儿墙顶设 60 mm 厚混凝土压顶。求砖墙体工程量和综合费。

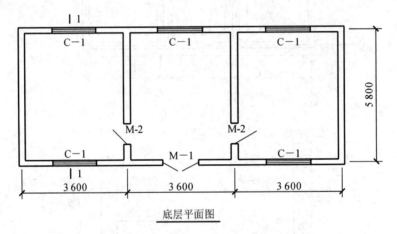

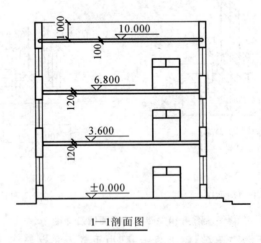

图 4-21 某工程底层平面较长及剖面图

【解】 (1) 墙体工程量。

外墙中心线: $L_{外中}=(3.6\times3+5.8)\times2\ \text{m}=33.20\ \text{m}$

外墙面积: $S_{外墙}=33.20\times(10-0.1+1-0.06)-$门窗面积

$$= (33.20 \times 10.84 - 1.2 \times 2.5 \times 3 - 1.5 \times 1.6 \times 15) \text{ m}^2$$
$$= 314.89 \text{ m}^2$$

内墙净长线： $L_{内净} = (5.80 - 0.24) \times 2 \text{ m} = 11.12 \text{ m}$

内墙面积： $S_{内墙} = 11.12 \times 10 -$ 门窗面积
$$= (11.12 \times 10 - 0.9 \times 2.5 \times 6) \text{ m}^2$$
$$= 97.70 \text{ m}^2$$

墙体积： $V = (314.89 + 97.70) \times 0.24 \text{ m}^3 = 99.02 \text{ m}^3$

扣除圈梁： $(33.20 + 11.12) \times 0.24 \times 0.18 \times 3 \text{ m}^3 = 5.74 \text{ m}^3$

墙体工程量： $(99.02 - 5.74) \text{ m}^3 = 93.28 \text{ m}^3$

(2) 综合费。

采用《河南省建设工程工程量清单综合单价(A 建筑工程 2008)》A(3-6)"1 砖粘土实心墙"子目,因用 42.5 水泥配置的 M5 混合砂浆砌筑,应进行配合比换算。

(3-6)换算后综合单价 $= \{2\,596.69 + [153.39 - 147.89 + (320 - 280) \times 0.216] \times 2.37\}$ 元/10 m²
$$= 2\,630.20 \text{ 元}/10 \text{ m}^2$$

综合费 $= (93.28 \div 10 \times 2\,630.20)$ 元 $= 24\,534.51$ 元

4.6 混凝土及钢筋混凝土工程

4.6.1 概述

混凝土及钢筋混凝土在凝固前具有良好的塑性,可制成工程所需要的各种形状的构件,硬化后又具有较高的强度,所以,在建筑工程中广泛应用。按其施工方法可分为现浇和预制构件 2 种;按其制作地点,可分为现场浇制、现场预制和加工厂预制 3 种。

钢筋混凝土工程是由模板工程、钢筋工程和混凝土工程三部分组成。其施工顺序是首先进行模板制作安装,其次是钢筋加工成型,安装绑扎,最后进行混凝土拌制、浇灌、振捣、养护、拆模。这些工程都必须根据设计图纸、施工说明和国家统一规定的施工验收规范、操作规程、质量评定标准的要求进行施工,并且随时做好工序交接和隐蔽工程检查验收的工作。

1. 混凝土及钢筋混凝土工程定额子目设置

本分部设现浇混凝土基础、柱、梁、板、楼梯、其他构件、后浇带,现场预制混凝土柱、梁、屋架、其他构件,混凝土构筑物,钢筋工程,螺栓和铁件,商品混凝土运输和现场搅拌混凝土加工费共十八部分 197 条子目。具体分项如下。

(1) 现浇混凝土构件。

63 条子目,包括基础、柱、梁、板、楼梯、其他构件、后浇带等。

① 现浇混凝土基础清单综合单价定额中,分别设置了带形基础、独立基础、满堂基础、设备基础、桩承台基础、杯形基础和基础混凝土垫层等八个专用分项。其中,带形基础又划分为毛石混凝土、有梁式混凝土、无梁式混凝土三个定额子目;独立基础和设备基础分别又划分为毛石混凝土和混凝土两个定额子目;满堂基础划分为有梁式和无梁式混凝土两个定额子目;桩承台基础划分为带形和独立两个定额子目。

② 现浇混凝土柱清单综合单价定额中,分别设置了矩形柱、圆形柱、异形柱和构造柱四个专用分项。其中,矩形柱又根据柱断面周长划分为1.2 m以内、1.8 m以内、1.8 m以上三个定额子目;圆柱根据直径划分为0.5 m以内、0.5 m以上两个定额子目。

③ 现浇混凝土梁清单综合单价定额中,分别设置了基础梁、矩形梁、异形梁、圈(过)梁等几种不同的专用分项。其中,矩形梁又细分为单梁、连续梁、迭合梁、桁架等不同的定额子目。

④ 现浇混凝土板清单综合单价定额中,分别设置了有梁板、无梁板、平板、薄壳板、栏板、天沟挑檐板、雨篷、阳台板和其他板(预制板间补空板)等多种专用分项。其中,有梁板、平板和预制板间补空板分别又根据板厚划分为100 mm以内和100 mm以上两个定额子目;薄壳板根据构造形式不同划分为筒壳和双曲薄壳两个定额子目。

⑤ 现浇混凝土楼梯清单综合单价定额中,分别设置了直形整体楼梯和弧形楼梯两个定额子目。

(2) 预制混凝土构件。

45条子目,包括柱、梁、屋架、其他构件和外购板安装。

① 预制混凝土柱清单综合单价定额中,分别设置了矩形柱和异形柱两个专用分项。其中,矩形柱又分为实心柱、空心柱和围墙柱,异形柱又分为双肢柱、工形柱和空格柱等不同的定额子目。

② 预制混凝土梁清单综合单价定额中,分别设置了矩形梁、异形梁、过梁和鱼腹式吊车梁四个专用分项。其中,矩形梁又分为单梁、基础梁、托架梁,异形梁又分为T形梁、十形梁、工形梁和T形吊车梁等不同的定额子目。

③ 预制混凝土屋架清单综合单价定额中,分别设置了拱形屋架、锯齿形屋架、组合屋架、薄腹屋架、门式刚架和天窗架等多种专用分项。其中,天窗架又分为预制天窗架和预制天窗端壁两个定额子目。

④ 预制混凝土板清单综合单价定额中,分别设置了外购商品平板、架空隔热板、空心板、槽形板、肋形板、挑檐板、大型屋面板、墙板和V形板等多个专用分项。

⑤ 预制混凝土其他构件清单综合单价定额中,分别设置了烟道、垃圾道、通风道、沟盖板、檩条、支撑天窗上下挡、门窗框、支架、阳台分户隔板、槽形栏板、空花或刀片栏杆、漏空花格、零星构件、宝瓶式栏杆及水磨石构件等多种专用分项。

(3) 混凝土构筑物。

57条子目,包括贮水(油)池、贮仓、水塔、烟囱。

(4) 钢筋工程。

26条子目,包括现浇构件钢筋、预制构件钢筋、预应力钢筋、钢绞线、钢丝束、钢筋接头。

(5) 螺栓和铁件。

3条子目,包括铁件安装、螺栓安装。

(6) 商品混凝土运输和现场搅拌混凝土加工费。

3条子目,包括商品混凝土运输和现场搅拌混凝土加工费。

2. 混凝土及钢筋混凝土工程定额的一般说明

(1) 本分部不包括现浇构件和预制构件的模板费用,模板应另列在措施项目中,按定额中YA.12分部"建筑工程措施项目费"有关规定执行。

(2) 除外购商品构件外,现浇和预制构件内的钢筋、螺栓、铁件,均应按本分部中的项目单列。

(3) 混凝土子目中采用的是常用强度等级和石子粒径的现场搅拌混凝土,如果设计不符时,可以调整,现场搅拌混凝土可按相应子目计算现场搅拌加工费。如采用商品混凝土,可直接进行换算(不得先换算为定额附录中的现场搅拌泵送混凝土)。

(4) 商品混凝土价格为出厂价格和运输费之和,运输价格按本分部的相应子目计算。

(5) 商品混凝土出厂价格如包括泵送者,不得再重复计算泵送费。

(6) 使用非商品混凝土需泵送时,除混凝土配比和价格可按定额附录中现场搅拌泵送混凝土配合比调整外,另计算泵送增加费。

(7) 混凝土构件单件体积在 $0.1 m^3$ 以内的,执行零星构件子目。

3. 混凝土及钢筋混凝土工程中分项工程的列项划分方法

分项工程的列项通常应根据设计图纸的内容,结合工程的具体情况,以定额子目的划分为原则,按照具体定额子目的设置情况、子目所包括的工作内容及定额中有关规则、说明、规定进行。

混凝土及钢筋混凝土工程在列项时,按照以上原则及上述定额子目的设置情况,通常应考虑不同的施工方法、不同的构造形式、不同的构件截面形式、大小及不同材料等因素来正确列项。

(1) 混凝土及钢筋混凝土工程在列项时应考虑以下因素。

① 施工方法。混凝土及钢筋混凝土工程按施工方法不同分为现浇构件和预制构件,预制构件又划分为现场预制构件和外购商品构件,预应力钢筋根据张拉次序不同分为先张法预应力钢筋和后张法预应力钢筋。

② 构造形式。混凝土及钢筋混凝土工程按构件构造形式不同,钢筋混凝土基础分为独立基础、带形基础、杯形基础、满堂基础等;现浇混凝土柱分为矩形柱、圆形柱、异形柱和构造柱;预制混凝土柱分为矩形柱和异形柱,其中预制矩形柱又分为实心柱、空心柱、围墙柱,预制异形柱又分为工形柱、双肢柱和空格柱;现浇混凝土梁分为矩形梁、异形梁;预制混凝土屋架分为拱形屋架、锯齿形屋架、组合屋架、薄腹屋架、门式刚架等。

③ 截面大小。如现浇混凝土矩形柱按断面周长分为 1.2 m 以内、1.8 m 以内及 1.8 m 以上 3 种。

④ 混凝土强度等级。

⑤ 混凝土是使用碎石还是砾石,其最大粒径的规范规定值。

⑥ 是否使用商品混凝土。

⑦ 是否采用泵送混凝土。

⑧ 钢筋种类、级别等。

(2) 混凝土及钢筋混凝土工程分部常列项目。

根据上述列项方法,一般建筑工程混凝土及钢筋混凝土工程分部常列项目如下。

① 现浇混凝土基础垫层。

② 现浇混凝土基础(带形、独立、杯形、满堂)。

③ 现浇混凝土柱(矩形、圆形、异形、构造柱)。

④ 现浇混凝土梁(矩形、异形、圈梁、过梁)。

⑤ 现浇混凝土板(平板、有梁板、无梁板、阳台、雨篷等)。

⑥ 现浇混凝土楼梯。

⑦ 现浇混凝土墙。
⑧ 预制混凝土柱制作、安装。
⑨ 预制混凝土梁制作、安装。
⑩ 预制混凝土板(外购板)安装。
⑪ 预制混凝土构件就位运输。
⑫ 钢筋制作安装(现浇构件钢筋、砌体加固钢筋、预制构件钢筋、钢筋网片、钢筋笼预应力钢筋及钢绞线等)。
⑬ 钢筋接头等。
⑭ 商品混凝土运输。
⑮ 现场混凝土加工费。

在具体工程中,分项工程的列项特征应尽可能在项目名称中描述清楚,以便工程量计算及定额套用,例如"现浇C30钢筋混凝土矩形柱、周长1.8 m以内"。

4.6.2 现浇混凝土工程工程量计算与定额应用

1. 现浇基础垫层与基础

基础垫层设置在基础与地基之间,它的主要作用是使基础与地基有良好的接触面,把基础承受的上部荷载均匀地传给地基。基础是建筑物地面以下的承重构件,它的作用是承受上部结构传下来的荷载,并把这些荷载连同自重一起传给地基。

1) 现浇垫层

混凝土垫层是施工中常见的做法,一般采用C10或C15的混凝土浇注而成。混凝土垫层分为无筋混凝土垫层(即素混凝土垫层)和有筋混凝土垫层(即钢筋混凝土垫层)。混凝土垫层施工方便、坚固耐久,但造价较高。

(1) 混凝土基础垫层与混凝土基础的划分。

综合单价中分别列出了混凝土基础与混凝土基础垫层的相应子目。混凝土基础与垫层的划分,应以图纸说明为准。如图纸不明确时,按设计混凝土直接与土体接触的单层长方形断面为垫层,其余为无筋混凝土基础。

(2) 基础垫层工程量计算。

基础垫层工程量,按设计图示尺寸以体积计算。带形基础垫层工程量,可根据上述计算规则的计算原则,按下式计算

$$工程量 = 垫层长度 \times 垫层断面面积 \qquad (4-32)$$

式中,垫层长度,外墙按外墙中心线(注意偏轴线时,应把轴线移至中心线位置)长度计算;内墙按内墙基础垫层的净长线计算;凸出部分的体积并入工程量内计算。

在实际工程中,由于土质等因素基础需要局部加深时,基础下垫层的底标高不在同一标高处,必然出现垫层搭接,应将由于搭接增加的工程量并入垫层工程量内计算。

2) 现浇混凝土基础

工程量按设计图示尺寸以体积计算,不扣除构件内钢筋、预埋铁件和伸入承台的桩头所占的体积。

常见的混凝土基础有独立基础、杯形基础、带形基础、无梁式满堂基础、箱形基础、设备基础等。

(1) 独立基础。

① 特点。独立基础常用于框架柱下,是柱子基础的主要形式,其特点是柱子和基础整浇为一体。常见其形式有阶梯形和四棱锥台形两种,如图 4-22 所示。

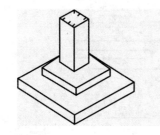
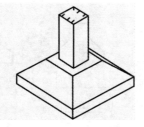

图 4-22 独立基础

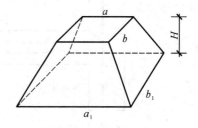

图 4-23 四棱台立体

② 基础与柱子划分。以柱基上表面为分界线,以上为柱子,以下为柱基。

③ 独立基础工程量计算。按图示尺寸以体积计算。独立基础体积,应根据相应的几何公式计算,如图 4-23 所示四棱台体积计算公式为

$$V = \frac{H}{6}[a_1b_1 + (a_1 + a)(b_1 + b) + ab] \tag{4-33}$$

④ 独立基础与带形基础划分。当地基条件较差,为提高建筑物的整体性以避免各个柱之间产生不均匀沉降时,可将相邻柱子的独立基础在一个方向上连接起来。对于这种情况,在编制预算时,相邻两个独立柱之间的带形基础,如宽度小于独立柱基的宽度时,柱基可执行带形基础子目,如柱基与带基等宽,则全部执行独立基础子目,否则,仍执行带形基础子目。

(2) 带形基础。

带形基础又称条形基础,其外形呈长条状,断面形式一般有梯形、阶梯形和矩形等,常用于房屋上部荷载较大、地基承载能力较差的混合结构房屋墙下基础。

① 带形基础工程量计算。带形基础工程量可按下式计算

$$带形基础体积 = 计算长度 \times 断面面积 + T 形接头体积 \tag{4-34}$$

式中,对于计算长度,外墙基础按带形基础中心线计算,内墙基础按内墙基础净长线计算,如图 4-24 所示。

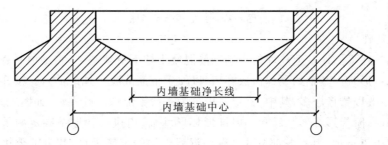

图 4-24 内墙基础净长线示意图

T形接头部分体积如图 4-25 所示,按下式计算

$$V = L \times b \times H + L \times h_1 \times \frac{(2b+B)}{6} \qquad (4-35)$$

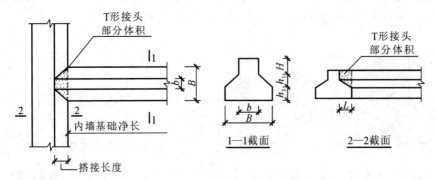

图 4-25 带形基础(T形接头)示意图

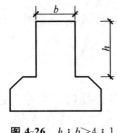

图 4-26 $h:b>4:1$
带形基础

② 带形基础形式的区分。凡带有梁式突出的混凝土带形基础断面,均属于有梁式混凝土带形基础,套用相应有梁式带形混凝土基础定额子目。但当有梁式带形基础的梁高与梁宽之比在 4∶1 以内时,按有梁式带形基础计;超过 4∶1 时,上部的梁套用墙定额子目,下部套用无梁式带形基础子目,如图 4-26 所示。凡没有梁式突出的带形混凝土基础断面,均属于无梁式带形混凝土基础。凡设计采用毛石混凝土的带形基础,不论其断面形式如何,均属于毛石混凝土带形基础,均套用毛石混凝土定额子目。

有梁式带形混凝土基础与无梁式带形混凝土基础的区分,主要根据几何形状来区分,如图 4-27 所示,图 4-27(a)、(b)、(c)可按无梁式带形基础计算,图 4-27(d)、(e)按有梁式带形基础计算。

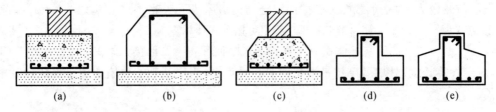

图 4-27 带形基础示意图

(3) 杯形基础。

杯形基础是在天然地基上浅埋的预制钢筋混凝土柱下单独基础,它是预制装配式单层工业厂房常用的基础形式。基础的顶部做成杯口,以便于钢筋混凝土柱的插入。按其形式可分为阶梯形和锥形,一般以锥形居多,其中,锥形又可分为一般锥形和高脖锥形,如图 4-28 所示。

预算编制时,阶梯形杯形基础和一般锥形杯形基础,均执行杯形基础定额子目。当高脖杯形基础脖高大于 1 m 时,其高脖部分执行现浇混凝土柱的定额子目,其余部分执行杯形基础定额子目。

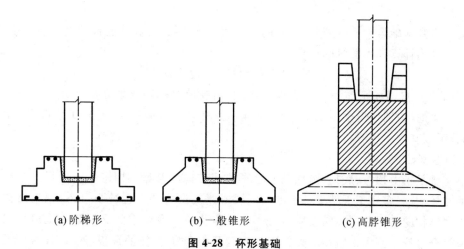

(a) 阶梯形　　　　(b) 一般锥形　　　　(c) 高脖锥形

图 4-28 杯形基础

杯形基础工程量计算按图示尺寸以体积计算,计算时应扣除杯芯所占体积。

① 阶梯形杯形基础工程量。工程量的计算公式如下

$$\text{工程量}=\text{外形体积}-\text{杯芯体积} \tag{4-36}$$

式中,外形体积可分阶按图示尺寸计算,计算时不考虑杯芯,杯芯体积按四棱台计算公式计算。

② 锥形杯形基础工程量。工程量的计算公式如下

$$\text{工程量}=\text{底座体积}+\text{四棱台体积}+\text{脖口体积}-\text{杯芯体积} \tag{4-37}$$

式中,底座体积、四棱台体积的计算,同独立基础。四棱台、脖口体积计算时,不考虑杯芯。

(4) 满堂基础。

当独立基础、带形基础不能满足设计要求时,将基础联成一个整体,称为满堂基础(又称筏形基础)。这种基础适用于设有地下室或软弱地基及有特殊要求的建筑,满堂基础分为有梁式和无梁式两种。清单综合单价定额中,设置了相应的定额子目。

① 有梁式满堂基础。带有突出板面的梁的满堂基础为有梁式满堂基础,如图 4-29 所示。

有梁式满堂基础与柱子的划分,以基础梁顶面为界,梁的体积并入有梁式满堂基础,不能从底板的上表面开始计算柱高。工程量的计算公式如下

$$\text{工程量}=\text{底板体积}+\text{突出板面基础梁体积}+\text{边肋体积} \tag{4-38}$$

② 无梁式满堂基础。无突出板面的梁的满堂基础为无梁式满堂基础,如图 4-30 所示。无梁式满堂基础形似倒置的无梁楼盖。

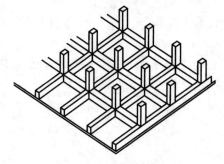

图 4-29 有梁式满堂基础

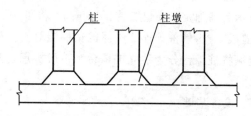

图 4-30 无梁式满堂基础

无梁式满堂基础与柱子的划分,以板的上表面为分界线,柱高从底板的上表面开始计算,柱墩体积并入柱内计算。工程量的计算公式如下

$$工程量=底板体积+边肋体积 \tag{4-39}$$

③ 满堂基础底面向下加深的梁或承台,可分别按带形基础或独立承台计算。满堂基础顶面仅局部设梁的(主轴线设梁不足 1/3 的)不能视为有梁式满堂基础,应执行无梁式满堂基础子目,该部分梁按基础梁计算。

(5) 箱形基础。

箱形基础是指由顶板、底板、纵横墙及柱子连成整体的基础,如图 4-31 所示。箱形基础具有较好的整体刚度,多用于天然地基上 8~20 层或建筑物高度不超过 60 m 的框架结构基础和现浇剪力墙结构的高层民用建筑基础,有抗震、人防及地下室要求的高层建筑也多采用箱形基础。清单综合单价定额中未直接编列箱形基础定额项目的,应按照顶板、底板、连接墙板(柱)各部位,分别列项计算各自工程量,执行各自相应的定额子目。

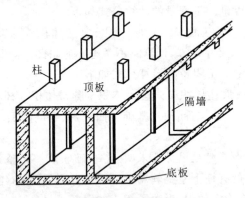

图 4-31 箱形基础

① 箱形基础顶板按板的有关规定计算。

② 箱形基础底板按满堂基础规定计算。

③ 箱形基础内外墙板按现浇墙有关规定计算。镶入混凝土墙中的圈梁、过梁、柱及外墙八字角处加厚部分混凝土体积,并入墙体工程量内计算。

④ 地下室柱是指未与现浇混凝土墙连接的柱,应另列项目,柱高按从底板上表面至顶板上表面计算,执行混凝土现浇柱相应定额子目。

⑤ 箱形基础中的地下室楼梯,并入主体楼梯工程量内计算。

(6) 桩承台基础。

桩承台基础是指在已打完的桩顶上,将桩顶部分的混凝土凿掉,露出桩钢筋,然后绑扎钢筋,浇灌混凝土,使桩顶连成一体的钢筋混凝土基础,如图 4-32 所示。

定额将桩承台分为独立桩承台和带形桩承台两种。工程量计算按图示桩承台尺寸,以体积计算。

(7) 设备基础。

为安装锅炉、机械或设备等所做的基础称为设备基础。清单综合单价定额中分别列出了毛

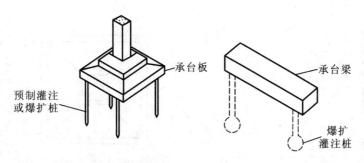

图 4-32 桩承台基础

石混凝土设备基础和混凝土设备基础两个定额子目,工程量均按图示尺寸以体积计算。

框架式设备基础,定额中未直接编列项目的,计算时应按设备基础、柱、梁、墙、板分别列项,执行本分部有关定额子目。楼层上的设备基础按有梁板定额项目计算。

【例题十二】 某基础平面图和断面图如图 4-33 所示,计算混凝土基础(C20)的工程量。

【解】 (1) 带形基础。

$V = 0.7 \times 0.2 \times [(4-0.8-1.05) \times 4 + (6-2 \times 0.88) \times 2 + (6-2 \times 1.13)] \ m^3 = 2.92 \ m^3$

(2) 独立基础。

J—1: $4 \times \{1.6 \times 1.6 \times 0.32 + 0.28 \div 6 \times [0.4 \times 0.5 + 1.6 \times 1.6 + (1.6+0.4) \times (1.6+0.5)]\} \ m^3 = 4.576 \ m^3$

J—2: $2 \times \{2.1 \times 2.1 \times 0.32 + 0.28 \div 6 \times [0.4 \times 0.5 + 2.1 \times 2.1 + (2.1+0.4) \times (2.1+0.5)]\} \ m^3 = 3.859 \ m^3$

小计: $(4.576+3.859) \ m^3 = 8.44 \ m^3$

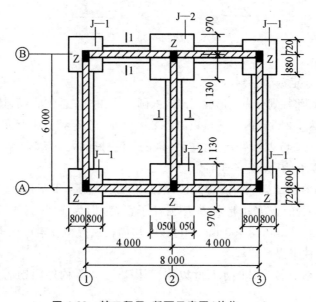

图 4-33 某工程平、断面示意图(单位:mm)

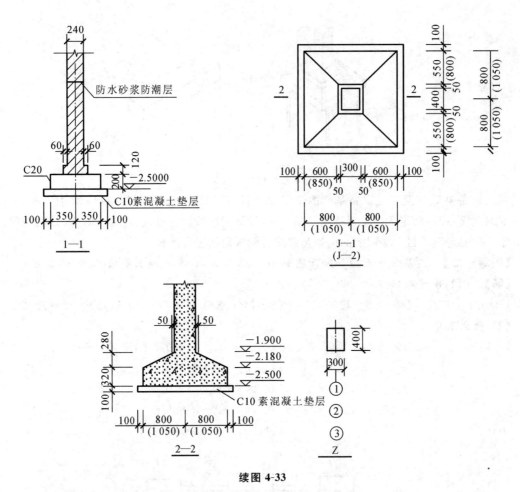

续图 4-33

2. 现浇混凝土柱

(1) 现浇混凝土柱定额项目划分。

现浇混凝土柱定额将柱划分为矩形柱、异形柱、圆形柱和构造柱四大类,其中,矩形柱定额根据柱断面周长不同划分为 1.2 m 以内、1.8 m 以内、1.8 m 以外三个定额子目;圆形柱定额根据柱直径不同划分为 0.5 m 以内、0.5 m 以外两个定额子目;异形柱不分断面大小,综合为一个定额子目;构造柱不分断面形式及大小综合为一个定额子目。

异形柱是指柱面有凸凹或竖向线脚的柱,截面为工形、十形、T 形或正五边形至正七边形的柱。截面为七边形以上的正多边形柱执行圆柱子目,截面为 L 形或变截面的矩形柱(如底 600 mm×600 mm,顶 400 mm×400 mm),可按平均周长执行相应矩形柱子目。

(2) 现浇混凝土柱工程量计算。

现浇混凝土柱工程量按设计图示尺寸以体积计算,不扣除构件内钢筋、预埋铁件所占的体积。公式如下:

$$柱工程量 = 柱高 \times 设计柱断面面积 + 牛腿所占体积 \qquad (4-40)$$

式中,① 柱高按以下规定计算:有梁板柱高,从柱基(或楼板)上表面算至上层楼板上表面;无梁板柱高,从柱基(或楼板)上表面算至柱帽下表面;框架柱高,从柱基上表面算至柱顶高度;构造柱按全高计算,嵌接墙体部分并入柱身计算;依附柱上的牛腿和升板的柱帽,并入柱身体积计算。② 设计柱断面面积按以下规定计算:矩形柱、圆形柱,均以设计图示断面尺寸计算断面面积;构造柱按设计图示尺寸(包括与砖墙咬接的马牙槎在内)计算断面面积。

3. 现浇混凝土梁

(1) 现浇混凝土梁定额项目划分。

现浇混凝土梁定额将梁划分为基础梁、单梁和连续梁、迭合梁、桁架、异形梁、圈梁(过梁)六大类,每一类均综合为一个定额子目。

① 基础梁是指直接以独立基础或柱为支点的梁。一般多用于不设条形基础时墙体的承托梁。注意:带形基础上的基础梁,不能套基础梁定额,应并入基础,执行有梁式带形基础子目。

② 单梁、连续梁是指梁上没有现浇板的矩形梁。

③ 异形梁是指梁截面为 T 形、十形、工形,梁上没有现浇板的梁。

④ 圈梁是指以墙体为底模板浇筑的梁。

⑤ 过梁是指在墙体砌筑过程中,门窗洞口上同步浇筑的梁。

⑥ 迭合梁是指在预制梁上部预留一定高度的钢筋,待楼板安装就位后加绑钢筋,再浇灌混凝土的梁。

注意:变截面梁按异形梁子目执行,如图 4-34 所示。

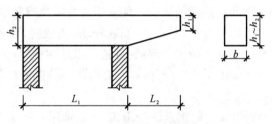

图 4-34 带挑梁的单梁示意图

变截面梁梁长为变截面部分的长度。与变截面部分连接的梁,应根据其结构特征另列项目计算,套用相应的单梁、连续梁、圈(过)梁综合单价。若相连的为 T 形梁、十形梁时,则工程量合并计算,执行异形梁综合单价。

(2) 现浇混凝土梁工程量计算。

按设计图示尺寸以体积计算,不扣除构件内钢筋、预埋铁件所占体积。深入墙内的梁头、梁垫并入梁体积内。梁长计算的相关规定如下。

① 梁与柱连接时,梁长算至柱侧面。

② 主梁与次梁连接时,次梁长算至主梁侧面。

③ 圈梁与过梁连接时,过梁应并入圈梁计算。

4. 现浇混凝土板

(1) 现浇混凝土板定额项目划分。

现浇混凝土板定额将板分为有梁板、无梁板、平板、筒壳、双曲薄壳、栏板、天沟、挑檐板、雨篷、阳台板和预制板间补板缝八大类。其中,有梁板、平板及现浇板缝定额又根据板厚不同划分为100 mm以内和100 mm以外两个定额子目。

(2) 现浇混凝土板工程量计算。

按设计图示尺寸以体积计算,不扣除构件内钢筋、预埋铁件及单个面积0.3 m^2以内的孔洞所占的体积,各类板伸入墙内的板头并入板体积内计算,各种板具体规定如下。

① 有梁板是指梁(包括主梁、次梁)与板整浇构成一体,并至少有三边是以承重梁支撑的板。有梁板(包括主梁、次梁与板)工程量按梁、板体积之和计算,即

$$\text{有梁板工程量} = \text{板体积} + \text{梁体积} \tag{4-41}$$

注意:圈梁、过梁与板整浇时,不能按有梁板计算;板只有两边或一边受承重梁支撑时,梁、板分别列项计算,执行相应的定额子目。

② 无梁板是指不带梁而直接用柱头支撑的板。无梁板工程量按板和柱帽体积之和计算,即

$$\text{无梁板工程量} = \text{板体积} + \text{柱帽体积} \tag{4-42}$$

③ 平板是指无柱、梁直接由墙承重的板。现浇板在房间开间上设置梁,且现浇板两边或三边由墙承重者,应视为平板,其工程量应分别按梁、板计算,由剪力墙支撑的板按平板计算。平板与圈梁相接时,板算至圈梁的侧面。

④ 薄壳板的肋、基梁并入薄壳体积内计算。

⑤ 现浇挑檐、天沟板、雨篷、阳台板(包括遮阳板、空调机板)按设计图示尺寸以墙外部分体积计算,包括伸出墙外的牛腿和反挑檐的体积。伸入墙内的梁执行相应子目。

现浇挑檐、天沟板、雨篷、阳台与板(包括屋面板、楼板)连接时,以外墙外边线为分界线;与圈梁(包括其他梁)连接时,以梁外边线为分界线,外边线以外为挑檐、天沟、雨篷或阳台。

⑥ 栏板按设计图示尺寸以体积计算,包括伸入墙内部分。楼梯栏板的长度,按设计图示长度计算。

注意:① 框架梁、单梁突出墙面的钢筋混凝土挑口(装饰用),突出宽度在12 cm以内的,挑出部分与梁合并,仍执行梁子目,宽度在12 cm以上的,突出墙外部分执行挑檐子目;② 挑出墙面(外墙皮)长度1.5 m以上的现浇带梁大雨篷执行有梁板子目,柱头支撑的无梁大雨篷执行无梁板子目,压入墙的端梁另列项目计算,执行圈梁或过梁子目,挑出墙面(外墙皮)长度1.5 m以上的现浇有梁板阳台,执行有梁板子目,有柱者不论挑出多少,均执行有梁板子目;③ 大坡现浇屋面有梁的板,执行有梁板子目,无梁的板执行平板子目。

5. 现浇混凝土墙

(1) 现浇混凝土墙定额项目划分。

现浇混凝土墙定额将墙划分为挡土墙和一般混凝土墙,其中,挡土墙根据材料不同又分为毛石混凝土挡土墙和混凝土挡土墙,一般混凝土墙按墙厚不同分为100 mm以内、200 mm以内、300 mm以内、300 mm以上四个定额子目。

(2) 现浇混凝土墙工程量计算。

按设计图示尺寸以体积计算,不扣除构件内钢筋、预埋铁件所占体积,扣除门窗洞口及单个面积0.3 m^2以上的孔洞所占体积,墙垛及突出墙面部分并入墙体体积内计算,墙身与框架柱连接时,墙长算至框架柱的侧面。

$$\text{现浇混凝土墙工程量}=\text{墙长}\times\text{墙高}\times\text{墙厚}-\text{大于}0.3\ m^2\text{孔洞体积} \qquad (4\text{-}43)$$

注意：① 混凝土地下室墙不执行挡土墙子目，依据不同的厚度执行混凝土墙子目；② 短肢剪力墙执行墙的相应子目，人工乘以系数 1.025，其他不变。

6. 现浇混凝土楼梯

现浇混凝土楼梯应分层按其水平投影面积计算工程量，不扣除宽度小于 50 cm 的梯井面积，伸入墙内部分不另增加。

整体楼梯（包括直形楼梯、弧形、螺旋楼梯）水平投影面积包括休息平台、平台梁、斜梁、楼梯板、踏步或楼梯与楼板连接的梁。当整体楼梯与现浇楼板无梯梁连接时，以楼梯的最后一个踏步边缘加 30 cm 为界。

注意：现浇混凝土楼梯设计图示计算的混凝土用量和定额子目含量不符时，按设计用量调整，人工、机械可按比例调整。

$$\text{混凝土调整量}=\text{混凝土图示用量}\times(1+1.5\%)-\text{混凝土定额用量} \qquad (4\text{-}44)$$

其中
$$\text{混凝土定额用量}=\text{混凝土定额含量}\times\text{工程量} \qquad (4\text{-}45)$$

7. 其他现浇混凝土构件

(1) 门框、压顶、后浇带按设计图示尺寸以体积计算。

(2) 栏杆、扶手按设计图示尺寸以长度计算，伸入墙内的长度已综合在定额内。

(3) 池、槽（指洗手池、污水池、盥洗槽等）按设计图示尺寸以体积计算。

(4) 暖气、电缆沟按设计图示尺寸以体积计算。暖气、电缆沟子目适用于槽形、梯形的暖气沟、电缆沟、排水沟和净空断面面积在 $0.2\ m^2$ 以内的无筋混凝土地沟。底板和沟壁的工程量应合并计算，现浇沟盖板按现浇平板计算。

(5) 地沟按设计图示尺寸以体积计算。地沟子目适用于方形（封闭式）、槽形（开口式）、梯形（变截面式）钢筋混凝土及混凝土无肋地沟。沟底、沟壁、沟顶的工程量应分开计算，沟壁与底板的分界，以底板上表面为界；沟壁与顶的分界，以顶板的下表面为界；上薄下厚的壁按平均厚度计算；阶梯形的壁，按加权平均厚度计算；八字角部分的数量并入沟壁工程量内计算。现浇肋形顶板或预制顶板，分别按现浇有梁板及预制沟盖板计算。

(6) 台阶按设计图示尺寸以水平投影面积计算，如台阶与平台连接时，其分界线应以最上层踏步外沿加 300 mm 计算。台阶子目中不包括垫层和面层。

(7) 零星构件按设计图示尺寸以体积计算。

8. 后浇带

后浇带工程量的计算按设计图示尺寸以体积计算。后浇带综合单价定额中，根据构件等不同，划分为有梁板、满堂基础、墙等四个定额子目。若设计混凝土与定额不同时，可换算。

【例题十三】 某建筑的全现浇框架主体结构工程如图 4-35 所示，图中轴线为柱中，板厚 100 mm，现浇混凝土均为 C30 商品混凝土，出厂价（不含运输及泵送费用）为 350 元/m^3，运距 10 km。计算柱、有梁板的混凝土工程量和柱、有梁板混凝土实体项目综合费。

【解】 (1) 现浇柱。

工程量 $V_1=6\times0.4\times0.4\times(8.5+1.85-0.4-0.35)\ m^3=9.22\ m^3$

采用《河南省建设工程工程量清单综合单价（A 建筑工程 2008）》A(4-15)子目，并换算 C30

商品混凝土价格后的综合单价如下

$$(4-15)换=[3\ 146.71+(350-170.97)\times10.15]元/10\ m^3=4\ 963.86\ 元/10\ m^3$$

$$综合费1=(9.22\div10\times4\ 963.86)元=4\ 576.68\ 元$$

(2) 现浇有梁板。

板的体积：　　　$(6+0.4)\times(9+0.4)\times0.1\ m^3=6.016\ m^3$

柱头体积：　　　$0.4\times0.4\times0.1\times6\ m^3=0.096\ m^3$

板下梁体积：

KL-1：　　　$3\times0.3\times(0.4-0.1)\times(6-2\times0.2)\ m^3=1.512\ m^3$

KL-2：　　　$4\times0.3\times(0.4-0.1)\times(4.5-2\times0.2)\ m^3=1.476\ m^3$

KL-3：　　　$2\times0.25\times(0.3-0.1)\times(4.5-0.1-0.15)\ m^3=0.425\ m^3$

有梁板工程量 $V_2=(6.016-0.096+1.512+1.476+0.425)\times2\ m^3=18.67\ m^3$

采用《河南省建设工程工程量清单综合单价(A 建筑工程 2008)》A(4-33)子目，并换算 C30 商品混凝土价格后的综合单价如下

$$(4-33)换=[2\ 641.17+(350-178.25)\times10.15]元/10\ m^3=4\ 384.43\ 元/10\ m^3$$

$$综合费2=(18.67\div10\times4\ 384.43)元=8\ 185.73\ 元$$

(3) 商品混凝土运输费。

$$工程量=(9.22+18.67)\times1.015\ m^3=28.31\ m^3$$

采用《河南省建设工程工程量清单综合单价(A 建筑工程 2008)》A(4-195)+7×A(4-196)子目。

$$综合费3=28.31\div10\times(197.12+7\times32.31)元=1\ 198.33\ 元$$

(4) 实体项目综合费。

实体项目综合费=综合费1+综合费2+综合费3=(4 576.68+8 185.73+1 198.33)元
=13 960.74 元

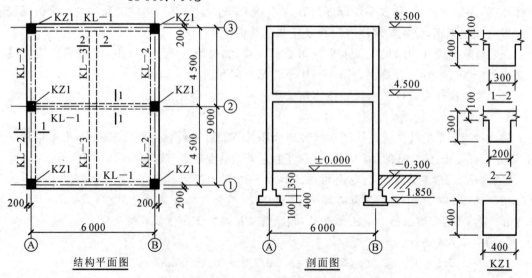

图 4-35　某建筑主体结构平、剖面示意图(单位：mm)

【例题十四】 某四层住宅楼梯平面如图 4-36 所示,平台梁宽 200 mm,计算整体楼梯的混凝土工程量、综合费及人工费、材料费、机械费、管理费、利润。

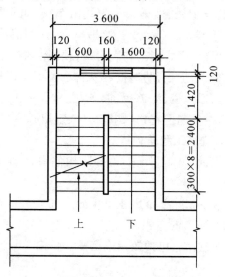

图 4-36 某住宅楼梯平面示意图(单位:mm)

【解】 (1)整体楼梯的混凝土工程量(水平投影面积)。

$$(3.60-0.24)\times(1.42+2.40+0.20)\times 3 \text{ m}^2 = 40.52 \text{ m}^2$$

(2)采用《河南省建设工程工程量清单综合单价(A 建筑工程 2008)》A(4-47)子目。

综合费 =(40.52÷10×785.45)元 = 3 182.64 元

其中

人工费 =(40.52÷10×201.24)元 = 815.42 元

材料费 =(40.52÷10×438.14)元 = 1 775.34 元

机械费 =(40.52÷10×5.67)元 = 22.97 元

管理费 =(40.52÷10×93.60)元 = 379.27 元

利润 =(40.52÷10×46.80)元 = 189.63 元

4.6.3 预制混凝土工程工程量计算及定额应用

预制混凝土构件按其制作地点不同分为现场预制构件和外购商品构件,施工企业所属独立核算的加工厂生产的构件视为外购商品构件。

现场预制构件子目均包括混凝土构件浇捣混凝土、构件安装和灌缝,且现场预制构件一般为就位预制,如小型构件或遇特殊情况下不能就位预制且构件就位距离超过机械起吊中心回转半径 15 m 的,可以执行本分部的构件就位运输子目。

外购商品构件安装子目包括外购商品构件至现场、构件加固、吊装、固定、安装及灌缝等工作内容。当外购预制构件合同所约定的价格与定额子目中该构件定额取定价不同时,可进行价差调整。

1. 预制混凝土构件定额项目划分

定额中的预制混凝土构件包括预制混凝土柱、预制混凝土梁、预制混凝土屋架、预制混凝土板(外购板)和其他预制构件五大类。其中,预制混凝土柱定额根据截面形式不同划分为矩形柱和异形柱,矩形柱又分为实心柱、空心柱和围墙柱,异形柱又分为双肢柱、工形柱和空格柱;预制混凝土梁定额划分为矩形梁、异形梁、过梁和鱼腹式吊车梁,矩形梁又分为单梁、基础梁、托架梁,异形梁又分为T形梁、十形梁、工形梁和T形吊车梁;预制混凝土屋架定额分为拱形屋架、锯齿形屋架、组合屋架、薄腹屋架、门式刚架和天窗架;预制混凝土板定额按外购商品板考虑,又分为平板、架空隔热板、空心板、槽形板、肋形板、挑檐板、大型屋面板、墙板和V形板;其他预制构件定额划分为烟道、垃圾道、通风道、沟盖板、檩条、支撑天窗上下挡、门窗框、支架、阳台分户隔板、槽形栏板、空花或刀片栏杆、漏空花格、零星构件、宝瓶式栏杆及水磨石构件等。

2. 预制混凝土构件制作、安装工程量计算

预制构件均按设计图示尺寸以体积计算,不扣除构件内钢筋、预埋铁件所占体积。相关规定如下。

(1)预制板、烟道、通风道不扣除单个尺寸300 mm×300 mm以内的孔洞所占的体积,应扣除空心板、烟道、通风道的孔洞所占的体积。

(2)预制构件的施工损耗量已经包括在相应定额子目内,不得另行计算。定额子目内的损耗是按表4-15考虑的。

表4-15 预制钢筋混凝土构件施工损耗率表

构件名称	天窗架、端壁、支撑、檩条、小型构件、过梁	平板、空心板、槽板、大型屋面板、挑檐板、墙板等
损耗率/(%)	1.5	1

(3)预制水磨石窗台板及隔断已包括磨光打蜡,其安装铁件应按设计图纸计算,另套用铁件价格。

(4)预制钢筋混凝土漏花窗以体积计算,该体积可按墙面设计洞口外围尺寸的面积乘以平均厚度38 mm计算。

(5)预制支架按设计图示尺寸以实际体积计算,包括支架各组成部分,如框架形及A形支架,应将柱、梁的体积合并计算,支架带操作平台板的亦合并计算。支架基础另执行本分部的现浇基础子目。

(6)宝瓶式栏杆安装按设计图示尺寸以长度计算。栏杆上部的混凝土扶手另执行相应子目。

(7)井圈、井盖按设计图示尺寸以实际体积计算,执行零星构件子目。

3. 预制构件就位运输

本分部构件安装是按机械起吊中心回转半径15 m以内的距离计算的,如构件就位距离超过15 m时,可另列项计算构件就位运输项目。

预制构件就位运输按施工组织设计要求计算就位运输的构件制作工程量。

4. 预制构件定额的应用

(1)预制构件分为现场预制和外购构件,施工企业所属独立核算的加工厂生产的构件视为外购构件。

(2) 预制构件就位运输中构件安装是按机械起吊中心回转半径 15 m 以内的距离计算的,如构件就位距离超过 15 m 时,可执行构件就位运输子目。

(3) 构件安装及接头灌缝,在预制构件子目内单列,可以相对独立使用。

① 构件安装是按单机作业制定的,实际采用双机抬吊时,按相应子目中的安装人工及机械费乘以系数 1.2(包括影响涉及的构件)。吊装檐高 20 m 以上屋面构件时,单机作业按相应定额中安装人工、机械费乘以系数 1.3,双机抬吊时安装人工、机械费乘以系数 1.5(使用塔吊者不乘系数)。

② 安装机械是综合取定的,除本分部有特殊注明外,无论机械种类、台班数量、台班价格均不得换算。

③ 构件若需跨外安装时,安装部分的人工、机械费乘以系数 1.16。

④ 预制空心板的堵头费用已包括在相应子目内,不另计算。

⑤ 因抗震设计要求,空心板端头留有 80 mm 宽现浇混凝土增加的费用,按空心板子目中的接头灌缝部分乘以系数 1.2 计算,不得再执行其他子目。

⑥ 基础梁、单梁、板和零星构件安装需焊接时,每 10 m³ 构件按表 4-16 中人工、材料、机械数量增加费用。

表 4-16 构件安装焊接增加的人工、材料、机械数量表

构 件 名 称	焊工/工日	增加人工、材料、机械数量		
		焊条/kg	垫铁/kg	交流焊机 32 kV/台班
基础梁	0.91	3.81	—	0.47
单梁	2.78	3.95	19.22	1.44
空心板、平板等	2.38	11.29	13.11	1.16
V 形板	2.49	11.29	13.11	1.29
零星构件	2.89	15.31	26.43	1.50

【例题十五】 某工业厂房设有钢筋混凝土现场预制牛腿柱 20 根,混凝土为 C30(碎石最大粒径 20 mm,42.5 级水泥)现场搅拌预制混凝土,柱子尺寸如图 4-37 所示,现场就位距离 30 m,试计算该牛腿柱混凝土实体项目的综合费。

【解】 (1) 牛腿柱制作安装。

$$\begin{aligned}
工程量 V &= [0.4 \times 0.4 \times 3.3 + 0.65 \times 0.4 \times (6.3 + 0.55) \\
&\quad + (0.25 + 0.25 + 0.30) \times 0.15 \div 2 \times 0.4] \times 20 \text{ m}^3 \\
&= (0.528 + 1.781 + 0.024) \times 20 \text{ m}^3 \\
&= 2.333 \times 20 \text{ m}^3 \\
&= 46.66 \text{ m}^3
\end{aligned}$$

采用《河南省建设工程工程量清单综合单价(A 建筑工程 2008)》A(4-68)子目。

(4-68)换 = [3 911.62 + (191.19 − 174.21) × 10.15]元/10 m³ = 4 083.97 元/10 m³

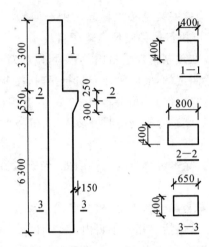

图 4-37 某工业厂房牛腿柱示意图

$$综合费1=(46.66\div10\times4\,083.97)元=19\,055.80\,元$$

(2) 牛腿柱场内运输。

$$工程量=制作工程量=46.66\ m^3$$

采用《河南省建设工程工程量清单综合单价(A建筑工程2008)》A(4-107)子目。

$$综合费2=(46.66\div10\times478.96)元=2\,234.83\,元$$

(3) 现场搅拌混凝土加工费。

$$工程量=46.66\times1.015\ m^3=47.36\ m^3$$

采用《河南省建设工程工程量清单综合单价(A建筑工程2008)》A(4-197)子目。

$$综合费3=(47.36\div10\times450.08)元=2\,131.58\,元$$

(4) 20根牛腿柱的混凝土实体项目综合费合计。

$$综合费=综合费1+综合费2+综合费3=(19\,055.80+2\,234.83+2\,131.58)元$$
$$=23\,422.21\,元$$

4.6.4 现场搅拌混凝土加工费

现场搅拌混凝土加工费按现场搅拌混凝土部位的相应子目中规定的混凝土消耗量体积计算。

4.6.5 商品混凝土运输

商品混凝土运输工程量按要求采用商品混凝土部位的相应子目中规定的混凝土消耗量体积计算。

4.6.6 钢筋工程工程量计算及定额应用

本分部除外购商品构件外,混凝土构件子目中均未含钢筋部分,在编预算时应将钢筋和铁件的制作与安装另列项目计算。

1. 钢筋工程定额项目划分

本分部定额将钢筋工程划分为现浇构件钢筋、预制构件钢筋、钢筋网片、钢筋笼、预应力钢筋、预应力钢丝、预应力钢绞线及钢丝束和钢筋接头。其中,现浇构件钢筋和预制构件钢筋又根据不同的钢筋种类及级别,相应划分有不同的定额子目。根据此划分,钢筋工程在计算工程量时,应区别现浇、预制构件不同钢种和规格,分别列项计算,以便正确套用定额。

2. 钢筋、螺栓、铁件制作安装工程量计算规则

(1) 一般钢筋工程量按设计图示钢筋(网)长度(面积)乘以单位理论质量计算,根据设计要求,钢筋定尺长度必须计算的搭接用量应合并计算在内。编制标底或预算时,设计未明确要求钢筋采用机械接头(含其他接头)或对焊时,钢筋的搭接可按以下规定计算。

① 柱子主筋和剪力墙竖向钢筋按建筑物层数计算搭接。

② 梁、板非盘圆钢筋按每 8 m 计算一次搭接。

(2) 预应力钢筋(钢丝束、钢绞线)工程量按设计图示钢筋(钢丝束、钢绞线)长度乘以单位理论质量计算。

① 低合金钢筋两端均采用螺杆锚具时,钢筋长度按孔道长度减去 0.35 m 计算,螺杆另行计算。

② 低合金钢筋一端采用墩头插片,另一端采用螺杆锚具时,钢筋长度按孔道尺寸长度计算,螺杆另行计算。

③ 低合金钢筋一端采用墩头插片,另一端采用帮条锚具时,钢筋长度按孔道长度增加 0.15 m 计算;两端均采用帮条锚具时,钢筋长度按孔道长度增加 0.3 m 计算。

④ 低合金钢筋一端采用后张混凝土时,钢筋长度按孔道长度增加 0.35 m 计算。

⑤ 低合金钢筋(钢绞线)采用 JM、XM、QM 型锚具、孔道长度在 20 m 以内时,钢筋(钢绞线)长度按孔道长度增加 1 m 计算;孔道长度在 20 m 以上时,钢筋(钢绞线)长度按孔道长度增加 1.8 m 计算。

⑥ 碳素钢丝采用锥形锚具、孔道长度在 20 m 以内时,钢丝束长度按孔道长度增加 1 m 计算;孔道长度在 20 m 以上时,钢丝束长度按孔道长度增加 1.8 m 计算。

⑦ 碳素钢丝采用墩头锚具时,钢丝束长度按孔道长度增加 0.35 m 计算。

(3) 钢筋电渣压力焊接接头、锥螺纹接头、电弧焊接接头等均按设计要求需要配制的数量计算。计算方法如下。

① 设计要求柱子主筋、剪力墙竖向钢筋采用机械接头时,可按建筑物层数计算接头数量。

② 设计要求梁、板水平钢筋采用机械接头的,非盘圆钢筋按每 8 m 计算 1 个接头。

③ 凡计算钢筋接头的,均不再计算钢筋搭接长度。

(4) 焊接封闭箍筋按设计要求需要配制的数量计算。

3. 钢筋设计图示用量的计算

建筑工程中,钢筋用量大、价值高,在工程造价中占比重较大,所以要按设计图纸计算钢筋的图示用量,以准确计算钢筋的价值。

1) 钢筋的图示用量

钢筋图示用量系指根据设计图纸、施工验收规范以及定额规定的计算方法计算出的不包含损耗的用量,单位用 t。

如果设计采用标准图,可按标准图所列的钢筋混凝土构件钢筋用量表,分别汇总其钢筋用量。对于设计图标注的钢筋混凝土构件,应按图示尺寸,区别钢筋的级别和规格分别计算,并汇总其钢筋用量。钢筋用量计算可按下式表示

$$钢筋图示质量 = \sum 单根钢筋长度(L) \times 根数(或箍数) \times 每米理论质量 \quad (4-46)$$

式中,钢筋长度按施工图纸计算,每米质量可查表 4-17。

钢筋每米质量计算公式

$$m = 0.006165 d^2 \quad (4-47)$$

式中：d——钢筋直径(mm)；

m——钢筋每料质量(kg/m)。

表 4-17 钢筋理论质量表

钢筋直径/mm	理论质量/(kg/m)	钢筋直径/mm	理论质量/(kg/m)	钢筋直径/mm	理论质量/(kg/m)
3	0.055	12	0.888	25	3.85
4	0.099	14	1.208	28	4.83
5	0.154	16	1.578	30	5.55
6.5	0.260	18	1.998	32	6.31
8	0.395	20	2.466	36	7.99
10	0.617	22	2.984	40	9.87

2) 单根钢筋长度

钢筋的预算长度是指图纸标注的外皮长度($L_1 + L_2$),如图 4-38 所示,而非工地实际下料的中心线长度。

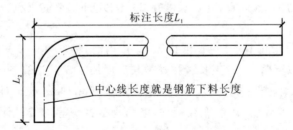

图 4-38 钢筋预算长度和下料长度示意图

(1) 单根纵向钢筋长度计算公式。

$$纵向钢筋长度 = 构件长 - 2 \times 保护层厚度 + 2 \times 弯钩增加长度 + 2 \times 弯起增加值(\Delta L) + 搭接、锚固值 \quad (4-48)$$

① 混凝土保护层厚度。

根据我国对混凝土结构耐久性分析,并参考《混凝土结构计耐久性设计规范》(GB/T 50476—2008)从混凝土的碳化、脱钝和钢筋锈蚀的耐久性角度考虑,不再以纵向受力筋的外缘,而以最外层钢筋(包括箍筋、构造筋、分布筋)的外缘计算混凝土保护层厚度,如表 4-18、表 4-19 所示。11G101-1 平法图集规定保护层厚度以最外层钢筋外边缘至混凝土表面的距离。保护层厚度是以混凝土标号大于 C25 为基准编制的,当标号不大于 C25 时,厚度增加 5 mm(见 11G101-1 平法图集54页)。

表 4-18 混凝土保护层的最小厚度　　　　　　　　　　　　单位:mm

环境类别	板、墙	梁、柱
一	15	20
二 a	20	25
二 b	25	35
三 a	30	40
三 b	40	50

注:① 表中混凝土保护层厚度指最外层钢筋外边缘至混凝土表面的距离,适用于设计使用年限为 50 年的混凝土结构。
② 构件中受力钢筋的保护层厚度不应小于钢筋的公称直径。
③ 设计使用年限为 100 年的混凝土结构,一类环境中,最外层钢筋的保护层厚度不应小于表中数值的 1.4 倍;二、三类环境中,应采取专门的有效措施。
④ 混凝土强度等级不大于 C25 时,表中保护层厚度数值应增加 5 mm。
⑤ 基础底面钢筋的保护层厚度,有混凝土垫层时应从垫层顶面算起,且不应小于 40 mm。

表 4-19 混凝土结构的环境类别

环境类别	条　件
一	室内干燥环境; 无侵蚀性静水浸没环境
二 a	室内潮湿环境; 非严寒和非寒冷地区的露天环境; 非严寒和非寒冷地区与无侵蚀性的水或土壤直接接触的环境; 严寒和寒冷地区的冰冻线以下与无侵蚀性的水或土壤直接接触的环境
二 b	干湿交替环境; 水位频繁变动环境; 严寒和寒冷地区的露天环境; 严寒和寒冷地区冰冻线以上与无侵蚀性的水或土壤直接接触的环境
三 a	严寒和寒冷地区冬季水位变动区环境; 受除冰盐影响环境; 海风环境
三 b	盐渍土环境; 受除冰盐作用环境; 海岸环境
四	海水环境
五	受人为或自然的侵蚀性物质影响的环境

注:① 室内潮湿环境是指构件表面经常处于结露或湿润状态的环境。
② 严寒和寒冷地区的划分应符合现行国家标准《民用建筑热工设计规范》(GB 50176—1993)的有关规定。
③ 海岸环境和海风环境宜根据当地情况,考虑主导风向及结构所处迎风、背风部分等因素的影响,由调查研究和工程经验确定。
④ 受除冰盐影响环境是指受到除冰盐盐雾影响的环境;受除冰盐作用环境是指除冰盐溶液溅射的环境以及使用除冰盐地区的洗车房、停车楼等建筑。
⑤ 暴露的环境是指混凝土结构表面所处的环境。

② 弯钩增加长度。

钢筋弯钩增加长度是指为增加钢筋和混凝土的握裹力,在钢筋端部作弯钩时,弯钩相对于钢筋平直部分外包尺寸增加的长度。Ⅰ级钢筋端部弯钩弯曲的角度常有 90°、135°和 180°三种,弯钩的弯后平直部分的长度,不小于钢筋直径 d 的 3 倍,圆弧弯曲直径 D 不小于钢筋直径 d 的 2.5 倍(弯钩示意如图 4-39);Ⅱ、Ⅲ级钢筋圆弧弯曲直径 D 不小于钢筋直径 d 的 4 倍,弯钩的弯后平直部分的长度应符合设计要求(弯钩示意如图 4-40,见 11G101-1 平法图集 55 页)。

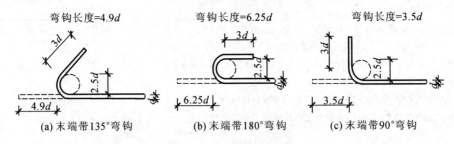

图 4-39　Ⅰ级钢筋弯钩示意图

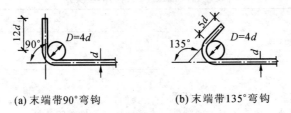

图 4-40　Ⅱ、Ⅲ级钢筋弯钩示意图

③ 弯起增加长度(ΔL)。

弯起钢筋的弯起角度,一般有 30°、45°、60°三种,其弯起增加值是指斜长与水平投影长度之间的差值,见表 4-20。

表 4-20　钢筋弯起增加值

形　状		30°	45°	60°
计算方法	斜边长 S	$2h$	$1.414h$	$1.155h$
	增加长度 $S-L=\Delta L$	$0.268h$	$0.414h$	$0.577h$

④ 钢筋的绑扎搭接长度。

为便于钢筋的运输、堆放、保管和施工操作,除盘圆筋外,其他钢筋都是按定尺寸长度生产出厂的,而钢筋的定尺寸长度与构件所需的长度可能不一致,当构件所需钢筋长度超过钢筋的

定尺寸长度时,就需要接头。钢筋的接头计算,按前述计算规则执行。搭接长度按公式(4-49)计算

$$搭接长度 = 搭接头个数 \times 钢筋的一个搭接长度 \qquad (4\text{-}49)$$

柱、墙等竖向构件纵向钢筋的接头按楼层或自然层计取,一般是一层一个接头,但也有特例,如有的楼层高度大于 8 m 或者更高,有的则小于 2 m,那么不能机械地按自然层数计算钢筋接头或钢筋搭接长度;如果是超高楼层,则可能需要分批连接,增加接头。如果是超低楼层,则不计算接头,直接与上层或下层贯通连接;还有一种情况是有错层和夹层,错层仍按自然层计算竖向纵筋接头,夹层视情况而定,一般多计取一层接头,非夹层位置仍按自然层计算接头。梁、板等水平构件纵向钢筋的接头按钢筋图示尺寸和规定的定尺长度计算,钢筋定尺长度一般有 6 m、8 m、9 m、10 m、12 m 等标准。

钢筋非绑扎搭接头个数计算公式

$$接头数量\ N = 钢筋长度/定尺长度 - 1(向上取整) \qquad (4\text{-}50)$$

钢筋绑扎搭接头个数计算公式

$$接头个数\ N = (钢筋图示尺寸 - 搭接长度\ l_{lE})/(定尺长度 - 搭接长度\ l_{lE}) - 1(向上取整)$$
$$(4\text{-}51)$$

式中:钢筋图示尺寸=净长+锚固+弯钩(Ⅰ级钢筋)。

钢筋的一个搭接长度 l_{lE} 如表 4-21 所示(见 11G101-1 平法图集 55 页)。

表 4-21 纵向受力钢筋绑扎搭接长度

纵向受拉钢筋绑扎搭接长度 l_l、l_{lE}			注:
抗震	非抗震		1. 当直径不同的钢筋搭接时,l_l、l_{lE} 按直径较小的钢筋计算;
$l_{lE} = \zeta_1 l_{aE}$	$l_l = \zeta_1 l_a$		2. 任何情况下不应小于 300 mm;
纵向受拉钢筋搭接长度修正系数 ζ_1			3. 表中 ζ_1 为纵向受拉钢筋搭接长度修正系数,当纵向钢筋搭接接头百分率为表的中间值时,可按内插取值
纵向钢筋搭接接头面积百分率(%)	≤25	50	100
ζ_1	1.2	1.4	1.6

注:设计明确要求钢筋采用机械接头或对焊时,应按设计要求需要配置的数量套用相应定额子目,不再计算钢筋搭接长度。

⑤ 钢筋的锚固长度。

钢筋与混凝土之间能够可靠地结合,实现共同工作的材料特点,主要是因为它们之间存在粘结力。很显然,钢筋深入混凝土的长度愈长,粘结效果越好。钢筋的锚固长度一般指各种构件相互交接处彼此的钢筋应互相锚固的长度。如图 4-41 所示,包括直线及弯折部分。受拉钢筋的基本锚固长度见表 4-22,受拉钢筋锚固长度、抗震锚固长度见表 4-23,受拉钢筋锚固修正系数见表 4-24(见 11G101-1 平法图集 53 页)。

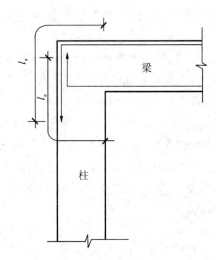

图 4-41 钢筋锚固示意图

表 4-22 受拉钢筋的基本锚固长度

钢筋种类	抗震等级	受拉钢筋基本锚固长度 l_{ab}、l_{abE}							
		混凝土强度等级							
		C20	C25	C30	C35	C40	C45	C50	C55	≥C60
HPB300	一、二级(l_{abE})	45d	39d	35d	32d	29d	28d	26d	25d	24d
	三级(l_{abE})	41d	36d	32d	29d	26d	25d	24d	23d	22d
	四级(l_{abE}) 非抗震(l_{ab})	39d	34d	30d	28d	25d	24d	23d	22d	21d
HRB335 HRBF335	一、二级(l_{abE})	44d	38d	33d	31d	29d	26d	25d	24d	24d
	三级(l_{abE})	40d	35d	31d	28d	26d	24d	23d	22d	22d
	四级(l_{abE}) 非抗震(l_{ab})	38d	33d	29d	27d	25d	23d	22d	21d	21d
HRB400 HRBF400 HRB400	一、二级(l_{abE})	—	46d	40d	37d	33d	32d	31d	30d	29d
	三级(l_{abE})	—	42d	37d	34d	30d	29d	28d	27d	26d
	四级(l_{abE}) 非抗震(l_{ab})	—	40d	35d	32d	29d	28d	27d	26d	25d
HRB500 HRBF500	一、二级(l_{abE})	—	55d	49d	45d	41d	39d	37d	36d	35d
	三级(l_{abE})	—	50d	45d	41d	38d	36d	34d	33d	32d
	四级(l_{abE}) 非抗震(l_{ab})	—	48d	43d	39d	36d	34d	32d	31d	30d

表 4-23 受拉钢筋锚固长度、抗震锚固长度

非抗震	抗震	注：
$l_a = l_{ab}$	$l_{aE} = \zeta_a l_a$	1. l_a 不应小于 200 mm； 2. 锚固长度修正系数 ζ_a 按表 4-24 取用，当多于一项时，可按连乘积算，但不应小于 0.6； 3. ζ_a 为抗震锚固长度修正系数，对一、二级抗震等级取 1.15，对三级抗震等级取 1.05，对四级抗震等级取 1.00

表 4-24 受拉钢筋锚固长度修正系数

受拉钢筋锚固长度修正系数 ζ_a			
锚固条件		ζ_a	
带肋钢筋的公称直径大于 25 mm		1.10	—
环氧树脂涂层带肋钢筋		1.25	
施工过程中易受扰动的钢筋		1.10	
锚固区保护层厚度	$3d$	0.80	注：中间时按内插值；d 为锚固钢筋直径
	$5d$	0.70	

说明：

① 表 4-22 可供人们直接查阅使用，对 99.99% 的钢筋都可以直接查阅，$l_a = l_{ab}$，$l_{aE} = l_{abE}$。

② 表 4-23 是表 4-22 的编制说明，表 4-22 中的一、二级抗震是用四级或者非抗震(两者完全一样)的数据乘以 1.15 得到，并不是说对表 4-22 的数据还要再乘以 1.15；表 4-22 中的三级抗震的锚固长度数据是用四级或者非抗震(两者完全一样)的数据乘以 1.05 得到，并不是说对表 4-22 的数据还要再乘以 1.05。表 4-23 是告知性说明，不是执行性说明。

③ 表 4-24 是表 4-22 的使用说明，说明表 4-22 数据遇到某些情况还需要调整。例如，碰到直径大于等于 28 mm 的钢筋，先查相应抗震等级和混凝土强度等级的 l_{ab} 或 l_{abE}，再乘以 1.1；环氧树脂涂膜钢筋，扩大 25%；如果施工时钢筋有可能被扰动，乘以 1.1。

(2) 单根箍筋长度计算公式。

单根箍筋的长度与箍筋的设置形式有关，箍筋常见的设置形式有双肢箍、四肢箍、螺旋箍等，如图 4-42 所示。

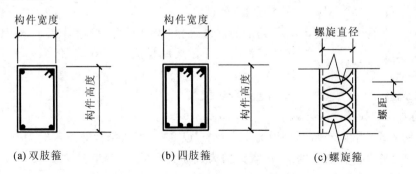

图 4-42 箍筋形式示意图

① 双肢箍长度计算公式如下

双肢箍长度＝构件断面周长－8×保护层厚度＋2×弯钩增加长度 (4-52)

或

$$双肢箍长度 = 构件断面周长 + 箍筋长度调整值(查表4-25) \tag{4-53}$$

注意：当设计为封闭焊接箍筋时，式(4-52)中"2×弯钩增加长度"应改为设计搭接焊的"搭接长度"。

表 4-25 箍筋长度调整表　　　　　　　　　　　　　　单位：mm

形状		直径 d						备注
		4	6	6.5	8	10	12	
		ΔL						
抗震结构		−88	−33	−20	22	78	133	$\Delta L = 200 - 27.8d$
一般结构		−129	−93.5	−84.6	−58	−22.5	−13	$\Delta L = 200 - 17.75d$
		−140	−110	−103	−80	−50	−20	$\Delta L = 200 - 15d$

注：保护层厚度按 25 mm 考虑。

② 四肢箍长度计算公式如下

四肢箍长度 = 一个双肢箍长度×2
= {[(构件宽度−2×保护层厚度)×2/3 + 构件高度−2×保护层厚度]×2
+ 2×弯钩增加长度}×2 　　　　(4-54)

③ 螺旋形箍筋如图 4-43 所示。长度计算公式如下

$$L = \frac{H}{h} \times \sqrt{h^2 + (D - 2b - d)^2 \times \pi^2} \tag{4-55}$$

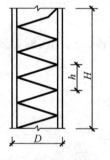

图 4-43 螺旋箍筋

式中：L——螺旋箍筋长度(mm)；
H——螺旋箍筋配置高度(mm)；
h——螺旋箍筋配置一个螺距的高度(mm)；
D——圆柱直径(mm)；
b——螺旋箍筋的混凝土保护层厚度。按设计规定，设计无规定时，按主筋混凝土保护层减箍筋直径计算，但当其小于15 mm时，取 15 mm；
d——箍筋直径(mm)。

④ 箍筋弯钩增加长度的计算。

箍筋弯钩形式：结构抗震时，一般为 135°/135°或 90°/135°；结构非抗震时为 90°/90°或 90°/180°。箍筋弯钩平直部分的长度：非抗震结构为箍筋直径的 5 倍；有抗震要求的结构为箍筋直径的 10 倍，且不小于 75 mm（如图 4-44 所示）。

根据以上图形中的结论，箍筋弯钩增加长度可按表 4-26 计算。

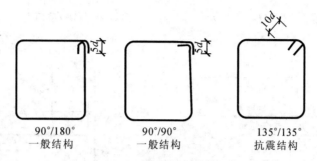

图 4-44 箍筋弯钩长度示意图

表 4-26 箍筋每个弯钩增加的长度   单位:mm

弯钩形式	不抗震	抗震
90°弯钩	5.5d	10.5d
135°弯钩	6.9d	11.9d
180°弯钩	8.25d	13.25d

注:由于一般结构均抗震,箍筋弯钩形式多为135°/135°,即为箍筋弯钩的一般默认形式,$11.9d=1.9d+\text{Max}(10d,75\text{ mm})$。

3) 钢筋根数的确定

(1) 纵向受力筋根数。查设计图纸上所标注的根数,如梁上部钢筋 6Φ25 4/2 表示上部钢筋上排为 4Φ25,下排为 2Φ25。

(2) 箍筋根数。箍筋根数(N)可按下式计算

$$N = L/C \pm 1 \text{(向上取整)} \tag{4-56}$$

式中:L——箍筋设置段长度(mm);

C——箍筋间距(mm)。

构件两端有箍筋时,取"+1";构件两端无箍筋时,取"-1";环形构件不加不减。

4) 钢筋图示用量计算时应注意的问题

钢筋图示用量计算时,应根据设计图纸进行。有些构造钢筋在设计图纸中省略未画出或只做文字说明,而这些钢筋是在施工时必不可少的,在编制预算时应注意。

(1) 板双层配置钢筋时的架立筋(又称铁马)。

(2) 板周边上层负筋的分布钢筋。

(3) 柱与砌体墙、构造柱与砌体墙、后砌隔墙与先砌墙等之间的拉结钢筋。

(4) 预制板缝内及板头缝内的设计增加钢筋。

(5) 其他设计或标准图集要求的构造钢筋。

(6) 采用标准图集的预制构件,其钢筋图示用量可直接查得。

4. 平法钢筋工程量的计算规定(以抗震楼层框架梁为例)

1) 梁平法制图中常见的钢筋形式(如图 4-45 所示)

2) 框架梁钢筋长度的计算(见 11G101-1 平法图集 79 页)

(1) 框架梁上部贯通纵筋长度计算。

$$\text{上部贯通纵筋长度} = (\text{通跨净长} + \text{两端支座锚固长度} + \text{搭接长度} \times \text{接头个数}) \times \text{根数} \tag{4-57}$$

① 当 h_c －保护层$\geqslant \mathrm{Max}(l_{aE}, 0.5h_c+5d)$ 时,上部纵筋直锚在支座里(如图 4-46 所示),端支座锚入支座内长度取 $\mathrm{Max}(l_{aE}, 0.5h_c+5d)$。

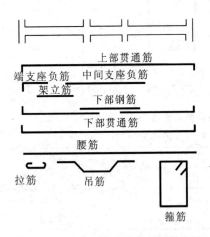

图 4-45 梁平法制图中常见的钢筋形式　　图 4-46 框架梁上部纵筋直锚示意图

② 当 h_c －保护层$< \mathrm{Max}(l_{aE}, 0.5h_c+5d)$ 时,上部纵筋弯锚在支座里(如图 4-47 所示),端支座锚入支座内长度取 $\mathrm{Max}(l_{aE}, h_c$ －保护层$+15d, 0.4l_{abE}+15d)$。

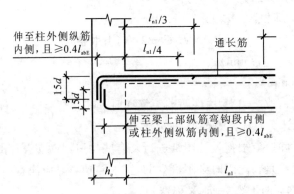

图 4-47 框架梁上部纵筋弯锚示意图

③ 上部贯通的纵向受力钢筋搭接长度(如图 4-48 所示),搭接长度 l_{lE} 可查表 4-21、表 4-22;接头个数按式(4-50)、式(4-51) 计算。

图 4-48 框架梁上部贯通纵向受力钢筋示意图

(2) 框架梁支座负筋长度计算。

端支座负筋长度＝(端支座锚固长度＋伸出端支座的长度)×根数　　(4-58)

中间支座负筋长度＝(中间支座宽度＋左右两边伸出中间支座的长度)×根数　　(4-59)

① 端支座锚固长度同上部贯通纵筋锚固长度值。

② 伸出端支座的长度(如图 4-49 所示),第一排为 $l_n/3$,第二排为 $l_n/4$(l_n 为端跨净跨长)。

③ 左右两边伸出中间支座的长度(如图 4-49 所示),第一排为 $l_n'/3$,第二排为 $l_n'/4$(l_n' 为左右两跨净跨长的最大值)。

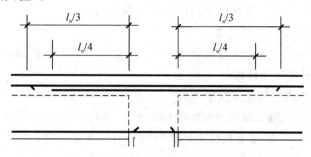

图 4-49 框架梁支座负筋示意图

(3) 框架梁架立筋长度计算(如图 4-50 所示)。

$$架立筋长度 = 每跨净长 - 左右两边伸出支座的负筋长度 + 150 \times 2 \quad (4-60)$$

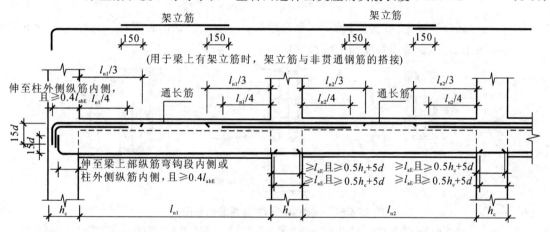

图 4-50 框架梁架立筋示意图

(4) 框架梁下部纵筋长度计算(如图 4-51 所示,见 11G101—1 平法图集 87 页)。

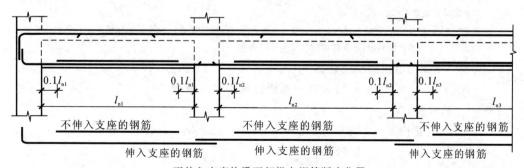

图 4-51 框架梁下部纵筋示意图

① 下部贯通纵筋长度。

下部贯通纵筋长度＝(通跨净长＋两端支座锚固长度＋搭接长度×接头个数)×根数　　(4-61)

② 下部分跨伸入支座纵筋长度。

下部分跨伸入支座纵筋长度＝(分跨净长＋两端支座锚固长度)×根数　　(4-62)

注：支座锚固方式、锚固长度和搭接长度均同上部纵筋。

③ 下部分跨不伸入支座纵筋长度。

下部分跨不伸入支座纵筋长度＝(分跨净长－2×0.1×分跨净长)×根数　　(4-63)

(5) 框架梁侧面纵筋长度计算。

框架梁侧面纵筋分构造纵筋和抗扭纵筋。

① 框架梁侧面构造纵筋长度计算(如图4-52所示,见11G101—1平法图集87页)。

构造筋通长设置：构造筋长度＝(通跨净长＋15d×接头数＋15d×2)×根数　　(4-64)

构造筋分跨设置：构造筋长度＝(分跨净长＋15d×2)×根数　　(4-65)

② 框架梁侧面抗扭纵筋长度计算。

抗扭筋通长设置：抗扭筋长度＝(通跨净长＋左右端支座锚固长度＋搭接长度
×接头数)×根数　　(4-66)

抗扭筋分跨设置：抗扭筋长度＝(分跨净长＋左右支座锚固长度)×根数　　(4-67)

注：支座锚固方式、锚固长度和搭接长度均同上部纵筋。

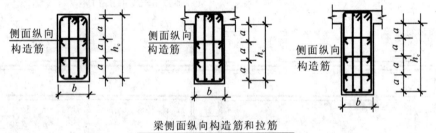

梁侧面纵向构造筋和拉筋

图4-52　框架梁侧面构造纵筋示意图

注：① 当h_a＞450 mm时,在梁的两个侧面应沿高度配置纵向构造钢筋,纵向构造钢筋间距a＜200 mm。
② 当梁侧面配有直径不小于构造纵筋的受扭钢筋时,受扭钢筋可以代替构造钢筋。
③ 梁侧面构造纵筋的搭接与锚固长度可取15d,梁侧面受扭纵筋的搭接长度为l_{lE}或l_l,其锚固长度为l_{aE}或l_a,锚固方式同框架梁下部纵筋。
④ 当梁宽b＜350 mm时,拉筋直径为6 mm；梁宽b＞350 mm时,拉筋直径为8 mm,拉筋间距为非加密区箍筋间距的2倍,当设有多排拉筋时,上下两排拉筋竖向错开设置。

(6) 框架梁侧面构造拉筋长度计算。

拉筋长度＝每根拉筋长度×根数

① 每根拉筋长度。

每根拉筋长度＝梁宽－保护层×2＋1.9d×2＋Max(10d,75 mm)×2　　(4-68)

式中,1.9d来源于GB 50204—2002。

② 拉筋根数。

拉筋根数＝[(净跨长－50 mm×2)/非加密区间距×2＋1)]×排数　　(4-69)

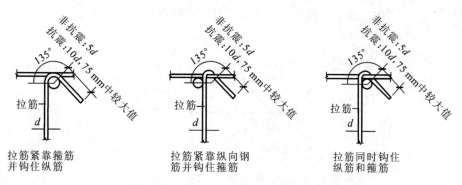

图 4-53 框架梁侧面构造拉筋示意图

(7) 框架梁箍筋长度的计算。

$$箍筋长度 = 单根长度 \times 根数$$

① 箍筋单根长度计算(如图 4-54 所示)。

箍筋单根长度 = 构件断面外周长 − 保护层 × 8 + 2 个弯钩增加值
= [(梁宽 − 保护层 × 2) + (梁高 − 保护层 × 2)]
$\times 2 + 1.9d \times 2 + \text{Max}(10d, 75\text{ mm}) \times 2$ (4-70)

② 箍筋根数计算(如图 4-55 所示,见 11G101−1 平法图集 85 页)。

一级抗震箍筋根数 = 2{[Max($2h_b$, 500 mm) − 50 mm]/加密间距 + 1} + {[净跨
− 2Max($2h_b$, 500 mm)]/非加密间距 − 1} (4-71)

二至四级抗震箍筋根数 = 2{[Max($1.5h_b$, 500 mm) − 50 mm]/加密间距 + 1} + {[净跨
− 2Max($1.5h_b$, 500 mm)]/非加密间距 − 1} (4-72)

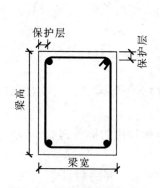

图 4-54 框架梁箍筋示意图

图 4-55 框架梁箍筋加密区示意图

(8) 框架梁附加吊筋和附加箍筋(次梁加筋)长度的计算(如图 4-56 所示,见 11G101−1 平法图集 85 页)。

① 附加吊筋长度。

附加吊筋长度 = [次梁宽 b + 2 × 50 mm + 2 × (梁高 − 2 × 保护层)/sin45°(60°) + 2 × 20d]
× 图纸标注的附加根数 (4-73)

② 附加箍筋长度。

$$\text{附加箍筋长度} = \text{单根箍筋长度} \times \text{图纸标注的附加根数} \tag{4-74}$$

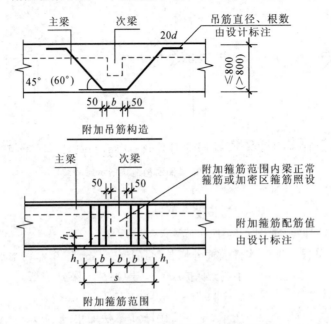

图 4-56 框架梁附加吊筋和附加箍筋示意图

5. 钢筋、铁件制作和安装定额应用说明

(1) 钢筋以手工绑扎、部分焊接及点焊编制,实际施工与定额不符者不得换算。8 度地震区要求箍筋等焊接增加的费用可另计算。

(2) 非预应力钢筋不包括冷加工,如设计规定需要冷加工,加工费及加工损耗另行计算。

(3) 预应力钢筋的张拉设备已综合考虑。但未考虑预应力钢筋人工时效因素,如设计要求人工时效时,每吨预应力钢筋增加人工时效费 7 个工日。

(4) 预应力钢筋子目中的锚具、承压板、垫板、七孔板设计用量与定额子目含量相差±10%以上时,可换算数量并计入 1% 的损耗。锚具的价格差异可调材差。

(5) 本分部中所列钢筋为低碳钢,设计要求采用特殊钢材(Ⅳ级以上钢材及进口钢材)时,由于技术性能不同所发生的差异另行调整。

(6) 现浇构件中固定位置的支撑钢筋、双层钢筋用的铁马、渗出构件用的锚固钢筋、预制构件的吊钩等,应并入钢筋工程量内。

(7) 本分部钢筋、铁件子目中,已包括钢筋、铁件的制作、安装损耗,不得另行计算损耗量。各种钢筋铁件损耗率为:现浇混凝土构件钢筋 Φ10 以内 3%,Φ10 以上 2.5%,Ⅱ、Ⅲ级钢 3%;桩基钢筋笼 2%;砌体内加筋 3%;预制混凝土构件钢筋 Φ10 以内 4.5%,Φ10 以上 2.5%,Ⅱ、Ⅲ级钢 3%;预应力钢丝 9%;预应力钢丝束(钢绞线)6%;后张预应力钢筋 13%;其他预应力钢筋 6%;铁件 1%。

(8) 冷挤压套筒连接、墩粗螺纹普通型、变径型机械连接接头均执行锥螺纹接头子目。

(9) 后张预应力钢筋、钢丝用于现浇构件时,相应钢筋子目的人工、机械乘以系数 1.1。

【例题十六】 计算图 4-57 所示钢筋工程的工程量(保留 3 位小数)。根据所给现浇板配筋图及其有关设计要求,计算区格①～②/Ⓐ～Ⓑ内的一个标准层楼板的①号筋、②号筋、④号筋、⑥号筋、⑦号筋、⑧号筋、纵向分布筋、横向分布筋的工程量。

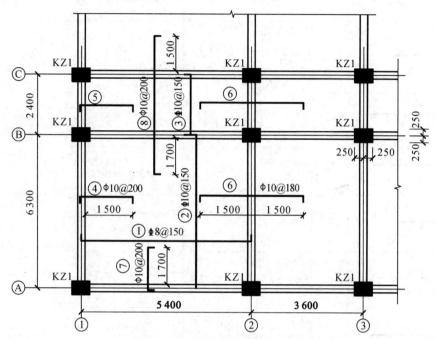

图 4-57 标准层结构平面配筋图(局部)(单位:mm)

设计说明:

1. 单位均为 mm;
2. 板厚均为 120 mm,梁宽度均为 250 mm,居中布置,混凝土强度等级 C30,7 度抗震设防;
3. 混凝土保护层最小厚度:按室内干燥环境中,梁、柱 20 mm,板、墙 15 mm(见 11G101—1 平法图集 54 页);
4. 分布钢筋搭接长度为 150 mm(见 11G101—1 平法图集 94 页);
5. 未注明分布筋均为 Φ6.5@300。

【解】 区格①～②/Ⓐ～Ⓑ内的一个标准层楼板的①号筋、②号筋、④号筋、⑥号筋、⑦号筋、⑧号筋、纵向分布筋、横向分布筋的工程量见下表。

钢筋编号	简图	直径/mm	单根长度及计算式/mm	根数及计算式/根	理论重量/(kg/m)	工程量/t
①	——	8	5 400 伸入梁中>5d 且至少到梁中线(见 11G101—1 平法图集 92 页)	(6 300−125×2−75×2)/150+1=41 第一钢筋距梁边为 1/2 板筋间距(见 11G101—1 平法图集 92 页)	0.395	0.088
②	——	10	6 300	(5 400−125×2−75×2)/150+1=35	0.617	0.136

续表

钢筋编号	简图	直径/mm	单根长度及计算式/mm	根数及计算式/根	理论重量/(kg/m)	工程量/t
④	⌐─┐	10	$250-25+15\times10+1500+(120-15\times2)\times2=2055$(见11G101-1平法图集92页)	$(6300-125\times2-100\times2)/200+1=31$	0.617	0.039
⑥	⌐─┐	10	$1500\times2+250+(120-15\times2)\times2=3430$	$(6300-125\times2-90\times2)/180+1=34$	0.617	0.072
⑦	⌐─┐	10	$250-25+15\times10+1700+120-15\times2=2165$	$(5400-125\times2-100\times2)/200+1=26$	0.617	0.035
⑧	⌐─┐	10	$1500+1700+2400+250+(120-15\times2)\times2=6030$	$(5400-125\times2-100\times2)/200+1=26$	0.617	0.097
纵向分布筋	⊏─⊐	6.5	$5400-125\times2-1500\times2+150\times2+6.25d\times2=2531$	$[(1700-150)/300+1]\times2=14$	0.260	0.009
横向分布筋	⊏─⊐	6.5	$6300-125\times2-1700\times2+150\times2+6.25d\times2=3031$	$[(1500-150)/300+1]\times2=12$	0.260	0.009
合计						0.485

【例题十七】 分析如图 4-58 所示 C30 现浇钢筋混凝土楼层框架梁的钢筋设计用量。根据 11G101-1 图集,抗震等级按一级考虑,$l_{abE}(=l_{aE})$:一级钢筋 $35d$;二级钢筋 $33d$(见 11G101-1 平法图集 53 页表)。该混凝土结构设计使用年限为 50 年,处于室内潮湿环境,混凝土保护层厚度 $C=25$ mm(见 11G101-1 平法图集 54 页)。钢筋理论重量见下表,钢筋单根长度值按实际计算值取定,总重量值保留三位小数。框架柱截面尺寸 700 mm×700 mm,轴线与柱中线重合,已知第一跨跨距 6 000 mm,第二跨跨距 6 500 mm,第三跨跨距 2 400 mm。计算该梁中钢筋部分的综合费(直径≥16 mm 的二级钢筋配置长度超过 8 m 时,按锥螺纹接头考虑)。

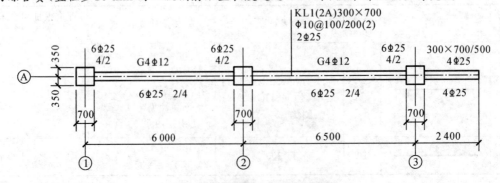

图 4-58 现浇楼层框架梁配筋图

【解】 (1) 钢筋设计用量分析见下表。

钢筋编号及部位	钢筋级别、直径、简图	单根钢筋长度/m	根数/根	总长/m	单根钢筋理论重量/(kg/m)	总重/kg
① 上部通长钢筋	$\Phi 25$	单根长度 $L_1 = L_n +$ 左锚固长度 + 悬挑跨右端下弯长度 判断是否弯锚:左支座 $h_c - C = (700 - 25)$ mm $= 675$ mm $<$ Max$(l_{aE}, 0.5h_c + 5d) =$ Max$[33 \times 25$ mm, $(0.5 \times 700 + 5 \times 25)$ mm$] =$ Max$(825$ mm, 475 mm$) = 825$ mm,所以左支座应弯锚。左锚固长度 $=$ Max$(l_{aE}, 0.4l_{abE} + 15d, h_c - C + 15d) =$ Max$[825$ mm, $0.4 \times 825 + 15 \times 25)$ mm, $(700 - 25 + 15 \times 25)$ mm$] =$ Max$(825$ mm, 705 mm, 1050 mm$) = 1050$ mm(见 11G101-1 平法图集 79 页) 悬挑梁右端下弯长度:$12d = 12 \times 25$ mm $= 300$ mm(见 11G101-1 平法图集 89 页) $L_1 = (6000 + 6500 + 2400 - 350 - 25 + 1050 + 300)$ mm $= 15875$ mm $= 15.875$ m 由以上计算可见:因为支座宽度和直径都相同,本题中除构造筋以外的纵筋在支座处只要是弯锚皆取 1050 mm	2	31.75	3.85	122.238
② 第一跨左支座负筋第一排	$\Phi 25$	(见 11G101-1 平法图集 79 页) 单根长度 $L_2 = L_n/3 +$ 左锚固长度 $= [(6000 - 350 \times 2)/3 + 1050]$ mm $= 2817$ mm $= 2.817$ m	2	5.634	3.85	21.691
③ 第一跨左支座负筋第二排	$\Phi 25$	(见 11G101-1 平法图集 79 页) 单根长度 $L_3 = L_n/4 +$ 左锚固长度 $= [(6000 - 350 \times 2)/4 + 1050]$ mm $= 2375$ mm $= 2.375$ m	2	4.75	3.85	18.288
④ 第一跨下部纵筋	$\Phi 25$	(见 11G101-1 平法图集 79 页) 单根长度 $L_4 = L_n +$ 左端锚固长度 + 右端锚固长度 Max$(l_{aE}, 0.5h_c + 5d) = (6000 - 700 + 1050 + 825)$ mm $= 7175$ mm $= 7.175$ m	6	43.05	3.85	165.743

续表

钢筋编号及部位	钢筋级别、直径、简图	单根钢筋长度/m	根数/根	总长/m	单根钢筋理论重量/(kg/m)	总重/kg
⑤第一跨侧面构造钢筋	ϕ12	（见11G101－1平法图集87页）单根长度 $L_5 = L_n + 15d \times 2 =$ $(6\,000 - 700 + 15 \times 12 \times 2)$ mm $= 5\,660$ mm $= 5.66$ m	4	22.64	0.888	20.104
⑥第一跨右支座负筋第一排	ϕ25	（见11G101－1平法图集79页）单根长度 $L_6 = [\text{Max}(5\,300\text{ mm},\ 5\,800\text{ mm})/3 \times 2 + 700]$ mm $= 4\,567$ mm $= 4.567$ m	2	9.134	3.85	35.166
⑦第一跨右支座负筋第二排	ϕ25	（见11G101－1平法图集79页）单根长度 $L_7 = [\text{Max}(5\,300\text{ mm},\ 5\,800\text{ mm})/4 \times 2 + 700]$ mm $= 3\,600$ mm $= 3.6$ m	2	7.2	3.85	27.720
⑧第一跨箍筋	ϕ10	（见11G101－1平法图集56页）单根箍筋的长度 $L_8 = (b - 2C + h - 2C) \times 2 + 2 \times [\text{Max}(10d, 75\text{ mm}) + 1.9d] = \{(300 - 2 \times 25 + 700 - 2 \times 25) \times 2 + 2 \times [\text{Max}(10 \times 10\text{ mm}, 75\text{ mm}) + 1.9 \times 10]\}$ mm $= 2\,380$ mm $= 2.38$ m	（见11G101－1平法图集85页）箍筋的根数＝加密区箍筋的根数＋非加密区箍筋的根数＝$\{[(2 \times 700 - 50)/100 + 1] \times 2 + (6\,000 - 700 - 2 \times 700 \times 2)/200 - 1\}$根＝$(30 + 12)$根＝42根	99.96	0.617	61.675
⑨第一跨拉筋	ϕ6.5	（梁宽＜350 mm,拉筋直径为6 mm,见11G101－1平法图集87、56页）单根拉筋的长度 $L_9 = (b - 2C) + 2 \times [\text{Max}(10d, 75\text{ mm}) + 1.9d] = \{(300 - 2 \times 25) + 2 \times [\text{Max}(10 \times 10\text{ mm}, 75\text{ mm}) + 1.9 \times 6.5]\}$ mm $= 488$ mm $= 0.488$ m	根数＝$[(5\,300 - 50 \times 2)/400 + 1] \times 2$根＝28根（两排）	13.664	0.260	3.553
⑩第二跨右支座负筋第二排	ϕ25	（弯锚入右支座）单根长度 $L_{10} = (5\,800/4 + 1\,050)$ mm $= 2\,500$ mm $= 2.5$ m	2	5	3.85	19.250

续表

钢筋编号及部位	钢筋级别、直径、简图	单根钢筋长度/m	根数/根	总长/m	单根钢筋理论重量/(kg/m)	总重/kg
⑪第二跨底部纵筋	$\phi 25$	（分两排长度相同，右支座弯锚，见11G101-1平法图集89页） 单根长度 $L_{11}=(6\,500-700+825+1\,050)\,\text{mm}=7\,675\,\text{mm}=7.675\,\text{m}$	6	46.05	3.85	177.293
⑫第二跨侧面构造筋	$\phi 12$	单根长度 $L_{12}=L_n+15d\times 2=(6\,500-700+15\times 12\times 2)\,\text{mm}=6\,160\,\text{mm}=6.16\,\text{m}$	4	24.64	0.888	21.880
⑬第二跨箍筋	$\phi 10$	单根箍筋的长度 $L_{13}=2.38\,\text{m}$	箍筋的根数＝加密区箍筋的根数＋非加密区箍筋的根数＝$\{[(2\times 700-50)/100+1]\times 2+(6\,500-700-2\times 700\times 2)/200-1\}$根＝$(29+14)$根＝43根	102.34	0.617	63.144
⑭第二跨拉筋	$\phi 6.5$	单根拉筋的长度 $L_{14}=0.488\,\text{m}$	根数＝$[(5\,800-50\times 2)/400+1]\times 2$根＝31根（两排）	15.128	0.260	3.933
⑮悬挑跨上部负筋	$\phi 25$	$L=(2\,400-350)\,\text{mm}=2\,050\,\text{mm}<4h_b=4\times 700\,\text{mm}=2\,800\,\text{mm}$ 不将钢筋在端部弯下（见11G101-1平法图集89页） 单根长度 $L_{15}=(5\,800/3+700+2\,400-350-25+12\times 25)\,\text{mm}=4\,958\,\text{mm}=4.958\,\text{m}$	2	9.916	3.85	38.177
⑯悬挑跨下部纵筋	$\phi 25$	（见11G101-1平法图集89页） 单根长度 $L_{16}=L_n+15d=(2\,400-350-25+15\times 25)\,\text{mm}=2\,400\,\text{mm}=2.4\,\text{m}$	4	9.6	3.85	36.960

续表

钢筋编号及部位	钢筋级别、直径、简图	单根钢筋长度/m	根数/根	总长/m	单根钢筋理论重量/(kg/m)	总重/kg
⑰悬挑跨箍筋	φ10	（自梁边缘 50 mm 起加密间距 100 mm 通跨布置，开口朝下）单根箍筋的长度 $L_{17}=\{(300-2\times25)\times2+[(700+500)/2-2\times25]\times2+2\times[\text{Max}(10\times10\text{ mm},75\text{ mm})+1.9\times10]\}\text{mm}=2\,180\text{ mm}=2.18\text{ m}$	箍筋的根数 = $[(2\,400-350-25-50)/100+1]$根 = 21 根	45.78	0.617	28.246
合计		共重 865.061 kg 其中：Ⅰ级钢筋综合重 160.551 kg，Ⅱ级钢筋综合重 704.51 kg				

（2）套相关定额子目计算钢筋综合费。

① Ⅰ级钢筋 φ10 以内。

采用《河南省建设工程工程量清单综合单价(A 建筑工程 2008)》A(4-168)子目。

$$\text{综合费 1} = (138.184 \div 1\,000 \times 4\,172.87)\text{元} = 576.62 \text{ 元}$$

② Ⅱ级钢筋综合。

采用《河南省建设工程工程量清单综合单价(A 建筑工程 2008)》A(4-170)子目。

$$\text{综合费 2} = (704.51 \div 1\,000 \times 3\,949.38)\text{元} = 2\,782.38 \text{ 元}$$

③ 锥螺纹接头。

工程量：2 个。采用《河南省建设工程工程量清单综合单价(A 建筑工程 2008)》A(4-190)子目。

$$\text{综合费 3} = (2 \div 10 \times 109.86)\text{元} = 21.97 \text{ 元}$$

④ 综合费合计。

$$\begin{aligned}\text{综合费} &= \text{综合费 1} + \text{综合费 2} + \text{综合费 3} \\ &= (576.62 + 2\,782.38 + 21.97)\text{元} \\ &= 3\,380.97 \text{ 元}\end{aligned}$$

4.7 厂库房大门、特种门、木结构工程

4.7.1 概述

1. 厂库房大门、特种门、木结构工程定额子目设置

本分部设厂库房大门、特种门、木屋架、木构件共四部分 70 条子目，其中，木构件包括屋面木基层，以下为具体分项。

（1）厂库房大门、特种门。

37 条子目，包括库房大门、特种门。

(2) 木屋架。

12条子目,包括木屋架、钢木屋架。

(3) 木构件。

21条子目,包括木柱、木梁、木楼梯、屋面木基层。

2. 厂库房大门、特种门、木结构工程定额的一般说明

(1) 本分部是按机械和手工操作综合编制的,不论实际采取任何操作方法,均按本分部执行。

(2) 木材树种的分类。

一类:红松、水桐木、樟子松。

二类:白松(云杉、冷杉)、杉木、杨木、柳木、椴木。

三类:青松、黄花松、秋子木、马尾木、东北榆木、柏木、苦楝木、梓木、黄菠萝、椿木、楠木、柚木、樟木。

四类:栎木(柞木)、檀木、色木、槐木、荔木、麻栗木(麻栎、青冈)、桦木、荷木、水曲柳、华北榆木。

(3) 本分部木材树种均以一、二类树种为准,如采用三、四类时,分别乘以下列系数:木门制作按相应项目人工和机械费乘以系数1.3,其他项目按相应项目人工和机械费乘以系数1.35。

(4) 本分部采用的木材,除圆木外均为板方综合规格木材,子目中已考虑了施工损耗、木材的干燥费用及干燥损耗(7%)。凡注明允许换算木材用量时,所增减的木材用量均应计入施工损耗、木材的干燥费用及干燥损耗(7%)。

(5) 本分部中所注明的木材断面均以毛料为准,如设计断面为净料时,应增加刨光损耗:板、方材一面刨光增加3 mm,两面刨光增加5 mm,圆木刨光每立方米增加体积0.05 m³。

3. 厂库房大门、特种门、木结构工程中分项工程的列项划分方法

分项工程的列项通常应根据设计图纸的内容,结合工程的具体情况,以定额子目的划分为原则,按照具体定额子目的设置情况、子目所包括的工作内容及定额中有关规则、说明、规定进行。

厂库房大门、特种门、木结构工程在列项时,按照以上原则及上述定额子目设置情况,通常应考虑不同种类、不同材料、不同功能、不同构造形式、木构件不同的断面形状、大小、屋架不同的跨度等因素来正确列项。列项时通常应考虑以下因素。

(1) 不同种类。

本分部的门按种类划分为厂库房大门、特种门和围墙铁丝门。木屋架划分为建筑工程中常用的方木或圆木的普通人字木屋架和钢屋架两种。

(2) 不同材料。

厂库房大门按所使用材料不同划分为木板大门、钢木大门、全钢板大门。

(3) 使用功能。

特种门按使用功能不同划分为密闭钢门、射线防护门、冷藏门、变电室木门、保温隔音门、人防防密门、人防密闭门、人防防爆活门等。

(4) 开启方式。

厂库房大门中的木板大门、钢木大门和全钢板大门还要根据不同的开启方式(平开、推拉或折叠)分别列项。

(5) 构造形式。

平开和推拉木板大门根据构造不同,分为带采光窗和不带采光窗两种形式;平开和推拉钢木大门根据构造不同,分为一般型、防风型和防严寒型等。

(6) 断面形状及大小。

本分部木构件中的木柱按断面形状,分为圆木柱和方木柱;木梁分为圆木梁和方木梁,圆木梁又按直径划分为直径 24 cm 以内和直径 24 cm 以外两个子目;方木梁按周长划分为周长 1 000 mm 以内和周长 1 000 mm 以外两个子目。

(7) 屋架跨度。

圆木和方木木屋架根据不同跨度分为跨度 10 m 以内和跨度 10 m 以上;圆木和方木钢木屋架根据不同跨度分为跨度 15 m 以内和跨度 15 m 以上。

4.7.2 厂库房大门、特种门、木结构工程工程量计算

1. 厂库房大门、特种门工程量计算规则

(1) 厂库房大门、特种门制作、安装均按设计图示尺寸以框外围面积计算,无框的按扇外围面积计算。

(2) 全钢制大门制作安装按设计图示尺寸以质量"t"计算。不扣除孔眼、切边、切肢的质量,焊条、铆钉、螺栓等,亦不另增加质量,不规则或多边形钢板以其外接矩形面积乘以厚度乘以单位理论质量计算。

(3) 厂库房大门墙边及柱边的角钢应另行计算。

2. 木结构工程量计算规则

(1) 木屋架制作安装均按设计图示尺寸以竣工木料体积计算,其后备长度及配置损耗均不另外计算。

(2) 附属于屋架的夹板、垫木等已并入相应的屋架制作项目中,不另计算;与屋架连接的挑檐木、支撑等,其工程量并入屋架竣工木料体积内计算;圆木屋架使用部分方木时,其方木体积乘以系数 1.5,并入竣工木料体积中;单独挑檐木,按方檩条计算。

(3) 钢木屋架区分圆、方木,按设计图示尺寸以竣工木料体积计算。型钢、钢板按设计图示尺寸以质量计算,与定额子目含量不符时,允许调整。

(4) 圆木屋架连接的挑檐木、支撑等如为方木时,其方木体积乘以系数 1.7,折合成圆木并入屋架竣工木料体积内;单独的方木挑檐,按矩形檩木计算。

(5) 木梁、木柱,按设计图示尺寸以竣工木料体积计算。

(6) 木楼梯按设计图示尺寸以水平投影面积计算。不扣除宽度小于 300 mm 的楼梯井,其踢脚板、平台和伸入墙内部分,不另计算。楼梯及平台底面需钉天棚的,其工程量按楼梯水平投影面积乘以系数 1.1,执行装饰装修工程中的 B.3 天棚工程分部相应子目。

(7) 檩木按设计图示尺寸以竣工木料体积计算。简支檩长度按设计要求计算,如设计无明确要求者,按屋架或山端中距增加 200 mm 计算,如两端出山,檩条长度算至博风板;连续檩条的长度按设计长度计算,其接头长度按全部连续檩木总体积的 5% 计算。檩条托木已计入相应的檩木制作安装子目中,不另计算。

(8) 屋面木基层,按屋面设计图示的斜面积计算,不扣除屋面烟囱及斜沟部分所占面积。

(9) 封檐板按设计图示的檐口外围长度计算,博风板按设计图示斜长度计算,每个大刀头增加长度 500 mm。

(10) 定额子目未包括屋面木基层油漆、镀锌铁皮泛水及油漆。

(11) 人孔木盖板按设计图示数量(套)计算。

4.7.3 厂库房大门、特种门、木结构工程定额应用

1. 厂库房大门、特种门定额应用时的注意事项

(1) 定额子目包括制作、安装,但不包括油漆。清单项目工程内容中的油漆应执行装饰装修工程中的 B.5 油漆、涂料、裱糊工程分部中的相应子目。

(2) 定额子目不包括固定铁件的混凝土垫块及门樘或梁柱内的预埋铁件,该铁件应另列项目计算。

(3) 不论现场或加工厂制作,也不分机械或人工制作,均执行本分部相应子目,除有特别注明的外,不得换算和另计运输费用。如实际发生运输费用时,可另按签证处理。

(4) 厂库房大门的小五金或小五金铁件,已包括在定额中(不包括 L 型、T 型铁及门锁),冷藏门的五金零件,可按设计要求另列项目计算。

(5) 钢木大门中钢骨架,如设计用量与定额子目中的含量不同时,用量可以调整,其他不变。

钢骨架调整量＝施工图实算数量(1＋损耗率)－清单综合单价定额用量

钢骨架施工图实算数量计算方法:按设计图纸的骨架主材几何尺寸,以"t"计算角钢、槽钢、型钢的重量,均不扣除孔眼、切肢、切边的重量,计算板的重量时,按工艺矩形计算。

(6) 全钢门制作安装仅适用于非保温门。子目内未考虑小门的费用,如带小门,每吨工程量增加 8 个工日。

(7) 射线防护门子目中的铅板厚度,可按设计要求换算,但人工、机械不变。

2. 木结构工程定额应用的注意事项

(1) 屋架的制作安装应区别不同跨度,跨度应以上、下弦中心线两交点之间的距离计算。

(2) 带气楼的屋架,应单独列项。带气楼的屋架按相应屋架子目乘以 1.5 计算;马尾、折角以及正交部分的半屋架体积应并入相连接屋架的体积内。

(3) 木楼梯、木柱、木架已按刨光考虑。木楼梯的栏杆(栏板)、扶手按装饰装修工程 B.1 楼底面工程分部规定列项。

4.8 金属结构工程

4.8.1 概述

1. 金属结构工程定额子目设置

本分部设钢屋架、钢网架、钢托架、钢桁架、钢柱、钢梁、压型钢板墙板、钢构件,金属网,金属构件运输共八部分 51 条子目。

(1) 钢屋架、钢网架。

4 条子目,包括钢屋架、钢网架。

(2) 钢托架、钢桁架。

4 条子目,包括钢托架、钢桁架。

(3) 钢柱。

5 条子目,包括实腹柱、空腹柱、钢管柱。

(4) 钢梁。

4 条子目,包括钢梁、吊车梁。

(5) 压型钢板墙板。

2 条子目。

(6) 钢构件。

24 条子目,包括支撑、檩条、天窗架、挡风架、墙架、平台、钢梯、栏杆、漏斗、零星构件。

(7) 金属网。

1 条子目。

(8) 金属构件运输。

7 条子目,包括就位运输Ⅰ、Ⅱ、Ⅲ类构件运输。

2. 金属结构工程定额的一般说明

(1) 本分部钢构件子目中的制作安装费用相对独立,构件运输子目在本分部中单独设置。

(2) 制作安装子目适用于现场、企业附属加工厂制作的构件,如外购商品构件,安装可执行同类构件子目中的安装费用,外购构件费用按合同约定计算。

(3) 构件子目内的制作内容包括:分段制作、整体预装配和制作平台的人工材料及机械台班用量,整体预装配用的螺栓及锚固杆件用的螺栓,涂刷一遍防锈漆的工料。

(4) 金属构件油漆按装饰装修工程 B.5 油漆、涂料、裱糊工程分部另列项目计算。金属构件如设计要求喷砂除锈和探伤时,另执行安装定额。

(5) 本分部除注明外,均包括现场(或加工厂)内的材料运输、加工、组装及成品堆放、装车出厂等全部工序。

(6) 所有构件制作均是按焊接编制的。

3. 金属结构工程中分项工程的列项划分方法

分项工程的列项通常应根据设计图纸的内容,结合工程的具体情况,以定额子目的划分为原则,按照具体定额子目的设置情况、子目所包括的工作内容及定额中有关规则、说明、规定进行。

金属结构的构件种类很多,本分部定额基本包括了建筑工程中所常用的基本构件,在具体编制预算列项时,对于金属结构各种构件,按照以上原则及上述定额子目设置情况,一般常列如下项目:
① 构件制作、安装;② 构件运输或就位运输;③ 构件刷油。

在具体工程中,分项工程的列项特征应尽可能在项目名称中描述清楚,以便于工程量计算及定额套用。例如"钢屋架,单榀质量 1 t 以下"。

4.8.2 金属结构工程工程量计算与定额应用

1. 金属结构构件制作、安装工程量计算规则

一般金属结构构件制作、安装工程量均按设计图示尺寸以质量计算。不扣除孔眼、切边、切肢的重量,焊条、铆钉、螺栓等不另增加质量,不规则或多边形钢板以其外接矩形面积乘以厚度乘以理论质量计算,并入该构件的工程量内。其他相关规定如下。

(1) 依附在实腹柱、空腹柱上的牛腿及悬臂梁等并入钢柱工程量内。钢管柱上的节点板、加强环、内衬管、牛腿等并入钢管柱工程量内。

(2) 压型钢板墙板按设计图示尺寸以铺挂面积计算,不扣除单个 0.3 m² 以内的孔洞所占面积,包角、包边、窗台泛水等不另增加面积。

(3) 金属构件拼装、安装采用的高强螺栓,按设计图纸和施工组织设计要求以数量(套)计算。

(4) 计算钢漏斗制作工程量时,矩形按图示分片,圆形按图示展开尺寸,并依钢板宽度分段计算。每段均以其上口长度(圆形以分段展开上口长度)与钢板宽度,按矩形计算,依附漏斗的型钢并入漏斗工程量内。

(5) 金属网架制作安装按设计图示尺寸以面积计算。

2. 金属结构构件制作、安装定额应用说明

(1) 构件安装是按单机作业考虑的。

(2) 构件安装是按机械起吊点中心回转半径 15 m 以内的距离计算的。如构件就位距离超出 15 m,其超过部分可增加构件就位运输费用,该费用可按相应构件运输 0.8 km 计算。但已计取构件运输的构件,均应一次到位,不能再计算就位运输费。

(3) 每一个工作循环中,均包括机械的必要位移。

(4) 本分部安装机械是综合取定的,除有特殊注明外,无论机械种类、台班数量、台班价格均不得调整。

(5) 子目工作内容不包括机械、运输机械行驶道路的修整、铺垫工作的人工、材料和机械。

(6) 钢屋架单榀重量在 1 t 以下者,执行轻钢屋架子目。

(7) 单层建筑物屋盖系统构件必须在跨外安装时,相应构件子目安装部分的人工、机械台班乘以系数 1.15。

(8) 钢柱安装在混凝土柱上,其相应子目中的人工、机械费乘以系数 1.43。

(9) 钢梯、平台、栏杆扶手的安装高度是按距设计地面(±0.000)5 m 以内取定的,超过 5 m 时,相应子目安装部分的人工、机械费乘以系数 K,15 m 以内,$K=1.25$;30 m 以内,$K=1.55$;50 m 以内,$K=1.9$;50 m 以上,$K=2.5$。

(10) 铁栏杆制作,仅适用于工业厂房中平台、操作间的铁栏杆,民用建筑中铁栏杆等按装饰装修工程 B.1 楼地面工程分部有关项目列项。

(11) 钢柱、钢吊车梁定额子目中不含刨边及其费用,如发生时,每吨构件增加刨边机台班数量:钢柱、钢吊车梁、制动梁增加 0.13 台班,其他钢构件增加 0.03 台班。

(12) 构件制作内容中的各类钢材、螺栓、铁件的种类、规格、用量和价格均可按设计要求换算,但其他不变。

(13) 球节点网架设计钢球含量与定额子目含量不同时,用量和价格均可按设计要求调整。

(14) 球节点网架制作和安装方式不同时,不允许换算。对于面积在 1 000 m² 以上的网架,设计要求进行高空拼装者,仍执行本分部的网架子目,但可以按设计要求或建设单位认可的施工方案,另增加网架拼装、安装、刷油的费用。

(15)型钢混凝土柱、梁浇筑混凝土和压型钢板上浇筑混凝土,其混凝土和钢筋应按A.4混凝土及钢筋混凝土工程分部中的相关子目列项。

(16)钢墙架包括墙架柱、墙架梁和连接杆件。

(17)制动梁包括制动梁、制动桁架和制动板。

(18)小型钢盖板和加工铁件等小型构件按本分部零星钢构件子目列项,执行A.4混凝土及钢筋混凝土工程分部铁件子目。大型钢盖板执行本分部钢平台子目。

(19)圆弧形构件按相应子目人工、机械乘以系数1.2,并增加零星材料费100元/t。

3. 金属结构构件的运输

(1)金属结构构件的运输分类。

构件分类按构件的类型和外形尺寸划分,金属结构构件分为三类,见表4-27。

表4-27 金属结构构件分类表

类别	项目
1	钢柱、屋架、托架梁、防风桁架
2	吊车梁、制动梁、型钢檩条、钢支撑、上下档、钢拉杆、栏杆、盖板、垃圾出灰口、倒灰门、箅子、爬梯、零星构件、平台、操作台、走道休息台、扶梯、钢吊车梯台、烟囱紧固箍
3	墙架、挡风架、天窗架、组合檩条、轻型屋架、滚动支架、悬挂支架、管道支架

(2)金属结构构件的运输定额子目及说明。

金属结构构件运输清单综合单价定额中,分别设置了金属构件现场就位运输、Ⅰ类构件运输、Ⅱ构件运输和Ⅲ类金属运输四个专用分项。其中,Ⅰ类构件运输、Ⅱ构件运输和Ⅲ类金属运输分项又分别为运距5 km以内的一个基本定额子目和每增加1 km的辅助定额子目。

在编制预算时,金属结构构件若为构件加工厂制作时,可按构件加工厂至施工现场的距离及构件类别,列项计算金属构件场外运输费用。当金属结构构件在施工现场制作时,只有当金属构件的就位距离超出15 m时,才能列项计算金属构件现场就位运输费用,就位距离未超过15 m的现场制作金属构件及构件加工厂制作的金属构件,均不得计取场内就位运输费。

(3)金属结构构件运输的工程量计算规则。

金属构件运输按施工组织设计要求运输的构件制作工程量计算。

(4)其他需说明的问题。

①金属结构构件运输子目运距按5 km和每增减1 km设置,运输范围取定在1~40 km,超过40 km时,由当地定额主管部门依据市场价格另行测定。

②运输子目综合考虑了城镇、现场运输道路等级、重车上下坡等各种因素,不得因道路条件不同而修改定额。

③构件运输过程中,如遇路桥限载(限高)而发生的加固、拓宽等费用及有电车线路和公安交通管理部门的保安护送费用,应另行处理。

4. 金属结构构件油漆

按装饰装修工程中的油漆、涂料、裱糊工程分部有关规定执行。

4.9 屋面及防水工程

4.9.1 概述

1. 屋面及防水工程定额子目设置

本分部设瓦、型材屋面,屋面防水,墙、地面防水、防潮,找平层,屋面出风口共五部分 224 条子目。

(1) 瓦、型材屋面。

31 条子目,包括瓦、型材屋面,其中,瓦屋面按照使用材料不同分为水泥瓦屋面、黏土瓦屋面、小青瓦屋面、彩色水泥瓦屋面、陶瓷波形装饰瓦屋面、筒板瓦屋面、小波石棉瓦屋面、大波石棉瓦屋面、小波玻璃钢瓦屋面、琉璃瓦屋面和 PVC 彩色波形板屋面;型材屋面按照使用材料不同分为金属压型板屋面和轻质隔热彩钢夹芯板屋面等。

(2) 屋面防水。

83 条子目,包括卷材防水、涂膜防水、刚性防水、屋面排水管。

(3) 墙、地面防水、防潮。

88 条子目,包括卷材防水、涂膜防水、砂浆防水、变形缝、止水带。其中卷材防水、防潮根据材料不同分为石油沥青卷材、三元乙丙、SBC 卷材、氯化聚乙烯卷材、高聚物改性沥青卷材等,每一种材料的卷材又根据部位不同分为平面和立面两个子目;涂膜防水、防潮根据材料不同分为刷冷底子油、刷石油沥青、石油沥青玛蹄脂、氯丁沥青冷胶涂料和聚氨酯涂料等,除刷冷底子油外,每一种涂膜又根据不同的涂刷部位、涂刷厚度或遍数,相应有不同的定额子目。刷冷底子油不分平面或立面,只设置了第一遍和第二遍两个定额子目。

(4) 找平层。

19 条子目,包括楼地面、屋面找平层,墙、柱面找平层及钢丝网。

(5) 屋面出风口。

3 条子目,包括砖砌出风口、混凝土出风口。

2. 屋面及防水工程中分项工程的列项划分方法

分项工程的列项通常应根据设计图纸的内容,结合工程的具体情况,以定额子目的划分为原则,按照具体定额子目的设置情况、子目所包括的工作内容及定额中有关规则、说明、规定进行。

例如:屋面工程在列项时,按照以上原则及上述定额子目设置情况,通常亦根据屋面设计的构造层次进行列项,一般有什么层次列什么项目。建筑工程中的平屋面常列如下项目:① 水泥砂浆找平层(在硬基层上);② 隔气层;③ 保温层;④ 水泥砂浆找平层(在填充料上);⑤ 防水层(卷材、瓦、白铁皮等);⑥ 块料保护层;⑦ 水落管(镀锌铁皮、铸铁、PVC、UPVC);⑧ 水斗(镀锌铁皮、铸铁、PVC、UPVC);⑨ 水口(镀锌铁皮、铸铁、PVC、UPVC)。

4.9.2 屋面及防水工程工程量计算及定额应用

1. 坡屋面

(1) 坡屋面的种类和坡度表示方法。

屋面一般按其坡度的不同分为坡屋面和平屋面两大类,其中坡屋面是指屋面坡度大于

1∶10 的屋面。坡屋面可做成单坡屋面、双坡屋面或四坡屋面等多种形式,根据使用材料不同,坡屋面可分为瓦屋面和型材屋面。

屋面坡度(即屋面的倾斜程度)有三种表示方法,第一种是用屋顶的高度与屋顶的跨度之比(简称高跨比)表示;第二种是用屋顶的高度与屋顶的半跨之比(简称坡度)表示;第三种是用屋面的斜面与水平面的夹角(θ)表示。如图 4-59 所示。

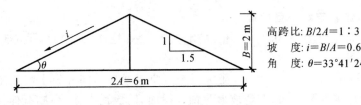

图 4-59 屋面坡度表示方法

(2) 工程量计算规则。

瓦屋面、型材屋面(包括挑檐部分)均按设计图示尺寸以斜面积计算,不扣除房上烟囱、风帽底座、风道、屋面小气窗和斜沟等所占面积。小气窗的出檐部分亦不增加面积,但天窗出檐部分重叠的面积应并入相应屋面工程量内计算。屋面斜面积可按屋面水平投影面积乘以表 4-28 中的坡度系数计算。

表 4-28 屋面坡度系数表

坡 度			延尺系数 C	隅延尺系数 D
B/2A	θ	B/A	0E/A	0F/A
1/2	45°	1.000	1.414 2	1.732 1
1/3	33°40′	0.667	1.201 9	1.563 5
1/4	26°34′	0.500	1.118 0	1.500 0
1/5	21°48′	0.400	1.077 0	1.469 7
1/8	14°2′	0.250	1.030 8	1.436 1
1/10	11°19′	0.200	1.019 8	1.428 3
1/16	7°8′	0.125	1.007 8	1.419 7
1/20	5°42′	0.100	1.005 0	1.417 7
1/24	4°45′	0.083	1.003 5	1.416 6
1/30	3°49′	0.067	1.002 2	1.415 7

注:① 两坡防水屋面的实际面积为屋面水平投影面积乘以延尺系数 C;
② 四坡防水屋面斜脊长度等于 $A \times D$(当 $S=A$ 时);
③ 沿山墙泛水长度等于 $A \times C$(见图 4-60)。

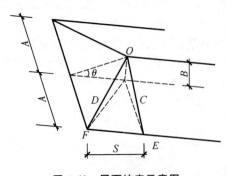

图 4-60 屋面坡度示意图

(3) 工程量计算及定额应用时应注意的事项。

① 瓦屋面工程量计算时,要注意瓦屋面与基层的划分。无论是在木基层上铺瓦,还是檩条上挂瓦,都应以挂瓦条为界线。挂瓦条以下的做法,根据设计要求的构造层次,执行本定额其他分部相应子目。

② 各种瓦屋面中瓦的规格与本分部不同时,瓦材、挂瓦条数量可以换算,其他不得调整。琉璃瓦屋

脊处的走兽、合角吻,根据实际情况另行处理。

③ 小波瓦玻璃钢的厚度与定额子目不同时,综合单价不变,瓦材价差在材差中调整。

2. 平屋面

1) 结构层

屋面结构层,即屋面的承重层,要求有较大的强度及刚度,以承担屋面各层次的重量及屋面受到的各种荷载。平屋面的结构层多采用钢筋混凝土梁板结构,编制预算时,钢筋混凝土梁板应按清单综合单价定额中的 A.4 混凝土及钢筋混凝土工程分部的有关项目执行。

2) 隔气层

隔气层又称蒸汽隔绝层,一般设在保温层之下、结构层之上,其作用是防止室内水蒸气渗入到屋面保温层中,而影响保温效果。隔气层的种类较多,常用的是"一毡两油"隔气层。

隔气层工程量计算,按图示尺寸面积以 m^2 计算,不扣除房上烟囱、风帽底座、风道等所占面积。一般隔气层工程量和保温层的铺设面积相同。

3) 保温层

保温层是为了满足对屋面保温、隔热性能的要求,而在屋面铺设的一定厚度的容积密度小、导热系数小的材料,有时兼起找坡作用。该部分内容列在《河南省建设工程工程量清单综合单价》(建筑工程)第八分部 A.8 防腐、隔热、保温工程中,在该分部定额中,屋面保温根据保温隔热材料的不同,分别设置了以体积和面积为计算单位的定额分项,其中以体积为计量单位的分项子目有水泥加气混凝土碎渣、石灰炉渣、水泥炉渣、水泥石灰炉渣、水泥珍珠岩、水泥蛭石、泡沫混凝土块、加气混凝土块、沥青珍珠岩块、水泥蛭石块、沥青玻璃棉毡、沥青矿渣棉毡;以面积为计量单位的分项子目有 30 mm 厚的聚苯乙烯泡沫塑料板和 CCP 保温隔热复合板。在具体编制预算时,有关屋面保温层工程量的计算也应区别不同的保温材料,分别按设计图示尺寸以体积或面积计算,并按《河南省建设工程工程量清单综合单价》(建筑工程)第八分部 A.8 防腐、隔热、保温工程中的有关项目执行。定额应用时应注意的问题详见本教材 4.10 节内容。屋面保温工程量的计算公式如下。

① 以面积计算的保温层工程量计算方法如下

$$保温层的工程量 = 保温层实铺面积 \quad (4-75)$$

② 如图 4-61 所示,以体积计算的保温层工程量计算方法如下

$$保温层的工程量 = 保温层实铺面积 \times 平均厚度 \bar{\delta} \quad (4-76)$$

$$平均厚度 \bar{\delta} = 最薄处厚度 \delta + \frac{1}{2} L \times i \quad (4-77)$$

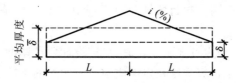

图 4-61 屋面找坡层平均厚度计算示意图

4) 防水层

(1) 卷材防水、涂膜防水屋面工程量计算规则。

屋面卷材防水、屋面涂膜防水工程量均按设计图示尺寸的水平投影面积,以 m^2 计算(坡屋面应乘以坡度系数),不扣除房上烟囱、风帽底座、风道、屋面小气窗和斜沟所占的面积;屋面的女儿墙、伸缩缝和天窗等处的弯起部分,按图示尺寸计算并入屋面工程量内。如图纸无规定时,伸缩缝、女儿墙的弯起部分可按 250 mm 计算,天窗弯起部分可按 500 mm 计算。工程量计算公式如下。

① 有挑檐、无女儿墙时

$$\text{防水层工程量} = \text{屋面层建筑面积} + (\text{外墙外边线长} + \text{檐宽} \times 4) \times \text{檐宽} + \text{弯起面积} \quad (4\text{-}78)$$

② 有女儿墙、无挑檐时

$$\text{防水层工程量} = \text{屋面层建筑面积} - \text{外墙中心线长} \times \text{女儿墙厚} + \text{弯起面积} \quad (4\text{-}79)$$

③ 有女儿墙、有挑檐时

$$\text{防水层工程量} = \text{屋面层建筑面积} + (\text{外墙外边线长} + \text{檐宽} \times 4) \times \text{檐宽} - \text{外墙中心线} \times \text{女儿墙厚度} + \text{弯起面积} \quad (4\text{-}80)$$

屋面为坡屋顶时,上式公式中建筑面积应乘以坡度延尺系数。坡度延尺系数可按表 4-28 确定。

(2) 卷材防水、涂膜防水屋面定额应用时应注意的事项。

① 卷材屋面的附加层、接缝、收头、找平层的嵌缝、冷底子油已计入定额内,不另计算。

② 涂膜屋面的油膏嵌缝、玻璃布盖缝、屋面分格缝,按设计图示尺寸以长度另外列项计算。

③ 屋面有挑檐时,应包括挑檐面积。

④ 卷材屋面中除干铺聚氯乙烯防水卷材、防水柔毡、SBC120 复合卷材外,均包括刷冷底子油一道。如设计规定不刷冷底子油时,按本分部地面涂膜防水子目,减去刷冷底子油的工料数量。油毡收头的材料,已包括在其他材料费内,不另计算。

⑤ 屋面防水如设计要求单独刷冷底子油或增加道数时,可执行本分部地面涂膜防水中的相应子目。

⑥ 本分部中沥青、玛蹄脂均指石油沥青、石油沥青玛蹄脂。定额子目中玛蹄脂的用量,仅适用于室外昼夜气温在 +5 ℃ 以上的施工条件,低于上述气温时,另行处理。

⑦ 氯丁冷胶二布三涂项目,其中三涂是指涂料构成防水层数并非指涂刷遍数,每一层涂层刷两遍至数遍。

⑧ 防水层表面刷丙烯酸涂料,执行装饰装修工程中的 B.5 油漆、涂料、裱糊工程分部中的相应子目。

⑨ 卷材子目中卷材厚度与设计要求不符时,可按设计要求厚度进行换算。

(3) 刚性防水屋面工程量计算规则及定额应用时应注意的事项。

屋面刚性防水按设计图示尺寸以面积计算,不扣除房上烟囱、风帽底座、风道等所占面积。

刚性屋面在清单综合单价定额中,根据使用材料不同分为砂浆防水和细石混凝土防水,编制预算时,应根据设计要求正确选套相应的定额子目。

5) 屋面找平层

在卷材防水屋面中,为保证防水层的质量,防水层(隔气层)下面需要有一个平整而坚硬的底层,以便于铺贴防水层(隔气层),所以必须在保温层(结构层)上做找平层。

找平层的工程量按实铺面积计算,等于屋面防水层(隔气层)面积。

6) 块料保护层

对于上人屋面,为了防止防水层被踩坏,常在防水层之上铺水泥花砖或地砖等块料,起到保护防水层的作用,称作块料保护层。

块料保护层工程量的计算按实铺面积,以平方米计,执行装饰装修工程中的 B1 楼地面分部工程中相应子目。

7) 屋面排水配件

屋面排水管分别按不同材质、不同直径按图示尺寸以长度计算,雨水口、水斗、弯头、短管以个计算。

定额中根据不同材质分别设有镀锌铁皮排水配件、铸铁排水配件、PVC 排水配件和 UPVC 排水配件等不同的定额子目,编制预算时,应根据设计要求正确选套相应的定额子目。

3. 墙、地面防水、防潮、找平层

(1) 工程量计算规则。

① 楼地面防水、防潮层和找平层按主墙间的净空面积以平方米计算。应扣除凸出地面的构筑物、设备基础、室内管道、地沟等所占面积,不扣除柱、垛、间壁墙、附墙烟囱及面积在 0.3 m² 内的孔洞所占面积,但门洞、空圈、暖气包槽、壁龛的开口部分亦不增加。与墙面连接处高度在 500 mm 以内的按展开面积计算,并入平面工程量内,超过 500 mm 时,按立面防水层计算。

② 墙面(墙基)防水、防潮层和找平层按设计图示外墙中心线、内墙净长线长度乘以高(宽)度以面积计算。

(2) 工程量计算及定额应用时应注意的事项。

① 防水卷材的附加层、接缝、收头、冷底子油、基层处理剂等工料均已计入相应定额子目内,不另计算。

② 墙、地面卷材防水子目内附加层含量与设计要求不符时,可按设计要求调整。

③ 刷冷底子油多用于结合层,很少单独作为防水、防潮使用,一般涂刷最多两遍,也可涂刷一遍。编制预算,有以下三种常见情况:第一种,当设计要求单刷冷底子油时,可按设计要求的遍数列项计算;第二种,设计要求刷冷底子油为主防潮层的结合层,若其主防潮层定额子目中已包括刷一道工料(即有材料"冷底子油"),当设计要求刷二道时,可列项计算刷第二遍的费用,如设计要求只刷一道时,不能列项计算刷冷底子油;第三种,设计要求刷冷底子油为主防潮层的结合层,而主防潮层定额子目中未包括刷冷底子油的工料(即没有材料"冷底子油"),则可按设计要求的遍数列项计算冷底子油费用。

4. 屋面出风口

通风道屋面出风口按图示数量计算。编制预算时,应根据设计要求正确选套相应的定额子目。当风口子目材料用量与设计要求不符时,可以按设计要求换算,其他不变。

【例题十八】 试计算如图 4-62 所示屋面工程的综合费。屋面做法:钢筋混凝土屋面板;1:8 水泥珍珠岩找 2% 坡;20 mm 厚 1:3 水泥砂浆,砂浆中掺聚丙烯;3 mm 厚的高聚物改性沥青卷材,满铺。

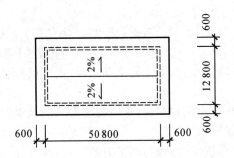

图 4-62 屋面示意图(单位:mm)

【解】 (1) 1:8水泥珍珠岩找2%坡的保温层。

工程量＝(50.8+1.2)×(12.8+1.2)×[(12.8+1.2)÷4×2%+0.07] m³
    ＝101.92 m³

采用《河南省建设工程工程量清单综合单价(A 建筑工程2008)》A(8-175)"水泥珍珠岩"子目。

综合费1＝101.92/10×2 042.47元＝20 816.85元

(2) 20 mm 1:3 水泥砂浆找平层。

工程量＝(50.8+1.2)×(12.8+1.2) m²＝728 m²

采用《河南省建设工程工程量清单综合单价(A 建筑工程2008)》A(7-209)"水泥砂浆加聚丙烯"子目。

综合费2＝728/100×1 105.90元＝8 050.95元

(3) 高聚物改性沥青卷材防水层。

工程量＝(50.8+1.2)×(12.8+1.2) m²＝728 m²

采用《河南省建设工程工程量清单综合单价(A 建筑工程2008)》A(7-36)"屋面高聚物改性沥青卷材满铺"子目。

综合费3＝728/100×4 447.06元＝32 374.60元

(4) 屋面工程综合费合计。

综合费合计＝综合费1+综合费2+综合费3＝(20 816.85+8 050.95+32 374.60)元
    ＝61 242.40元

【例题十九】 计算如图4-63所示四坡瓦屋面(坡度1/2的粘土瓦屋面)的综合费、人工费、材料费、管理费及利润。

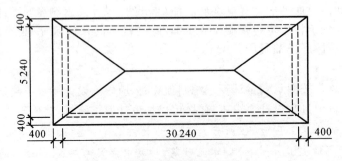

图 4-63 四坡瓦屋面示意图(单位:mm)

【解】　　屋面斜面积＝[(30.24＋0.4×2)×(5.24＋0.4×2)]×1.414 2 m²
　　　　　　　　＝265.14 m²

采用《河南省建设工程工程量清单综合单价(A 建筑工程 2008)》(7-2)"屋面板上铺设粘土瓦"子目。

　　　　　　　　综合费＝265.14/100×1 698.66 元＝4 503.83 元
其中　　　　　人工费＝265.14/100×176.73 元＝468.58 元
　　　　　　　　材料费＝265.14/100×1 408.49 元＝3 734.47 元
　　　　　　　　管理费＝265.14/100×60.01 元＝159.11 元
　　　　　　　　利润＝265.14/100×53.43 元＝141.66 元

4.10　防腐、隔热、保温工程

4.10.1　概述

1. 防腐、隔热、保温工程定额子目设置

本分部设防腐面层、其他防腐、隔热和保温共三部分216条子目。

(1) 防腐面层。

111条子目,包括防腐混凝土、防腐砂浆、防腐胶泥、玻璃钢防腐、聚氯乙烯板防腐等整体面层和块料防腐。每一种防腐材料项目又根据厚度等不同设置有不同的定额子目。

(2) 其他防腐。

59条子目,包括隔离层、沥青浸渍砖、防腐涂料。

(3) 隔热、保温。

46条子目,包括屋面、天棚、墙、柱和楼地面隔热保温。

2. 防腐、隔热、保温工程中分项工程的列项划分方法

分项工程的列项通常应根据设计图纸的内容,结合工程的具体情况,以定额子目的划分为原则,按照具体定额子目的设置情况、子目所包括的工作内容及定额中有关规则、说明、规定进行。

防腐、隔热工程在列项时,按照以上原则及上述定额子目设置情况,应区分不同的防腐材料种类及厚度等因素来正确列项。

保温隔热工程应按屋面保温、天棚保温、墙保温、柱保温和楼地面保温来列项,其中每个部分又按保温材料和做法等不同分列子项。

4.10.2　防腐、隔热、保温工程工程量计算与定额应用

1. 耐酸防腐

(1) 工程量计算规则。

耐酸防腐项目应区分不同防腐材料种类及其厚度,分别按设计图示尺寸以面积计算。

① 平面防腐,扣除凸出地面的构筑物、设备基础等所占面积。

② 立面防腐,砖垛等突出墙面部分按展开面积并入墙面积内。
③ 踢脚板防腐,扣除门洞所占面积并相应增加门洞侧壁面积。
④ 平面砌筑双层耐酸块料时的工程量,按单层面积乘以系数2。
⑤ 防腐卷材接缝、附加层、收头等人工材料,已计入在定额子目中,不再另行计算。
⑥ 烟囱、烟道内表面隔绝层,按筒身内壁扣除各种孔洞后的面积计算。

(2) 计算工程量及定额应用时应注意的事项。

① 整体面层、隔离层适用于平面、立面的防腐耐酸工程。
② 块料面层以平面砌为准,砌立面者按平面砌相应项目,人工费乘以系数 1.38,踢脚板人工费乘以系数 1.56,其他不变。
③ 各种砂浆、胶泥、混凝土材料的种类、配合比及各种整体大面层的厚度,如设计要求与本分部不同时,可以换算。但各种块料面层的结合层砂浆或胶泥厚度不变。
④ 耐酸胶泥、砂浆、混凝土材料的粉料,除水玻璃按石英粉比铸石粉等于 1∶(0.9~1)外,其他均按石英粉计算。实际采用粉料不同时,可以换算。
⑤ 花岗岩板以六面剁斧的板材为准。如底面为毛面者,水玻璃砂浆增加 0.38 m^3,耐酸沥青砂浆增加 0.44 m^3。
⑥ 本分部的各种面层,除聚氯乙烯塑料地面外,均不包括踢脚板。整体面层踢脚板按整体面层相应项目执行。
⑦ 防腐涂料面层的水泥砂浆基层执行 A.7 屋面及排水工程分部中找平层子目。

2. 隔热、保温

1) 工程量计算规则

(1) 保温隔热屋面应区别不同保温隔热材料,分别按设计图示尺寸以体积或面积计算,不扣除柱、垛所占体积或面积。

(2) 保温隔热天棚、墙柱、楼地面,按设计图示尺寸以面积计算。

① 保温隔热天棚、楼地面工程量不扣除柱、垛所占面积。
② 保温隔热墙,外墙按隔热层中心线、内墙按隔热层净长线乘以图示尺寸的高度以面积计算,扣除门窗洞口所占面积,门窗洞口侧壁需做保温时,并入保温墙体工程量内。
③ 保温柱按设计图示按保温层中心线展开长度乘以保温层高度以面积计算。
④ 楼地面隔热层按围护结构墙体间净面积乘以设计厚度以体积计算,不扣除柱、垛所占体积。

2) 计算工程量及定额应用时应注意的事项

(1) 本分部包括屋面、天棚、地面、墙柱面的隔热保温,适用于中温、低温及恒温的工业厂(库)房隔热工程,以及一般保温工程。

(2) 附墙铺贴板材时,基层上应先涂沥青一道,其工料消耗已包括在定额子目内,不得另计。

(3) 保温隔热墙的装饰面层,应按第 5.2 节墙、柱面工程分部内容列项。

(4) 柱帽保温隔热应并入天棚保温隔热工程量内。

(5) 池槽隔热保温,池壁、池底应分别列项,池壁执行墙面保温隔热子目,池底执行地面保温隔热子目。

4.11 室外工程

4.11.1 概述

在建筑工程中,除一般房屋建筑外,还有各种配套工程,如道路、室外排水管道等。《河南省建设工程工程量清单综合单价》定额中 YA.9 分部内,列有适用于建设场地范围内的道路、涵管、室外排水管道等工程内容。

1. 室外工程定额子目设置

本分部设厂区道路、混凝土涵管、室外排水管道、窨井地沟铸铁盖板、铸铁栏杆围墙共五部分 128 条子目。

(1) 厂区道路。

59 条子目,包括道路土方,路基,路面、封面处治,人行道,路边石,路边沟。

① 道路土方清单综合单价定额中,分别设置了人工挖路槽、人工培路肩、原土打夯、夯填土、压路机碾压路槽五个专用分项,其中,原土打夯分项又细分为人工打夯和机械打夯两个子目,夯填土分项细分为人工夯填和机械夯填两个子目。

② 路基清单综合单价定额中,分别设置了砂垫层、级配砂石、三合土基础和灰土基础四个专用定额子目。

③ 路面清单综合单价定额中,按使用材料分为水结碎石、泥结碎石、泥结级配碎石面、灌入式沥青碎石中层、沥青混凝土面、混凝土面、炉渣混凝土面、预制混凝土块路面、混凝土路面切缝、鹅卵石路面 10 种专用定额分项,其中,水结碎石、泥结碎石又分为底层和面层两项,沥青混凝土面又分为中粒式和细粒式两项,鹅卵石路面又分为密排和镶嵌 80% 两项。

④ 路面、封治处理清单综合单价定额中,按使用材料分为级配石屑封面、泥结石屑封面、沥青单层表面处治、沥青双层表面处治、沥青结合层、沥青砂浆路面压实六个专用定额子目。

⑤ 人行道包括垫层和面层,其中垫层按使用的材料不同分为干铺碎砖垫层、碎砖灌浆垫层、三合土垫层、混凝土垫层四个专用定额子目;面层按使用的材料不同分为块料铺砌人行道和人行道整体面层两类,块料铺砌人行道又分为预制混凝土块砂垫、预制混凝土块浆砌、平铺红砖砂垫、侧铺红砖砂垫、混凝土连锁砖砂垫、混凝土连锁砖浆砌、盲道板浆砌、彩色人行道板浆砌和花岗岩板浆砌九个专用定额子目,人行道整体面层又分为镶嵌 80% 鹅卵石细石混凝土面层、水泥砂浆压光压线面层和水泥砂浆随打随抹面层。

⑥ 路边石清单综合单价定额中,按使用材料不同分为立砌砖、立条石、立预制混凝土路边石三类路牙专用定额分项,其中立砌砖又分为宽 115 mm、宽 53 mm 两种;立条石又分为带底板、不带底板两种;预制混凝土块分为不带底板、带底板、L 形三种。

(2) 混凝土涵管。

16 条子目,包括涵管基础垫层、钢筋混凝土涵管、混凝土涵管。

① 涵管基础垫层清单综合单价定额中,按使用的不同材料分为黏土、天然砂石、黏土碎石、干铺碎石、碎石灌水泥砂浆、毛石、混凝土七个专用定额子目。

② 钢筋混凝土涵管清单综合单价定额中,按管径不同分为 500 mm、600 mm、700 mm、800 mm、900 mm、1 000 mm 六个专用定额子目。

③ 混凝土涵管清单综合单价定额中,按管径不同分为 200 mm、300 mm、400 mm 三个专用定额子目。

(3) 室外排水管道。

50 条子目,包括承插式陶土管、钢筋混凝土管(承插式、套接式、企平口式)、塑料波纹管、围管座。

① 承插式陶土管铺设清单综合单价定额中,又按接口方式不同分为水泥砂浆接口、沥青玛蹄脂接口两个分项,每个分项均按管径不同细分为 100 mm、150 mm、200 mm、250 mm、300 mm、350 mm、400 mm 七个子目。

② 承插式钢筋混凝土管铺设清单综合单价定额中,又按接口方式不同分为沥青油膏接口、水泥砂浆接口两个分项,每个分项均按管径不同细分为 150 mm、200 mm、300 mm、400 mm 四个子目。

③ 套接式钢筋混凝土管铺设清单综合单价定额中,按管径不同分为 300 mm、400mm、500mm、600 mm、700 mm、800 mm、900 mm、1 000 mm 八个石棉水泥接口专用定额子目。

④ 企口式或平口式钢筋混凝土管铺设清单综合单价定额中,仅编制了管径为 200 mm、300 mm、400 mm、500 mm、600 mm、700 mm、800 mm、900 mm、1 000 mm 九个水泥砂浆接口专用定额子目。

以上项目工作内容均为清理、铺管、调制接口材料、接口、养护、试水。

⑤ 塑料波纹排水管铺设清单综合单价定额中,区分不同管径编制了 110 mm、160 mm、250 mm、315 mm、355 mm、400 mm、500 mm 七个专用定额子目。

⑥ 围管座清单综合单价定额中,根据不同材料设置了混凝土、三七灰土围管座和砂护管三个专用定额子目。

(4) 窨井、地沟铸铁盖板。

清单综合单价定额中分别设置了铸铁窨井盖板安装和铸铁地沟盖板安装 2 个专用定额子目。

(5) 铸铁栏杆围墙。

只设置了一条专用定额子目,即"铸铁花饰栏杆围墙"。

2. 室外工程定额的一般说明

(1) 本分部适用于建设场地范围内的道路、涵管、室外排水管道工程。

(2) 本分部已综合考虑了各种不同的施工方法、施工机具及材料场内小搬运,在执行中除另有注明外,均不得换算,亦不增加运输费用。本分部各子目中,凡未列明细机械台班者,该机械使用费均以元表示,已综合考虑在内。

(3) 混凝土及砂浆的标号配合比与设计要求不同时,允许按附录换算。

3. 室外工程中分项工程的列项划分方法

分项工程的列项通常应根据设计图纸的内容,结合工程的具体情况,以定额子目的划分为原则,按照具体定额子目的设置情况、子目所包括的工作内容及定额中有关规则、说明、规定进行。

室外配套工程在列项时,按照以上原则及上述定额子目设置情况,应按其各部位不同作用及使用材料不同等因素,分别列项计算工程量并套用相应的定额子目。

4.11.2 室外工程工程量计算与定额应用

1. 厂区道路

(1) 工程量计算。

① 各种道路的路槽、路基、路面应按设计图示尺寸以体积计算,不扣除雨水井、下水井所占的体积。

② 培路肩以实培夯实体积计算。

③ 混凝土路面边缘加固如需用钢筋时,应按设计图示规定计算,执行 A.4 混凝土及钢筋混凝土工程分部的相应子目。

④ 混凝土路面切缝按设计图示尺寸以长度计算。

⑤ 人行道按设计图示的铺设面积计算。

⑥ 路边石铺设按设计图示的长度计算,如设计规格与本分部不同时,可以换算,但人工及砂浆用量不变。

(2) 工程量计算及定额应用时应注意的事项。

① 挖路槽和培路肩是按普通土考虑的,如为砂砾坚土或旧路面时,按定额子目工日乘以系数 1.53。

② 混凝土路面已包括伸缩缝,不得另计。

③ 灰土基础子目如与设计用料比例不同时,允许换算,但数量不变。

④ 土边沟、砖砌和毛石边沟断面是分别按 $0.17\ m^2$、$0.2\ m^2$ 考虑的,与设计断面不同时,可按比例换算。

⑤ 场地硬化执行本分部相应子目。

2. 混凝土涵管

(1) 工程量计算。

混凝土涵管垫层按设计图示尺寸以体积计算。涵管铺设按设计图示长度计算。

(2) 工程量计算及定额应用时应注意的事项。

① 钢筋混凝土涵管是按平口考虑的,有效长度为 1 000 mm。

② 涵洞底槽的垫层及面层按装饰装修工程 B.1 楼地面工程分部的相应子目列项。

3. 室外排水管道

(1) 工程量计算。

① 室外排水管道与室内排水管道的分界点,以室内向外排出的第一个排水检查井为界。

② 在计算各种排水管道的长度时,应以设计图示管道中心线的长度为准,其坡度的影响不予考虑。

③ 排水管道铺设按设计图示尺寸以长度计算,扣除排水检查井和连接井等所占的长度,扣除的长度为检查井的内部直径或与管道同轴线的内边长。

④ 排水管道铺设,不分土壤类别,均按本分部中相应的项目计算。如有异形接头(弯头和

三通等)时,应全部按管道的长度计算,不再单独考虑。

⑤ 围管座按设计图示尺寸以体积计算。

(2) 工程量计算及定额应用时应注意的事项。

① 室外排水管道的沟深以自然地面至垫层面 2 m 以内为准,如沟深在 3 m 以内时,合计工乘以系数 1.11,5 m 以内合计工乘以系数 1.18,5 m 以上合计工乘以系数 1.31。

② 室外排水管道不论人工铺管或机械铺管均执行本分部相应子目。

③ 室外排水管道子目中未包括土方工程及管道垫层、基础,应按有关分部的相应子目列项。

④ 室外排水管道的试水所需工料,已包括在相应的定额子目内,不得另行增加。

⑤ 围管座槽深超过 5 m 时,相应子目人工乘以系数 1.31。

4. 窨井、地沟铸铁盖板

窨井铸铁盖板按设计图示以数量计算,地沟铸铁盖板按设计图示尺寸以面积计算。

5. 铸铁花饰栏杆围墙

铸铁花饰栏杆围墙按设计图示尺寸以面积计算。

4.12 零星拆除及构件加固工程

4.12.1 概述

1. 零星拆除及构件加固工程定额子目设置

本分部设零星拆除、构件加固共两部分 162 条子目。

(1) 零星拆除。

102 条子目,包括楼地面、墙体、墙柱天棚面、门窗、木楼梯、钢筋混凝土构件、其他拆除、水洗清污、墙面基层凿毛、剔槽、打洞。

① 地面垫层拆除清单综合单价定额中,分别设置了素混凝土垫层和灰土三合土垫层两个专用定额子目。

② 楼地面面层拆除清单综合单价定额中,分别设置了水泥砂浆、水磨石、标准砖、水泥砖(包括地板砖、缸砖)、马赛克、预制水磨石板、大理石、花岗岩、带龙骨木地板、不带龙骨木地板、卷材类面层等材料拆除的专用定额子目。

③ 墙体拆除清单综合单价定额中,分别设置了砖墙、空心砖墙及轻质墙、空心空斗墙、实心空斗墙、板条(苇箔)隔墙(板)、钢板网隔墙(板)、石膏板隔墙(板)、水磨石隔板等墙体材料拆除的专用定额子目。

④ 墙、柱、天棚面拆除清单综合单价定额中,分别设置了石灰及混合砂浆、水泥石子浆、马赛克及瓷片、大理石、花岗岩、预制水磨石板等墙、柱面层铲除的专用定额子目;混凝土天棚、板条天棚、钢板网天棚上仅抹灰面层铲除的定额子目;无龙骨的整体天棚吊顶(包括各类面层)、木龙骨含各类面层的整体天棚吊顶、金属龙骨铝合金面层的整体天棚吊顶、金属龙骨其他面层的整体

天棚吊顶拆除的定额子目;墙或天棚漆膜面铲除、墙或天棚涂料壁纸面铲除的专用定额子目。

⑤ 门窗及木装修拆除清单综合单价定额中,分别设置了木门窗、钢门窗、铝合金门窗及卷闸门整樘拆除的定额子目;木门框、木窗框、木门扇、木窗扇拆除的定额子目;窗帘盒棍及托、水磨石窗台板、木窗台板、筒子板、护墙板拆除的定额子目;整体木楼梯拆除的定额子目;各种扶手、木栏杆及铁栏杆拆除的定额子目。

⑥ 钢筋混凝土构件拆除清单综合单价定额中,分别设置了小型预制构件、预制楼板、小型现浇构件、现浇柱梁板拆除的专用定额子目。

⑦ 其他拆除清单综合单价定额中,分别设置了无砂石保护层、带砂石保护层及带架空隔热层的卷材防水层铲除的定额子目;木门窗、钢门窗、其他木材面、其他金属面旧漆膜铲除的定额子目。

⑧ 水洗清污、墙面基层凿毛、剔槽、打洞清单综合单价定额中,分别设置了楼地面、墙面、天棚面水洗清污;楼地面、墙面、天棚面抹灰面层基层凿毛;砖墙人工剔槽、混凝土墙人工剔槽、水磨石、水泥及混凝土地面人工剔槽;砖墙人工打透眼、混凝土墙(厚100 mm)人工打透眼、混凝土楼板人工打透眼;砖墙人工剔墙洞、混凝土墙人工剔墙洞的专用定额子目。

(2) 构件加固。

60条子目,包括粘钢加固、粘贴碳纤维布加固。

① 粘钢加固清单综合单价定额中,分为柱加固和梁加固两类,其中柱加固又分为单层狭条粘钢、双层狭条粘钢、单层块状粘钢、双层块状粘钢、单层箍板粘钢、双层箍板粘钢等定额子目;梁加固又分为单层梁面狭条粘钢、双层梁面狭条粘钢、单层梁底狭条粘钢、双层梁底狭条粘钢、单层梁侧狭条粘钢、双层梁侧狭条粘钢、U形板箍板粘钢、L形板箍板粘钢、板下狭条粘钢等定额子目。

② 粘贴碳纤维布加固清单综合单价定额中,分为柱加固、梁加固和板加固三类。柱加固又分为单层狭形箍布、单层宽形箍布等定额子目;梁加固又分为单层狭形条布加固梁底、宽形条布加固梁底、狭形条板加固梁底、宽形条板加固梁底、封闭缠绕狭形箍布梁加固、U型狭形箍布梁加固、狭形条布侧向粘贴梁加固、双L形箍布梁加固;板加固又分为狭形条布单向加固板底、狭形条布双向加固板底、宽形条布加固板面等定额子目。

2. 零星拆除及构件加固工程中分项工程的列项划分方法

分项工程的列项通常应根据设计图纸的内容,结合工程的具体情况,以定额子目的划分为原则,按照具体定额子目的设置情况、子目所包括的工作内容及定额中有关规则、说明、规定进行。

零星拆除及构件加固工程在列项时,按照以上原则及上述定额子目设置情况,应按照施工实际列项计算工程量并套用相应的定额子目。

4.12.2 零星拆除及构件加固工程量计算与定额应用

1. 工程量计算的规则

(1) 二次装修工程基面铲除、清污、凿毛均按墙面、地面和天棚面的装饰面积计算。楼梯基面的铲除、清污、凿毛工程量按其水平投影面积乘以系数1.4计算。

(2) 其他拆除项目工程量按以下规定计算。

① 地面垫层拆除按水平投影面积乘以厚度以体积计算，地面面层的拆除按水平投影面积计算，踢脚板按实拆面积并入地面面积内。

② 钢筋混凝土构件拆除按实拆体积计算。预制钢筋混凝土楼板拆除包括找平及抹灰层，按室内净面积计算。

③ 木楼梯拆除以住宅楼梯为准，不分单双道，包括拆除楼梯的休息平台，每层为一座，以"座"为单位计算，扶手按实拆长度计算。

④ 窗台板、筒子板、水磨石隔断、护墙板的拆除按实拆面积计算。

⑤ 窗帘盒、棍、托的拆除，以长度在 2 m 以内为准，以"份"为单位计算。

⑥ 各种墙体的拆除按墙体厚度（包括抹灰层厚度）乘以拆除面积以体积计算，不扣除门窗洞口，也不计算门窗拆除，但也不增加突出墙面的挑檐、虎头砖、门窗台、附墙烟囱及砖垛等的体积。

⑦ 整樘门窗拆除按洞口尺寸以面积计算，仅拆除门窗框者以"个"为单位计算，仅拆除门窗扇者以"扇"为单位计算。

⑧ 其他木材面、金属面铲除漆膜工程量系数按装饰装修工程 B.5 油漆、涂料、裱糊工程分部中的油漆工程量计算系数表中的规定计算。

⑨ 铲除墙、柱、天棚灰壳、块料面层按实铲面积计算。

(3) 构件粘钢加固应区分钢板的厚度，按实际粘贴钢板的面积计算。

(4) 构件粘贴碳纤维布加固应区分碳纤维布的规格和层数，按设计图示粘贴纤维布的面积计算。

2. 零星拆除及构件加固工程工程量计算及定额应用时应注意的事项

(1) 本分部除钢筋混凝土构件拆除外，其他子目均未包括脚手架费用。

(2) 钢筋混凝土设备基础拆除按部位分别执行钢筋混凝土柱、梁拆除子目。

(3) 拆除混凝土道路按拆除混凝土垫层子目乘以系数 0.9。

(4) 工程基面的拆除、清污、凿毛，只适用于再次装修工程的，应依据施工实际列项计算。

(5) 楼梯面层的铲除执行楼地面相应子目。

(6) 构件加固子目未包括被加固表面的铲除、修补费用和加固后的测试费用。

4.13 建筑物超高施工增加费

4.13.1 概述

1. 建筑物超高施工增加费的计取条件

《河南省建设工程工程量清单综合单价(2008)》是按 6 层或檐高 20 m 以内编制的。如果建筑物的层数或檐高超过上述限值，考虑到操作工人的工效降低、受垂直运输运距加长影响的时间延长、由于人工降效引起随工人班组配置的机械降效、自来水加压及附属设施、其他等有关因素的影响,可按综合单价建筑工程中的第十一分部 YA.11 的规定,另列项目计取建筑物超高增加费用。

单层工业厂房檐高超过 20 m,亦应列项计算建筑物超高增加费。但建筑物(如烟囱、水塔)不论其高度如何,均不得列项计取建筑物超高费用。

2. 建筑物超高施工增加费定额子目设置

(1) 多层建筑物超高增加费,分别设置了檐高 20 m(层数 6 层)以上至檐高 180 m(层数 54 层)的定额子目。子目设置按每 10 m(3 层)为一档共 16 个子目。

(2) 单层建筑物超高增加费,仅设置了檐高 30 m 以内和檐高 45 m 以内两个定额子目。

3. 建筑物层数的确定

在判断建筑物能否计取建筑物超高增加费和确定计取建筑物超高增加费而选定定额子目时,都需要用到建筑物的层数这一指标。在清单综合单价定额中,层数的计算有以下规定。

(1) 地下室不计入层数。

(2) 半地下室的地上部分,从设计室外地坪算起向上超过 1 m 时,可按一层计入层数内;否则,不计入层数。

(3) 突出屋顶的水箱间、电梯机房、楼梯间等,不计入层数。

(4) 同一建筑物高度不同时,按不同高度的建筑,分别确定其层数。

(5) 技术层不论层高多少,均可按一层计入层数内。

4. 建筑物檐高的确定

单层建筑物和多层建筑物,在判断其能否计取建筑超高增加费和确定计取建筑物超高增加费而选用定额子目时,都需要用到建筑物的檐高这一指标。在清单综合单价中,檐高的计算有以下规定。

(1) 单层建筑物的檐高从设计室外地坪至檐口屋面结构板面的垂直距离计算。突出屋面的天窗等,不计入高度之内。

(2) 多层建筑物的檐高:① 同一建筑物的檐高不同时,应分别计算其檐高。② 多层建筑物的檐高,自设计室外地坪至檐口屋面结构板面。突出屋顶的楼梯间、电梯机房、水箱间等,不计入高度之内。③ 加层工程,仍自设计室外地坪起算。

4.13.2 建筑物超高施工增加费工程量计算

(1) 建筑物超高施工增加费用以超高部分自然层(包括技术层)建筑面积的总和计算。

(2) 超出屋顶的楼梯间、电梯机房、水箱间、塔楼、主望台可以计算超高面积。

(3) 屋顶平台以上装饰用棚架、葡萄架、花台等特殊构筑物不得计算超高面积。

(4) 老建筑加层工程的超高费,按加高后的檐高超过 20 m 以上的加层部分的面积计算。

(5) 单层工业厂房超高费用区分不同檐高按其建筑面积计算。

4.13.3 建筑物超高施工增加费工程量计算及定额应用时应注意的事项

(1) 多层建筑物超高增加费工程量起算点的确定,一般应以第七层作为超高工程量起算点。若自设计室外地坪算起20 m处低于第七层,则自20 m所在楼层作为超高工程量起算点。

(2) 多层建筑物的建筑超高增加费工程量,均以超高工程量起算点所在楼层及以上各自然层(包括技术层)的建筑物外围水平面积总和以平方米计算。

(3) 超高费用中的机械费用由多种机械组合取定,施工时不论采用何种机械,均按本规定费用包干,不做调整。

(4) 仅施工主体不做装饰的,均按相应定额子目乘以系数0.95。

(5) 单独承包装饰工程的超高费执行装饰工程超高费子目。

(6) 本分部子目的划分是以建筑物檐高或层数两种指标界定的,两种指标达到其一即可执行相应子目。

(7) 同一建筑物有不同檐高时,分别按不同高度的竖向切面的建筑面积套用相应子目。

【**例题二十**】 某七层砖混住宅,层高3.0 m,檐口高度19.45 m,每层建筑面积均为400 m²。计算该工程施工超高费综合费。

【**解**】 仅第七层计算超高费,工程量=400 m²,套定额(11-1),得

综合费=400 m²÷100×1 986.98元/100 m²=7 947.92元

其中

人工费=400 m²÷100×606.73元/100 m²=2 426.92元

材料费=400 m²÷100×339.20元/100 m²=1 356.80元

机械费=400 m²÷100×598.00元/100 m²=2 392.00元

管理费=400 m²÷100×231.40元/100 m²=925.60元

利　润=400 m²÷100×211.65元/100 m²=846.60元

【**例题二十一**】 如图4-64所示,已知某建筑物共18层,其中1层层高4.5 m,2、3层层高4.2 m,4~18层为标准层,层高3.0 m,室外地坪标高-0.45 m,1~3层每层建筑面积为4 502 m²,4~18层每层建筑面积为3 842 m²,求该建筑物的超高增加费。

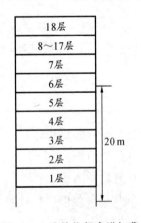

图4-64　建筑物超高增加费
　　　　计算示意图

【**解**】 (1) 判断从第几层开始计算超高费。

从室外地坪至第6层楼板顶的高度为:[0.45+4.5+4.2×2+3×3] m=22.35 m,知从室外地坪算起20 m线位于第六层。故从第六层开始计算超高增加费。

(2) 超高增加费计算。

超高工程量(超高部分建筑面积)

$$S=(18-5)\times 3\ 842\ m^2=49\ 946\ m^2$$

采用《河南省建设工程工程量清单综合单价(A建筑工程2008)》A(11-4)子目,综合单价:5 346.18元/100 m²。

该建筑物超高增加费=49 946/100×5 346.18元
　　　　　　　　　=2 670 203.06元

4.14 建筑工程措施项目费

4.14.1 概述

措施项目是指完成工程项目施工,发生于该工程施工前和施工过程中技术、生活、安全等方面的非工程实体项目。措施项目费即实施措施项目所发生的费用,由组织措施项目费和技术措施项目费组成。

4.14.2 施工组织措施费

施工组织措施费包括现场安全文明施工措施费、材料二次搬运费、夜间施工增加费、冬雨季施工增加费,分别以规定的费率计取。具体费率详见表4-29至表4-32。

1. 安全文明施工措施费

安全文明施工措施费是指施工现场安全及文明施工所需要的各项费用,属于不可竞争费用,其费用的计算按表4-29中规定的办法计取。

表4-29 现场安全文明施工措施费费率

序号	工程分类	费率基数	安全文明措施费费率/(%)			
			基本费	考评费	奖励费	合 计
1	建筑工程	综合工日×34	10.06	4.74	2.96	17.76
2	单独构件吊装		6.04	2.84	1.78	10.66
3	单独土方工程		5.03	2.37	1.48	8.88
4	单独桩基工程		5.03	2.37	1.48	8.88
5	装饰工程		5.03	2.37	1.48	8.88
6	安装工程		10.06	4.74	2.96	17.76
7	市政道桥工程		13.40	6.30	3.94	23.64
8	园林绿化工程		6.70	3.15	1.97	11.82
9	仿古建筑工程		5.03	2.37	1.48	8.88
10	其他工程		4.03	1.89	1.18	7.10
11	清单计价工程		10.06	4.74	2.96	17.76
12	改造、拆除工程	另行规定				

注:① 依据建设部建办(2005)89号文、豫建设标(2006)82号文的规定制定。本表中的费率包括文明施工费、安全施工费和临时设施费。环境保护费另按实际发生额计算。
② 基本费应足额计取;考评费在工程竣工结算时,按当地造价管理机构核发的《安全文明施工措施费率表》进行核算;奖励费根据施工现场文明获奖级别计算,省级为全额,市级为70%,县(区)级为50%。
③ 非单独发包的土方、构件吊装、桩基应并入建筑工程计算。

2. 材料二次搬运费

材料二次搬运费是指因施工场地狭小等特殊情况而发生的二次搬运费用。按施工现场总面积与新建工程首层建筑面积的比例,以清单综合单价分析出的综合工日为基数乘以相应的二次搬运费费率计算。二次搬运费费率见表 4-30。

表 4-30 材料二次搬运费费率

序 号	现场面积/首层面积	费率/(%)
1	4.5	0
2	>3.5	1.02
3	>2.5	1.36
4	>1.5	2.04
5	≤1.5	3.40

3. 夜间施工增加费

夜间施工增加费是指因夜间施工所发生的夜班补助费、夜间施工降效、夜间施工照明设备摊销及照明用电等费用。根据合同工期与定额工期的比例,以清单综合单价分析出的综合工日为基数乘以相应的夜间施工增加费费率计算。夜间施工增加费费率见表 4-31。

表 4-31 夜间施工增加费费率

序 号	合同工期/定额工期	费率/(%)
1	$1>t>0.9$	0.68
2	$t>0.8$	1.36

4. 冬雨季施工增加费

冬雨季施工增加费是在冬雨季施工期间,采取防寒保温和防雨措施所增加的费用。根据合同工期与定额工期的比例,以清单综合单价分析出的综合工日为基数乘以相应的冬雨季施工增加费费率计算。冬雨季施工增加费费率见表 4-32。

表 4-32 冬雨季施工增加费费率

序 号	合同工期/定额工期	费率/(%)
1	$1>t>0.9$	0.68
2	$t>0.8$	1.29

4.14.3 施工技术措施费

施工技术措施费包括施工排水、降水费,大型机械设备进出场、安拆费,现浇混凝土及预制构件模板使用费,脚手架使用费,垂直运输费,现浇混凝土泵送费等,分别按本分部相应的子目计算。

1. 施工排水、降水费

1) 定额子目设置

施工排水、降水费清单综合单价定额中,包括施工排水和井点降水两类专用子目。

(1) 施工排水又分为排水管道安拆及摊销和抽水机抽水两个分项。其中,排水管道安拆及摊销分项又分为钢管管径 50 mm 和 100 mm 两个子目;抽水机抽水又分为潜水泵 ϕ100、泥浆泵 ϕ100、单级清水泵 ϕ100 三个子目。

(2) 井点降水又分为轻型井点降水、大口径井点降水和水泥管井井点降水三个分项。其中,轻型井点降水分项和大口径井点降水分项又分为安装、拆除和使用三个定额子目,编制预算时,应按安装、拆除和使用分别列项计算;水泥管井井点降水分项仅设置了安装和使用两个定额子目,编制预算时,应按安装和使用分别列项计算。

2) 工程量计算与定额应用

(1) 工程量计算规则。施工排水、降水的工程量计算应符合经过批准的施工组织设计的要求。排水管道按设计尺寸以长度计算,抽水机抽水按抽水机机械台班数量计算。井点降水应区分轻型井点、大口径井点,按不同井管深度的井管安装、拆除,以根为单位计算;水泥管井井点按井深以长度计算,井点的使用按套×天计算。井点套组成:轻型井点,50 根为一套;大口径井点,45 根为一套;水泥管井井点,每一管井为一套。如施工组织设计来规定井管间距时,轻型井点管距可用 0.8~1.6 m。使用天应以每昼夜 24 h 为一天,井点降水总根数不足一套时,可按一套计算使用费。

(2) 定额应用时应注意的事项。本分部子目中的抽水机、泵等机械设备和台班消耗量是综合取定的,实际使用不符时不得换算。

【例题二十二】 某工程基础外围降水井点布置尺寸 46.2 m×16.8 m(矩形),采用轻型井点降水,井点间距 1 m,降水时间 30 天,计算降水的措施费。

【解】 (1) 安装。

采用《河南省建设工程工程量清单综合单价(A 建筑工程 2008)》A(12-6)子目,综合单价:1 897.44元/10 根。

$$工程量=(46.2+16.8)\times 2/1\ 根=126\ 根$$

(2) 拆除。

采用《河南省建设工程工程量清单综合单价(A 建筑工程 2008)》A(12-7)子目,综合单价:326.22 元/10 根。

$$工程量=126\ 根$$

(3) 使用。

采用《河南省建设工程工程量清单综合单价(A 建筑工程 2008)》A(12-8)子目,综合单价:438.65 元/(套×天)。

$$工程量=126/50\times 30\ 套\times 天=75.60\ 套\times 天$$
$$降水措施费=(1\ 897.44\times 126/10+326.22\times 126/10+438.65\times 75.60)元$$
$$=61\ 180.06\ 元$$

2. 大型机械设备进出场、安拆费

1) 定额子目设置

大型机械设备进出场、安拆费清单综合单价定额中,包括大型机械设备安拆费和大型机械设备进出场费两类专用子目。

(1) 大型机械设备安拆费。

分为塔吊基础铺拆费、塔式起重机安装拆卸费、自升式塔吊安装拆卸费、柴油打桩机安装拆卸费、静力压桩机安装拆卸费、潜水钻机安装拆卸费、喷粉桩钻机安装拆卸费、深层搅拌钻机安装拆卸费、混凝土搅拌站安装拆卸费、施工电梯安装拆卸费10个分项。其中,塔吊基础铺拆费分项又分为固定式带配重塔吊基础和轨道式基础两个子目;塔式起重机安装拆卸费分项又根据塔式起重提升质量的不同,分为6 t、8 t、15 t、25 t塔式起重机四个子目;静力压桩机安装拆卸费分项又根据压桩机压力不同,分为900 kN、1 200 kN、1 600 kN静力压桩机三个子目;施工电梯安装拆卸费分项根据提升高度不同,分为75 m、100 m、200 m三个子目。

(2) 大型机械设备进出场费。

分为履带式推土机场外运输费、履带式挖掘机场外运输费、履带式液压抓斗成槽机场外运输费、履带式起重机场外运输费、柴油打桩机场外运输费、静力压桩机场外运输费、潜水钻机场外运输费、喷粉桩钻机场外运输费、深层搅拌钻机场外运输费、转盘钻机场外运输费、强夯机械场外运输费、压路机场外运输费、塔式起重机场外运输费、自升式起重机场外运输费、混凝土搅拌站场外运输费、施工电梯场外运输费共16个分项。其中,履带式推土机场外运输费分项又根据功率不同,分为90 kW以内和90 kW以上两个子目;履带式挖掘机场外运输费分项又根据斗容量不同,分为1 m³以内和1 m³以上两个子目;履带式起重机场外运输费分项又根据提升质量不同,分为30 t、50 t、60 t以内三个子目;柴油打桩机场外运输费分项又根据冲击部分质量不同,分为5 t以内和5 t以上两个子目;静力压桩机场外运输费分项又根据压力不同,分为900 kN、1 200 kN、1 600 kN静力压桩机三个子目;塔式起重机场外运输费分项又根据提升质量不同,分为6 t、8 t、15 t、25 t塔式起重机四个子目;施工电梯场外运输费分项又根据提升高度不同,分为75 m、100 m、200 m三个子目。

2) 工程量计算与定额应用

(1) 工程量计算规则。

大型机械设备进出场、安拆工程量计算应符合经过批准的施工组织设计的要求。

① 大型机械设备进出场、安拆以施工组织设计规定或实际发生经签证的数量和次数计算。

② 固定式带配重的塔吊基础铺设按座计算,轨道式基础铺设按长度计算。

(2) 定额应用时应注意的事项。

① 塔吊固定基础铺拆费为自升塔吊基础参考价格,允许按施工组织设计要求调整。如为非自升塔吊基础,执行该子目时,基价应乘以系数0.15。

② 轨道铺拆费按直线轨道考虑,如铺设弧线轨道时,应乘以系数1.15。

③ 塔吊基础铺拆费不包括轨道和枕木之间增加的其他型钢或钢板的轨道、自升式塔吊行走的轨道、不带配重的自升式塔吊的固定式基础,发生时另按施工组织设计要求计算。

④ 拖式铲运机的场外运输费按相应规格的履带式推土机费用乘以系数1.1。

⑤ 推土机、除荆机、湿地推土机的场外运输费按相应规格的履带式推土机费用执行。

⑥ 本分部未设施工电梯和混凝土搅拌站的基础,发生时另按施工组织设计要求计算。

⑦ 机械的一次安拆费中均包括安装后的试运转费用,所列场外运输费为 25 km 以内的进出场费用,超过 25 km 时,另行计算。

⑧ 特大型机械场外运输费包括机械的回程费用。

⑨ 自升式塔吊安拆费是以塔高(檐高)45 m 确定的,如塔高超过 45 m 时,每增高 10 m,安拆费增加 10%(超过不足 5 m 的不计)。

⑩ 如现场塔吊转移时,因改道需碾压铺垫路基,铺拆轨道,仍按费用表执行。其他有关费用按塔吊相应安拆费定额乘以系数 0.3 计算。

⑪ 机械停滞费,按《河南省统一施工机械台班费用定额(2008)》规定执行。

⑫ 轮胎式起重机场外运输费,以同吨位型号的机械台班单价乘以系数 1.5 计算;汽车式起重机、汽车式钻孔机场外运输费以同吨位型号的机械台班单价乘以系数 0.2 计算。

⑬ 大型机械一次安拆费及场外运输费,仅限于本分部列有子目的机械方能计取。

3. 现浇混凝土及预制混凝土构件模板使用费

1) 定额子目设置

(1) 现浇混凝土构件模板使用费清单综合单价定额中,包括基础、柱、梁、墙、板、楼梯、其他构件、后浇带的模板。

① 基础模板分为带形基础模板、独立基础模板、满堂基础模板、设备基础模板、设备螺栓套、桩承台模板、杯形基础模板、基础垫层模板八个分项。其中,带形基础模板和满堂基础模板分项又分别分为有梁式和无梁式两个子目;设备螺栓套分项分为长度 1 m 以内和长度 1 m 以上两个子目;桩承台模板分项又分为带形和独立两个子目。

② 现浇混凝土柱模板分为矩形柱模板、异形柱模板、圆柱模板和构造柱模板四个专用定额分项。其中,矩形柱分项又分为柱断面周长 1.2 m 以内、1.8 m 以内、1.8 m 以上三个定额子目;圆柱模板分项又分为直径 0.5 m 以内和 0.5 m 以上两个子目。

③ 现浇混凝土梁模板分为基础梁模板、矩形梁模板、异形梁模板、圈梁及叠合梁模板、过梁模板、桁架模板、每超高 1 m 的层高超高梁模板增加费七个专用定额子目。

④ 现浇混凝土墙模板分为直形墙模板、挡土墙模板、每超高 1 m 的层高超高墙模板增加费三个专用定额分项。其中,直形墙模板又分为墙厚 100 mm 以内、200 mm 以内、300 mm 以内、300 mm 以上四个定额子目。

⑤ 现浇混凝土板模板分为有梁板模板、无梁板模板、平板模板、筒壳模板、双曲薄壳模板、栏板模板、挑檐天沟模板、雨篷模板、阳台模板、预制板间补缝模板(缝宽 150 mm 以内)、每超高 1 m 的层高超高板模板增加费 10 个专用定额分项。其中,有梁板模板分项、平板模板分项和预制板间补缝模板(缝宽 150 mm 以内)分项又分别分为板厚 100 mm 以内和 100 mm 以上两个子目。

⑥ 现浇混凝土楼梯模板分为直形和弧形楼梯模板两个子目。

⑦ 现浇混凝土其他构件模板分为门框模板、压顶模板、栏杆模板、扶手模板、池槽模板、台阶模板、地沟底模板、地沟壁模板、地沟顶模板、零星构件模板 10 个专用定额子目。

⑧ 现浇混凝土后浇带模板分为板厚 100 mm 以内有梁板、板厚 100 mm 以上有梁板、满堂基础和墙的后浇带模板四个子目。

(2) 现场预制混凝土构件模板使用费清单综合单价中,包括柱、梁、屋架、天窗架、其他构件的模板。

① 现场预制柱模板分为预制矩形柱模板、预制异形柱模板两个分项。其中,预制矩形柱模板分项又分为实心柱、空心柱、围墙柱三个子目;预制异形柱模板分项又分为双肢柱、工形柱、空格柱三个子目。

② 现场预制梁模板分为预制矩形梁模板、预制异形梁模板、预制吊车梁模板、预制托架梁模板、预制过梁模板五个专用分项。其中,预制矩形梁模板分项又分为单梁和基础梁两个子目;预制吊车梁模板分项又分为T形和鱼腹式两个子目。

③ 现场预制屋架模板分为预制拱形屋架模板、预制锯齿形屋架模板、预制组合屋架模板、预制薄腹屋架模板、预制门式钢架模板五个专用定额子目。

④ 现场预制天窗架模板分为预制天窗架模板、预制天窗端壁模板两个专用定额子目。

⑤ 现场预制其他构件模板分为预制沟盖板模板、预制檩条、支撑、天窗上下挡模板、预制门窗框模板、预制阳台分户隔板模板、预制栏板模板、预制栏杆模板、预制支架模板、预制漏空花格模板、预制零星构件模板、预制水磨石窗台板、预制水磨石隔板及其他模板11个专用分项。其中,预制支架模板又分为框架形和异形架两个子目。

2) 工程量计算与定额应用

(1) 工程量计算规则。

本分部现浇混凝土构件及预制构件模板所采用的工程量是现浇混凝土及预制构件混凝土的工程量,其计算规则和A.4混凝土和钢筋混凝土分部相同。但以下情况,可按本条规定计算。

① 混凝土圈梁中的过梁模板可单独列项,按门窗洞口的外围宽度加500 mm乘以截面积的体积计算。

② 弧形板的计算范围为变形处两点连线一侧的弧状图形。

③ 设备基础体积大于20 m^3 的,执行基础的相应子目。

④ 以投影面积或长度计算的构件,不得因混凝土量增减而调整其模板子目或增加工程量。

(2) 定额应用时应注意的事项。

① 本分部中的模板综合考虑了工具式钢模板、定型钢模板、木(竹)模板和混凝土地(胎)模的使用。实际采用模板不同时,不得换算。

② 本分部的现浇混凝土梁(不包括圈梁)、板、柱、墙的模板是按层高3.6 m编制的。层高超过3.6 m时可计算超高增加费,执行本分部超高增加费子目,每超过1 m计算一次超高增加费,尾数不足0.5 m者不计(4.1~5 m可计算1次超高费,5.1~6 m可计算2次,6.1~7 m可计算3次)。

③ 短肢剪力墙模板、电梯井壁模板执行墙的相应子目,人工分别乘以系数1.1、1.2,其他不变。

④ 采用钢滑模施工的钢筋混凝土烟囱筒身、圆贮仓壁是按无井架施工测算的,钢滑模施工的操作平台、费用已计入该定额子目内,不另计算,亦不得另行计算脚手架和竖井架。

⑤ 钢滑模子目内所包括的提升支撑杆的消耗量,不得调整和换算。如设计要求利用支撑杆代替结构钢筋时,应在钢筋用量中扣除该支撑杆的重量。如支撑杆施工后能拔出者,应扣除冲减拔杆费用后的回收价值。

⑥ 弧形或折线形的混凝土构件模板,执行其对应的子目时,模板乘以系数1.3、人工乘以系数1.25。

4. 脚手架使用费

1) 定额子目设置

脚手架使用费清单综合单价定额中,包括综合脚手架、单项脚手架、烟囱脚手架三部分。

(1) 综合脚手架分为单层建筑物综合脚手架、多高层建筑物综合脚手架和地下室综合脚手架三个专用分项。其中,单层建筑物综合脚手架分项又分为檐高 6 m 以内、9 m 以内、15 m 以内、24 m 以内、30 m 以内五个定额子目;多层高层建筑物综合脚手架分项又分为檐高 15 m 以内、25 m 以内、30 m 以内、40 m 以内、50 m 以内、60 m 以内、70 m 以内、80 m 以内、90 m 以内、100 m 以内、110 m 以内和每增加 10 m 的辅助子目共计 12 个定额子目;地下室综合脚手架分项又分为地下一层和地下二层及以上两个定额子目。

(2) 单项脚手架中设置了外墙单排脚手架、外墙双排脚手架、混凝土单梁脚手架、里脚手架(3.6 m 以内)、满堂基础脚手架、满堂脚手架、网架安装脚手架、室外管道脚手架八个专用分项。其中,外墙单排脚手架分项又分为墙高 10 m 以内、15 m 以内两个子目;外墙双排脚手架分项又分为墙高 10 m 以内、15 m 以内、24 m 以内、30 m 以内、50 m 以内五个子目;混凝土单梁脚手架又分为梁底高 3.6 m 以内和 3.6 m 以上两个子目;满堂脚手架分为天棚高 3.6~5.2 m 之间的一个基本子目和每增加 1.2 m 的一个辅助子目;网架安装脚手架分为一个高度 6 m 以内基本子目和一个高度每增加 1 m 的辅助子目。

(3) 烟囱脚手架。(略)

2) 工程量计算规则与定额应用的注意事项

(1) 工程量计算规则。

① 综合脚手架应区分地下室、单层、多(高)层和不同檐高,以建筑面积计算,同一建筑物檐高不同时,应按不同檐高分别计算。

② 单项脚手架中外脚手架、里脚手架均按墙体的设计图示尺寸以垂直投影面积计算。

③ 围墙按墙体的设计图示尺寸以垂直投影面积计算,凡自然地坪至围墙顶面高度在 3.6 m 以下的,执行里脚手架子目,高度超过 3.6 m 以上时,执行单排外脚手架子目。

④ 整体满堂钢筋混凝土基础,凡其宽度超过 3 m 以上时,按其底板面积计算基础满堂脚手架。条形钢筋混凝土基础宽度超过 3 m 时和底面积超过 20 m^2 的设备基础也可按其上口面积计算基础满堂脚手架。

⑤ 独立柱按图示柱结构外围周长另加 3.6 m,乘以设计高度以面积计算,套用单排外脚手架子目。

⑥ 现浇混凝土单梁脚手架,以外露梁净长乘以地坪至梁底高度计算工程量。

⑦ 满堂脚手架,按室内净面积计算,其高度在 3.6~5.2 m 之间时,计算基本层,超过 5.2 m 时,每增加 1.2 m 按增加一层计算,不足 0.6 m 的不计。计算式表示如下

$$满堂脚手架增加层=(室内净高度-5.2 \text{ m})/1.2 \text{ m}$$

⑧ 地上高度超过 1.2 m 的贮水(油)池壁、贮仓壁、大型设备基础立板脚手架,以其外围周长乘以高出地面的高度以面积计算;地下深度超过 1.2 m 的壁、板脚手架,以其内壁周长乘以自然地坪距底板上表面的高度以面积计算;底板脚手架以底板面积计算。

⑨ 室外管道脚手架按面积计算,其高度以自然地坪至管道下皮(多层排列管道时,以最上

一层管道下皮为准)的垂直距离计算,长度按管道的中心线计算。

⑩ 网架安装脚手架按网架水平投影面积计算。

⑪ 烟囱脚手架按设计图示的不同直径、室外地坪至烟囱顶部的筒身高度以"座"计算,地面以下部分的脚手架已包括在定额子目内。

⑫ 滑升模板施工的钢筋混凝土烟囱、筒仓,不另计算脚手架。

⑬ 水塔脚手架的计算方法和烟囱相同,并按相应的烟囱脚手架子目人工乘以系数1.1。

(2) 定额应用时应注意的事项。

① 脚手架适用于一般工业与民用建筑工程的建筑物(构筑物)所搭设的脚手架,无论钢管、木制、竹制均按本分部执行。

② 脚手架子目中,已综合了斜道、防护栏杆、上料平台及挖土、现场水平运输等的费用。

③ 综合脚手架适用于能够按"建筑工程建筑面积计算规范"计算建筑面积的建筑工程的脚手架,不适用于房屋加层、构筑物及附属工程脚手架。

综合脚手架已综合考虑了施工主体、一般装饰和外墙抹灰脚手架。不包括无地下室的满堂基础架、室内净高超过3.6 m的天棚和内墙装饰架、悬挑脚手架、设备安装脚手架、人防通道、基础高度超过1.2 m的脚手架,该内容可另执行单项脚手架子目。

同一建筑物有不同檐高时,按建筑物竖向切面分别计算建筑面积,套用相应子目。

④ 单项脚手架适用于不能按"建筑工程建筑面积计算规范"计算建筑面积的建筑工程的脚手架。室内高度在3.6 m以上时,可增列满堂脚手架,但内墙装饰不再计算脚手架,也不扣除抹灰子目内的简易脚手架费用。内墙高度在3.6 m以上且无满堂脚手架时,可另计算装饰用脚手架,执行脚手架相应子目。

高度在3.6 m以上的墙、柱、梁面及板底的单独勾缝,每100 m² 增加设施费15.00元,不得计算满堂脚手架。单独板底勾缝确需搭设悬空脚手架时,可执行装饰分册中的相应子目。

贮水(油)池壁、贮仓壁、大型设备基础立板高出自然地坪1.2 m以上的,地上部分可计算双排外墙脚手架,自然地坪距底板上表面深度超过1.2 m的,地下部分可计算里脚手架,底板可计算满堂脚手架。

【例题二十三】 如图4-63所示,已知某建筑物共18层,其中1层层高4.5 m,2、3层层高4.2 m,4~18层为标准层,层高3.0 m,室外地坪标高-0.45 m,1~3层每层建筑面积为4 502 m²,4~18层每层建筑面积为3 842 m²,求该建筑物脚手架费用。

【解】 檐高=(0.45+4.5+4.2×2+3×15) m=58.35 m<60 m

脚手架工程量:S=(4 502×3+3 842×15) m²=71 136 m²

采用《河南省建设工程工程量清单综合单价(A 建筑工程2008)》A(12-211)子目,综合单价:3 316.89元/100 m²。

该建筑物脚手架费用=71 136/100×3 316.89元=2 359 502.87元

5. 垂直运输机械费

1) 定额子目设置

垂直运输机械费清单综合单价定额中,包括基础及地下室垂直运输、檐高在20 m以内建筑物垂直运输、檐高在20 m以上建筑物垂直运输和构筑物垂直运输四部分。

(1) 基础及地下室垂直运输分为地下室垂直运输和无地下室的埋置深度在 4 m 及以上的基础垂直运输两个分项。其中,地下室垂直运输分项又分为一层和二层及以上两个子目。

(2) 檐高在 20 m 以内建筑物垂直运输分为单层厂房和民用建筑两个分项。其中,单层厂房分项又分为现浇框架、预制排架和其他结构三个子目。

(3) 檐高在 20 m 以上建筑物垂直运输仅根据建筑物檐高分为 30 m 以内、40 m 以内、50 m 以内、60 m 以内、70 m 以内、80 m 以内、90 m 以内、100 m 以内、110 m 以内、120 m 以内、130 m 以内、140 m 以内、150 m 以内 13 个子目。

(4) 构筑物垂直运输(略)。

2) 工程量计算与定额应用

(1) 工程量计算规则。

① 建筑物垂直运输工程量,区分不同建筑物类型及檐高以建筑面积计算。

② 无地下室且埋置深度在 4 m 及以上的基础、地下水池垂直运输工程量,按混凝土或砌体的设计尺寸以体积计算。

③ 烟囱、水塔、筒仓垂直运输以座计算,超过规定高度时再按每增高 1 m 定额子目计算,其高度不足 1 m 时,亦按 1 m 计算。

(2) 定额应用时应注意的事项。

① 建筑物的檐高是指设计室外地坪至檐口(屋面结构板面)的垂直距离,突出主体建筑屋顶的电梯间、水箱间等不计入檐口高度之内。构筑物的高度,是指从设计室外地坪至构筑物顶面的高度。

② 垂直运输费依据建筑物的不同檐高划分为基础及地下室、檐高 20 m 以内工程、檐高 20 m 以上工程。

③ 垂直运输费子目的工作内容,包括单位工程在合理工期内完成全部工程项目所需的垂直运输机械台班,不包括机械的场外往返运输、一次安装拆除及路基铺垫和轨道铺拆等的费用。

④ 同一建筑物有不同檐高时,按建筑物竖向切面分别计算建筑面积,套用相应子目。

⑤ 檐高在 4 m 以内的单层建筑,不计算垂直运输费。

⑥ 混凝土构件混凝土采用泵送浇筑的,相应子目中的塔式起重机台班数量乘以 0.5,所减少的台班数量可计算停滞费。

⑦ 建筑物中的地下室应单独计算垂直运输机械费。

⑧ 建筑工程外墙装饰另单独分包时,垂直运输费扣减 8%。

⑨ 无地下室且埋置深度在 4 m 及以上的基础,地下水池可按相应项目计算垂直运输费。

6. 现浇混凝土泵送费

(1) 定额子目设置。

现浇混凝土泵送费清单综合单价定额中,包括±0.000 以下混凝土泵送费和±0.000 以上混凝土泵送费两个专用分项。其中,±0.000 以上混凝土泵送费分项根据泵送高度又分为 30 m 以内、50 m 以内、70 m 以内和 70 m 以上四个定额子目。

(2) 工量计算与定额应用。

混凝土泵送工程量按混凝土泵送部位的相应子目中规定的混凝土消耗量体积计算。

【思考题】

4-1 简述工程量计算应遵循的原则。
4-2 如何确定工程量的计算顺序?
4-3 简述建筑面积计算的意义。
4-4 如何区分地槽、地坑、土方?
4-5 简述地槽、地坑、土方工程量计算规则。
4-6 简述现浇灌注混凝土桩工程量计算规则。
4-7 简述砖基础工程量计算规则。
4-8 计算砖墙工程量时,应扣除什么?不应扣除什么?应增加什么?不应增加什么?
4-9 现浇或预制钢筋混凝土构件一般包括哪些项目?各项目工程量如何计算?
4-10 如何区分有梁板、无梁板、平板?
4-11 简述屋面防水及保温层工程量计算规则。
4-12 什么情况下计算综合脚手架?
4-13 什么情况下计算单项脚手架?
4-14 什么情况下可计算满堂脚手架?
4-15 措施项目费包括哪些内容?

【习题】

下列习题所需图纸详见插图(×××公司办公楼建筑结构施工图)

4-1 计算办公楼的建筑面积(注意外墙保温层要计算建筑面积)。
4-2 计算办公楼的挖土方工程量、综合费及人工消耗量。
4-3 计算办公楼砖基础的工程量、综合费、人工及主要材料消耗量。
4-4 计算办公楼一层平面图中墙体的工程量、综合费、人工及主要材料消耗量。
4-5 计算办公楼混凝土基础的混凝土工程量、综合费、人工及主要材料消耗量。
4-6 计算办公楼三层框架梁、现浇板混凝土的工程量、综合费、人工及主要材料消耗量。
4-7 计算办公楼框架柱混凝土的工程量、综合费、人工及主要材料消耗量。
4-8 计算办公楼楼梯混凝土的工程量、综合费、人工及主要材料消耗量。
4-9 计算办公楼三层框架梁 KL1、KL2 钢筋的工程量、综合费、人工及主要材料消耗量。
4-10 计算办公楼框架柱钢筋的工程量、综合费、人工及主要材料消耗量。
4-11 计算办公楼三层现浇板钢筋的工程量、综合费、人工及主要材料消耗量。
4-12 计算办公楼混凝土基础钢筋工程量、综合费、人工及主要材料消耗量。
4-13 计算办公楼屋面工程工程量、综合费、人工及主要材料消耗量。
4-14 计算办公楼混凝土基础模板工程量、综合费、人工及主要材料消耗量。
4-15 计算办公楼二层框架梁 KL9 模板工程量、综合费、人工及主要材料消耗量。
4-16 计算办公楼一层框架柱模板工程量、综合费、人工及主要材料消耗量。
4-17 计算办公楼一层框架梁、现浇板模板工程量、综合费、人工及主要材料消耗量。
4-18 计算办公楼综合脚手架工程量、综合费、人工消耗量。
4-19 计算办公楼垂直运输工程量、综合费、人工消耗量。

第 5 章 装饰工程工程量计算与定额应用

【学习要求】
掌握楼地面工程、墙柱面工程、天棚工程、门窗工程、油漆涂料裱糊工程工程量计算与定额应用；熟悉其他工程、单独承包装饰工程超高费、装饰工程措施项目费工程量计算与定额应用。

5.1 楼地面工程

5.1.1 概述

1. 楼地面工程的定额内容

楼地面工程的定额内容包括整体面层、块料面层、橡塑面层、其他材料面层、踢脚线、楼梯装饰、扶手栏杆栏板、台阶装饰、零星装饰项目、地面垫层、散水坡道等。

2. 楼地面工程定额项目的划分

楼地面工程定额项目划分主要考虑以下因素。

（1）整体面层按材料分为水泥砂浆、水泥豆石浆、现浇普通水磨石、彩色镜面水磨石、细石混凝土、石屑混凝土、防水混凝土、菱苦土等楼地面。

（2）块料面层按材料分为方整石、大理石、花岗岩、水泥花砖、混凝土板、预制水磨石板、地板砖、陶瓷锦砖、广场砖、缸砖等楼地面。其中，地板砖按材料规格分为 200 mm×200 mm、300 mm×300 mm、400 mm×400 mm、500 mm×500 mm、600 mm×600 mm、800 mm×800 mm、1 000 mm×1 000 mm 等。

（3）橡塑面层按材料分为橡胶板、塑料板、塑料卷材等楼地面。

（4）其他材料面层按材料分为地毯、木地板、防静电活动地板、金属复合地板、镭射玻璃等楼地面。

（5）踢脚线按材料分为水泥砂浆、大理石、花岗岩、预制水磨石板、缸砖、釉面砖、地板砖、现浇水磨石、塑料板、橡胶板、硬木、松木、细木工板、金属等踢脚线。

（6）楼梯装饰按材料分为大理石、花岗岩、预制水磨石板、缸砖、地板砖、水泥砂浆、水泥豆石浆、现浇普通水磨石、地毯等楼梯面层。

（7）扶手栏杆栏板按材料分为金属、硬木、塑料扶手栏杆栏板等。

（8）台阶装饰按材料分为大理石、花岗岩、水泥花砖、预制水磨石板、缸砖、地板砖、水泥砂浆、现浇普通水磨石、斩假石等台阶面层。

（9）地面垫层按材料分为灰土、碎砖三合土、中粗砂、级配砂石、毛石、碎（砾）石、碎砖、炉（矿）渣、混凝土、炉渣混凝土等垫层。

（10）散水、坡道按材料分为水泥砂浆散水、水泥砂浆面坡道、水刷豆石面坡道、斩假石面坡道等。

5.1.2 楼地面工程工程量计算与定额应用

1. 垫层工程量计算与定额应用

（1）工程量计算。

地面、散水和坡道垫层按设计图示尺寸以体积计算。应扣除凸出地面的构筑物、设备基础、室内铁道、地沟等所占体积，不扣除间壁墙和 0.3 m² 以内的柱、垛、附墙烟囱及孔洞所占体积。

（2）定额使用要领。

混凝土强度等级及灰土、三合土、水泥砂浆、水泥石子浆等的配合比，如与设计规定不同，可按定额附录表进行换算。

2. 整体和块料地面工程量计算与定额应用

（1）工程量计算。

① 整体面层和块料面层均按设计图示尺寸以面积计算。应扣除凸出地面的构筑物、设备基础、室内管道、地沟等所占面积，不扣除间壁墙和 0.3 m² 以内的柱、垛附墙烟囱及孔洞所占面积，门洞、空圈、暖气包槽、壁龛的开口部分不增加面积。

② 橡塑面层和其他材料面层按设计图示尺寸以面积计算，门洞、空圈、暖气包槽、壁龛的开口部分并入相应的工程量内。

③ 踢脚线按设计图示长度乘以高度以面积计算。

（2）定额使用要领。

① 水泥砂浆、水泥石子浆等的配合比，如设计规定与定额不同时，允许换算的，砂浆厚度、饰面材料规格可按设计要求调整。

② 整体面层系按现行 05YJ 标准图集编制。水泥砂浆地面、一次抹光、混凝土地面子目未考虑找平层；水磨石楼地面子目仅包括一道 18 mm 的找平层，不包括防水层，超出一道的防水层和找平层另列项目计算。

③ 菱苦土楼地面、现浇水磨石定额项目已包括酸洗打蜡工料。

④ 楼地面块料面层系按现行 05YJ 标准图集编制，仅含水泥砂浆结合层和面层。防水层和非结合层的找平层另列项目计算。

⑤ 本分部内含有混凝土消耗量的子目，不包括现浇混凝土的现场搅拌费用。如在现场搅拌时，可按建筑工程 A.4 分部中的有关子目计算现场搅拌费。如采用商品混凝土，可直接进行换算或调差价，商品混凝土运输费执行建筑工程 A.4 分部中的有关子目。

【例题一】 某建筑平面图，如图 5-1 所示，已知墙厚 240 mm，室内铺设 600 mm×600 mm 大理石地面，地面做法为：混凝土结构层，素水泥浆结合层一遍，30 mm 厚 1:3 干硬性水泥砂浆，20 mm 厚大理石板铺实拍平，水泥浆擦缝，门口粘贴大理石与地面相同。求大理石地面的工程量及综合费、人工费、材料费、机械费、管理费、利润。

【解】（1）工程量计算。

依据《河南省建设工程工程量清单综合单价（B 装饰装修工程 2008）》，楼地面块料面层按设

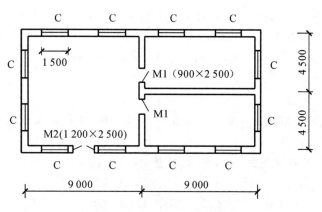

图 5-1 某建筑平面示意图

计图示尺寸以面积计算,不扣除 0.3 m² 以内的空洞所占面积,门洞、空圈、暖气包槽、壁龛的开口部分工程量的费用考虑在综合单价内。整体面层楼地面子目已经包含门洞、空圈、暖气包槽、壁龛的开口部分工程量的费用。块料面层楼地面子目未包含门洞、空圈、暖气包槽、壁龛的开口部分工程量的费用,块料面层计价时,可将门洞、空圈、暖气包槽、壁龛开口部分工程量的费用考虑在综合单价内。

地面大理石工程量 = [(9−0.24)×(4.5+4.5−0.24)+(9−0.24)×(4.5−0.24)×2
　　　　　　　　　+0.24×(0.9×2+1.2)] m² = 152.09 m²

门口大理石工程量 = (1.2+0.9×2)×0.24 m² = 0.72 m²

(2) 定额套用。

大理石地面套用《河南省建设工程工程量清单综合单价(B 装饰装修工程 2008)》B(1-24)子目,综合单价:16 198.38 元/100 m²,调整砂浆配合比。

门口粘贴大理石费用系数 = (152.09+0.72)/152.09 = 1.004 7

(1-24)换算后综合单价 = [16 198.38+3.05×(195.94−194.06)]×1.004 7 元/100m²
　　　　　　　　　　 = 16 280.27 元/100 m²

(3) 计算大理石地面的综合费、人工费、材料费、机械费、管理费、利润。

综合费 = 152.09×16 280.27/100 元 = 24 760.66 元

其中　　人工费 = 152.09×1 361.38/100×1.004 7 元 = 2 080.25 元

材料费 = 152.09×[13 895.19+3.05×(195.94−194.06)]/100×1.004 7 元
　　　 = 21 241.29 元

机械费 = 152.09×60.35/100×1.004 7 元 = 92.22 元

管理费 = 152.09×527.59/100×1.004 7 元 = 806.18 元

利润 = 152.09×353.87/100×1.004 7 元 = 540.73 元

【例题二】某建筑平面图,如图 5-1 所示,已知墙厚 240 mm,室内地面铺设复合木地板,计算复合木地板的工程量及综合费、人工费、材料费、机械费、管理费、利润。

【解】(1) 工程量计算。

复合木地板属于其他材料面层,依据《河南省建设工程工程量清单综合单价(B 装饰装修工程2008)》,其他材料面层按设计图示尺寸以面积计算,门洞、空圈、暖气包槽、壁龛的开口部分并入相应的工程量内。则其工程量为

$$[(9-0.24)\times(4.5+4.5-0.24)+(9-0.24)\times(4.5-0.24)\times2+(0.9\times2+1.2)\times0.24] \text{ m}^2$$
$$=152.09 \text{ m}^2$$

(2) 定额套用。

复合地板套用《河南省建设工程工程量清单综合单价(B 装饰装修工程2008)》B(1-64)子目,综合单价:14 844.34 元/100 m²。

(3) 计算复合地板的综合费、人工费、材料费、机械费、管理费、利润。

综合费=152.09×14 844.34/100 元=22 576.76 元

其中　　人工费=152.09×1 268.93/100 元=1 929.92 元

材料费=152.09×12 766.84/100 元=19 417.09 元

管理费=152.09×483.96/100 元=736.05 元

利润=152.09×324.61/100 元=493.70 元

【例题三】 某建筑平面图,如图5-1所示,已知墙厚240 mm,门框厚为55 mm,墙面铺设中国黑花岗岩踢脚线,踢脚线作法为水泥砂浆粘贴中国黑花岗岩板,门套贴至花岗岩踢脚板上沿,踢脚线高为150 mm,求踢脚线的工程量及综合费。

【解】 依据《河南省建设工程工程量清单综合单价(B 装饰装修工程2008)》,踢脚线按实贴长度乘高以平方米计算,成品踢脚线按实贴延长米计算。踢脚线长度为

$$[(9-0.24)\times7+(4.5-0.24)\times4-1.2-0.9\times4+(0.24-0.055)\times6] \text{ m}=74.67 \text{ m}$$

则踢脚线工程量为

$$74.67\times0.15 \text{ m}^2=11.20 \text{ m}^2$$

中国黑花岗岩板踢脚线套用《河南省建设工程工程量清单综合单价(B 装饰装修工程2008)》B(1-73)子目,综合单价:15 965.74 元/100 m²。

综合费=11.20×15 965.74/100 元=1 788.19 元

3. 楼梯工程量计算与定额应用

(1) 工程量计算。

① 楼梯装饰按设计图示尺寸以楼梯(包括踏步、平台及小于 500 mm 宽的楼梯井)水平投影面积计算。楼梯与楼梯地面相连时,算至梯口梁内侧边沿;无梯口梁者,算至最上一层踏步边沿加 300 mm。

② 防滑条按设计图示长度计算。设计未明确时,防滑条按楼梯踏步两端距离减 300 mm 以延长米计算。

(2) 定额使用要领。

① 水泥砂浆楼梯面层不包括防滑条,如设计有防滑条时,另执行防滑条子目。

② 水磨石楼梯面层已综合考虑了防滑条的工料,如设计为铜防滑条时,铜防滑条另执行相应子目,水磨石楼梯子目应扣除人工 28.3 工日、金刚砂 123 kg。

③ 楼梯装饰子目已包括楼梯底面和侧面的抹灰,但不包括刷浆,刷浆应按 B.5 分部另列项目计算。

④ 螺旋形楼梯的装饰,均按相应饰面的楼梯子目,人工、机械乘以系数 1.20,块料用量乘以系数 1.10,整体面层的材料用量乘以系数 1.05。

⑤ 现浇水磨石楼梯装饰子目已经包括了踢脚线,如设计为预制踢脚线时,该踢脚线可另列项目计算,但相应楼梯子目应扣除人工 41.91 工日,1∶3 水泥砂浆 0.22 m³,水泥白石子浆 0.15 m³,灰浆搅拌机 0.05 台班。

⑥ 除楼梯整体面层外,块料面层楼梯子目均不包括踢脚线,块料踢脚线可另列项目计算。

【例题四】 如图 5-2 所示,为某建筑物内一楼梯,同走廊连接,采用直线双跑形式,墙厚 240 mm,楼梯满铺中国红大理石,每个踏步嵌一根 50 mm×5 mm 铜防滑条,计算该层楼梯间大理石面层、防滑条的工程量及综合费。

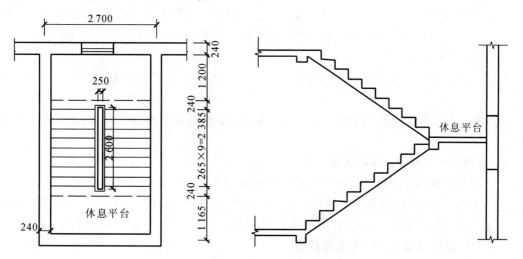

图 5-2 某建筑楼梯间示意图(单位:mm)

【解】 (1) 计算大理石楼梯面层工程量及综合费。

依据《河南省建设工程工程量清单综合单价(B 装饰装修工程 2008)》,楼梯面积(包括踏步、休息平台,以及小于 500 mm 宽的楼梯井)按水平投影面积计算。则其工程量为

$$(2.7-0.24) \times (1.165-0.12+0.24+2.385+0.24) \text{ m}^2 = 9.62 \text{ m}^2$$

套用《河南省建设工程工程量清单综合单价(B 装饰装修工程 2008)》B(1-85)子目,综合单价:24 991.43 元/100 m²。

$$综合费 = 9.62 \times 24\,991.43/100 \text{ 元} = 2\,404.18 \text{ 元}$$

(2) 计算防滑条工程量及综合费。

依据《河南省建设工程工程量清单综合单价(B 装饰装修工程 2008)》,防滑条按设计图示长度计算。设计未明确时,可按楼梯踏步两端距离减 300 mm 后的长度计算。则其工程量为

$$楼梯踏步 = (2.7-0.24-0.25) \div 2 \text{ m} = 1.105 \text{ m}$$

$$防滑条 = (1.105-0.3) \times 20 \text{ m} = 16.1 \text{ m}$$

套用《河南省建设工程工程量清单综合单价(B 装饰装修工程 2008)》B(1-97)子目,综合单价:8 018.96 元/100 m。

$$综合费 = 16.1 \times 8\,018.96/100 \text{ 元} = 1\,291.05 \text{ 元}$$

4. 台阶工程量计算与定额应用

(1) 工程量计算。

台阶装饰项目按设计图示尺寸以台阶(包括上层踏步边沿加 300 mm)水平投影面积计算。

(2) 定额使用要领。

台阶子目均不包括踢脚线,踢脚线可另列项目计算。

5. 扶手栏杆栏板工程量计算与定额应用

(1) 扶手、栏杆、栏板按设计图示尺寸以扶手中心线长度(包括弯头长度)计算。

(2) 扶手、栏杆、栏板主要依据现行 05YJ 标准图集编制,适用于楼梯、走廊、回廊及其他装饰性栏杆、栏板。

(3) 铁栏杆子目中的铁栏杆用量与设计用量不同时,其用量可以调整,其他不变。不锈钢(铝合金)栏杆子目中不锈钢(铝合金)管材、不锈钢装饰板、玻璃的规格和用量与设计要求不符时可以换算,其他不变。

(4) 铸铁花饰栏杆木扶手子目中,铸铁花饰片的含量和价格均可按设计要求调整,其他不变。

(5) 铁栏杆和铁艺栏杆仅包括一般除锈,如设计要求特殊除锈,可按安装定额规定另列项目计算。

6. 零星装饰工程量计算与定额应用

(1) 零星装饰项目按设计图示尺寸以面积计算。

(2) 本分部中的"零星装饰"项目,适用于小便池、蹲位、池槽、台阶的牵边和侧面装饰、0.5 m² 以内少量分散的楼地面装修等。其他未列的项目,可按墙、柱面中相应子目计算。

7. 散水、坡道工程量计算与定额应用

(1) 地面、散水和坡道垫层按设计图示尺寸以体积计算。应扣除凸出地面的构筑物、设备基础、室内铁道、地沟等所占体积,不扣除间壁墙和 0.3 m² 以内的柱、垛、附墙烟囱及孔洞所占体积。

(2) 散水、防滑坡道按图示尺寸以水平投影面积计算(不包括翼墙、花池等)。

【例题五】 如图 5-3 所示,某建筑物门前平台及台阶,采用水泥砂浆粘贴 300 mm×300 mm 五莲花火烧板花岗岩(市场预算价为 86 元/m²),分别计算平台及台阶的工程量、综合费合计及材料差价。

【解】 (1) 工程量计算。

花岗岩台阶工程量

$$[(5+0.3\times2)\times0.3\times3+(3.5-0.3)\times0.3\times3] \text{ m}^2 = 7.92 \text{ m}^2$$

或

$$[(5+0.3\times2)\times(3.5+0.3\times2)-(5-0.3)\times(3.5-0.3)] \text{ m}^2 = 7.92 \text{ m}^2$$

花岗岩平台工程量

$$(5-0.3)\times(3.5-0.3) \text{ m}^2 = 15.04 \text{ m}^2$$

(2) 定额套用。

花岗岩台阶套用(1-120)子目,综合单价:24 016.88 元/100 m²。

花岗岩平台套用(1-86)子目,综合单价:26 537.17 元/100 m²。

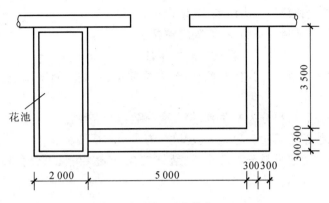

图 5-3　台阶平面图(单位:mm)

(3) 综合费合计。

(7.92÷100×24 016.88+15.04÷100×26 537.17)元=5 893.32 元

(4) 材料差价。

五莲花火烧板台阶差价:7.92 m²÷100×156.88 m²/100 m²×(86−120)元/m²=−422.45 元
五莲花火烧板平台差价:15.04 m²÷100×101.5 m²/100 m²×(86−120)元/m²=−519.03 元
材料差价合计:(−422.45−519.03)元=−941.48 元

5.2　墙柱面工程

5.2.1　概述

1. 墙柱面工程定额内容

墙柱面装饰工程的定额分为三部分,即抹灰工程、块料镶贴工程和板材、骨架装饰工程。其中,抹灰工程分为一般抹灰工程和装饰抹灰工程;块料镶贴工程分为石质块料镶贴工程和烧制陶瓷块料镶贴工程;板材骨架装饰工程分为依靠墙柱面的附墙(柱)护壁装饰工程和上下生根于楼板地面,左右生根于墙壁的隔墙、隔断和幕墙装饰工程。

2. 墙柱面工程定额项目的划分

(1) 抹灰工程按抹灰部位分为墙面、梁柱面、装饰线条和门窗套、挑檐天沟、腰线等的零星项目抹灰。

(2) 抹灰工程按基层材料分为砖墙、毛石墙、混凝土墙、加气混凝土墙、钢板网墙、板材及其他木质面等抹灰。

(3) 一般抹灰按材料分为石灰砂浆、水泥砂浆、混合砂浆、水泥珍珠岩浆、石膏砂浆、TG砂浆、石英砂浆抹灰等。

(4) 装饰抹灰按材料分为水刷石、干粘石、水磨石、斩假石、拉毛灰等。

(5) 块料镶贴按材料分为大理石、花岗岩、凸凹假麻石块、陶瓷锦砖、瓷片、外墙面砖、波形面砖、镜面玻璃、装饰板等。

(6) 块料镶贴按镶贴部位分为墙面墙裙、梁柱面、零星项目镶贴。

(7) 块料镶贴按墙体位置分为内墙、外墙镶贴。
(8) 块料镶贴按分缝情况分为密贴、勾缝镶贴。
(9) 石材镶贴按施工工艺分为粘贴、挂贴、干挂。
(10) 间壁墙按面层材料分为抹灰间壁墙、钉板间壁墙、玻璃间壁墙、石棉瓦墙、石膏板墙、石棉板墙、铝合金幕墙等。
(11) 间壁墙按龙骨材料分为木龙骨、钢龙骨、铝合金龙骨等。
(12) 护壁装饰按结构层次分为无夹板基层、有夹板基层两种。
(13) 护壁装饰按面层材料分为胶合板、装饰三合板、塑铝板、铝合金扣板、塑料扣板、吸音板、彩色钢板等饰面。

5.2.2 墙柱面工程工程量计算与定额应用

1. 抹灰工程工程量计算与定额应用

(1) 墙面抹灰工程量计算。

墙面抹灰按设计图示尺寸以面积计算。扣除墙裙、门窗洞口及单个 0.3 m² 以上的孔洞面积,不扣除踢脚线、挂镜线和墙与构件交接处的面积,门窗洞口和孔洞的侧壁及顶面不增加面积,附墙柱、梁、垛、烟囱侧壁并入相应的墙面面积内。

① 外墙抹灰面积按外墙垂直投影面积计算。
② 外墙裙抹灰面积按其长度乘以高度计算。
③ 内墙抹灰面积按主墙间的净长乘以高度计算,无墙裙的,高度按室内楼地面至天棚底面计算,有墙裙的,高度按墙裙顶至天棚底面计算。
④ 内墙裙抹灰面按内墙净长乘以高度计算。

(2) 柱面抹灰工程量计算。

柱面抹灰按设计图示柱断面周长乘以高度以面积计算。

(3) 定额使用要领。

① 本分部墙面的一般抹灰、装饰抹灰和块料镶贴是按现行 05YJ 标准图集编制,相应子目均包括基层、面层,但石材镶贴未含刷防护材料,如有设计要求,可另计算,执行刷防护材料子目。
② 本分部子目中凡注明砂浆种类、配合比、饰面材料型号规格的,如与设计要求不同时,可按设计要求调整,但人工数量不变。
③ 本分部子目已考虑了搭拆 3.6 m 以内的简易脚手架用工和材料摊销费,不另计算措施项目费。
④ 抹灰均按手工操作考虑,如采用不同施工方法时,亦不得换算。
⑤ 抹灰厚度如设计与本分部取定不同时,可区分基层和面层分别按比例换算。
⑥ 圆形柱面抹灰,执行相应柱面抹灰子目,人工乘以系数 1.2,其他不变。柱帽、柱脚抹线脚者,另套用装饰线条或零星抹灰子目。圆弧形、锯齿形、不规则墙面抹灰、镶贴块料、饰面,按相应子目人工乘系数 1.15。块料面层要求在现场磨光 45°、60°斜角时,另按《河南省建设工程工程量清单综合单价(B 装饰装修工程 2008)》中 B.6 分部相应子目计算。

⑦ 化粪池、检查井、水池、贮仓壁抹灰，执行墙面抹灰子目，人工乘以系数1.1。

⑧ 圆柱水磨石饰面执行方柱子目，人工乘以系数1.09。圆柱斩假石石饰面执行方柱子目，人工乘以系数1.05。

⑨ 斩假石墙、柱面子目未考虑分格费用，如设计要求时，仍执行相应子目，并按表5-1增加费用。

表5-1 墙、柱面装饰抹灰分格增加工料表

名　称	分格方法	增加工料	
		人工调增系数	板方综合规格木材/m³
斩假石墙面	木条分格	1.09	0.023
斩假石柱面	木条分格	1.25	0.023

【例题六】 某建筑平面如图5-1所示，已知墙厚240 mm，外墙为砖墙面，设计为斩假石墙面(15 mm厚1:3水泥砂浆，10 mm厚1:1.5水泥米石子)，外墙装饰抹灰高度为4.9 m，C：1.5 m×1.5 m，求外墙面装饰抹灰的工程量及综合费。

【解】 (1) 工程量计算。

依据《河南省建设工程工程量清单综合单价(B装饰装修工程2008)》，外墙面装饰抹灰面积，按垂直投影面积计算，扣除门窗洞口和0.3 m²以上的空洞所占的面积，门窗洞口及空洞侧壁面积亦不增加。附墙柱侧面抹灰并入外墙抹灰面积工程量内。则其工程量为

$[(18+0.24+9+0.24)\times 2\times 4.9-1.5\times 1.5\times 12-1.2\times 2.5]$ m² = 239.30 m²

(2) 定额套用。

套用《河南省建设工程工程量清单综合单价(B装饰装修工程2008)》B(2-45)子目，综合单价：6 994.07元/100 m²。

(3) 综合费。

综合费=239.30×6 994.07/100元=16 736.81元

2. 块料镶贴工程量计算与定额应用

(1) 工程量计算。

① 墙、柱面镶贴块料、零星镶贴块料和零星抹灰按饰面设计图示尺寸以面积计算。

② 干挂石材钢骨架按设计图示尺寸以质量计算。

(2) 定额使用要领。

① 外墙贴块料釉面砖子目分密贴和勾缝列项，其人工、材料已综合考虑在内。如灰缝超过20 mm以上者，其块料及灰缝材料用量允许调整，其他不变。

② 干挂大理石、花岗岩勾缝子目的勾缝缝宽是按10 mm以内考虑的，如设计要求不同者，石材和密封胶用量允许调整。

③ 块料镶贴和装饰抹灰的"零星项目"适用于挑檐、天沟、腰线、窗台线、门窗套、压顶、栏板、扶手、遮阳板、雨篷周边、0.5 m²以内少量分散的饰面等。一般抹灰的"零星项目"适用于各

种壁柜、过人洞、暖气壁龛、池槽、花台及 1 m² 以内的抹灰。抹灰的"装饰线条"适用于门窗套、挑檐、腰线、压顶、遮阳板、楼梯边梁、宣传栏边框等凸出墙面或灰面展开宽度小于 300 mm 以内的竖、横线条抹灰，超过 300 mm 的线条抹灰按"零星项目"执行。

【例题七】 如图 5-4 所示为一卫生间示意图，已知室内净高为 2.7 m，砖墙厚 240 mm，门洞尺寸为 900 mm×2 100 mm，窗洞尺寸为 1 200 mm×1 500 mm，门窗洞口侧面宽 100 mm。蹲便区沿隔断起地台，高度为 200 mm，墙面为水泥砂浆结合层粘贴瓷砖 300 mm×200 mm，灰缝 5 mm 内。求内墙面砖工程量及综合费。

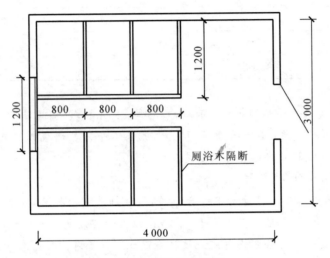

图 5-4　某卫生间平面图（单位：mm）

【解】 依据《河南省建设工程工程量清单综合单价(B 装饰装修工程 2008)》，墙面贴块料面层，按实贴面积计算。则其工程量为

$\{(4+3)\times 2\times 2.7 - 1.5\times 1.2 - 0.9\times 2.1 - 0.2\times(1.2+3\times 0.8)\times 2 + [(1.2+1.5)\times 2 + (0.9+2.1\times 2)]\times 0.1\}$ m² = 33.72 m²

套用《河南省建设工程工程量清单综合单价(B 装饰装修工程 2008)》B(2-79)子目，综合单价=8 046.37 元/100 m²。

综合费=33.72×8 046.37/100 元=2 713.24 元

3. 饰面工程、隔断、幕墙工程量计算与定额应用

(1) 工程计算。

① 墙饰面按设计图示墙净长乘以净高以面积计算，扣除门窗洞口及单个 0.3 m² 以上的孔洞所占面积。

② 柱(梁)饰面按设计图示外围尺寸以面积计算，柱帽、柱墩并入相应柱饰面工程量内。

③ 隔断按设计图示尺寸以面积计算，扣除 0.3 m² 以上的孔洞所占面积，浴厕门的材质与隔断相同时，门的面积并入隔断面积内。

④ 浴厕隔断，高度自下横枋底算至上横枋顶面，浴厕门扇和隔断面积合并计算，安装的工料已包括在厕所隔断子目内，不另计算。

⑤ 带骨架幕墙按设计图示框外围尺寸以面积计算,与幕墙同种材质的窗所占面积不扣除。

⑥ 全玻璃幕墙按设计图示尺寸以面积计算,带肋全玻璃幕墙按设计图示尺寸以展开面积计算。

(2) 定额使用要领。

① 本分部的木材树种分类如下:一类指红松、水桐木、樟子松;二类指白松(云杉、冷杉)、杉木、杨木、柳木、椴木;三类指青松、黄花松、秋子木、马尾松、东北榆木、柏木、苦楝木、梓木、黄菠萝、椿木、楠木、柚木、樟木;四类指栎木(柞木)、檀木、色木、槐木、荔木、麻栗木(麻栎、青刚)、桦木、荷木、水曲柳、华北榆木。

② 本分部除注明外,均以一、二类木种为准,如采用三、四类木种,其人工及木工机械费乘以系数1.3。

③ 本分部木装饰子目木材均为板方综合规格材,其施工损耗按定额附表取定,木材干燥损耗率为7%,凡注明允许换算木材用量时,所调整的木材用量应包括其损耗在内,并计算相应的木材干燥费用。

④ 面层、隔墙(间壁)、隔断定额内,除注明外均未包括压条、收边、装饰线(板),如设计要求时,另按《河南省建设工程工程量清单综合单价(B装饰装修工程2008)》B.6分部相应子目计算。

⑤ 木龙骨、木基层及面层均未包括刷防火涂料,如设计要求时,另按《河南省建设工程工程量清单综合单价(B装饰装修工程2008)》B.5分部相应子目计算。

⑥ 单面木龙骨隔断子目未考虑龙骨刨光费用,如设计要求刨光的,仍执行该子目,人工增加0.09工日,增加单面压刨床0.12台班。

⑦ 幕墙、隔墙(间壁)、隔断所用的轻钢、铝合金龙骨和幕墙用胶,如子目内容与设计要求不同时,允许按设计调整,但人工不变。

⑧ 木龙骨基层是按双向计算的,设计为单向时,材料、人工用量乘以系数0.55。木龙骨与设计图纸规格不同时,可按表5-2换算用量。附表中没有的,可以按设计木龙骨规格及中距计算含量。

表 5-2　墙面、墙裙饰面基层木龙骨各种规格含量表　　　　单位:mm×mm

顺序	材料名称	规　格	中　距	每 100 m² 面积含量/m³
一	双向木龙骨	24×30	450×450	0.387
		25×40	450×450	0.537
		30×40	450×450	0.645
		40×40	450×450	0.860
		40×50	450×450	1.075
二	单向木龙骨	24×30	450×450	0.200
		25×40	450×450	0.277
		30×40	450×450	0.333
		25×50	450×450	0.347
		40×40	450×450	0.444
		40×50	450×450	0.555

续表

顺序	材料名称	规　格	中　距	每100 m² 面积含量/m³
三	双向木龙骨	24×30	500×500	0.343
		25×40	500×500	0.477
		30×40	500×500	0.572
		25×50	500×500	0.596
		40×40	500×500	0.763
		40×50	500×500	0.953
四	单向木龙骨	24×30	500×500	0.175
		25×40	500×500	0.243
		30×40	500×500	0.291
		25×50	500×500	0.303
		40×40	500×500	0.388
		40×50	500×500	0.485

注：设计图纸的基层木龙骨规格中距不同时，可按本表相应的规格换算，但人工、机械不允许换算。

⑨ 玻璃隔墙如设计有平开、推拉窗者，玻璃隔墙应扣除平开、推拉窗面积，平开、推拉窗另按《河南省建设工程工程量清单综合单价(B装饰装修工程2008)》中B.4分部相应子目执行。玻璃幕墙设有开启窗时，可按《河南省建设工程工程量清单综合单价(B装饰装修工程2008)》中B.4分部中铝合金窗五金配件表增加开启窗的五金配件费。

⑩ 木龙骨无论采用哪种方法固定，均执行相应子目，不得换算。

⑪ 现场采用木龙骨和装饰板制作的装饰柱、梁，可执行柱、梁木龙骨无夹板基层装饰板饰面的相应子目，其中的木材用量可按设计要求调整。

⑫ 板条墙子目中的灰板条以100根或立方米计算，板条的规格为 7.5 mm×38 mm×1 000 mm，其损耗率(包括清水的刨光损耗)已包括在该子目内。

【例题八】 如图5-1所示，房间净高3 m，内墙面做25 mm×50 mm木龙骨双向500 mm×500 mm，五合板基层，装饰三合板面层，木龙骨和五合板刷防火漆三遍，门窗洞口侧面宽100 mm，求内墙装饰工程量及综合费。(C:1.5 m×1.5 m，M1:0.9 m×2.5 m，M2:1.2 m×2.5 m)

【解】 (1) 工程量计算。

依据《河南省建设工程工程量清单综合单价(B装饰装修工程2008)》，墙饰面按设计图示墙净长乘以净高以面积计算。扣除门窗洞口及单个0.3 m²以上的孔洞所占面积。

装饰三合板墙面工程量

{[(9−0.24+9−0.24)×2+(9−0.24+4.5−0.24)×2×2]×3−0.9×2.5×2−1.2×2.5−1.5×1.5×12+(2.5×2+0.9)×0.1×2+(2.5×2+1.2)×0.1+(1.5+1.5)×2×0.1×12} m²=(261.36−4.5−3−27+1.18+0.62+7.2) m²=235.86 m²

木龙骨刷防火漆工程量：235.86 m²

五合板基层刷防火漆工程量：235.86 m²

(2) 定额套用。

木龙骨五合板基层装饰三合板墙面套用《河南省建设工程工程量清单综合单价(B装饰装

修工程2008)》B(2-130)子目,综合单价:10 464.70元/100 m²。

木龙骨费用调整:(0.596－1.085)×1 550.00元/100 m²＝－757.95元/100 m²

五合板基层费用调整:105.000×(15－13)元/100 m²＝210元/100 m²

(2-130)换算综合单价:(10 464.70－757.95＋210)元/100 m²＝9 916.75元/100 m²

木龙骨刷防火漆三遍套用《河南省建设工程工程量清单综合单价(B装饰装修工程2008)》B(5-109)＋B(5-110)子目,综合单价:(681.80＋301.80)元/100 m²＝983.60元/100 m²

五合板基层刷防火漆三遍套用《河南省建设工程工程量清单综合单价(B装饰装修工程2008)》B(5-115)＋B(5-116)子目,综合单价:(438.24＋186.49)元/100 m²＝624.73元/100 m²

(3) 综合费合计。

235.86×(9 916.75＋983.60＋624.73)/100元＝27 183.05元

5.3 天棚工程

5.3.1 概述

1. 天棚工程定额内容

天棚装饰工程定额内容有天棚抹灰、天棚吊顶、天棚其他装饰。

2. 天棚工程定额项目划分

(1) 天棚龙骨按材料分为天棚木龙骨、天棚轻钢龙骨、天棚铝合金龙骨。

(2) 天棚按结构形式分为上人型和不上人型。

(3) 天棚面层按标高分为平面天棚、跌级式天棚。

(4) 天棚面层按规格分为 600 mm×600 mm 以内、600 mm×600 mm 以上。

(5) 天棚面层按基层材料分为有三合板基层和无三合板基层的面层。

(6) 天棚面层按材料分为木质面层、铝合金板面层、不锈钢板面层、塑料板面层、复合板面层磨砂玻璃、镜面玻璃等。

(7) 天棚面层按施工工艺分为螺在龙骨上、搁在龙骨上、钉在龙骨上、贴在龙骨上。

(8) 送(回)风口按材料分为柚木、铝合金、白铁皮、不锈钢、木制风口。

(9) 龙骨架保温按所用材料分为玻璃纤维棉、岩棉、矿棉、聚苯乙烯泡沫板等。

5.3.2 天棚装饰工程量计算与定额应用

1. 工程量计算

(1) 天棚抹灰面积,按主墙间的净面积计算,不扣除间壁墙、垛、柱、附墙烟囱、检查口和管道所占的面积。带梁天棚的梁两侧抹灰面积,并入天棚抹灰工程量内计算。

(2) 檐口天棚的抹灰按设计图示尺寸以面积计算,并入相同的天棚抹灰工程量内计算。

(3) 阳台底面抹灰按设计图示尺寸以水平投影面积计算,并入相应天棚抹灰工程量内。阳台如带悬臂梁者,其工程量乘系数 1.3。

(4) 雨篷、挑檐、飘窗、空调板、遮阳板的单面抹灰按设计图示尺寸以水平投影面积计算。

雨篷顶面带反沿或反梁者的工程量按其水平投影面积乘以系数1.2。

(5) 天棚吊顶骨架按设计图示尺寸以水平投影面积计算,不扣除间壁墙、检查口、附墙烟囱、柱、垛和管道所占面积。但天棚中的折线、迭落等圆弧形、高低吊灯槽等面积也不展开计算。

(6) 天棚面层按设计图示尺寸以面积计算,不扣除间壁墙、检查口、附墙烟囱、附墙垛和管道所占面积,应扣除单个 $0.3 m^2$ 上的空洞、独立柱及与天棚相连的窗帘盒所占的面积。天棚中的跌落侧面、曲面造型、高低灯槽、假梁装饰及其他艺术形式的天棚面层均按展开面积计算,合并在天棚面层工程量内。

(7) 灯孔、灯槽、送风口和回风口按设计图示以数量计算。

(8) 天棚检查口按设计图示以数量计算。

(9) 天棚走道板按设计图示以长度计算。

2. 定额使用要领

(1) 本定额凡注明砂浆种类、配合比、饰面材料型号规格的,如与设计不同时,可按设计规定调整,人工数量不变。

(2) 天棚龙骨是按标准图 05YJ1、05YJ7 做法取定,如与设计要求的龙骨品种、用量和价格不同时,可按设计要求调整龙骨用量和价格,其他不变。

(3) 天棚面层在同一标高或者标高差在 200 mm 以内的为平面天棚,天棚面层不在同一标高的,且高差在 200 mm 以上的为跌级式天棚。

(4) 曲面造型的天棚龙骨架执行跌级式天棚子目,人工费乘以系数 1.50。

(5) 吊顶子目未包括抹灰基层,抹灰基层应执行天棚抹灰子目。

(6) 胶合板如现场制作钻吸音孔时,相应子目增加人工 6.67 个工日。

(7) 天棚装饰项目已包括 3.6 m 以下简易脚手架搭设及拆除,不另计算。

(8) 天棚木龙骨用于板条、钢板网、木丝板天棚面层时,扣除方木龙骨天棚子目中的木材 $0.904 m^3$,增加圆钉 8.63 kg。

(9) 如工程设计围单层结构的龙骨架时,仍执行相应的子目,但应扣除该子目中的配件,且人工费乘以下述系数:平面天棚 0.83,跌级天棚 0.85。

(10) 木龙骨、木基层及面层均未包括防火涂料,如设计要求时,另按相应子目计算。

(11) 采光天棚和设保温隔热吸音层时,按建筑工程分部相关项目列项。

(12) 天棚面层子目除胶合板面层外,其他面层均按平面天棚取定;如为跌级天棚或曲面造型天棚时,天棚面层执行相应天棚子目,分别乘以下系数:① 跌级天棚其他面层人工工日乘以 1.3,饰面板乘以 1.03,其他不变;② 曲面造型其他天棚面层人工工日乘以 1.5,饰面板乘以 1.05,其他不变。

【例题九】 如图 5-5 所示,天棚做法:钢筋混凝土板底清理干净,7 mm 厚 1:1:4 水泥石灰砂浆,5 mm 厚 1:0.5:3 水泥石灰砂浆。计算井字天棚抹灰的工程量及综合费、人工费、材料费、机械费、管理费、利润。

【解】 (1) 工程量计算。

主墙间水平投影面积 $=(9-0.24)\times(6-0.24) m^2 = 50.46 m^2$

主梁侧面展开面积 $=(9-0.24-0.2\times 2)\times(0.7-0.1)\times 2\times 2 m^2 = 20.06 m^2$

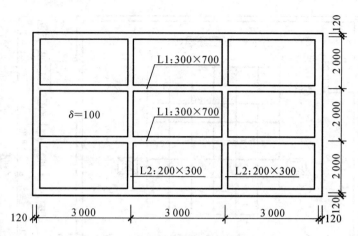

图 5-5 某天棚抹灰示意图(单位:mm)

次梁展开面积 = $(6-0.24-0.3\times2)\times(0.3-0.1)\times2\times2$ m² = 4.13 m²

天棚抹灰工程量合计 = $(50.46+20.06+4.13)$ m² = 74.65 m²

(2) 综合费、人工费、材料费、机械费、管理费、利润计算。

套用《河南省建设工程工程量清单综合单价(B 装饰装修工程 2008)》B(3-6)子目,综合单价:1 432.76 元/100 m²。

综合费 = 74.65×1 432.76/100 元 = 1 069.56 元

其中 人工费 = 74.65×757.23/100 元 = 565.27 元

材料费 = 74.65×234.87/100 元 = 175.33 元

机械费 = 74.65×12.98/100 元 = 9.69 元

管理费 = 74.65×260.17/100 元 = 194.22 元

利润 = 74.65×167.51/100 元 = 125.05 元

【例题十】 图 5-6 为某办公室二层顶面施工图,中间为不上人型 T 形铝合金龙骨,有花纹石膏板 600 mm×600 mm;四周为不上人型轻钢龙骨吊顶,纸面石膏板面层 600 mm×600 mm,满刮石膏腻子,刷乳胶漆三遍。方柱断面为 1000 mm×1000 mm,墙厚 200 mm。试计算龙骨及面层工程量及综合费、人工费、材料费、机械费、管理费、利润。

【解】 依据《河南省建设工程工程量清单综合单价(B 装饰装修工程 2008)》,天棚面层不在同一标高且标高差为 300 mm>200 mm,故为跌级式天棚。

(1) 不上人型 T 形铝合金龙骨。

工程量 = 3.6×4.8 m² = 17.28 m²

套用《河南省建设工程工程量清单综合单价(B 装饰装修工程 2008)》B(3-28)子目,综合单价:4 008.75 元/100 m²。

综合费 = 17.28×4 008.75/100 元 = 692.71 元

其中 人工费 = 17.28×834.20/100 元 = 144.15 元

材料费 = 17.28×2 387.43/100 元 = 412.55 元

机械费 = 17.28×15.00/100 元 = 2.59 元

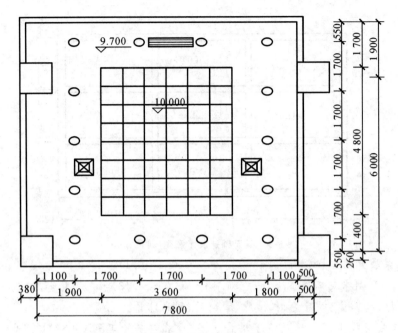

图 5-6 某办公室天棚装饰图(单位:mm)

$$管理费 = 17.28 \times 422.92/100 \ 元 = 73.08 \ 元$$
$$利润 = 17.28 \times 349.20/100 \ 元 = 60.34 \ 元$$

(2) 不上人型轻钢龙骨。

$$工程量 = [(7.8-0.5+0.38-0.20) \times (6.00+0.26+1.9) - 3.60 \times 4.80] \ m^2$$
$$= 43.76 \ m^2$$

套用《河南省建设工程工程量清单综合单价(B 装饰装修工程 2008)》B(3-22)子目,综合单价:4 296.01 元/100 m²。

综合费 = 43.76 × 4 296.01/100 元 = 1 879.93 元

其中
人工费 = 43.76 × 910.74/100 元 = 398.54 元
材料费 = 43.76 × 2 542.31/100 元 = 1 112.52 元
管理费 = 43.76 × 461.72/100 元 = 202.05 元
利润 = 43.76 × 381.24/100 元 = 166.83 元

(3) 石膏板面。

有花纹石膏板(铝合金龙骨)工程量 = 3.6 × 4.8 m² = 17.28 m²

套用《河南省建设工程工程量清单综合单价(B 装饰装修工程 2008)》B(3-77)子目,综合单价:1 615.01 元/100 m²。

综合费 = 17.28 × 1 615.01/100 元 = 279.07 元

其中
人工费 = 17.28 × 217.58/100 元 = 37.60 元
材料费 = 17.28 × 1 196.04/100 元 = 206.68 元
管理费 = 17.28 × 110.31/100 元 = 19.01 元

利润＝17.28×91.08/100 元＝15.74 元

纸面石膏板(轻钢龙骨)工程量＝[43.76＋(3.6＋4.8)×2×0.3－(1.00－0.20)×1.00－(1.00－0.20)×(1.00－0.20)] m²＝47.36 m²

套用《河南省建设工程工程量清单综合单价(B 装饰装修工程 2008)》B(3-76)子目,综合单价:2 329.57 元/100 m²。因天棚面层按平面天棚取定,为跌级天棚时,人工乘以 1.3,饰面板乘以 1.03,其他不变,则

人工增加: 　　　513.42×(1.3－1)元/100 m²＝154.03 元/100 m²
饰面板增加: 105×(1.03－1)×11.30 元/100 m²＝35.60 元/100 m²
B(3-76)换算综合单价＝(2 329.57＋154.03＋35.60)元/100 m²＝2 519.20 元/100 m²

综合费＝47.36×2 519.20/100 元＝1 193.09 元

其中　　人工费＝47.36×(513.42＋154.03)/100 元＝316.10 元
　　　　材料费＝47.36×(1 340.94＋35.60)/100 元＝651.93 元
　　　　管理费＝47.36×260.29/100 元＝123.27 元
　　　　利润＝47.36×214.92/100 元＝101.79 元

(4) 乳胶漆。

工程量＝47.36 m²

套用《河南省建设工程工程量清单综合单价(B 装饰装修工程 2008)》B(5-164)子目,综合单价:1 942.69 元/100 m²。

综合费＝47.36×1 942.69/100 元＝920.06 元

其中　　人工费＝47.36×441.18/100 元＝208.94 元
　　　　材料费＝47.36×1 173.19/100 元＝555.62 元
　　　　管理费＝47.36×168.26/100 元＝79.69 元
　　　　利润＝47.36×160.06/100 元＝75.80 元

5.4　门窗工程

5.4.1　概述

1. 门窗工程定额内容

门窗工程定额包括木门、木窗、金属门窗、金属卷帘门、其他门。

2. 门窗工程定额项目的划分

门窗工程定额项目划分主要考虑以下因素。

(1) 按门窗材料分为木门窗、铝合金门窗、钢门窗、塑料门窗、塑钢门窗、彩板组角钢门窗等。

(2) 按门窗的开启方式分为固定窗、平开门窗、推拉门窗、地弹门、卷闸门、上悬窗、中悬窗、下悬窗等。

(3) 按扇数多少分为单扇、双扇、三扇、四扇及四扇以上等。

(4) 按亮子情况分为无亮门窗、有亮门窗,有亮门窗又分为带上亮、带侧亮等形式。

3. 门窗工程定额使用要领

门窗工程定额在使用时应注意以下问题。

(1) 木门窗木材种类定额均以一、二类木种为准,若采用三、四类木种时,应分别乘以下列系数:① 木门窗制作,人工和机械乘以系数1.3;② 木门窗安装,人工和机械乘以系数1.16。

(2) 定额中所注木材断面或厚度以毛料为准。如设计图纸所注明尺寸为净料时,应增加刨光损耗,单面刨光增加3 mm,双面增加5 mm。

(3) 凡设计规定的木材断面或厚度与定额不符时,可按断面比例换算木材用量。

(4) 普通成品木门子目按单层门,框料断面面积为58 cm² 考虑,框料断面如与设计不同时可按说明调整,其他不变。

(5) 成品门窗安装子目,均以外购成品现场安装编制,成品门窗供应价格应包括成品门窗购置及安装费用。

(6) 普通木窗的框、扇梃断面按05YJ4-1标准图做法取定,如与工程设计不同时,可按设计要求另行计算。

(7) 无框玻璃门安装子目不包括五金,五金可按设计要求另列项目计算。

(8) 成品门窗安装子目中的门窗含量,如与设计图示用量不同时,相应子目中的含量可以调整,其他不变。

(9) 玻璃橱窗为现场制作安装,包括框制作安装、玻璃安装和框包镜面不锈钢,如子目内的材料消耗量与设计不同时,可以调整,但人工、机械数量不变。

5.4.2 普通木窗工程量计算与定额应用

1. 工作内容

普通木窗定额中,除纱扇、纱亮以外,包括所有内容。如有纱扇、纱亮,应另列项计算。

2. 普通木窗工程量计算

普通木窗的工程量,除特别规定外,均按设计图示尺寸以窗洞口面积计算。框帽走头、木砖及立框所需的拉条、护口条及填缝灰浆,均已包括在定额内,不得另行增加。纱窗、纱亮的工程量分别按其安装对应的开启窗扇、亮扇面积计算,即

$$窗制作安装工程量 = 窗洞口高 \times 窗洞口宽 \tag{5-1}$$

$$纱窗扇制作安装工程量 = 窗工程量 \times 玻扇面积定额百分比 \tag{5-2}$$

$$纱亮子制作安装工程量 = 窗工程量 \times 玻亮面积定额百分比 \tag{5-3}$$

$$木窗运输工程量 = 木窗制作安装工程量 \tag{5-4}$$

5.4.3 普通木门、自由门工程量计算与定额应用

1. 工作内容

包括安装门扇,制作安装门框、亮子,刷防腐油,填塞麻刀石灰浆,装配亮子。门扇制作、纱门制作安装、纱亮制作安装应另列项计算。

2. 工程量计算

普通木门的工程量,除特别规定外,均按图示门窗洞口尺寸以面积计算,框帽走头、木砖及立框所需的拉条、护口条及填缝灰浆,均已包括在定额内,不得另行增加。纱门的工程量按其安装对应的开启门扇面积计算。

$$木门制作安装工程量 = 门洞口高 \times 门洞口宽 \tag{5-5}$$

$$纱亮子制作安装工程量 = 木门制作安装工程量 \times 亮子面积定额百分比 \tag{5-6}$$

$$木门运输工程量 = 木门制作安装工程量 \tag{5-7}$$

【**例题十一**】 某工程采用单扇无亮单层普通木门,洞口面积共计 360 m²,框料净面积为 100 mm×60 mm,计算其综合单价、综合费。

【**解**】 单扇无亮单层普通木门应套用《河南省建设工程工程量清单综合单价(B 装饰装修工程 2008)》B(4-1)"单扇无亮普通木门"子目,综合单价:17 504.81 元/100 m²,木材单价:1 550 元/m³,干燥费单价:59.38 元/m³,木材消耗量:2.081 m³/100 m²,定额中规定框毛断面面积为 58 cm²,进行木材用量换算。

(1) 设计框毛断面积 = (6+0.3)×(10+0.5) cm² = 66.15 cm² > 58 cm²

(2) 换算比例系数 = 66.15÷58 = 1.14

(3) 木材调整量 = (1.14−1)×2.081 m³/100 m² = 0.292 m³/100 m²

(4) 木材调整费 = (1 550+59.38)×0.292 元/100 m² = 569.94 元/100 m²

(5) B(4-1)换算后综合单价 = (17 504.81+569.94)元/100 m² = 18 074.75 元/100 m²

(6) 综合费 = 360×18 074.75/100 元 = 65 069.10 元

5.4.4 金属卷帘门工程量计算与定额应用

1. 工作内容

包括购置卷闸门、门板、支架、直轨附件、门锁安装、试开等,电动装置安装,活动小门安装。

2. 工程量计算

金属卷帘门安装按设计图示洞口尺寸以面积计算。电动装置安装以"套"计算,小门安装以"个"计算,同时扣除原卷帘门中小门的面积。

5.5 油漆、涂料、裱糊工程

5.5.1 概述

1. 油漆、涂料及裱糊工程定额内容

油漆、涂料及裱糊工程定额内容有木材面油漆、金属面油漆、抹灰面油漆、涂料、裱糊。

2. 油漆、涂料及裱糊工程定额项目划分

(1) 按油漆基层材料分为木材面、金属面、抹灰面油漆。

(2) 木材面油漆按油漆部位分为单层木门、单层木窗、木扶手及其他板条线条、其他木材面层、木地板油漆。

(3) 木材面油漆按油漆材料分为调和漆、聚氨酯漆、酚醛清漆、醇酸清漆、硝基清漆、过氯乙烯漆、防火漆等。

(4) 防火漆按部位分为单层木门、单层木窗、木扶手（不带托板）、其他木材面层、隔墙（间壁）隔断及护壁木龙骨、木地板木龙骨、柱面木龙骨、天棚木龙骨刷防火漆等。

(5) 金属面油漆按油漆部位分为单层钢门、单层钢窗、其他金属面。

(6) 金属面油漆按油漆材料分为调和漆、红丹防锈漆、醇酸磁漆、沥青漆、银粉漆、过氯乙烯漆、防火漆等。

(7) 抹灰面油漆按油漆部位分为楼地面、墙柱面、天棚面、拉毛面油漆等。

(8) 抹灰面油漆按油漆材料分为调和漆、乳胶漆、过氯乙烯漆、乙烯漆类、航标漆、水性水泥漆、真石漆等。

(9) 涂料按粉刷部位分为墙面、柱面、天棚面、梁面刷涂料。

(10) 涂料按材料分为彩砂喷涂、888仿瓷涂料、钢化涂料、大白浆、石灰大白浆、喷刷石灰浆、可赛银浆等。

(11) 裱糊按裱糊部位分为墙面、天棚面裱糊。

(12) 裱糊按材料分为墙纸、金属墙纸、织锦缎。

(13) 墙纸按花形分为对花、不对花。

5.5.2 油漆、涂料、裱糊工程工程量计算与定额应用

1. 工程量计算

(1) 木材面油漆。

① 各种木门窗油漆均按设计图示尺寸以单面洞口面积计算。

② 双层和其他木门窗的油漆执行相应的木门窗油漆子目，并分别乘以表5-3、表5-4中的系数。

表5-3 木门油漆综合单价计算系数表

项目名称	系 数	工程量计算方法
单层木门	1.00	按设计图示尺寸以单面洞口面积计算
双层（一板一纱）木门	1.36	
双层木门	2.00	
全玻门	0.83	
半玻门	0.93	
半百叶门	1.3	
厂库大门	1.10	
无框装饰门、成品门扇	1.1	按设计图示尺寸以门扇面积计算

表 5-4　木窗油漆综合单价计算系数表

项 目 名 称	系　数	工程量计算方法
单层玻璃窗	1.00	按设计图示尺寸以单面洞口面积计算
双层(一玻一纱)窗	1.36	
双层(单裁口)窗	2.00	
三层(二玻一纱)窗	2.60	
单层组合窗	0.83	
双层组合窗	1.13	
木百叶窗	1.50	

③ 各种木扶手油漆按设计图示尺寸以长度计算。

④ 带托板的木扶手及其他板条线条的油漆执行木扶手(不带托板)油漆子目,并分别乘以表 5-5 中的系数。

表 5-5　木扶手(不带托板)及其他板条线条的油漆综合单价计算系数表

项 目 名 称	系　数	工程量计算方法
木扶手(不带托板)	1.00	按设计图示长度计算
木扶手(带托板)	2.60	
窗帘盒	2.04	
封檐板、顺水板	1.74	
挂衣板	0.52	
装饰线条(宽度 60 mm 内)	0.50	
装饰线条(宽度 60~100 mm 内)	0.65	

⑤ 木板、胶合板天棚和其他木材面油漆按设计图示尺寸以面积计算。

⑥ 木板、胶合板天棚和其他木材面油漆均执行其他木材面油漆子目,并分别乘以表 5-6 中的系数。

表 5-6　其他木材面油漆综合单价计算系数表

项 目 名 称	系　数	工程量计算方法
木板、纤维板、胶合板、檐口	1.00	按设计图示尺寸以面积计算
板条天棚、檐口	1.20	
木方格吊顶天棚	1.30	
带木线的板饰面(墙裙、柱面)	1.07	
窗台板、门窗套(筒子板)	1.10	
屋面板(带檩条)	1.11	按设计图示尺寸以斜面积计算
暖气罩	1.28	按设计图示尺寸以单面外围面积计算
木间壁、木隔断	1.90	
玻璃间壁露明墙筋	1.65	
木栅栏、木栏杆(带扶手)	1.82	
木屋架	1.79	按设计图示的跨度(长)×中高×1/2 计算
衣柜、壁柜	1.05	按设计图示以展开面积计算
零星木装修	1.15	

⑦ 木地板及木踢脚线油漆按设计图示尺寸以面积计算。空洞、空圈、暖气包槽、壁龛的开口部分并入相应的工程量内。

⑧ 木楼梯油漆(不含底面)按设计图示尺寸以水平投影面积计算,执行木地板油漆子目并乘以系数2.3。

⑨ 木龙骨刷涂料按设计图示的由龙骨组成的木格栅外围尺寸以面积计算。

(2) 金属面油漆。

① 各种钢门窗油漆按设计图示尺寸以单面洞口面积计算。

② 各种钢门窗和金属间壁、平板屋面等油漆均执行单层钢门窗油漆子目,并分别乘以表5-7中的系数。

表5-7 钢门窗、间壁及屋面油漆综合单价计算系数表

项目名称	系数	工程量计算方法
单层钢门窗	1.00	按设计图示尺寸以单面洞口面积计算
双层(一玻一纱)钢门窗	1.48	
钢百叶钢门(窗)	2.74	
半截百叶钢门	2.22	
满钢门或包铁皮门	1.63	
钢折叠门	2.30	
射线防护门	2.96	按设计图示尺寸以框(扇)外围面积计算
厂库房平开、推拉门	1.70	
铁丝网大门	0.81	
平板屋面	0.74	按设计图示尺寸以面积计算
间壁	1.85	
排水、伸缩缝盖板	0.78	按设计图示尺寸以展开面积计算
吸气罩	1.63	按设计图示尺寸以水平投影面积计算

③ 钢屋架、天窗架、挡风架、屋架梁、支撑、檩条和其他金属构件油漆均按设计图示尺寸以质量计算。

④ 金属构件油漆均执行其他金属面油漆子目,并分别乘以表5-8中的系数。

表5-8 金属构件油漆综合单价计算系数表

项目名称	系数	工程量计算方法
钢屋架、天窗架、挡风架、屋架梁、支撑、檩条	1.00	按设计图示尺寸以质量计算
墙架(空腹式)	0.50	
墙架(格板式)	0.82	
钢柱、吊车梁、花式梁柱、空花构件	0.63	
操作台、走台、制动梁、钢梁车挡	0.71	
钢栅栏门、栏杆、窗栅	1.71	
铸铁花饰栏杆、铸铁花片	1.90	
钢爬梯	1.18	
轻型屋架	1.42	
踏步式钢扶梯	1.05	
零星铁件	1.32	

⑤ 金属面涂刷沥青漆、磷化及锌黄底漆均按设计图示尺寸以面积计算。

⑥ 其他金属面涂刷沥青漆、磷化及锌黄底漆执行平板面沥青漆、磷化及锌黄底漆子目，并分别乘以表5-9中的系数。

表5-9　平板屋面涂刷磷化、锌黄底漆工程量系数表

项目名称	系　　数	工程量计算方法
平面板	1.00	按设计图示尺寸以面积计算
排水、伸缩缝盖板	1.05	按设计图示尺寸以展开面积计算
吸气罩	2.20	按设计图示尺寸以水平投影面积计算
包镀锌铁皮门	2.20	按设计图示尺寸以单面洞口面积计算

⑦ 金属结构刷防火涂料按构件的设计图示尺寸以展开面积计算。

⑧ 铁皮排水和金属面积换算可参考表5-10、表5-11计算。

表5-10　镀锌铁皮排水管沟、零件单位面积折算表

名称 单位	管沟及泛水								
	落水管 φ100	檐沟	天沟	天窗窗台泛水	天窗侧面泛水	通气管泛水	烟囱泛水	滴水檐头泛水	滴水
m²/m	0.32	0.30	1.30	0.50	0.70	0.22	0.80	0.24	0.11

名称 单位	排水零件		
	水斗	漏斗	下水口
m²/个	0.40	0.16	0.45

表5-11　金属构件单位面积折算表

名称 单位	钢屋架支撑、檩条	钢梁柱	钢墙架	平台操作台	铁栅栏栏杆	钢梯	球节点网架	零星构件
m²/t	38	38	19	27	65	45	28	50

（3）墙、柱、天棚抹灰面油漆、刷涂料按设计图示尺寸以面积计算。

（4）折板、肋形梁板等底面的涂刷按设计图示尺寸的水平投影面积计算，执行墙、柱、天棚抹灰面油漆及涂料子目，并分别乘以表5-12中的系数。

表5-12　抹灰面油漆、涂料综合单价计算系数表

项目名称	系　　数	工程量计算方法
墙、柱、天棚平面	1.00	按设计图示尺寸以面积计算
槽形板底、混凝土折板	1.30	
有梁板底	1.10	
密肋、井字梁底板	1.50	
混凝土平板式楼梯底	1.30	按设计图示尺寸以水平投影面积计算

(5) 混凝土空花格、栏杆按设计图示尺寸以单面外围面积计算。

(6) 裱糊工程量按设计图示尺寸以面积计算。

2. 定额使用要领

(1) 本定额刷涂、刷油操作方法为综合取定,与设计要求不同时不得调整。

(2) 本定额子目未显示的一些木材门面和金属面油漆应按本定额工程量计算规则中的规定,执行相应子目。

(3) 油漆浅、中、深各种颜色已综合在定额内,颜色不同,不另调整。

(4) 门窗油漆子目已综合考虑了门窗贴脸、披水条、盖口条油漆,以及同一平面上的分色和门窗内外分色,执行中不得另计。如做美术图案者应另行计算。

(5) 一玻一纱门窗油漆按双层门窗油漆定额执行。

(6) 本定额规定的刷涂遍数,如与设计要求不同时,可按每增加一遍的相应子目调整。

【例题十二】 某工程如图 5-7 所示尺寸,地面刷过氯乙烯涂料,装饰三合板木墙裙上润油粉(高度 100 mm),刷硝基清漆四遍,墙面、顶棚刷乳胶漆两遍(光面),计算其工程量和综合费。

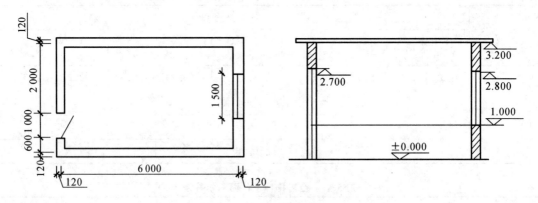

图 5-7 某工程平面图及剖面图(单位:mm)

【解】 (1) 地面刷涂料。

工程量 = (6.00-0.24) × (3.60-0.24) m² = 19.35 m²

套用《河南省建设工程工程量清单综合单价(B 装饰装修工程 2008)》B(5-172)子目,综合单价:3 174.99 元/100 m²。

综合费 = 19.35 × 3 174.99/100 元 = 614.36 元

(2) 墙裙刷硝基清漆。

工程量 = [(6.00-0.24+3.60-0.24) × 2-1.00+0.12×2] × 1.00 × 1.07 m² = 18.70 m²

套用《河南省建设工程工程量清单综合单价(B 装饰装修工程 2008)》B(5-75)子目,综合单价:9 040.65 元/100 m²。因设计与定额刷涂遍数不同,定额子目可进行调整。

调整后综合单价 = B(5-75)-4B(5-82) = (9 040.65-4×707.38)元/100 m²
= 6 211.13 元/100 m²

综合费 = 18.70 × 6 211.13/100 元 = 1 161.48 元

(3) 墙面乳胶漆。

工程量 = {(6.00−0.24+3.60−0.24)×2×3.2−2.7×1.0−1.5×1.8−[(6.00−0.24
  +3.60−0.24)×2−1.0]×1.00+[(2.7−1.0)×2+1.0]×0.24+(1.5+1.8)
  ×2×0.24}m²
  = 36.37 m²

套用《河南省建设工程工程量清单综合单价(B 装饰装修工程 2008)》B(5-163)子目,综合单价:1 440.93 元/100 m²。

综合费 = 36.37×1 440.93/100 元 = 524.07 元

(4) 顶面乳胶漆。

工程量 = (6.00−0.24)×(3.60−0.24) m² = 19.35 m²

套用《河南省建设工程工程量清单综合单价(B 装饰装修工程 2008)》B(5-163)子目,综合单价:1 440.93 元/100 m²。

综合费 = 19.35×1 440.93/100 元 = 278.82 元

(5) 综合费合计。

(614.36+1 161.48+524.07+278.82)元 = 2 578.73 元

【例题十三】 如图 5-8 所示,墙面、天棚粘贴对花壁纸,门窗洞口侧面贴壁纸 100 mm,房间净高 3.0 m,踢脚板高 150 mm,墙面与天棚交接处粘贴 41 mm×85 mm 木装饰压角线,木线条润油粉、刮腻子、漆片三遍、刷硝基清漆四遍、磨退出亮。计算综合费。

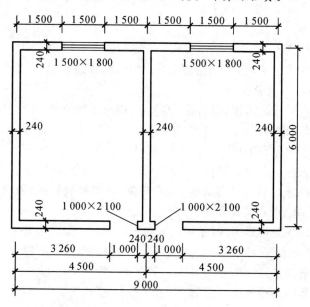

图 5-8 某房间平面图(单位:mm)

【解】 (1) 工程量计算。

墙面粘贴壁纸工程量

{[(6−0.24)+(4.5−0.24)]×2×(3.0−0.15)×2−1.0×(2.1−0.15)×2−1.5×1.8×2+
[(2.1−0.15)×2+1.0]×0.1×2+(1.5+1.8)×2×0.1×2} m² = 107.23 m²

天棚粘贴壁纸工程量

(6−0.24)×(4.5−0.24)×2 m² = 49.08 m²

41 mm×85 mm 木装饰压角线工程量

$$(6-0.24+4.5-0.24)\times 2\times 2 \text{ m} = 40.08 \text{ m}$$

41 mm×85 mm 木装饰压角线油漆工程量

$$40.08\times 0.65 \text{ m} = 26.052 \text{ m}$$

(2) 定额套用。

墙面粘贴壁纸套用(5-195)子目,综合单价:2 819.86 元/100 m²。

天棚粘贴壁纸套用(5-201)子目,综合单价:3 221.86 元/100 m²。

41 mm×85 mm 木装饰压角线套用(6-37)子目,综合单价:904.75 元/100 m。

41 mm×85 mm 木装饰压角线刷硝基清漆四遍套用(5-54)子目,综合单价:1 986.97 元/100 m。

(3) 综合费合计。

$(107.23\div 100\times 2\,819.86 + 49.08\div 100\times 3\,221.86 + 40.08\div 100\times 904.75 + 26.052\div 100\times 1\,986.97)$元 $= 5\,485.29$ 元

5.6 其他工程

5.6.1 概述

1. 其他工程定额内容

其他装饰工程定额内容有暖气罩、浴厕配件、装饰线、雨篷、招牌、灯箱、窗帘。

2. 其他工程定额项目划分

(1) 暖气罩按材料分为柚木板、塑料板、铝合金、钢板暖气罩。

(2) 暖气罩按安装的位置分为靠墙式、挂板式、平墙式、明式。

(3) 镜面玻璃按面积分为 1 m² 以内、1 m² 以外。

(4) 镜面玻璃按边框情况分为带框、不带框两种。

(5) 装饰条按材料分为铝合金装饰条、木装饰条、硬塑料装饰条、石膏装饰条、镜面玻璃装饰条、镜面不锈钢装饰条、石材装饰条等。

(6) 木装饰条按形状分为半圆线(平板线)、三道以内、三道以外、小压角线、大压角线。

(7) 半圆木线(平板木线)按规格分为宽 15 mm 以内、宽 15 mm 以外。

(8) 三道以内木装饰条按规格分为宽 16~25 mm、宽 25 mm 以外。

(9) 三道以外木装饰条按规格分为宽 16~25 mm、宽 25 mm 以外。

(10) 小压角木装饰线按规格分为宽 30 mm 以内、宽 30 mm 以外。

(11) 大压角木装饰线按规格分为宽 60 mm 以内、宽 60 mm 以外。

(12) 镜面不锈钢装饰条按规格分为宽 60 mm 以内、宽 60~100 mm、宽 100 mm 以外。

(13) 石材装饰条按形状分为圆边线、角线、异形线、镜框线。

(14) 招牌基层按形状分为平面招牌、箱式招牌、竖式标箱。

(15) 招牌基层按材料分为木结构、钢结构。

(16) 牌面板按材料分为金属牌面板、大理石牌面板、木质牌面板。

(17) 牌面板按规格分为 0.5 m² 以内、0.5 m² 以外。

(18) 窗帘按材料分为布窗帘、丝窗帘、塑料窗帘、豪华垂直窗帘。

5.6.2 工程量计算规则与定额应用

1. 工程量计算规则

(1) 暖气罩按设计图示的边框外围尺寸以垂直投影面积(不展开)计算。

(2) 浴厕配件:① 洗漱台区分单、双孔,分别按设计图示数量计算;② 毛巾杆、帘子杆、浴缸拉手、毛巾环、毛巾架均按设计图示数量计算;③ 镜面玻璃按设计图示尺寸以边框外围面积计算。

(3) 压条、装饰线按设计图示尺寸以长度计算。

(4) 雨篷吊挂饰面按设计图示尺寸以水平投影面积计算。

(5) 招牌:① 平面招牌基层,按设计图示尺寸以正立面边框外围面积计算,复杂形的凸凹造型部分不增加面积;② 生根于雨篷、檐口或阳台的立式招牌基层,按设计图示尺寸以展开面积计算;③ 箱式招牌和竖式标箱基层,按设计图示尺寸以外围体积计算。突出箱外的灯饰、店徽及其他艺术装潢等另行计算;④ 招牌的面层按设计图示尺寸以展开面积计算。

(6) 透光彩按设计图示的正立面投影面积计算。

(7) 窗帘安装按设计图示尺寸以展开面积计算。

2. 定额使用要领

(1) 本定额的装修木材树种分类除注明者外,均以一、二类木种为准,如采用三、四类木种,其人工及木工机械乘以系数 1.3。

(2) 木装修子目中木材均为板方综合规格材,其施工损耗按定额附表取定,木材干燥损耗率为 7%,凡注明允许换算木材用量时,所调整的木材用量应包括其损耗在内,同时计算相应的木材干燥费用。

(3) 本定额子目中除铁件带防锈漆一度外,均未包括油漆、防火漆的工料,如设计需要刷油漆、防火漆,另列项计算。

(4) 本定额安装子目中的主材,如与设计的主材材质、品种、规格不同时可以换算,其他不变。

(5) 暖气罩挂板式是指钩挂在暖气片上,平墙式是指凹入墙内,明式是指凸出墙面,半凹半凸套用明式定额子目。

(6) 压条、装饰条以成品安装为准。如在现场制作木压条者,木材体积按设计图示净断面加刨光损耗计算,并增加人工 0.025 工日。如在天棚面上钉压条、装饰条者,相应子目的人工按表 5-13 系数调增。

表 5-13 现场制作木压条人工调增表

项目名称	相应子目人工调增系数
木基层天棚面钉装饰条	1.34
轻钢龙骨天棚面钉装饰条	1.68
木装饰条做图案	1.80

(7) 招牌基层。① 平面招牌是安装在门前墙上的；箱式招牌、竖式标箱是指招牌六面体固定在墙上的；生根于雨篷檐口、阳台的立式招牌，套用平面招牌复杂子目计算。② 一般招牌和矩形招牌是指正立面平整无凸面的招牌基层；复杂招牌和异形招牌是指正立面有凹凸或造型的招牌基层；招牌的灯饰均不包括在定额内。

(8) 招牌面层执行天棚面层子目，人工乘以系数0.8。

(9) 透光彩按安装在墙面(墙体)、雨篷、檐口上综合考虑。安装在独立柱上时，独立柱另行计算，其他不变。

【例题十四】 有120个1.8 m×2.0 m窗洞口，安装双杆不锈钢窗帘杆，塑料窗帘盒，3.0 m高布窗帘，计算综合费。

【解】 (1) 工程量计算。

塑料窗帘盒工程量：$(1.8+0.3)\times120$ m＝252 m

双杆不锈钢窗帘杆工程量：$(1.8+0.3)\times120$ m＝252 m

布窗帘工程量：$(1.8+0.3)\times3.0\times120$ m^2＝756 m^2

(2) 定额套用。

塑料窗帘盒套用(4-104)子目，综合单价：5 758.87元/100 m。

双杆不锈钢窗帘杆套用(4-109)子目，定额基价：5 905.40元/100 m。

布窗帘套用(6-74)子目，综合单价：1 363.40元/100 m^2。

(3) 综合费合计。

$(252\div100\times5\ 758.87+252\div100\times5\ 905.40+756\div100\times1\ 363.40)$元＝39 701.26元

5.7 单独承包装饰工程超高费

5.7.1 定额说明

(1) 本定额仅适用于单独承包的超过6层或檐高超过20 m的装饰工程。

(2) 超高费包含的内容：① 超高施工的人工及机械降效；② 自来水加压及附属设施；③ 其他。

(3) 本定额子目的划分是以建筑物檐高及层数两种指标界定的，两种指标达到其中之一时即可执行相应子目。

5.7.2 工程量计算规则

(1) 超高费以装饰工程的合计定额工日为计数计算。

(2) 同一建筑物高度不同时，可按不同高度的竖向切面分别计算人工，执行超高费的相应子目。

5.8 装饰工程措施项目费

5.8.1 定额说明

措施项目是指完成工程项目施工，发生于该工程施工前和施工过程中技术、生活、安全等方面的工程实体项目。措施项目费即实施措施项目所发生的费用，由组织措施项目费和技术措施项目费组成。

组织措施费包括现场安全文明施工措施费、材料二次搬运费、夜间施工增加费、冬雨季施工增加费,分别以规定的费率计取。具体费率详见表 5-14~表 5-17。

本定额所列入的措施项目费有垂直运输费、成品保护费、脚手架使用费。如实际发生施工排水、降水费和大型机械设备进出场、安拆费时,可执行建筑工程分册 YA.12 措施项目费中的相应子目。

表 5-14 现场安全文明施工措施费费率表

序号	工程分类	费率基数	安全文明措施费(%)			
			基本费	考评费	奖励费	合计
1	建筑工程	定额综合工日×34×1.66	11.72	3.56	2.48	17.76
2	装饰工程	定额综合工日×34×1.66	5.86	1.78	1.24	8.88
3	安装工程	定额综合工日×34×1.66	11.72	3.56	2.48	17.76
4	市政工程	定额综合工日×34×1.66	15.60	4.73	3.31	23.64
5	园林绿化工程	定额综合工日×34×1.66	7.80	2.37	1.65	11.82
6	仿古建工程	定额综合工日×34×1.66	5.86	1.78	1.24	8.88
7	轨道交通工程	另行规定				

注:① 依据财政部、安全监管总局财企[2012]16 号文、豫建设标[2012]31 号文的规定制定。本表中的费率包括文明施工费、安全施工费和临时设施费。环境保护费另按实际发生额计算。
② 建筑工程适用于总包工程,包含房屋建筑中的土建工程及其配套的安装、装饰等工程。
③ 装饰工程、安装工程适用于单独发包工程。
④ 单项工程建安造价在 1 亿元以上,市政工程 2 亿元以上的工程,安全文明施工措施费各有市定额站(造价办)负责单独测算,并报省站备案。轨道交通工程不受此限。
⑤ 群体工程安全文明施工措施费的计算。一个承包方在同一施工场地,同时承包两个以上(含两个)单项工程时,安全文明施工措施费以费用最大的工程计算,其他单项工程按规定的费率乘以下相应调整系数:两个单项工程的另一个按规定费率的 95%计算;三个单项工程的另两个按规定费率的 90%计算;四个及以上工程的另外几个按规定费率的 85%计算。
⑥ 轨道交通工程的安全文明施工措施费执行《郑州市城市轨道交通工程单位估价表》中的规定。
⑦ 构筑物、钢结构、独立的土石方工程、独立桩基础工程,参照装饰工程的标准执行。
⑧ 基本费应足额计取;考评费在工程竣工结算时,按当地造价管理机构核发的《安全文明施工措施费率表》进行核算;奖励费根据施工现场文明获奖级别计算,省级为全额,市级为 70%,县(区)级为 50%。

表 5-15 材料二次搬运费费率表

序号	现场面积或首层面积/m²	费率/(%)
1	4.5	0
2	>3.5	1.02
3	>2.5	1.36
4	>1.5	2.04
5	≤1.5	3.40

表 5-16 夜间施工增加费费率表

序号	合同工期或定额工期	费率/(%)
1	1>t>0.9	0.68
2	t>0.8	1.36

表 5-17 冬雨季施工增加费费率表

序号	合同工期或定额工期	费率/(%)
1	1>t>0.9	0.68
2	t>0.8	1.29

注：冬雨季施工增加费是在冬雨季施工期间，采取防寒保温或防雨措施所增加的费用。

1. 垂直运输费

(1) 建筑物的檐高是指设计室外地坪至檐口(屋面结构板面)的垂直距离，突出主体建筑屋顶的电梯间、水箱间等不计入檐口高度之内。构筑物的高度，是指从设计室外地坪至构筑物顶面的高度。

(2) 垂直运输费子目的划分按建筑物的檐高界定。

(3) 檐高 4 m 以内的单层建筑，不计算垂直运输费。

2. 脚手架使用费

(1) 室内高度在 3.6 m 以上时，可按建筑工程分册 YA.12 分部相应子目列项计算满堂脚手架，但内墙装饰不再计算脚手架，也不扣除抹灰子目内的简易脚手架费用。内墙高度在 3.6 m 以上，无满堂脚手架时，可另计算装饰用脚手架，执行建筑工程 YA.12 分部里脚手架子目。

(2) 高度在 3.6 m 以上的墙、柱、梁面及板底单独勾缝、刷浆或喷浆工程，每 100 m² 增加设施费 15.00 元，不得计算满堂脚手架。单独板底勾缝、刷浆确需搭设悬空脚手架的，可按建筑工程分册 YA.12 分部列项计算悬空脚手架。

5.8.2 工程量计算规则

(1) 垂直运输费以装饰工程的合计定额工日为基数计算。

(2) 满堂脚手架、里脚手架计算同建筑工程 YA.12 分部。

(3) 挑阳台突出墙面超高 80 cm 的正立面装饰和门厅外大雨篷外边缘的装饰可计算挑脚手架。挑阳台挑脚手架按其图示正立面长度和搭设层数以长度计算，门厅外大雨篷挑脚手架按其图示外围长度计算。

(4) 悬空脚手架按搭设水平投影面积计算。

(5) 吊篮脚手架按使用该架子的墙面面积计算。

(6) 高度超过 3.6 m 的内墙装饰架按内墙装饰的面积计算。

(7) 外墙装饰架均按外墙装饰的面积计算。

【思考题】

5-1 简述楼地面装饰工程定额内容及项目划分。
5-2 简述墙、柱面装饰工程的定额内容及项目划分。
5-3 简述天棚面装饰工程的定额内容及项目划分。
5-4 简述门窗工程的定额内容及项目划分。
5-5 油漆和涂料、裱糊工程应注意哪些方面?

【习题】

下列习题所需图纸详见插图(×××公司办公楼建筑结构施工图)

5-1 计算一层办公室地面及踢脚线工程量、综合费、人工及主要材料消耗量。
5-2 计算一层卫生间地面工程量、综合费、人工及主要材料消耗量。
5-3 计算二层办公室地面及踢脚线工程量、综合费、人工及主要材料消耗量。
5-4 计算楼梯地面工程量、综合费、人工及主要材料消耗量。
5-5 计算台阶及平台地面工程量、综合费、人工及主要材料消耗量。
5-6 计算三层办公室及走廊墙面抹灰及刷涂料工程量、综合费、人工及主要材料消耗量。
5-7 计算三层卫生间墙面工程量、综合费、人工及主要材料消耗量。
5-8 计算三层办公室天棚抹灰及刷涂料工程量、综合费、人工及主要材料消耗量。
5-9 计算×××公司办公楼门窗工程量、综合费、人工及主要材料消耗量。
5-10 计算×××公司办公楼木门 M-2、M-3 油漆工程量、综合费、人工及主要材料消耗量。

第6章 建设工程工程量清单计价规范

【学习要求】

了解总则、术语、一般规定；掌握工程量清单编制、招标控制价、投标报价、合同价款约定、工程计量、合同价款调整、合同价款期中支付、竣工结算与支付、合同解除的价款结算与支付、合同价款争议的解决及物价变化合同价款调整方法；熟悉工程造价鉴定、工程计价资料与档案、工程计价表格。

《建设工程工程量清单计价规范》(GB 50500—2013)是建设工程工程量清单计价的依据，包括以下内容：总则、术语、一般规定、工程量清单编制、招标控制价、投标报价、合同价款约定、工程计量、合同价款调整、合同价款期中支付、竣工结算与支付、合同解除的价款结算与支付、合同价款争议的解决、工程造价鉴定、工程计价资料与档案、工程计价表格及物价变化合同价款调整方法等内容。

本规范中以黑体字为标志的条文为强制性条文，必须严格执行。

6.1 总则

(1) 为规范建设工程造价计价行为，统一建设工程计价文件的编制原则和计价方法，根据《中华人民共和国建筑法》、《中华人民共和国合同法》、《中华人民共和国招标投标法》等法律法规，制定本规范。

(2) 本规范适用于建设工程发承包及其实施阶段的计价活动。

(3) 建设工程发承包及其实施阶段的工程造价由分部分项工程费、措施项目费、其他项目费、规费和税金组成。

(4) 招标工程量清单、招标控制价、投标报价、工程计量、合同价款调整、合同价款结算与支付以及工程造价鉴定等工程造价文件的编制与核对应由具有专业资格的工程造价人员承担。

(5) 承担工程造价文件的编制与核对的工程造价人员及其所在单位，应对工程造价文件的质量负责。

(6) 建设工程发承包及其实施阶段的计价活动应遵循客观、公正、公平的原则。

(7) 建设工程发承包及其实施阶段的计价活动，除应符合本规范外，尚应符合国家现行有关标准的规定。

6.2 术语

1. 工程量清单

载明建设工程分部分项工程项目、措施项目和其他项目的名称和相应数量以及规费和税金项目等内容的明细清单。

2. 招标工程量清单

招标人依据国家标准、招标文件、设计文件以及施工现场实际情况编制的,随招标文件发供投标报价的工程量清单,包括对其的说明和表格。

3. 已标价工程量清单

构成合同文件组成部分的投标文件中已标明价格,经算术性错误修正(如有)且承包人已确认的工程量清单,包括对其的说明和表格。

4. 分部分项工程

分部工程是单项或单位工程的组成部分,是按结构部位、路段长度及施工特点或施工任务将单项或单位工程划分为若干分部的工程;分项工程是分部工程的组成部分,系按不同施工方法、材料、工序及路段长度等将分部工程划分为若干个分项或项目的工程。

5. 措施项目

为完成工程项目施工,发生于该工程施工准备和施工过程中的技术、生活、安全、环境保护等方面的项目。

6. 项目编码

分部分项工程和措施项目清单名称的阿拉伯数字标识。

7. 项目特征

构成分部分项工程项目、措施项目自身价值的本质特征。

8. 综合单价

完成一个规定清单项目所需的人工费、材料和工程设备费、施工机具使用费和企业管理费、利润以及一定范围内的风险费用。

9. 风险费用

隐含于已标价工程量清单综合单价中,用于化解发承包双方在工程合同中约定内容和范围内的市场价格波动风险的费用。

10. 工程成本

承包人为实施合同工程并达到质量标准,在确保安全施工的前提下,必须消耗或使用的人工、材料、工程设备、施工机械台班及其管理等方面发生的费用和按规定缴纳的规费和税金。

11. 单价合同

发承包双方约定以工程量清单及其综合单价进行合同价款计算、调整和确认的建设工程施工合同。

12. 总价合同

发承包双方约定以施工图及其预算和有关条件进行合同价款计算、调整和确认的建设工程施工合同。

13. 成本加酬金合同

发承包双方约定以施工工程成本再加合同约定酬金进行合同价款计算、调整和确认的建设工程施工合同。

14. 工程造价信息

工程造价管理机构根据调查和测算发布的建设工程人工、材料、工程设备、施工机械台班的价格信息,以及各类工程的造价指数、指标。

15. 工程造价指数

反映一定时期的工程造价相对于某一固定时期的工程造价变化程度的比值或比率。包括按单位或单项工程划分的造价指数,按工程造价构成要素划分的人工、材料、机械等价格指数。

16. 工程变更

合同工程实施过程中由发包人提出或由承包人提出经发包人批准的合同工程任何一项工作的增、减、取消或施工工艺、顺序、时间的改变;设计图纸的修改;施工条件的改变;招标工程量清单的错、漏从而引起合同条件的改变或工程量的增减变化。

17. 工程量偏差

承包人按照合同工程的图纸(含经发包人批准由承包人提供的图纸)实施,按照现行国家计量规范规定的工程量计算规则计算得到的完成合同工程项目应予计量的工程量与相应的招标工程量清单项目列出的工程量之间出现的量差。

18. 暂列金额

招标人在工程量清单中暂定并包括在合同价款中的一笔款项。用于工程合同签订时尚未确定或者不可预见的所需材料、工程设备、服务的采购,施工中可能发生的工程变更、合同约定调整因素出现时的合同价款调整以及发生的索赔、现场签证确认等的费用。

19. 暂估价

招标人在工程量清单中提供的用于支付必然发生但暂时不能确定价格的材料、工程设备的单价以及专业工程的金额。

20. 计日工

在施工过程中,承包人完成发包人提出的工程合同范围以外的零星项目或工作,按合同中约定的单价计价的一种方式。

21. 总承包服务费

总承包人为配合协调发包人进行的专业工程发包,对发包人自行采购的材料、工程设备等进行保管以及施工现场管理、竣工资料汇总整理等服务所需的费用。

22. 安全文明施工费

承包人按照国家法律、法规、标准等规定,在合同履行中为保证安全施工、文明施工,保护现场内外环境和搭拆临时设施等所采用的措施发生的费用。

23. 索赔

在工程合同履行过程中,合同当事人一方因非己方的原因而遭受损失,按合同约定或法规规定应由对方承担责任,从而向对方提出补偿的要求。

24. 现场签证

发包人现场代表(或其授权的监理人、工程造价咨询人)与承包人现场代表就施工过程中涉及的责任事件所作的签认证明。

25. 提前竣工(赶工)费

承包人应发包人的要求,采取加快工程进度的措施,使合同工程工期缩短产生的,应由发包人支付的费用。

26. 误期赔偿费

承包人未按照合同工程的计划进度施工,导致实际工期超过合同工期(包括经发包人批准的延长工期),承包人应向发包人赔偿损失的费用。

27. 不可抗力

发承包双方在工程合同签订时不能预见的,对其发生的后果不能避免,并且不能克服的自然灾害和社会性突发事件。

28. 工程设备

指构成或计划构成永久工程一部分的机电设备、金属结构设备、仪器装置及其他类似的设备和装置。

29. 缺陷责任期

指承包人对已交付使用的合同工程承担合同约定的缺陷修复责任的期限。

30. 质量保证金

发承包双方在工程合同中约定,从应付合同价款中预留,承包人用于保证在缺陷责任期内履行缺陷修复义务的金额。

31. 费用

承包人为履行合同所发生或将要发生的所有合理开支,包括管理费和应分摊的其他费用,但不包括利润。

32. 利润

承包人完成合同工程获得的盈利。

33. 企业定额

施工企业根据本企业的施工技术、机械装备和管理水平而编制的人工、材料和施工机械台班等的消耗标准。

34. 规费

根据国家法律、法规规定,由省级政府或省级有关权力部门规定施工企业必须缴纳的,应计入建筑安装工程造价的费用。

35. 税金

国家税法规定的应计入建筑安装工程造价内的营业税、城市维护建设税、教育费附加和地方教育附加。

36. 发包人

具有工程发包主体资格和支付工程价款能力的当事人以及取得该当事人资格的合法继承人,本规范有时又称招标人。

37. 承包人

被发包人接受的具有工程施工承包主体资格的当事人以及取得该当事人资格的合法继承人,本规范有时又称投标人。

38. 工程造价咨询人

取得工程造价咨询资质等级证书,接受委托从事建设工程造价咨询活动的当事人以及取得该当事人资格的合法继承人。

39. 造价工程师
取得造价工程师注册证书,在一个单位注册、从事建设工程造价活动的专业人员。

40. 造价员
取得全国建设工程造价员资格证书,在一个单位注册、从事建设工程造价活动的专业人员。

41. 单价项目
工程量清单中以单价计价的项目,即根据合同工程图纸(含设计变更)和国家现行相关工程计量规范规定的工程量计算规则进行计量,与已标价工程量清单相应综合单价进行价款计算的项目。

42. 总价项目
工程量清单中以总价计价的项目,即此类项目在现行国家计量规范中无工程量计算规则,以总价(或计算基础乘费率)计算的项目。

43. 工程计量
发承包双方根据合同约定,对承包人完成合同工程的数量进行的计算和确认。

44. 工程结算
发承包双方根据合同约定,对合同工程在实施中、终止时、已完工后进行的合同价款计算、调整和确认。包括期中结算、终止结算、竣工结算。

45. 招标控制价
招标人根据国家或省级、行业建设主管部门颁发的有关计价依据和办法,以及拟定的招标文件和招标工程量清单,结合工程具体情况编制的招标工程的最高投标限价。

46. 投标价
投标人投标时响应招标文件要求所报出的在已标价工程量清单中标明的总价。

47. 签约合同价(合同价款)
发承包双方在工程合同中约定的工程造价,包括了分部分项工程费、措施项目费、其他项目费、规费和税金的合同总金额。

48. 预付款
发包人按照合同约定,在开工前预先支付给承包人用于购买合同工程施工所需的材料、工程设备,以及组织施工机械和人员进场等的款项。

49. 进度款
发包人在合同工程施工过程中,按照合同约定对付款周期内承包人完成的合同价款给予支付的款项,也是合同价款期中结算支付。

50. 合同价款调整
在合同价款调整因素出现后,发承包双方根据合同约定,对发生的合同价款调整事项,提出、确认调整合同价款的行为。

51. 竣工结算价
发承包双方依据国家有关法律、法规和标准规定,按照合同约定确定的,包括在履行合同过程中按合同约定进行的合同价款调整,是承包人按合同约定完成了全部承包工作后,发包人应付给承包人的合同总金额。

52. 工程造价鉴定

工程造价咨询人接受人民法院、仲裁机关委托,对施工合同纠纷案件中的工程造价争议运用专门知识进行的鉴别和评定,并提供鉴定意见的活动。亦称工程造价司法鉴定。

6.3 一般规定

6.3.1 计价方式

(1) 使用国有资金投资的建设工程发承包,必须采用工程量清单计价。
(2) 非国有资金投资的建设工程,宜采用工程量清单计价。
(3) 不采用工程量清单计价的建设工程,应执行本规范除工程量清单等专门性规定外的其他规定。
(4) 工程量清单应采用综合单价计价。
(5) 措施项目中的安全文明施工费必须按国家或省级、行业建设主管部门的规定计算,不得作为竞争性费用。
(6) 规费和税金必须按国家或省级、行业建设主管部门的规定计算,不得作为竞争性费用。

6.3.2 发包人提供材料和工程设备

(1) 发包人提供的材料和工程设备(以下简称甲供材料)应在招标文件中按照本规范附录K.1规定填写《发包人提供材料和工程设备一览表》,写明甲供材料的名称、规格、数量、单价、交货方式、交货地点等。承包人投标时,甲供材料价格应计入相应项目的综合单价中,签约后发包人应按合同约定扣回甲供材料款,不予支付。
(2) 承包人应根据合同工程进度计划的安排,向发包人提交甲供材料交货的日期计划。发包人应按计划提供。
(3) 发包人提供的甲供材料如其规格、数量或质量不符合合同要求,或由于发包人原因发生交货日期延误、交货地点及交货方式变更等情况的,发包人应承担由此增加的费用和(或)工期延误,并向承包人支付合理利润。
(4) 发承包双方对甲供材料的数量发生争议不能达成一致的,其数量按照相关工程的计价定额同类项目规定的材料消耗量计算。
(5) 若发包人要求承包人采购已在招标文件中确定为甲供材料的,其材料价格由发承包双方根据市场调查确定,并另行签订补充协议。

6.3.3 承包人提供材料和工程设备

(1) 除合同约定的发包人提供的甲供材料外,合同工程所需的材料和工程设备应由承包人提供,承包人提供的材料和工程设备均由承包人负责采购、运输和保管。
(2) 承包人应按合同约定将采购材料和工程设备的供货人及品种、规格、数量和供货时间等提交发包人确认,并负责提供材料和工程设备的质量证明文件,满足合同约定的质量标准。

（3）发包人对承包人提供的材料和工程设备经检测不符合合同约定的质量标准，应立即要求承包人更换，由此增加的费用和（或）工期延误由承包人承担。对发包人要求检测承包人已具有合格证明的材料、工程设备，但经检测证明该项材料、工程设备符合合同约定的质量标准，发包人应承担由此增加的费用和（或）工期延误，并向承包人支付合理利润。

6.3.4 计价风险

（1）建设工程发承包，必须在招标文件、合同中明确计价中的风险内容及其范围，不得采用无限风险、所有风险或类似语句规定计价中的风险内容及其范围。

（2）由于下列因素出现，影响合同价款调整的，应由发包人承担。

① 国家法律、法规、规章和政策发生变化。

② 省级或行业建设主管部门发布的人工费调整，但承包人对人工费或人工单价的报价高于发布的除外。

③ 由政府定价或政府指导价管理的原材料等价格进行了调整的。

因承包人原因导致工期延误的，应按本规范[1]第9.2.2条、第9.8.3条的规定执行。

（3）由于市场物价波动影响合同价款，应由发承包双方合理分摊，按本规范附录L.2或L.3填写《承包人提供主要材料和工程设备一览表》作为合同附件，合同中没有约定，发承包双方发生争议时，按本规范第9.8.1～9.8.3条规定，调整合同价款。

（4）由于承包人使用机械设备、施工技术以及组织管理水平等自身原因造成施工费用增加的，应由承包人全部承担。

（5）不可抗力发生时，影响合同价款的，按本规范第9.10节的规定执行。

6.4 工程量清单编制

6.4.1 一般规定

（1）招标工程量清单应由具有编制能力的招标人或受其委托，具有相应资质的工程造价咨询人编制。

（2）招标工程量清单必须作为招标文件的组成部分，其准确性和完整性由招标人负责。

（3）招标工程量清单是工程量清单计价的基础，应作为编制招标控制价、投标报价、计算或调整工程量、索赔等的依据之一。

（4）招标工程量清单应以单位（项）工程为单位编制，由分部分项工程项目清单、措施项目清单、其他项目清单、规费和税金项目清单组成。

（5）编制招标工程量清单的依据。

① 本规范和相关工程的国家计量规范。

② 国家或省级、行业建设主管部门颁发的计价定额和办法。

---

[1] 本章中"本规范"均指《建设工程工程量清单计价规范》(GB 50500—2013)。

③ 建设工程设计文件及相关资料。
④ 与建设工程有关的标准、规范、技术资料。
⑤ 拟定的招标文件。
⑥ 施工现场情况、地勘水文资料、工程特点及常规施工方案。
⑦ 其他相关资料。

6.4.2 分部分项工程项目

（1）分部分项工程项目清单必须载明项目编码、项目名称、项目特征、计量单位和工程量。

（2）分部分项工程项目清单必须根据相关工程现行国家计量规范规定的项目编码、项目名称、项目特征、计量单位和工程量计算规则进行编制。

6.4.3 措施项目

（1）措施项目清单必须根据相关工程现行国家计量规范的规定编制。

（2）措施项目清单应根据拟建工程的实际情况列项。

6.4.4 其他项目

（1）其他项目清单应按照下列内容列项。
① 暂列金额。
② 暂估价：包括材料暂估单价、工程设备暂估单价、专业工程暂估价。
③ 计日工。
④ 总承包服务费。

（2）暂列金额应根据工程特点，按有关计价规定估算。

（3）暂估价中的材料、工程设备暂估单价应根据工程造价信息或参照市场价格估算，列出明细表；专业工程暂估价应分不同专业，按有关计价规定估算，列出明细表。

（4）计日工应列出项目名称、计量单位和暂估数量。

（5）总承包服务费应列出服务项目及其内容等。

（6）出现本规范第 4.4.1 条未列的项目，应根据工程实际情况补充。

6.4.5 规费

（1）规费项目清单应按照下列内容列项。
① 社会保险费：包括养老保险费、失业保险费、医疗保险费、工伤保险费、生育保险费。
② 住房公积金。
③ 工程排污费。

（2）出现本规范第 4.5.1 条未列的项目，应根据省级政府或省级有关权力部门的规定列项。

6.4.6 税金

（1）税金项目清单应包括下列内容。

① 营业税。
② 城市维护建设税。
③ 教育费附加。
④ 地方教育附加。
（2）出现本规范第4.6.1条未列的项目，应根据税务部门的规定列项。

6.5 招标控制价

6.5.1 一般规定

（1）国有资金投资的建设工程招标，招标人必须编制招标控制价。
（2）招标控制价应由具有编制能力的招标人或受其委托具有相应资质的工程造价咨询人编制和复核。
（3）工程造价咨询人接受招标人委托编制招标控制价，不得再就同一工程接受投标人委托编制投标报价。
（4）招标控制价按照本规范第5.2.1条的规定编制，不应上调或下浮。
（5）招标控制价超过批准的概算时，招标人应将其报原概算审批部门审核。
（6）招标人应在发布招标文件时公布招标控制价，同时应将招标控制价及有关资料报送工程所在地（或有该工程管辖权的行业管理部门）工程造价管理机构备查。

6.5.2 编制与复核

（1）招标控制价应根据下列依据编制与复核。
① 本规范。
② 国家或省级、行业建设主管部门颁发的计价定额和计价办法。
③ 建设工程设计文件及相关资料。
④ 拟定的招标文件及招标工程量清单。
⑤ 与建设项目相关的标准、规范、技术资料。
⑥ 施工现场情况、工程特点及常规施工方案。
⑦ 工程造价管理机构发布的工程造价信息；工程造价信息没有发布的，参照市场价。
⑧ 其他的相关资料。
（2）综合单价中应包括招标文件中划分的应由投标人承担的风险范围及其费用，招标文件中没有明确的，如是工程造价咨询人编制，应提请招标人明确；如是招标人编制，应予明确。
（3）分部分项工程和措施项目中的单价项目，应根据拟定的招标文件和招标工程量清单项目中的特征描述及有关要求确定综合单价计算。
（4）措施项目中的总价项目应根据拟定的招标文件和常规施工方案按本规范第3.1.4和3.1.5条的规定计价。

(5) 其他项目应按下列规定计价。
① 暂列金额应按招标工程量清单中列出的金额填写。
② 暂估价中的材料、工程设备单价应按招标工程量清单中列出的单价计入综合单价。
③ 暂估价中的专业工程金额应按招标工程量清单中列出的金额填写。
④ 计日工应按招标工程量清单中列出的项目根据工程特点和有关计价依据确定综合单价计算。
⑤ 总承包服务费应根据招标工程量清单列出的内容和要求估算。
(6) 规费和税金应按本规范第3.1.6条的规定计算。

6.5.3 投诉与处理

(1) 投标人经复核认为招标人公布的招标控制价未按照本规范的规定进行编制的,应当在招标控制价公布后5天内向招投标监督机构和工程造价管理机构投诉。
(2) 投诉人投诉时,应当提交由单位盖章和法定代表人或其委托人签名或盖章的书面投诉书,投诉书应包括以下内容。
① 投诉人与被投诉人的名称、地址及有效联系方式。
② 投诉的招标工程名称、具体事项及理由。
③ 投诉依据及有关证明材料。
④ 相关的请求及主张。
(3) 投诉人不得进行虚假、恶意投诉,阻碍招投标活动的正常进行。
(4) 工程造价管理机构在接到投诉书后应在2个工作日内进行审查,对有下列情况之一的,不予受理。
① 投诉人不是所投诉招标工程招标文件的收受人。
② 投诉书提交的时间不符合本规范第5.3.1条规定的。
③ 投诉书不符合本规范第5.3.2条规定的。
④ 投诉事项已进入行政复议或行政诉讼程序的。
(5) 工程造价管理机构应在不迟于结束审查的次日将是否受理投诉的决定书面通知投诉人、被投诉人以及负责该工程招投标监督的招投标管理机构。
(6) 工程造价管理机构受理投诉后,应立即对招标控制价进行复查,组织投诉人、被投诉人或其委托的招标控制价编制人等单位人员对投诉问题逐一核对。有关当事人应当予以配合,并保证所提供资料的真实性。
(7) 工程造价管理机构应当在受理投诉的10天内完成复查(特殊情况下可适当延长),并作出书面结论通知投诉人、被投诉人及负责该工程招投标监督的招投标管理机构。
(8) 当招标控制价复查结论与原公布的招标控制价误差大于±3%的,应当责成招标人改正。
(9) 招标人根据招标控制价复查结论,需要重新公布招标控制价的,其最终公布的时间至招标文件要求提交投标文件截止时间不足15天的,相应延长投标文件的截止时间。

6.6 投标报价

6.6.1 一般规定

(1) 投标价应由投标人或受其委托具有相应资质的工程造价咨询人编制。
(2) 投标人应依据本规范第6.2.1条的规定自主确定投标报价。
(3) 投标报价不得低于工程成本。
(4) 投标人必须按招标工程量清单填报价格。项目编码、项目名称、项目特征、计量单位、工程量必须与招标工程量清单一致。
(5) 投标人的投标报价高于招标控制价的应予废标。

6.6.2 编制与复核

(1) 投标报价应根据下列依据编制和复核。
① 本规范。
② 国家或省级、行业建设主管部门颁发的计价办法。
③ 企业定额,国家或省级、行业建设主管部门颁发的计价定额和计价办法。
④ 招标文件、招标工程量清单及其补充通知、答疑纪要。
⑤ 建设工程设计文件及相关资料。
⑥ 施工现场情况、工程特点及投标时拟定的施工组织设计或施工方案。
⑦ 与建设项目相关的标准、规范等技术资料。
⑧ 市场价格信息或工程造价管理机构发布的工程造价信息。
⑨ 其他的相关资料。

(2) 综合单价中应包括招标文件中划分的应由投标人承担的风险范围及其费用,招标文件中没有明确的,应提请招标人明确。

(3) 分部分项工程和措施项目中的单价项目,应依据招标文件及其招标工程量清单项目中的特征描述确定综合单价计算。

(4) 措施项目中的总价项目金额应根据招标文件及投标时拟定的施工组织设计或施工方案按本规范第3.1.4条的规定自主确定。其中安全文明施工费应按照本规范第3.1.5条的规定确定。

(5) 其他项目应按下列规定报价。
① 暂列金额应按招标工程量清单中列出的金额填写。
② 材料、工程设备暂估价应按招标工程量清单中列出的单价计入综合单价。
③ 专业工程暂估价应按招标工程量清单中列出的金额填写。
④ 计日工应按招标工程量清单中列出的项目和数量,自主确定综合单价并计算计日工金额。

⑤ 总承包服务费应根据招标工程量清单中列出的内容和提出的要求自主确定。

(6) 规费和税金应按本规范第 3.1.6 条的规定确定。

(7) 招标工程量清单与计价表中列明的所有需要填写单价和合价的项目,投标人均应填写且只允许有一个报价。未填写单价和合价的项目,视为此项费用已包含在已标价工程量清单中其他项目的单价和合价之中。竣工结算时,此项目不得重新组价予以调整。

(8) 投标总价应当与分部分项工程费、措施项目费、其他项目费和规费、税金的合计金额一致。

6.7 合同价款约定

6.7.1 一般规定

(1) 实行招标的工程合同价款应在中标通知书发出之日起 30 日内,由发承包双方依据招标文件和中标人的投标文件在书面合同中约定。合同约定不得违背招、投标文件中关于工期、造价、质量等方面的实质性内容。招标文件与中标人投标文件不一致的地方,以投标文件为准。

(2) 不实行招标的工程合同价款,在发承包双方认可的工程价款基础上,由发承包双方在合同中约定。

(3) 实行工程量清单计价的工程,应采用单价合同。建设规模较小,技术难度较低,工期较短,且施工图设计已审查批准的建设工程可以采用总价合同;紧急抢险、救灾以及施工技术特别复杂的建设工程可以采用成本加酬金合同。

6.7.2 约定内容

(1) 发承包双方应在合同条款中对下列事项进行约定。

① 预付工程款的数额、支付时间及抵扣方式。

② 安全文明施工措施的支付计划,使用要求等。

③ 工程计量与支付工程进度款的方式、数额及时间。

④ 工程价款的调整因素、方法、程序、支付及时间。

⑤ 施工索赔与现场签证的程序、金额确认与支付时间。

⑥ 承担计价风险的内容、范围以及超出约定内容、范围的调整办法。

⑦ 工程竣工价款结算编制与核对、支付及时间。

⑧ 工程质量保证金的数额、预留方式及时间。

⑨ 违约责任以及发生工程价款争议的解决方法及时间。

⑩ 与履行合同、支付价款有关的其他事项等。

(2) 合同中没有按照本规范第 7.2.1 条的要求约定或约定不明的,若发承包双方在合同履行中发生争议由双方协商确定;协商不能达成一致的,按本规范的规定执行。

6.8 工程计量

6.8.1 一般规定

(1) 工程量必须按照相关工程现行国家计量规范规定的工程量计算规则计算。
(2) 工程计量可选择按月或按工程形象进度分段计量,具体计量周期在合同中约定。
(3) 因承包人原因造成的超出合同工程范围施工或返工的工程量,发包人不予计量。
(4) 成本加酬金合同按本规范第8.2节的规定计量。

6.8.2 单价合同的计量

(1) 工程量必须以承包人完成合同工程应予计量工程量确定。
(2) 施工中进行工程计量时,若发现招标工程量清单中出现缺项、工程量偏差,或因工程变更引起工程量的增减,应按承包人在履行合同义务中完成的工程量计算。
(3) 承包人应当按照合同约定的计量周期和时间,向发包人提交当期已完工程量报告。发包人应在收到报告后7天内核实,并将核实计量结果通知承包人。发包人未在约定时间内进行核实的,则承包人提交的计量报告中所列的工程量视为承包人实际完成的工程量。
(4) 发包人认为需要进行现场计量核实时,应在计量前24小时通知承包人,承包人应为计量提供便利条件并派人参加。双方均同意核实结果时,则双方应在上述记录上签字确认。承包人收到通知后不派人参加计量,视为认可发包人的计量核实结果。发包人不按照约定时间通知承包人,致使承包人未能派人参加计量,计量核实结果无效。
(5) 如承包人认为发包人核实后的计量结果有误,应在收到计量结果通知后的7天内向发包人提出书面意见,并附上其认为正确的计量结果和详细的计算资料。发包人收到书面意见后,应在7天内对承包人的计量结果进行复核后通知承包人。承包人对复核计量结果仍有异议的,按照合同约定的争议解决办法处理。
(6) 承包人完成已标价工程量清单中每个项目的工程量并经发包人核实无误后,发承包双方应对每个项目的历次计量报表进行汇总,以核实最终结算工程量。发承包双方应在汇总表上签字确认。

6.8.3 总价合同的计量

(1) 采用工程量清单方式招标形成的总价合同,其工程量应按照本规范第8.2节的规定计算。
(2) 采用经审定批准的施工图纸及其预算方式发包形成的总价合同,除按照工程变更规定引起的工程量增减外,总价合同各项目的工程量是承包人用于结算的最终工程量。
(3) 总价合同约定的项目计量应以合同工程经审定批准的施工图纸为依据,发承包双方应在合同中约定工程计量的形象目标或时间节点进行计量。
(4) 承包人应在合同约定的每个计量周期内,对已完成的工程进行计量,并向发包人提交达到工程形象目标完成的工程量和有关计量资料的报告。

(5) 发包人应在收到报告后 7 天内对承包人提交的上述资料进行复核,以确定实际完成的工程量和工程形象目标。对其有异议的,应通知承包人进行共同复核。

6.9 合同价款调整

6.9.1 一般规定

(1) 以下事项(但不限于)发生,发承包双方应当按照合同约定调整合同价款。
① 法律法规变化。
② 工程变更。
③ 项目特征不符。
④ 工程量清单缺项。
⑤ 工程量偏差。
⑥ 计日工。
⑦ 物价变化。
⑧ 暂估价。
⑨ 不可抗力。
⑩ 提前竣工(赶工补偿)。
⑪ 误期赔偿。
⑫ 索赔。
⑬ 现场签证。
⑭ 暂列金额。
⑮ 发承包双方约定的其他调整事项。

(2) 出现合同价款调增事项(不含工程量偏差、计日工、现场签证、索赔)后的 14 天内,承包人应向发包人提交合同价款调增报告并附上相关资料,若承包人在 14 天内未提交合同价款调增报告的,视为承包人对该事项不存在调整价款请求。

(3) 出现合同价款调减事项(不含工程量偏差、施工索赔)后的 14 天内,发包人应向承包人提交合同价款调减报告并附相关资料,若发包人在 14 天内未提交合同价款调减报告的,视为发包人对该事项不存在调整价款请求。

(4) 发(承)包人应在收到承(发)包人合同价款调增(减)报告及相关资料之日起 14 天内对其核实,予以确认的应书面通知承(发)包人。如有疑问,应向承(发)包人提出协商意见。发(承)包人在收到合同价款调增(减)报告之日起 14 天内未确认也未提出协商意见的,视为承(发)包人提交的合同价款调增(减)报告已被发(承)包人认可。发(承)包人提出协商意见的,承(发)包人应在收到协商意见后的 14 天内对其核实,予以确认的应书面通知发(承)包人。如承(发)包人在收到发(承)包人的协商意见后 14 天内既不确认也未提出不同意见的,视为发(承)包人提出的意见已被承(发)包人认可。

(5) 如发包人与承包人对合同价款调整的不同意见不能达成一致的,只要不实质影响发承包双方履约的,双方应继续履行合同义务,直到其按照合同约定的争议解决方式得到处理。

(6) 经发承包双方确认调整的合同价款,作为追加(减)合同价款,应与工程进度款或结算款同期支付。

6.9.2 法律法规变化

(1) 招标工程以投标截止日前28天,非招标工程以合同签订前28天为基准日,其后国家的法律、法规、规章和政策发生变化引起工程造价增减变化的,发承包双方应当按照省级或行业建设主管部门或其授权的工程造价管理机构据此发布的规定调整合同价款。

(2) 因承包人原因导致工期延误的,且按本规范第9.2.1条规定的调整时间在合同工程原定竣工时间之后,合同价款调增的不予调整,合同价款调减的予以调整。

6.9.3 工程变更

(1) 工程变更引起已标价工程量清单项目或其工程数量发生变化,应按照下列规定调整。

① 已标价工程量清单中有适用于变更工程项目的,采用该项目的单价;但当工程变更导致该清单项目的工程数量发生变化,且工程量偏差超过15%,此时,该项目单价应按照本规范第9.6.2条的规定调整。

② 已标价工程量清单中没有适用、但有类似于变更工程项目的,可在合理范围内参照类似项目的单价;

③ 已标价工程量清单中没有适用也没有类似于变更工程项目的,由承包人根据变更工程资料、计量规则和计价办法、工程造价管理机构发布的信息价格和承包人报价浮动率提出变更工程项目的单价,报发包人确认后调整。承包人报价浮动率可按下列公式计算

招标工程: 承包人报价浮动率 $L=(1-中标价/招标控制价)\times 100\%$ (6-1)

非招标工程: 承包人报价浮动率 $L=(1-报价值/施工图预算)\times 100\%$ (6-2)

④ 已标价工程量清单中没有适用也没有类似于变更工程项目,且工程造价管理机构发布的信息价格缺价的,由承包人根据变更工程资料、计量规则、计价办法和通过市场调查等取得有合法依据的市场价格提出变更工程项目的单价,报发包人确认后调整。

(2) 工程变更引起施工方案改变,并使措施项目发生变化的,承包人提出调整措施项目费的,应事先将拟实施的方案提交发包人确认,并详细说明与原方案措施项目相比的变化情况。拟实施的方案经发承包双方确认后执行。并应按照下列规定调整措施项目费。

① 安全文明施工费按照实际发生变化的措施项目依据本规范第3.1.5条的规定计算。

② 采用单价计算的措施项目费,按照实际发生变化的措施项目按本规范第9.3.1条的规定确定单价。

③ 按总价(或系数)计算的措施项目费,按照实际发生变化的措施项目调整,但应考虑承包人报价浮动因素,即调整金额按照实际调整金额乘以本规范第9.3.1条规定的承包人报价浮动率计算。

如果承包人未事先将拟实施的方案提交给发包人确认,则视为工程变更不引起措施项目费

的调整或承包人放弃调整措施项目费的权利。

(3) 如果工程变更项目出现承包人在工程量清单中填报的综合单价与发包人招标控制价相应清单项目的综合单价偏差超过 15%,则工程变更项目的综合单价可由发承包双方调整。

(4) 如果发包人提出的工程变更,因非承包人原因删减了合同中的某项原定工作或工程,致使承包人发生的费用或(和)得到的收益不能被包括在其他已支付或应支付的项目中,也未被包含在任何替代的工作或工程中,则承包人有权提出并得到合理的费用及利润补偿。

6.9.4 项目特征描述不符

(1) 发包人在招标工程量清单中对项目特征的描述,应被认为是准确的和全面的,并且与实际施工要求相符合。承包人应按照发包人提供的招标工程量清单,根据其项目特征描述的内容及有关要求实施合同工程,直到其被改变为止。

(2) 承包人应按照发包人提供的设计图纸实施合同工程,若在合同履行期间,出现设计图纸(含设计变更)与招标工程量清单任一项目的特征描述不符,且该变化引起该项目的工程造价增减变化的,应按照实际施工的项目特征,按本规范第 9.3 节相关条款的规定重新确定相应工程量清单项目的综合单价,调整合同价款。

6.9.5 工程量清单缺项

(1) 合同履行期间,由于招标工程量清单中缺项,新增分部分项工程清单项目的,应按照本规范第 9.3.1 条规定确定单价,调整合同价款。

(2) 新增分部分项工程清单项目后,引起措施项目发生变化的,应按照本规范第 9.3.2 条的规定,在承包人提交的实施方案被发包人批准后,调整合同价款。

(3) 由于招标工程量清单中措施项目缺项,承包人应将新增措施项目实施方案提交发包人批准后,按照本规范第 9.3.1、9.3.2 条的规定调整合同价款。

6.9.6 工程量偏差

(1) 合同履行期间,若应予计算的实际工程量与招标工程量清单出现偏差,且符合本规范第 9.6.2、9.6.3 条规定的,发承包双方应调整合同价款。

(2) 对于任一招标工程量清单项目,当因本节规定的工程量偏差和第 9.3 节规定的工程变更等原因导致工程量偏差超过 15% 时,可进行调整。当工程量增加 15% 以上时,增加部分的工程量的综合单价应予调低;当工程量减少 15% 以上时,减少后剩余部分的工程量的综合单价应予调高。

(3) 当工程量出现本规范第 9.6.2 条的变化,且该变化引起相关措施项目相应发生变化时,按系数或单一总价方式计价的,工程量增加的措施项目费调增,工程量减少的措施项目费调减。

6.9.7 计日工

(1) 发包人通知承包人以计日工方式实施的零星工作,承包人应予执行。

(2) 采用计日工计价的任何一项变更工作,承包人应在该项变更的实施过程中,按合同约定提交以下报表和有关凭证送发包人复核。

① 工作名称、内容和数量。

② 投入该工作所有人员的姓名、工种、级别和耗用工时。

③ 投入该工作的材料名称、类别和数量。

④ 投入该工作的施工设备型号、台数和耗用台时。

⑤ 发包人要求提交的其他资料和凭证。

(3) 任一计日工项目持续进行时,承包人应在该项工作实施结束后的 24 小时内,向发包人提交有计日工记录汇总的现场签证报告一式三份。发包人在收到承包人提交现场签证报告后的 2 天内予以确认并将其中一份返还给承包人,作为计日工计价和支付的依据。发包人逾期未确认也未提出修改意见的,视为承包人提交的现场签证报告已被发包人认可。

(4) 任一计日工项目实施结束。承包人应按照确认的计日工现场签证报告核实该类项目的工程数量,并根据核实的工程数量和承包人已标价工程量清单中的计日工单价计算,提出应付价款;已标价工程量清单中没有该类计日工单价的,由发承包双方按本规范第 9.3 节的规定商定计日工单价计算。

(5) 每个支付期末,承包人应按照本规范第 10.3 节的规定向发包人提交本期间所有计日工记录的签证汇总表,以说明本期间自己认为有权得到的计日工金额,调整合同价款,列入进度款支付。

6.9.8 物价变化

(1) 合同履行期间,因人工、材料、工程设备、机械台班价格波动影响合同价款时应根据合同约定的本规范附录 A 的方法之一调整合同价款。

(2) 承包人采购材料和工程设备的,应在合同中约定主要材料、工程设备价格变化的范围或幅度,当没有约定,则材料、工程设备单价变化超过 5%,超过部分的价格应按附录 A 的方法计算调整材料、工程设备费。

(3) 发生合同工程工期延误的,应按照下列规定确定合同履行期用于调整的价格。

① 因非承包人原因导致工期延误的,则计划进度日期后续工程的价格,采用计划进度日期与实际进度日期两者的较高者。

② 因承包人原因导致工期延误的,则计划进度日期后续工程的价格,采用计划进度日期与实际进度日期两者的较低者。

(4) 发包人供应材料和工程设备的,不适用本规范第 9.8.1、9.8.2 条规定,应由发包人按照实际变化调整,列入合同工程的工程造价内。

6.9.9 暂估价

(1) 发包人在招标工程量清单中给定暂估价的材料、工程设备属于依法必须招标的,由发承包双方以招标的方式选择供应商。确定其价格并以此为依据取代暂估价,调整合同价款。

(2) 发包人在招标工程量清单中给定暂估价的材料和工程设备不属于依法必须招标的,由承包人按照合同约定采购,经发包人确认单价后取代暂估价,调整合同价款。

(3) 发包人在工程量清单中给定暂估价的专业工程不属于依法必须招标的,应按照本规范第 9.3 节相应条款的规定确定专业工程价款。并以此为依据取代专业工程暂估价,调整合同价款。

(4) 发包人在招标工程量清单中给定暂估价的专业工程,依法必须招标的,应当由发承包双方依法组织招标选择专业分包人,并接受有管辖权的建设工程招标投标管理机构的监督,还应符合下列要求。

① 除合同另有约定外,承包人不参加投标的专业工程发包招标,应由承包人作为招标人,但拟定的招标文件、评标工作、评标结果应报送发包人批准。与组织招标工作有关的费用应当被认为已经包括在承包人的签约合同价(投标总报价)中。

② 承包人参加投标的专业工程发包招标,应由发包人作为招标人,与组织招标工作有关的费用由发包人承担。同等条件下,应优先选择承包人中标。

③ 以专业工程发包中标价为依据取代专业工程暂估价,调整合同价款。

6.9.10 不可抗力

(1) 因不可抗力事件导致的人员伤亡、财产损失及其费用增加,发承包双方应按以下原则分别承担并调整合同价款和工期。

① 合同工程本身的损害、因工程损害导致第三方人员伤亡和财产损失以及运至施工场地用于施工的材料和待安装的设备的损害,由发包人承担。

② 发包人、承包人人员伤亡由其所在单位负责,并承担相应费用。

③ 承包人的施工机械设备损坏及停工损失,由承包人承担。

④ 停工期间,承包人应发包人要求留在施工场地的必要的管理人员及保卫人员的费用由发包人承担。

⑤ 工程所需清理、修复费用,由发包人承担。

(2) 不可抗力解除后复工的,若不能按期竣工,应合理延长工期,发包人要求赶工的,赶工费用由发包人承担。

(3) 因不可抗力解除合同的,按本规范第 12.0.2 条规定办理。

6.9.11 提前竣工(赶工补偿)

(1) 招标人应当依据相关工程的工期定额合理计算工期,压缩的工期天数不得超过定额工期的 20%,超过者,应在招标文件中明示增加赶工费用。

(2) 发包人要求合同工程提前竣工,应征得承包人同意后与承包人商定采取加快工程进度的措施,并修订合同工程进度计划。发包人应承担承包人由此增加的提前竣工(赶工补偿)费。

(3) 发承包双方应在合同中约定提前竣工每日历天应补偿额度,此项费用作为增加合同价款,列入竣工结算文件中,与结算款一并支付。

6.9.12 误期赔偿

(1)承包人未按照合同约定施工,导致实际进度迟于计划进度的,承包人应加快进度,实现合同工期。

合同工程发生误期,承包人应赔偿发包人由此造成的损失,并按照合同约定向发包人支付误期赔偿费。即使承包人支付误期赔偿费,也不能免除承包人按照合同约定应承担的任何责任和应履行的任何义务。

(2)发承包双方应在合同中约定误期赔偿费,明确每日历天应赔额度。误期赔偿费列入竣工结算文件中,在结算款中扣除。

(3)在工程竣工之前,合同工程内的某单项(位)工程已通过了竣工验收,且该单项(位)工程接收证书中表明的竣工日期并未延误,而是合同工程的其他部分产生了工期延误,误期赔偿费应按照已颁发工程接收证书的单项(位)工程造价占合同价款的比例幅度予以扣减。

6.9.13 索赔

(1)当合同一方向另一方提出索赔时,应有正当的索赔理由和有效证据,并应符合合同的相关约定。

(2)根据合同约定,承包人认为非承包人原因发生的事件造成了承包人的损失,应按以下程序向发包人提出索赔。

① 承包人应在知道或应当知道索赔事件发生后28天内,向发包人提交索赔意向通知书,说明发生索赔事件的事由。承包人逾期未发出索赔意向通知书的,丧失索赔的权利。

② 承包人应在发出索赔意向通知书后28天内,向发包人正式提交索赔通知书。索赔通知书应详细说明索赔理由和要求,并附必要的记录和证明材料。

③ 索赔事件具有连续影响的,承包人应继续提交延续索赔通知,说明连续影响的实际情况和记录。

④ 在索赔事件影响结束后的28天内,承包人应向发包人提交最终索赔通知书,说明最终索赔要求,并附必要的记录和证明材料。

(3)承包人索赔应按下列程序处理。

① 发包人收到承包人的索赔通知书后,应及时查验承包人的记录和证明材料。

② 发包人应在收到索赔通知书或有关索赔的进一步证明材料后的28天内,将索赔处理结果答复承包人,如果发包人逾期未作出答复,视为承包人索赔要求已被发包人认可。

③ 承包人接受索赔处理结果的,索赔款项作为增加合同价款,在当期进度款中进行支付;承包人不接受索赔处理结果的,按合同约定的争议解决方式办理。

(4)承包人要求赔偿时,可以选择以下一项或几项方式获得赔偿。

① 延长工期。

② 要求发包人支付实际发生的额外费用。

③ 要求发包人支付合理的预期利润。

④ 要求发包人按合同的约定支付违约金。

(5)若承包人的费用索赔与工期索赔要求相关联时,发包人在作出费用索赔的批准决定时,应结合工程延期,综合作出费用赔偿和工程延期的决定。

(6)发承包双方在按合同约定办理了竣工结算后,应被认为承包人已无权再提出竣工结算前所发生的任何索赔。承包人在提交的最终结清申请中,只限于提出竣工结算后的索赔,提出索赔的期限自发承包双方最终结清时终止。

(7)根据合同约定,发包人认为由于承包人的原因造成发包人的损失,应参照承包人索赔的程序进行索赔。

(8)发包人要求赔偿时,可以选择以下一项或几项方式获得赔偿。
① 延长质量缺陷修复期限。
② 要求承包人支付实际发生的额外费用。
③ 要求承包人按合同的约定支付违约金。

(9)承包人应付给发包人的索赔金额可从拟支付给承包人的合同价款中扣除,或由承包人以其他方式支付给发包人。

6.9.14 现场签证

(1)承包人应发包人要求完成合同以外的零星项目、非承包人责任事件等工作的,发包人应及时以书面形式向承包人发出指令,提供所需的相关资料;承包人在收到指令后,应及时向发包人提出现场签证要求。

(2)承包人应在收到发包人指令后的 7 天内,向发包人提交现场签证报告,发包人应在收到现场签证报告后的 48 小时内对报告内容进行核实,予以确认或提出修改意见。发包人在收到承包人现场签证报告后的 48 小时内未确认也未提出修改意见的,视为承包人提交的现场签证报告已被发包人认可。

(3)现场签证的工作如已有相应的计日工单价,则现场签证中应列明完成该类项目所需的人工、材料、工程设备和施工机械台班的数量。

如现场签证的工作没有相应的计日工单价,应在现场签证报告中列明完成该签证工作所需的人工、材料设备和施工机械台班的数量及其单价。

(4)合同工程发生现场签证事项,未经发包人签证确认,承包人便擅自施工的,除非征得发包人书面同意,否则发生的费用由承包人承担。

(5)现场签证工作完成后的 7 天内,承包人应按照现场签证内容计算价款,报送发包人确认后,作为增加合同价款,与进度款同期支付。

(6)承包人在施工过程中,若发现合同工程内容因场地条件、地质水文、发包人要求等不一致时,应提供所需的相关资料,提交发包人签证认可,作为合同价款调整的依据。

6.9.15 暂列金额

(1)已签约合同价中的暂列金额由发包人掌握使用。

(2)发包人按照本规范第 9.1~9.14 节的规定所作支付后,暂列金额余额归发包人所有。

6.10 合同价款期中支付

6.10.1 预付款

(1) 承包人对预付款必须专用于合同工程。

(2) 包工包料工程的预付款的支付比例不得低于签约合同价(扣除暂列金额)的10%,不宜高于签约合同价(扣除暂列金额)的30%。

(3) 承包人应在签订合同或向发包人提供与预付款等额的预付款保函(如有)后向发包人提交预付款支付申请。

(4) 发包人应在收到支付申请的7天内进行核实后向承包人发出预付款支付证书,并在签发支付证书后的7天内向承包人支付预付款。

(5) 发包人没有按合同约定按时支付预付款的,承包人可催告发包人支付;发包人在预付款期满后的7天内仍未支付的,承包人可在付款期满后的第8天起暂停施工。发包人应承担由此增加的费用和延误的工期,并向承包人支付合理利润。

(6) 预付款应从每一个支付期应支付给承包人的工程进度款中扣回,直到扣回的金额达到合同约定的预付款金额为止。

(7) 承包人的预付款保函(如有)的担保金额根据预付款扣回的数额相应递减,但在预付款全部扣回之前一直保持有效。发包人应在预付款扣完后的14天内将预付款保函退还给承包人。

6.10.2 安全文明施工费

(1) 安全文明施工费包括的内容和使用范围,应符合国家有关文件和计量规范的规定。

(2) 发包人应在工程开工后的28天内预付不低于当年施工进度计划的安全文明施工费总额的60%,其余部分按照提前安排的原则进行分解,与进度款同期支付。

(3) 发包人没有按时支付安全文明施工费的,承包人可催告发包人支付;发包人在付款期满后的7天内仍未支付的,若发生安全事故,发包人应承担相应责任。

(4) 承包人对安全文明施工费应专款专用,在财务账目中单独列项备查,不得挪作他用,否则发包人有权要求其限期改正;逾期未改正的,造成的损失和延误的工期应由承包人承担。

6.10.3 进度款

(1) 发承包双方应按照合同约定的时间、程序和方法,根据工程计量结果,办理期中价款结算,支付进度款。

(2) 进度款支付周期,应与合同约定的工程计量周期一致。

(3) 已标价工程量清单中的单价项目,承包人应按工程计量确认的工程量与综合单价计算,如综合单价发生调整的,以发承包双方确认调整的综合单价计算进度款。

(4) 已标价工程量清单中的总价项目和按照本规范第8.3.2条规定形成的总价合同,承包人应按合同中约定的进度款支付分解,分别列入进度款支付申请中的安全文明施工费和本周期应支付的总价项目的金额中。

(5) 发包人提供的甲供材料金额,应按照发包人签约提供的单价和数量从进度款支付中扣出,列入本周期应扣减的金额中。

(6) 承包人现场签证和得到发包人确认的索赔金额列入本周期应增加的金额中。

(7) 进度款的支付比例按照合同约定,按期中结算价款总额计,不低于60%,不高于90%。

(8) 承包人应在每个计量周期到期后的7天内向发包人提交已完工程进度款支付申请一式四份,详细说明此周期认为有权得到的款额,包括分包人已完工程的价款。支付申请应包括下列内容。

① 累计已完成的合同价款。

② 累计已实际支付的合同价款。

③ 本周期合计完成的合同价款,包括本周期已完成单价项目的金额、本周期应支付的总价项目的金额、本周期已完成的计日工价款、本周期应支付的安全文明施工费、本周期应增加的金额等5项。

④ 本周期合计应扣减的金额,包括本周期应扣回的预付款和本周期应扣减的金额。

⑤ 本周期实际应支付的合同价款。

(9) 发包人应在收到承包人进度款支付申请后的14天内根据计量结果和合同约定对申请内容予以核实,确认后向承包人出具进度款支付证书。若发承包双方对有的清单项目的计量结果出现争议,发包人应对无争议部分的工程计量结果向承包人出具进度款支付证书。

(10) 发包人应在签发进度款支付证书后的14天内,按照支付证书列明的金额向承包人支付进度款。

(11) 若发包人逾期未签发进度款支付证书,则视为承包人提交的进度款支付申请已被发包人认可,承包人可向发包人发出催告付款的通知。发包人应在收到通知后的14天内,按照承包人支付申请的金额向承包人支付进度款。

(12) 发包人未按照本规范第10.3.9~10.3.11条规定支付进度款的,承包人可催告发包人支付,并有权获得延迟支付的利息;发包人在付款期满后的7天内仍未支付的,承包人可在付款期满后的第8天起暂停施工。发包人应承担由此增加的费用和延误的工期,向承包人支付合理利润,并承担违约责任。

(13) 发现已签发的任何支付证书有错、漏或重复的数额,发包人有权予以修正,承包人也有权提出修正申请。经发承包双方复核同意修正的,应在本次到期的进度款中支付或扣除。

6.11　竣工结算与支付

6.11.1　一般规定

(1) 工程完工后,发承包双方必须在合同约定时间内办理工程竣工结算。

(2) 工程竣工结算由承包人或受其委托具有相应资质的工程造价咨询人编制,由发包人或受其委托具有相应资质的工程造价咨询人核对。

（3）发承包双方或一方对工程造价咨询人出具的竣工结算文件有异议时，可向工程造价管理机构投诉，申请对其进行执业质量鉴定。

（4）工程造价管理机构对投诉的竣工结算文件进行质量鉴定，宜按本规范第14章的相关规定进行。

（5）竣工结算办理完毕，发包人应将竣工结算文件报送工程所在地（或有该工程管辖权的行业管理部门）工程造价管理机构备案，竣工结算文件作为工程竣工验收备案、交付使用的必备文件。

6.11.2 编制与复核

（1）工程竣工结算应根据下列依据编制和复核。
① 本规范。
② 工程合同。
③ 发承包双方实施过程中已确认的工程量及其结算的合同价款。
④ 发承包双方实施过程中已确认调整后追加（减）的合同价款。
⑤ 建设工程设计文件及相关资料。
⑥ 投标文件。
⑦ 其他依据。

（2）分部分项工程和措施项目中的单价项目应依据双方确认的工程量与已标价工程量清单的综合单价计算；如发生调整的，以发承包双方确认调整的综合单价计算。

（3）措施项目中的总价项目应依据已标价工程量清单项目和金额计算；发生调整的，应以发承包双方确认调整的金额计算，其中安全文明施工费应按本规范第3.1.5条的规定计算。

（4）其他项目应按下列规定计价。
① 计日工应按发包人实际签证确认的事项计算。
② 暂估价应按本规范第9.9节规定计算。
③ 总承包服务费应依据合同约定金额计算，如发生调整的，以发承包双方确认调整的金额计算。
④ 施工索赔费用应依据发承包双方确认的索赔事项和金额计算。
⑤ 现场签证费用应依据发承包双方签证资料确认的金额计算。
⑥ 暂列金额应减去工程价款调整（包括索赔、现场签证）金额计算，如有余额归发包人。

（5）规费和税金应按本规范第3.1.6条的规定计算。规费中的工程排污费应按工程所在地环境保护部门规定标准缴纳后按实列入。

（6）发承包双方在合同工程实施过程中已经确认的工程计量结果和合同价款，在竣工结算办理中应直接进入结算。

6.11.3 竣工结算

（1）合同工程完工后，承包人应在经发承包双方确认的合同工程期中价款结算的基础上汇总编制完成竣工结算文件,并在提交竣工验收申请的同时向发包人提交竣工结算文件。

承包人未在合同约定的时间内提交竣工结算文件,经发包人催告后 14 天内仍未提交或没有明确答复,发包人有权根据已有资料编制竣工结算文件,作为办理竣工结算和支付结算款的依据,承包人应予以认可。

(2) 发包人应在收到承包人提交的竣工结算文件后的 28 天内核对。发包人经核实,认为承包人还应进一步补充资料和修改结算文件,应在上述时限内向承包人提出核实意见,承包人在收到核实意见后的 28 天内按照发包人提出的合理要求补资料,修改竣工结算文件,并再次提交给发包人复核后批准。

(3) 发包人应在收到承包人再次提交的竣工结算文件后的 28 天内予以复核,并将复核结果通知承包人。并应遵守下列规定。

① 发包人、承包人对复核结果无异议的,应在 7 天内在竣工结算文件上签字确认,竣工结算办理完毕。

② 发包人或承包人对复核结果认为有误的,无异议部分按照本条第 1 款规定办理不完全竣工结算;有异议部分由发承包双方协商解决,协商不成的,按照合同约定的争议解决方式处理。

(4) 发包人在收到承包人竣工结算文件后的 28 天内,不核对竣工结算或未提出核对意见的,视为承包人提交的竣工结算文件已被发包人认可,竣工结算办理完毕。

(5) 承包人在收到发包人提出的核实意见后的 28 天内,不确认也未提出异议的,视为发包人提出的核实意见已被承包人认可,竣工结算办理完毕。

(6) 发包人委托工程造价咨询人核对竣工结算的,工程造价咨询人应在 28 天内核对完毕,核对结论与承包人竣工结算文件不一致的,应提交给承包人复核,承包人应在 14 天内将同意核对结论或不同意见的说明提交工程造价咨询人。工程造价咨询人收到承包人提出的异议后,应再次复核,复核无异议的,按本规范第 11.3.3 条第 1 款的规定办理,复核后仍有异议的,按本规范第 11.3.3 条第 2 款的规定办理。

承包人逾期未提出书面异议,视为工程造价咨询人核对的竣工结算文件已经承包人认可。

(7) 对发包人或发包人委托的工程造价咨询人指派的专业人员与承包人指派的专业人员经核对后无异议并签名确认的竣工结算文件,除非发承包人能提出具体、详细的不同意见,发承包人都应在竣工结算文件上签名确认,如其中一方拒不签认的,按以下规定办理。

① 若发包人拒不签认的,承包人可不提供竣工验收备案资料,并有权拒绝与发包人或其上级部门委托的工程造价咨询人重新核对竣工结算文件。

② 若承包人拒不签认的,发包人要求办理竣工验收备案的,承包人不得拒绝提供竣工验收资料,否则,由此造成的损失,承包人承担连带责任。

(8) 合同工程竣工结算核对完成,发承包双方签字确认后,禁止发包人又要求承包人与另一个或多个工程造价咨询人重复核对竣工结算。

(9) 发包人以对工程质量有异议,拒绝办理工程竣工结算的,已竣工验收或已竣工未验收但实际投入使用的工程,其质量争议按该工程保修合同执行,竣工结算按合同约定办理;已竣工未验收且未实际投入使用的工程以及停工、停建工程的质量争议,双方应就有争议的部分委托有资质的检测鉴定机构进行检测,根据检测结果确定解决方案,或按工程质量监督机构的处理决定执行后办理竣工结算,无争议部分的竣工结算按合同约定办理。

6.11.4 结算款支付

(1) 承包人应根据办理的竣工结算文件,向发包人提交竣工结算款支付申请。该申请应包括下列内容。

① 竣工结算合同价款总额。
② 累计已实际支付的合同价款。
③ 应预留的质量保证金。
④ 实际应支付的竣工结算款金额。

(2) 发包人应在收到承包人提交竣工结算款支付申请后 7 天内予以核实,向承包人签发竣工结算支付证书。

(3) 发包人签发竣工结算支付证书后的 14 天内,按照竣工结算支付证书列明的金额向承包人支付结算款。

(4) 发包人在收到承包人提交的竣工结算款支付申请后 7 天内不予核实,不向承包人签发竣工结算支付证书的,视为承包人的竣工结算款支付申请已被发包人认可;发包人应在收到承包人提交的竣工结算款支付申请 7 天后的 14 天内,按照承包人提交的竣工结算款支付申请列明的金额向承包人支付结算款。

(5) 发包人未按照本规范第 11.4.3、11.4.4 条规定支付竣工结算款的,承包人可催告发包人支付,并有权获得延迟支付的利息。发包人在竣工结算支付证书签发后或者在收到承包人提交的竣工结算款支付申请 7 天后的 56 天内仍未支付的,除法律另有规定外,承包人可与发包人协商将该工程折价,也可直接向人民法院申请将该工程依法拍卖。承包人就该工程折价或拍卖的价款优先受偿。

6.11.5 质量保证金

(1) 发包人应按照合同约定的质量保证金比例从结算款中预留质量保证金。

(2) 承包人未按照合同约定履行属于自身责任的工程缺陷修复义务的,发包人有权从质量保证金中扣除用于缺陷修复的各项支出。经查验,工程缺陷属于发包人原因造成的,应由发包人承担查验和缺陷修复的费用。

(3) 在合同约定的缺陷责任期终止后,发包人应按照本规范第 11.6 节的规定,将剩余的质量保证金返还给承包人。

6.11.6 最终结清

(1) 缺陷责任期终止后,承包人应按照合同约定向发包人提交最终结清支付申请。发包人对最终结清支付申请有异议的,有权要求承包人进行修正和提供补充资料。承包人修正后,应再次向发包人提交修正后的最终结清支付申请。

(2) 发包人应在收到最终结清支付申请后的 14 天内予以核实,向承包人签发最终结清支付证书。

（3）发包人应在签发最终结清支付证书后的 14 天内，按照最终结清支付证书列明的金额向承包人支付最终结清款。

（4）若发包人未在约定的时间内核实，又未提出具体意见的，视为承包人提交的最终结清支付申请已被发包人认可。

（5）发包人未按期最终结清支付的，承包人可催告发包人支付，并有权获得延迟支付的利息。

（6）最终结清时，承包人被预留的质量保证金不足以抵减发包人工程缺陷修复费用的，承包人应承担不足部分的补偿责任。

（7）承包人对发包人支付的最终结清款有异议的，按照合同约定的争议解决方式处理。

6.12　合同解除的价款结算与支付

（1）发承包双方协商一致解除合同的，按照达成的协议办理结算和支付合同价款。

（2）由于不可抗力解除合同的，发包人应向承包人支付合同解除之日前已完成工程但尚未支付的合同价款，此外，发包人还应支付下列金额。

① 本规范第 9.11.1 条规定的应由发包人承担的费用。

② 已实施或部分实施的措施项目应付价款。

③ 承包人为合同工程合理订购且已交付的材料和工程设备货款。

④ 承包人撤离现场所需的合理费用，包括员工遣送费和临时工程拆除、施工设备运离现场的费用。

⑤ 承包人为完成合同工程而预期开支的任何合理费用，且该项费用未包括在本款其他各项支付之内。

发承包双方办理结算合同价款时，应扣除合同解除之日前发包人应向承包人收回的价款。当发包人应扣除的金额超过了应支付的金额，则承包人应在合同解除后的 56 天内将其差额退还给发包人。

（3）因承包人违约解除合同的，发包人应暂停向承包人支付任何价款。发包人应在合同解除后 28 天内核实合同解除时承包人已完成的全部合同价款以及按施工进度计划已运至现场的材料和工程设备货款，按合同约定核算承包人应支付的违约金以及造成损失的索赔金额，并将结果通知承包人。发承包双方应在 28 天内予以确认或提出意见，并办理结算合同价款。如果发包人应扣除的金额超过了应支付的金额，则承包人应在合同解除后的 56 天内将其差额退还给发包人。发承包双方不能就解除合同后的结算达成一致的，按照合同约定的争议解决方式处理。

（4）因发包人违约解除合同的，发包人除应按照本规范第 12.0.2 条规定向承包人支付各项价款外，按合同约定核算发包人应支付的违约金以及给承包人造成损失或损害的索赔金额费用。该笔费用由承包人提出，发包人核实后与承包人协商确定后的 7 天内向承包人签发支付证书。协商不能达成一致的，按照合同约定的争议解决方式处理。

6.13 合同价款争议的解决

6.13.1 监理或造价工程师暂定

（1）若发包人和承包人之间就工程质量、进度、价款支付与扣除、工期延期、索赔、价款调整等发生任何法律上、经济上或技术上的争议，首先应根据已签约合同的规定，提交合同约定职责范围内的总监理工程师或造价工程师解决，并抄送另一方。总监理工程师或造价工程师在收到此提交件后 14 天内应将暂定结果通知发包人和承包人。发承包双方对暂定结果认可的，应以书面形式予以确认，暂定结果成为最终决定。

（2）发承包双方在收到总监理工程师或造价工程师的暂定结果通知之后的 14 天内未对暂定结果予以确认也未提出不同意见的，视为发承包双方已认可该暂定结果。

（3）发承包双方或一方不同意暂定结果的，应以书面形式向总监理工程师或造价工程师提出，说明自己认为正确的结果，同时抄送另一方，此时该暂定结果成为争议。在暂定结果不实质影响发承包双方当事人履约的前提下，发承包双方应实施该结果，直到其按照发承包双方认可的争议解决办法被改变为止。

6.13.2 管理机构的解释或认定

（1）合同价款争议发生后，发承包双方可就工程计价依据的争议以书面形式提请工程造价管理机构对争议以书面文件进行解释或认定。

（2）工程造价管理机构应在收到申请的 10 个工作日内就发承包双方提请的争议问题进行解释或认定。

（3）发承包双方或一方在收到工程造价管理机构书面解释或认定后仍可按照合同约定的争议解决方式提请仲裁或诉讼。除工程造价管理机构的上级管理部门作出了不同的解释或认定，或在仲裁裁决或法院判决中不予采信的外，工程造价管理机构作出的书面解释或认定是最终结果，对发承包双方均有约束力。

6.13.3 协商和解

（1）合同价款争议发生后，发承包双方任何时候都可以进行协商。协商达成一致的，双方应签订书面和解协议，和解协议对发承包双方均有约束力。

（2）如果协商不能达成一致协议，发包人或承包人都可以按合同约定的其他方式解决争议。

6.13.4 调解

（1）发承包双方应在合同中约定或在合同签订后共同约定争议调解人，负责双方在合同履行过程中发生争议的调解。

（2）合同履行期间，发承包双方可以协议调换或终止任何调解人，但发包人或承包人都不能单独采取行动。除非双方另有协议,在最终结清支付证书生效后,调解人的任期即终止。

(3) 如果发承包双方发生了争议,任何一方可以将该争议以书面形式提交调解人,并将副本抄送另一方,委托调解人调解。

(4) 发承包双方应按照调解人提出的要求,给调解人提供所需要的资料、现场进入权及相应设施。调解人应被视为不是在进行仲裁人的工作。

(5) 调解人应在收到调解委托后 28 天内,或由调解人建议并经发承包双方认可的其他期限内,提出调解书,发承包双方接受调解书的,经双方签字后作为合同的补充文件,对发承包双方具有约束力,双方都应立即遵照执行。

(6) 如果发承包任一方对调解人的调解书有异议,应在收到调解书后 28 天内,向另一方发出异议通知,并说明争议的事项和理由。但除非并直到调解书在协商和解或仲裁裁决、诉讼判决中作出修改,或合同已经解除,承包人应继续按照合同实施工程。

(7) 如果调解人已就争议事项向发承包双方提交了调解书,而任一方在收到调解书后 28 天内,均未发出表示异议的通知,则调解书对发承包双方均具有约束力。

6.13.5 仲裁、诉讼

(1) 如果发承包双方的协商和解或调解均未达成一致意见,其中的一方已就此争议事项根据合同约定的仲裁协议申请仲裁,应同时通知另一方。

(2) 仲裁可在竣工之前或之后进行,但发包人、承包人、调解人各自的义务不得因在工程实施期间进行仲裁而有所改变。如果仲裁是在仲裁机构要求停止施工的情况下进行,承包人应对合同工程采取保护措施,由此增加的费用由败诉方承担。

(3) 在本规范第 13.1~13.4 节规定的期限之内,上述有关的暂定或和解协议或调解书已经有约束力的情况下,如果发承包中一方未能遵守暂定或和解协议或调解书,则另一方可在不损害他可能具有的任何其他权利的情况下,将未能遵守暂定或不执行和解协议或调解书达成的事项提交仲裁。

(4) 发包人、承包人在履行合同时发生争议,双方不愿和解、调解或者和解、调解不成,又没有达成仲裁协议的,可依法向人民法院提起诉讼。

6.14 工程造价鉴定

6.14.1 一般规定

(1) 在工程合同价款纠纷案件处理中,需做工程造价司法鉴定的,应委托具有相应资质的工程造价咨询人进行。

(2) 工程造价咨询人接受委托,提供工程造价司法鉴定服务,除应符合本规范的规定外,应按仲裁、诉讼程序和要求进行,并符合国家关于司法鉴定的规定。

(3) 工程造价咨询人进行工程造价司法鉴定,应指派专业对口、经验丰富的注册造价工程师承担鉴定工作。

（4）工程造价咨询人应在收到工程造价司法鉴定资料后 10 天内,根据自身专业能力和证据资料,判断能否胜任该项委托,如不能,应辞去该项委托。禁止工程造价咨询人在鉴定期满后以上述理由不做出鉴定结论,影响案件处理。

（5）接受工程造价司法鉴定委托的工程造价咨询人或造价工程师如是鉴定项目一方当事人的近亲属或代理人、咨询人以及其他关系可能影响鉴定公正的,应当自行回避;未自行回避,鉴定项目委托人以该理由要求其回避的,必须回避。

（6）工程造价咨询人应当依法出庭接受鉴定项目当事人对工程造价司法鉴定意见书的质询。如确因特殊原因无法出庭的,经审理该鉴定项目的仲裁机关或人民法院准许,可以书面形式答复当事人的质询。

6.14.2 取证

（1）工程造价咨询人进行工程造价鉴定工作,应自行收集以下(但不限于)鉴定资料。
① 适用于鉴定项目的法律、法规、规章、规范性文件以及规范、标准、定额。
② 鉴定项目同时期同类型工程的技术经济指标及其各类要素价格等。

（2）工程造价咨询人收集鉴定项目的鉴定依据时,应向鉴定项目委托人提出具体书面要求,包括以下内容。
① 与鉴定项目相关的合同、协议及其附件。
② 相应的施工图纸等技术经济文件。
③ 施工过程中施工组织、质量、工期和造价等工程资料。
④ 存在争议的事实及各方当事人的理由。
⑤ 其他有关资料。

（3）工程造价咨询人在鉴定过程中要求鉴定项目当事人对缺陷资料进行补充的,应征得鉴定项目委托人同意;或者协调鉴定项目各方当事人共同签认。

（4）根据鉴定工作需要现场勘验的,工程造价咨询人应提请鉴定项目委托人组织各方当事人对被鉴定项目所涉及的实物标的进行现场勘验。

（5）勘验现场应制作勘验记录、笔录或勘验图表,记录勘验的时间、地点、勘验人、在场人、勘验经过、结果,由勘验人、在场人签名或者盖章确认。对于绘制的现场图应注明绘制的时间、测绘人姓名、身份等内容。必要时应采取拍照或摄像取证,留下影像资料。

（6）鉴定项目当事人未对现场勘验图表或勘验笔录等签字确认的,工程造价咨询人应提请鉴定项目委托人决定处理意见,并在鉴定意见书中作出表述。

6.14.3 鉴定

（1）工程造价咨询人在鉴定项目合同有效的情况下应根据合同约定进行鉴定,不得任意改变双方合法的合意。

（2）工程造价咨询人在鉴定项目合同无效或合同条款约定不明确的情况下应根据法律法规、相关国家标准和本规范的规定,选择相应专业工程的计价依据和方法进行鉴定。

（3）工程造价咨询人出具正式鉴定意见书之前,可报请鉴定项目委托人向鉴定项目各方当事人发出鉴定意见书征求意见稿,并指明应书面答复的期限及其不答复的相应法律责任。

(4) 工程造价咨询人收到鉴定项目各方当事人对鉴定意见书征求意见稿的书面复函后,应对不同意见认真复核,修改完善后再出具正式鉴定意见书。

(5) 工程造价咨询人出具的工程造价鉴定书应包括下列内容。

① 鉴定项目委托人名称、委托鉴定的内容。

② 委托鉴定的证据材料。

③ 鉴定的依据及使用的专业技术手段。

④ 对鉴定过程的说明。

⑤ 明确的鉴定结论。

⑥ 其他需说明的事宜。

⑦ 工程造价咨询人盖章及注册造价工程师签名盖执业专用章。

(6) 工程造价咨询人应在委托鉴定项目的鉴定期限内完成鉴定工作,如确因特殊原因不能在原定期限内完成鉴定工作时,应按照相应法规提前向鉴定项目委托人申请延长鉴定期限,并在此期限内完成鉴定工作。

经鉴定项目委托人同意等待鉴定项目当事人提交、补充证据,质证所用的时间不应计入鉴定期限。

(7) 对于已经出具的正式鉴定意见书中有部分缺陷的鉴定结论,工程造价咨询人应通过补充鉴定做出补充结论。

6.15 工程计价资料与档案

6.15.1 计价资料

(1) 发承包双方应当在合同中约定各自在合同工程中现场管理人员的职责范围,双方现场管理人员在职责范围内的签字确认的书面文件,是工程计价的有效凭证,但如有其他有效证据,或经实证证明其是虚假的除外。

(2) 发承包双方不论在何种场合对与工程计价有关的事项所给予的批准、证明、同意、指令、商定、确定、确认、通知和请求,或表示同意、否定、提出要求和意见等,均应采用书面形式,口头指令不得作为计价凭证。

(3) 任何书面文件送达时,应由对方签收,通过邮寄应采用挂号、特快专递传送,或发承包双方商定的电子传输方式发送。交付、传送或传输至指定的接收人的地址。如接收人通知了另外地址时,随后通信信息应按新地址发送。

(4) 发承包双方分别向对方发出的任何书面文件,均应将其抄送现场管理人员,如系复印件应加盖合同工程管理机构印章,证明与原件相同。双方现场管理人员向对方所发任何书面文件,亦应将其复印件发送给发承包双方,复印件应加盖其合同工程管理机构印章,证明与原件相同。

(5) 发承包双方均应当及时签收另一方送达其指定接收地点的来往信函,拒不签收的,送达信函的一方可以采用特快专递或者公证方式送达,所造成的费用增加(包括被迫采用特殊送达方式所发生的费用)和延误的工期由拒绝签收一方承担。

(6) 书面文件和通知不得扣压,一方能够提供证据证明另一方拒绝签收或已送达的,视为对方已签收并承担相应责任。

6.15.2 计价档案

(1) 发承包双方以及工程造价咨询人对具有保存价值的各种载体的计价文件,均应收集齐全,整理立卷后归档。

(2) 发承包双方和工程造价咨询人应建立完善的工程计价档案管理制度,并符合国家和有关部门发布的档案管理相关规定。

(3) 工程造价咨询人归档的计价文件,保存期不宜少于五年。

(4) 归档的工程计价成果文件应包括纸质原件和电子文件。其他归档文件及依据可为纸质原件、复印件或电子文件。

(5) 归档文件必须经过分类整理,并应组成符合要求的案卷。

(6) 归档可以分阶段进行,也可以在项目竣工结算完成后进行。

(7) 向接受单位移交档案时,应编制移交清单,双方签字、盖章后方可交接。

6.16 工程计价表格

(1) 工程计价表宜采用统一格式。各省、自治区、直辖市建设行政主管部门和行业建设主管部门可根据本地区、本行业的实际情况,在本规范附录 B 至附录 L 计价表格的基础上补充完善。

(2) 工程计价表格的设置应满足工程计价的需要,方便使用。

(3) 工程量清单的编制应符合下列规定。

① 程量清单编制使用表格包括:封-1、扉-1、表-01、表-08、表-11、表-12(不含表 12-6～表 12-8)、表-13、表-20、表-21 或表-22。

② 扉页应按规定的内容填写、签字、盖章,由造价员编制的工程量清单应有负责审核的造价工程师签字、盖章。受委托编制的工程量清单,应有造价工程师签字、盖章及工程造价咨询人盖章。

③ 总说明应按下列内容填写。

工程概况:建设规模、工程特征、计划工期、施工现场实际情况、自然地理条件、环境保护要求等。

工程招标和专业工程发包范围。

工程量清单编制依据。

工程质量、材料、施工等的特殊要求。

其他需要说明的问题。

(4) 招标控制价、投标报价、竣工结算的编制应符合下列规定。

① 使用表格。

招标控制价使用表格包括：封-2、扉-2、表-01、表-02、表-03、表-04、表-08、表-09、表-11、表-12(不含表-12-6～表-12-8)、表-13、表-20、表-21 或表-22。

投标报价使用的表格包括：封-3、扉-3、表-01、表-02、表-03、表-04、表-08、表-09、表-11、表-12(不含表-12-6～表-12-8)、表-13、表-16、招标文件提供的表-20、表-21 或表-22。

竣工结算使用的表格包括：封-4、扉-4、表-01、表-05、表-06、表-07、表-08、表-09、表-10、表-11、表-12、表-13、表-14、表-15、表-16、表-17、表-18、表-19、表-20、表-21 或表-22。

② 扉页应按规定的内容填写、签字、盖章，除承包人自行编制的投标报价和竣工结算外，受委托编制的招标控制价、投标报价、竣工结算，由造价员编制的应有负责审核的造价工程师签字、盖章以及工程造价咨询人盖章。

③ 总说明应按下列内容填写。

工程概况：建设规模、工程特征、计划工期、合同工期、实际工期、施工现场及变化情况、施工组织设计的特点、自然地理条件、环境保护要求等。

编制依据等。

(5) 工程造价鉴定应符合下列规定。

① 工程造价鉴定使用表格包括：封-5、扉-5、表-01、表-05～表-20、表-21 或表-22。

② 扉页应按规定内容填写、签字、盖章，应有承担鉴定和负责审核的注册造价工程师签字、盖执业专用章。

③ 说明应按本规范第 14.3.5 条第 1 款至第 6 款的规定填写。

(6) 投标人应按招标文件的要求，附工程量清单综合单价分析表。

6.17 附录 A 物价变化合同价款调整方法

6.17.1 价格指数调整价格差额

(1) 价格调整公式。因人工、材料和工程设备等价格波动影响合同价格时，根据招标人提供的本规范附录 L.3 的表-22，并由投标人在投标函附录中的价格指数和权重表约定的数据，应按下式计算差额并调整合同价款

$$\Delta P = P_0 \left[A + \left(B_1 \times \frac{F_{t1}}{F_{01}} + B_2 \times \frac{F_{t2}}{F_{02}} + B_3 \times \frac{F_{t3}}{F_{03}} + \cdots + B_n \times \frac{F_{tn}}{F_{0n}} \right) - 1 \right]$$

式中：ΔP——需调整的价格差额；

P_0——约定的付款证书中承包人应得到的已完成工程量的金额。此项金额应不包括价格调整、不计质量保证金的扣留和支付、预付款的支付和扣回。约定的变更及其他金额已按现行价格计价的，也不计在内；

A——定值权重(即不调部分的权重)；

$B_1, B_2, B_3, \cdots, B_n$——各可调因子的变值权重(即可调部分的权重)，为各可调因子在投

标函投标总报价中所占的比例；

$F_{t1},F_{t2},F_{t3},\cdots,F_{tn}$——各可调因子的现行价格指数，指约定的付款证书相关周期最后一天的前42天的各可调因子的价格指数；

$F_{01},F_{02},F_{03},\cdots,F_{0n}$——各可调因子的基本价格指数，指基准日期的各可调因子的价格指数。

以上价格调整公式中的各可调因子、定值和变值权重，以及基本价格指数及其来源在投标函附录价格指数和权重表中约定。价格指数应首先采用工程造价管理机构提供的价格指数，缺乏上述价格指数时，可采用工程造价管理机构提供的价格代替。

(2) 暂时确定调整差额。在计算调整差额时得不到现行价格指数的，可暂用上一次价格指数计算，并在以后的付款中再按实际价格指数进行调整。

(3) 权重的调整。约定的变更导致原定合同中的权重不合理时，由承包人和发包人协商后进行调整。

(4) 承包人工期延误后的价格调整。由于承包人原因未在约定的工期内竣工的，则对原约定竣工日期后继续施工的工程，在使用第 A.1.1 条的价格调整公式时，应采用原约定竣工日期与实际竣工日期的两个价格指数中较低的一个作为现行价格指数。

(5) 若可调因子包括了人工在内，则不适用本规范第3.4.2条2款的规定。

6.17.2 造价信息调整价格差额

(1) 施工期内，因人工、材料和工程设备、施工机械台班价格波动影响合同价格时，人工、机械使用费按照国家或省、自治区、直辖市建设行政管理部门、行业建设管理部门或其授权的工程造价管理机构发布的人工成本信息、机械台班单价或机械使用费系数进行调整；需要进行价格调整的材料，其单价和采购数应由发包人复核，发包人确认需调整的材料单价及数量，作为调整合同价款差额的依据。

(2) 人工单价发生变化且符合本规范第3.4.2条2款规定的条件时，发承包双方应按省级或行业建设主管部门或其授权的工程造价管理机构发布的人工成本文件调整合同价款。

(3) 材料、工程设备价格变化按照发包人提供的本规范附录L.2的表-21，由发承包双方约定的风险范围按以下规定调整合同价款。

① 承包人投标报价中材料单价低于基准单价。施工期间材料单价涨幅以基准单价为基础超过合同约定的风险幅度值，或材料单价跌幅以投标报价为基础超过合同约定的风险幅度值时，其超过部分按实调整。

② 承包人投标报价中材料单价高于基准单价。施工期间材料单价跌幅以基准单价为基础超过合同约定的风险幅度值，或材料单价涨幅以投标报价为基础超过合同约定的风险幅度值时，其超过部分按实调整。

③ 承包人投标报价中材料单价等于基准单价。施工期间材料单价涨、跌幅以基准单价为基础超过合同约定的风险幅度值时，其超过部分按实调整。

④ 承包人应在采购材料前将采购数量和新的材料单价报发包人核对，确认用于本合同工程时，发包人应确认采购材料的数量和单价。发包人在收到承包人报送的确认资料后3个工作

日不予答复的视为已经认可,作为调整合同价款的依据。如果承包人未报经发包人核对即自行采购材料,再报发包人确认调整合同价款的,如发包人不同意,则不作调整。

(4) 施工机械台班单价或施工机械使用费发生变化超过省级或行业建设主管部门或其授权的工程造价管理机构规定的范围时,按其规定调整合同价款。

【名词解释】

6-1　工程量清单

6-2　招标工程量清单

6-3　已标价工程量清单

6-4　工程成本

6-5　单价合同

6-6　总价合同

6-7　成本加酬金合同

6-8　不可抗力

6-9　缺陷责任期

6-10　质量保证金

6-11　招标控制价

6-12　投标价

6-13　签约合同价(合同价款)

6-14　竣工结算价

6-15　工程造价鉴定

【思考题】

6-1　简述《建设工程工程量清单计价规范》(GB 50500—2013)适用范围。

6-2　建设工程发承包及其实施阶段的工程造价由几部分组成?

6-3　哪些建设工程必须采用工程量清单计价?

6-4　影响合同价款调整的因素中,哪些应由发包人承担?

6-5　编制招标工程量清单应依据哪些资料?

6-6　分部分项工程项目清单必须载明哪些内容?

6-7　其他项目清单、规费、税金包括哪些项目?

6-8　简述编制与复核招标控制价、投标报价的根据。

6-9　投诉书应包括哪些内容?

6-10　简述合同价款约定内容。

6-11　工程变更引起已标价工程量清单项目或其工程数量发生变化,应按照哪些规定调整?

6-12　因不可抗力事件导致的人员伤亡、财产损失及其费用增加,发承包双方应按哪些原则分别承担并调整合同价款和工期?

6-13　承包人索赔应按什么程序处理?承包人要求赔偿时,可以选择哪些方式获得赔偿?发包人要求赔偿时,可以选择哪些方式获得赔偿?

6-14　承包人提交的进度款支付申请应包括哪些内容?

6-15 工程竣工结算应根据哪些依据编制和复核？承包人向发包人提交竣工结算款支付申请包括哪些内容？

6-16 工程造价咨询人进行工程造价鉴定工作，应自行收集哪些鉴定资料？工程造价鉴定书应包括哪些内容？

第7章 房屋建筑与装饰工程工程量计算及清单计价

【学习要求】

掌握土石方工程、地基处理与边坡支护工程、桩基工程、砌筑工程、混凝土及钢筋混凝土工程、金属结构工程、门窗工程、屋面及防水工程、保温隔热防腐工程、楼地面装饰工程、墙柱面装饰与隔断幕墙工程、天棚工程、油漆涂料裱糊工程、措施项目的工程量清单的编制及清单计价；了解其他装饰工程、木结构工程、拆除工程的工程量清单的编制及清单计价。

《房屋建筑与装饰工程工程量计算规范》(GB 50854—2013)适用于工业与民用的房屋建筑与装饰工程发承包及实施阶段计价活动中的工程计量和工程量清单编制。房屋建筑与装饰工程计价，必须按本规范规定的工程量计算规则进行工程计量。房屋建筑与装饰工程计量活动，除应遵守本规范外，尚应符合国家现行有关标准的规定。

工程量计算除依据本规范各项规定外，尚应依据以下文件：① 经审定通过的施工设计图纸及其说明；② 经审定通过的施工组织设计或施工方案；③ 经审定通过的其他有关技术经济文件。

工程实施过程中的计量应按照现行国家标准《建设工程工程量清单计价规范》(GB 50500—2013)的相关规定执行。

《房屋建筑与装饰工程工程量计算规范》(GB 50804—2013)附录中有两个或两个以上计量单位的，应结合拟建工程的实际情况，确定其中一个为计量单位。同一工程项目的计量单位应一致。

工程计量时每一项目汇总的有效位数应遵守下列规定：① 以"t"为单位，应保留小数点后三位数字，第四位小数四舍五入；② 以"m"、"m²"、"m³"、"kg"为单位，应保留小数点后两位数字，第三位小数四舍五入；③ 以"个"、"件"、"根"、"组"、"系统"为单位，应取整数。

《房屋建筑与装饰工程工程量计算规范》(GB 50804—2013)各项目仅列出了主要工作内容，除另有规定和说明者外，应视为已经包括完成该项目所列或未列的全部工作内容。

房屋建筑与装饰工程涉及电气、给排水、消防、仿古建筑工程、室外地(路)面、室外给排水、采用爆破法施工的石方工程等工程按照现行国家有关标准执行。

编制工程量清单应依据：①《房屋建筑与装饰工程工程量计算规范》(GB 50804—2013)和现行国家标准《建设工程工程量清单计价规范》(GB 50500—2013)；② 国家或省级、行业建设主管部门颁发的计价依据和办法；③ 建设工程设计文件；④ 与建设工程项目有关的标准、规范、技术资料；⑤ 拟定的招标文件；⑥ 施工现场情况、工程特点及常规施工方案；⑦ 其他有关资料。

其他项目、规费和税金项目清单应按照现行国家标准《建设工程工程量清单计价规范》(GB 50500—2013)的有关规定编制。

编制工程量清单出现附录中未包括的项目，编制人应作补充，并报省级或行业工程造价管理机构备案，省级或行业工程造价管理机构应汇总报住房和城乡建设部标准定额研究所。补充项目的编码由《房屋建筑与装饰工程工程量计算规范》(GB 50804—2013)的代码 01 与 B 和三位阿拉伯数字组成,并应从 01B001 起顺序编制,同一招标工程的项目不得重码。补充的工程量清单需附有补充项目的名称、项目特征、计量单位、工程量计算规则、工作内容。不能计量的措施项目,需附有补充项目的名称、工作内容及包含范围。

工程量清单应根据附录规定的项目编码、项目名称、项目特征、计量单位和工程量计算规则进行编制。

工程量清单的项目编码,应采用十二位阿拉伯数字表示,一至九位按附录的规定设置,十至十二位应根据拟建工程的工程量清单项目名称和项目特征设置,同一招标工程的项目编码不得有重码。

项目编码结构如图 7-1 所示。当同一标段(或合同段)的一份工程量清单中含有多个单位工程且工程量清单是以单位工程为编制对象时,在编制工程量清单时应特别注意对项目编码十至十二位的设置不得有重码的规定。例如一个标段(或合同段)的工程量清单中含有三个单位工程,每一个单位工程中都有项目特征相同的实心砖墙砌体(厚度 240 mm,M5.0 水泥砂浆砌筑砖墙),在工程量清单中又需反映三个不同单位工程的实心砖墙砌体工程量时,则第一个单位工程的实心砖墙(厚度 240 mm,M5.0 水泥砂浆砌筑砖墙)的项目编码应为 010401003001,第二个单位工程的实心砖墙(厚度 240 mm,M5.0 水泥砂浆砌筑砖墙)的项目编码应为 010401003002,第三个单位工程的实心砖墙(厚度 240 mm,M5.0 水泥砂浆砌筑砖墙)的项目编码应为 010401003003,并分别列出各单位工程实心砖墙的工程量。

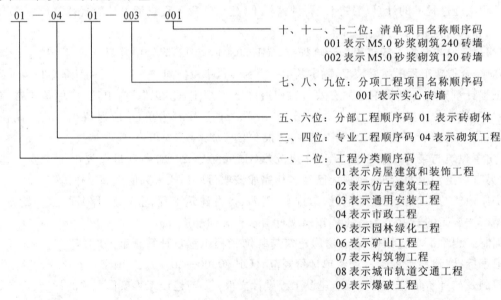

图 7-1 工程量清单项目编码结构

工程量清单的项目名称应按附录的项目名称结合拟建工程的实际确定。

工程量清单项目特征应按附录中规定的项目特征,结合拟建工程项目的实际予以描述。

工程量清单中所列工程量应按附录中规定的工程量计算规则计算。

工程量清单的计量单位应按附录中规定的计量单位确定。

《房屋建筑与装饰工程工程量计算规范》(GB 50804—2013)现浇混凝土工程项目"工作内容"中包括模板工程的内容,同时又在措施项目中单列了现浇混凝土模板工程项目。对此,招标人应根据工程实际情况选用。若招标人在措施项目费清单中未编列现浇混凝土模板清单项目,即表示现浇混凝土模板项目不单列,现浇混凝土工程项目的综合单价中应包括模板工程费用。

《房屋建筑与装饰工程工程量计算规范》(GB 50804—2013)对预制混凝土构件按现场制作编制项目,"工作内容"中包括模板工程,不再单列。若采用成品预制混凝土构件时,构件成品价(包括模板、钢筋、混凝土等所有费用)应计入综合单价中。

金属结构构件按成品编制项目,构件成品价应计入综合单价中,若采用现场制作,包括制作的费用。

门窗(橱窗除外)按成品编制项目,门窗成品价应计入综合单价中,若采用现场制作,包括制作的所有费用。

措施项目中列出了项目编码、项目名称、项目特征、计量单位和工程量计算规则的项目,编制工程量清单时,应按照《房屋建筑与装饰工程工程量计算规范》(GB 50804—2013)4.2分部分项工程的规定执行。

措施项目中仅列出了项目编码、项目名称,未列出项目特征、计量单位和工程量计算规则的项目,编制工程量清单时,应按照规范附录S措施项目规定的项目编码、项目名称确定。

《房屋建筑与装饰工程工程量计算规范》(GB 50854—2013)包括以下内容:土石方工程、地基处理与边坡支护工程、桩基工程、砌筑工程、混凝土及钢筋混凝土工程、金属结构工程、木结构工程、门窗工程、屋面及防水工程、保温隔热防腐工程、楼地面装饰工程、墙柱面装饰与隔断幕墙工程、天棚工程、油漆涂料裱糊工程、其他装饰工程、拆除工程及措施项目的工程量清单及清单计价方法。

7.1 土石方工程

7.1.1 土石方工程工程量清单项目设置及计算规则

土石方工程共包括土方工程、石方工程、回填等。

1. 土方工程

土方工程工程量清单项目设置、项目特征描述的内容、计量单位及工程量计算规则,应按表7-1的规定执行。

表7-1 土方工程(编号010101)

项目编码	项目名称	项目特征	计量单位	工程量计算规则	工作内容
010101001	平整场地	1. 土壤类别 2. 弃土运距 3. 取土运距	m²	按设计图示尺寸以建筑物首层建筑面积计算	1. 土方挖填 2. 场地找平 3. 运输

续表

项目编码	项目名称	项目特征	计量单位	工程量计算规则	工作内容
010101002	挖一般土方	1.土壤类别 2.挖土深度 3.弃土运距	m^3	按设计图示尺寸以体积计算	1.排地表水 2.土方开挖 3.围护(挡土板)、及拆除 4.基底钎探 5.运输
010101003	挖沟槽土方			按设计图示尺寸以基础垫层底面积乘以挖土深度以体积计算	
010101004	挖基坑土方				
010101005	冻土开挖	1.冻土厚度 2.弃土运距		按设计图示尺寸开挖面积乘厚度以体积计算	1.爆破 2.开挖 3.清理 4.运输
010101006	挖淤泥、流沙	1.挖掘深度 2.弃淤泥、流沙距离		按设计图示位置、界限以体积计算	1.开挖 2.运输
010101007	管沟土方	1.土壤类别 2.管外径 3.挖沟深度 4.回填要求	1.m 2.m^3	1.以m计量,按设计图示以管道中心线长度计算 2.以m^3计量,按设计图示管底垫层面积乘以挖土深度以体积计算;无管底垫层按管外径的水平投影面积乘以挖土深度计算。不扣除各类井的长度,井的土方并入	1.排地表水 2.土方开挖 3.围护(挡土板)、支撑 4.运输 5.回填

注:① 挖土方平均厚度应按自然地面测量标高至设计地坪标高间的平均厚度确定。基础土方开挖深度应按基础垫层底表面标高至交付施工场地标高确定;无交付施工场地标高时,应按自然地面标高确定。
② 建筑物场地厚度≤300 mm的挖、填、运、找平,应按本表中平整场地项目编码列项;厚度>±300 mm的竖向布置挖土或山坡切土应按本表中挖一般土方项目编码列项。
③ 沟槽、基坑、一般土方的划分为:底宽≤7 m,底长>3倍底宽为沟槽;底长≤3倍底宽、底面积≤150 m^2为基坑;超出上述范围则为一般土方。
④ 挖土方如需截桩头时,应按桩基工程相关项目列项。
⑤ 桩间挖土不扣除桩的体积,并在项目特征中加以描述。
⑥ 弃、取土运距可以不描述,但应注明由投标人根据施工现场实际情况自行考虑,决定报价。
⑦ 土壤的分类应按《房屋建筑与装饰工程工程量计算规范》(GB 50854—2013)表 A.1-1(本书表7-2 土壤分类表)确定,如土壤类别不能准确划分时,招标人可注明为综合,由投标人根据地勘报告决定报价。
⑧ 土方体积应按挖掘前的天然密实体积计算。非天然密实土方应按《房屋建筑与装饰工程工程量计算规范》(GB 50854—2013)表 A.1-2(本书表7-3 土方体积折算系数表)折算。
⑨ 挖沟槽、基坑、一般土方因工作面和放坡增加的工程量(管沟工作面增加的工程量),是否并入各土方工程量中,按各省、自治区、直辖市或行业建设主管部门的规定实施,如并入各土方工程量中,办理工程结算时,按经发包人认可的施工组织设计规定计算,编制工程量清单时,可按《房屋建筑与装饰工程工程量计算规范》(GB 50854—2013)表 A.1-3(本书表7-4 放坡系数表)、表 A.1-4(本书表7-5 基础施工所需工作面宽度计算表)、表 A.1-5(本书表7-6 管沟施工每侧所需工作面宽度计算表)规定计算。
⑩ 挖方出现流砂、淤泥时,如设计未明确,在编制工程量清单时,其工程数量可为暂估量,结算时应根据实际情况由发包人与承包人双方现场签证确认工程量。
⑪ 管沟土方项目适用于管道(给排水、工业、电力、通信)、光(电)缆沟(包括:人(手)孔、接口坑)及连接井(检查井)等。

表 7-2 土壤分类表

土壤分类	土壤名称	开挖方法
一、二类土	粉土、砂土(粉砂、细砂、中砂、粗砂、砾砂)、粉质黏土、弱中盐渍土、软土(淤泥质土、泥炭、泥炭质土)、软塑红黏土、冲填土	用锹,少许用镐、条锄开挖。机械能全部直接铲挖满载者
三类土	黏土、碎石土(圆砾、角砾)混合土、可塑红黏土、硬塑红黏土、强盐渍土、素填土、压实填土	主要用镐、条锄,少许用锹开挖。机械需部分刨松方能铲挖满载者或可直接铲挖但不能满载者
四类土	碎石土(卵石、碎石、漂石、块石)、坚硬红黏土、超盐渍土、杂填土	全部用镐、条锄挖掘,少许用撬棍挖掘。机械需普遍刨松方能铲挖满载者

注:本表土的名称及其含义按国家标准《岩土工程勘察规范》(GB 50021—2001)(2009 年版)定义。

表 7-3 土方体积折算系数表

天然密实度体积	虚方体积	夯实后体积	松填体积
0.77	1.00	0.67	0.83
1.00	1.30	0.87	1.08
1.15	1.50	1.00	1.25
0.92	1.20	0.80	1.00

注:① 虚方指未经碾压、堆积时间≤1 年的土壤;
② 本表按《全国统一建筑工程预算工程量计算规则》(GJDGZ-101-95)整理;
③ 设计密实度超过规定的,填方体积按工程设计要求执行;无设计要求按各省、自治区、直辖市或行业建设行政主管部门规定的系数执行。

表 7-4 放坡系数表

土 类 别	放坡起点/m	人工挖土	机械挖土		
			在坑内作业	在坑上作业	顺沟槽在坑上作业
一、二类土	1.20	1:0.5	1:0.33	1:0.75	1:0.5
三类土	1.50	1:0.33	1:0.25	1:0.67	1:0.33
四类土	2.00	1:0.25	1:0.10	1:0.33	1:0.25

注:① 沟槽、基坑中土类别不同时,分别按其放坡起点、放坡系数,依不同土类别厚度加权平均计算;
② 计算放坡时,在交接处的重复工程量不予扣除,原槽、坑作基础垫层时,放坡自垫层上表面开始计算。

表 7-5 基础施工所需工作面宽度计算表

基础材料	每边各增加工作面宽度/mm
砖基础	200
浆砌毛石、条石基础	150
混凝土基础垫层支模板	300
混凝土基础支模板	300
基础垂直面做防水层	1 000(防水层面)

注:本表按《全国统一建筑工程预算工程量计算规则》(GJDGZ-101-95)整理。

表 7-6　管沟施工每侧所需工作面宽度计算表

管沟材料 \ 管道结构宽/mm	≤500	≤1000	≤2500	>2500
混凝土及钢筋混凝土管道/mm	400	500	600	700
其他材质管道/mm	300	400	500	600

注：① 本表按《全国统一建筑工程预算工程量计算规则》(GJDGZ-101-95)整理；
② 管道结构宽：有管座的按基础外缘，无管座的按管道外径。

2. 石方工程

石方工程包括挖一般石方(010102001)、挖沟槽石方(010102002)、挖基坑石方(010102003)、挖管沟石方(010102004)等清单项目。工程量清单项目设置、项目特征描述的内容、计量单位及工程量计算规则应按《房屋建筑与装饰工程工程量计算规范》(GB 50854—2013)的规定执行。

3. 回填

回填工程量清单项目设置、项目特征描述的内容、计量单位及工程量计算规则，应按表 7-7 的规定执行。

表 7-7　回填(编号：010103)

项目编码	项目名称	项目特征	计量单位	工程量计算规则	工作内容
010103001	回填方	1. 密实度要求 2. 填方材料品种 3. 填方粒径要求 4. 填方来源、运距	m³	按设计图示尺寸以体积计算，即 1. 场地回填：回填面积乘平均回填厚度 2. 室内回填：主墙间面积乘回填厚度，不扣除间隔墙 3. 基础回填：按挖方清单项目工程量减去自然地坪以下埋设的基础体积(包括基础垫层及其他构筑物)	1. 运输 2. 回填 3. 压实
010103002	余方弃置	1. 废弃料品种 2. 运距	m³	按挖方清单项目工程量减利用回填方体积(正数)计算	余方点装料运输至弃置点

注：① 填方密实度要求，在无特殊要求情况下，项目特征可描述为满足设计和规范的要求；
② 填方材料品种可以不描述，但应注明由投标人根据设计要求验方后方可填入，并符合相关工程的质量规范要求；
③ 填方粒径要求，在无特殊要求情况下，项目特征可以不描述；
④ 如需买土回填应在项目特征填方来源中描述，并注明买土方数量。

7.1.2　土石方工程工程量清单计价

【例题一】 某建筑物基础平面图、剖面图如图 7-2 所示，已知土壤为三类土、现场无积水，不支挡土板，人工运输土方 200 m，人工挖土方，试编制挖基础土方工程量清单及工程量清单报价。

【解】（1）分部分项工程量计算。

挖基础土方清单工程量 = [(13.5+7.5)×2+(7.5−1.5)×2]×1.5×(1.7−0.3) m³
　　　　　　　　　　= 113.4 m³

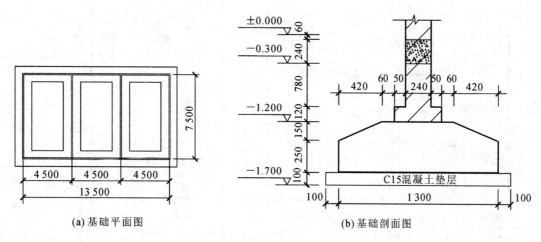

(a) 基础平面图　　　　　　(b) 基础剖面图

图 7-2　基础平面图及剖面图（单位：mm）

（2）分部分项工程量清单。

分部分项工程和单价措施项目清单与计价表

工程名称：某工程　　　　标段：　　　　　　第　页　共　页

序号	项目编码	项目名称	项目特征	计量单位	工程量	金额/元		
						综合单价	合价	其中：暂估价
1	010101003001	挖沟槽土方	1. 土壤类别：三类土 2. 人工挖土深度：1.4 m 3. 人工运输土方：200 m	m^3	113.4			
			本页小计					
			合　计					

（3）分部分项工程量清单计价。

分部分项工程和单价措施项目清单与计价表

工程名称：某工程　　　　标段：　　　　　　第　页　共　页

序号	项目编码	项目名称	项目特征	计量单位	工程量	金额/元		
						综合单价	合价	其中：暂估价
1	010101003001	挖沟槽土方	1. 土壤类别：三类土 2. 人工挖土深度：1.4 m 3. 人工运输土方：200 m	m^3	113.4	50.32	5 706.29	
			本页小计				5 706.29	
			合　计				5 706.29	

（4）分部分项工程量清单综合单价分析。

综合单价分析表

工程名称：某工程　　　　标段：　　　　　　　　　　　　　　　　　　　　　　　第　页　共　页

项目编码	010101003001	项目名称	挖沟槽土方		计量单位	m³	工程量	50.32

清单综合单价组成明细

定额编号	定额名称	定额单位	数量	单价/元				合价/元			
				人工费	材料费	机械费	管理费和利润	人工费	材料费	机械费	管理费和利润
A1-18	人工挖沟槽一般土 深度1.5 m以内	100 m³	0.01	1 944.05	0	0	320.20	19.44	0	0	3.20
A1-36	双轮车运土运距 50 m以内	100 m³	0.01	1 748.28	13.56	0	287.95	17.48	0.14	0	2.88
A1-37×3换	双轮车运土运距 400 m以内每增加50 m	100 m³	0.01	612	4.92	0	100.80	6.12	0.05	0	1.01
人工单价			小计					43.04	0.19	0	7.09
68元/工日			未计价材料费					0			
清单项目综合单价								50.32			

材料费明细	主要材料名称、规格、型号	单位	数量	单价/元	合价/元	暂估单价/元	暂估合价/元
	其他材料费	元	0.184 8	1	0.19		
	其他材料费				0		
	材料费小计				0.19		

注：本章例题清单计价依据《房屋建筑与装饰工程工程量计算规范》GB 50854—2013）、《河南省建设工程工程量清单综合单价》2008《建筑工程》以及河南省郑州市2013年第三季度材料市场价格。

7.2 地基处理与边坡支护工程

地基处理包括换填垫层(010201001)、铺设土工合成材料(010201002)、预压地基(010201003)、强夯地基(010201004)、振冲密实(不填料)(010201005)、振冲桩(填料)(010201006)、砂石桩(010201007)、水泥粉煤灰碎石桩(010201008)、深层搅拌桩(010201009)、粉喷桩(010201010)、夯实水泥土桩(010201011)、高压喷射注浆桩(010201012)、石灰桩(010201013)、灰土(土)挤密桩(010201014)、柱锤冲扩桩(010201015)、注浆地基(010201016)、褥垫层(10201017)等清单项目。工程量清单项目设置、项目特征描述的内容、计量单位及工程量计算规则应按《房屋建筑与装饰工程工程量计算规范》(GB 50854—2013)的规定执行。

基坑与边坡支护包括地下连续墙(010202001)、咬合灌注桩(010202002)、圆木桩(010202003)、预制钢筋混凝土板桩(010202004)、型钢桩(010202005)、钢板桩(010202006)、锚杆(锚索)(010202007)、土钉(010202008)、喷射混凝土(水泥砂浆)(010202009)、钢筋混凝土支撑(010202010)、钢支撑(010202011)等清单项目。工程量清单项目设置、项目特征描述的内容、计量单位及工程量计算规则应按《房屋建筑与装饰工程工程量计算规范》(GB 50854—2013)的规定执行。

7.3 桩基工程

7.3.1 桩基工程工程量清单项目设置及计算规则

1. 打桩

打桩工程量清单项目设置、项目特征描述的内容、计量单位及工程量计算规则,应按表 7-8 的规定执行。

表 7-8 打桩(编号:010301)

项目编码	项目名称	项目特征	计量单位	工程量计算规则	工作内容
010301001	预制钢筋混凝土方桩	1. 地层情况 2. 送桩深度、桩长 3. 桩截面 4. 桩倾斜度 5. 沉桩方法 6. 接桩方式 7. 混凝土强度等级	1. m 2. m³ 3. 根	1. 以 m 计量,按设计图示尺寸以桩长(包括桩尖)计算 2. 以 m³ 计量,按设计图示截面积乘以桩长(包括桩尖)以体积计算 3. 以根计量,按设计图示数量计算	1. 工作平台搭拆 2. 桩机竖拆、移位 3. 沉桩 4. 接桩 5. 送桩
010301002	预制钢筋混凝土管桩	1. 地层情况 2. 送桩深度、桩长 3. 桩外径、壁厚 4. 桩倾斜度 5. 沉桩方法 6. 桩尖类型 7. 混凝土强度等级 8. 填充材料种类 9. 防护材料种类			1. 工作平台搭拆 2. 桩机竖拆、移位 3. 沉桩 4. 接桩 5. 送桩 6. 桩尖制作安装 7. 填充材料、刷防护材料

续表

项目编码	项目名称	项目特征	计量单位	工程量计算规则	工作内容
010301003	钢管桩	1. 地层情况 2. 送桩深度、桩长 3. 材质 4. 管径、壁厚 5. 桩倾斜度 6. 沉桩方法 7. 填充材料种类 8. 防护材料种类	1. t 2. 根	1. 以 t 计量，按设计图示尺寸以质量计算 2. 以根计量，按设计图示数量计算	1. 工作平台搭拆 2. 桩机竖拆、移位 3. 沉桩 4. 接桩 5. 送桩 6. 切割钢管、精割盖帽 7. 管内取土 8. 填充材料、刷防护材料
010301004	截(凿)桩头	1. 桩类型 2. 桩头截面、高度 3. 混凝土强度等级 4. 有无钢筋	1. m³ 2. 根	1. 以 m³ 计量，按设计桩截面乘以桩头长度以体积计算 2. 以根计量，按设计图示数量计算	1. 截(切割)桩头 2. 凿平 3. 废料外运

注：① 地层情况按《房屋建筑与装饰工程工程量计算规范》(GB 50854—2013)表 A.1-1(本书表 7-2 土壤分类表)和表 A.2-1(岩石分类表)的规定，并根据岩土工程勘察报告按单位工程各地层所占比例(包括范围值)进行描述。对无法准确描述的地层情况，可注明由投标人根据岩土工程勘察报告自行决定报价。
② 项目特征中的桩截面、混凝土强度等级、桩类型等可直接用标准图代号或设计桩型进行描述。
③ 预制钢筋混凝土方桩、预制钢筋混凝土管桩项目以成品桩考虑，应包括成品桩购置费，如果用现场预制，应包括现场预制桩的所有费用。
④ 打试验桩和打斜桩应按相应项目单独列项，并应在项目特征中注明试验桩或斜桩(斜率)。
⑤ 截(凿)桩头项目适用于《房屋建筑与装饰工程工程量计算规范》(GB 50854—2013)附录 B(地基处理与边坡支护工程)、附录 C(桩基工程)所列桩的桩头截(凿)。
⑥ 预制钢筋混凝土管桩桩顶与承台的连接构造按《房屋建筑与装饰工程工程量计算规范》(GB 50854—2013)附录 E(混凝土及钢筋混凝土工程)相关项目列项。

2. 灌注桩

灌注桩工程量清单项目设置、项目特征描述的内容、计量单位及工程量计算规则，应按表 7-9 的规定执行。

表 7-9 灌注桩(编号：010302)

项目编码	项目名称	项目特征	计量单位	工程量计算规则	工作内容
010302001	泥浆护壁成孔灌注桩	1. 地层情况 2. 空桩长度、桩长 3. 桩径 4. 成孔方法 5. 护筒类型、长度 6. 混凝土类别、强度等级	1. m 2. m³ 3. 根	1. 以 m 计量，按设计图示尺寸以桩长(包括桩尖)计算 2. 以 m³ 计量，按不同截面在桩上范围内以体积计算 3. 以根计量，按设计图示数量计算	1. 护筒埋设 2. 成孔、固壁 3. 混凝土制作、运输、灌注、养护 4. 土方、废泥浆外运 5. 打桩场地硬化及泥浆池、泥浆沟

续表

项目编码	项目名称	项目特征	计量单位	工程量计算规则	工作内容
010302002	沉管灌注桩	1. 地层情况 2. 空桩长度、桩长 3. 复打长度 4. 桩径 5. 沉管方法 6. 桩尖类型 7. 混凝土类别、强度等级	1. m 2. m^3 3. 根	1. 以 m 计量，按设计图示尺寸以桩长（包括桩尖）计算 2. 以 m^3 计量，按不同截面在桩上范围内以体积计算 3. 以根计量，按设计图示数量计算	1. 打（沉）拔钢管 2. 桩尖制作、安装 3. 混凝土制作、运输、灌注、养护
010302003	干作业成孔灌注桩	1. 地层情况 2. 空桩长度、桩长 3. 桩径 4. 扩孔直径、高度 5. 成孔方法 6. 混凝土类别、强度等级			1. 成孔、扩孔 2. 混凝土制作、运输、灌注、振捣、养护
010302004	挖孔桩土(石)方	1. 土(石)类别 2. 挖孔深度 3. 弃土(石)运距	m^3	按设计图示尺寸（含护壁）截面积乘以挖孔深度以体积计算	1. 排地表水 2. 挖土、凿石 3. 基底钎探 4. 运输
010302005	人工挖孔灌注桩	1. 桩芯长度 2. 桩芯直径、扩底直径、扩底高度 3. 护壁厚度、高度 4. 护壁混凝土类别、强度等级 5. 桩芯混凝土类别、强度等级	1. m^3 2. 根	1. 以 m^3 计量，按桩芯混凝土体积计算 2. 以根计量，按设计图示数量计算	1. 护壁制作 2. 混凝土制作、运输、灌注、振捣、养护
010302006	钻孔压浆桩	1. 地层情况 2. 空钻长度、桩长 3. 钻孔直径 4. 水泥强度等级	1. m 2. 根	1. 以 m 计量，按设计图示尺寸以桩长计算 2. 以根计量，按设计图示数量计算	钻孔、下注浆管、投放骨料、浆液制作、运输、压浆
010302007	灌注桩后压浆	1. 注浆导管材料、规格 2. 注浆导管长度 3. 单孔注浆量 4. 水泥强度等级	孔	按设计图示以注浆孔数计算	1. 注浆导管制作、安装 2. 浆液制作、运输、压浆

注：① 地层情况按《房屋建筑与装饰工程工程量计算规范》(GB 50854—2013) 表 A.1-1(本书表 7-2 土壤分类表)和表 A.2-1(岩石分类表)的规定，并根据岩土工程勘察报告按单位工程各地层所占比例(包括范围值)进行描述。对无法准确描述的地层情况，可注明由投标人根据岩土工程勘察报告自行决定报价。
② 项目特征中的桩长应包括桩尖，空桩长度＝孔深－桩长，孔深为自然地面至设计桩底的深度。
③ 项目特征中的桩截面(桩径)、混凝土强度等级、桩类型等可直接用标准图代号或设计桩型进行描述。
④ 泥浆护壁成孔灌注桩是指在泥浆护壁条件下成孔，采用水下灌注混凝土的桩。其成孔方法包括冲击钻成孔、冲抓锥成孔、回旋钻成孔、潜水钻成孔、泥浆护壁的旋挖成孔等。

⑤ 沉管灌注桩的沉管方法包括锤击沉管法、振动沉管法、振动冲击沉管法、内夯沉管法等。

⑥ 干作业成孔灌注桩是指不用泥浆护壁和套管护壁的情况下,用钻机成孔后,下钢筋笼,灌注混凝土的桩,适用于地下水位以上的土层使用。其成孔方法包括螺旋钻成孔、螺旋钻成孔扩底、干作业的旋挖成孔等。

⑦ 混凝土灌注桩的钢筋笼制作、安装,按《房屋建筑与装饰工程工程量计算规范》(GB 50854—2013)附录E(混凝土及钢筋混凝土工程)中相关项目编码列项。

7.3.2 桩基工程工程量清单计价

【例题二】 某工程采用商品混凝土C30(20)混凝土灌注桩(沉管灌注桩),单根桩设计长为15 m(包括桩尖),Φ650,桩顶标高为-1.5 m,室内外高差为0.3 m,共60根,预制桩尖预制混凝土C30(碎石≤20 mm,42.5水泥),Φ750,长1 m,试编制灌注桩混凝土工程工程量清单及工程量清单计价。

【解】 (1) 分部分项工程量计算。

$$混凝土灌注桩清单工程量 = 3.14 \times 0.325^2 \times 15 \times 60 \text{ m}^3 = 298.50 \text{ m}^3$$

(2) 分部分项工程量清单。

分部分项工程和单价措施项目清单与计价表

工程名称:某工程　　　　　　标段:　　　　　　　　　第 页 共 页

序号	项目编码	项目名称	项目特征	计量单位	工程量	金额/元 综合单价	合价	其中:暂估价
1	010302002001	沉管灌注桩	1.空桩长度:1.2 m,桩长:15 m 2.桩径:650 mm 3.桩尖类型:预制混凝土,桩尖长1 m,桩尖直径750 mm 4.混凝土种类、强度等级:商品混凝土C30(20)	m³	298.50			
			本页小计					
			合　　计					

(3) 分部分项工程量清单计价。

分部分项工程和单价措施项目清单与计价表

工程名称:某工程　　　　　　标段:　　　　　　　　　第 页 共 页

序号	项目编码	项目名称	项目特征	计量单位	工程量	综合单价	合价	其中:暂估价
1	010302002001	沉管灌注桩	1.空桩长度:1.2 m,桩长:15 m 2.桩径:650 mm 3.桩尖类型:预制混凝土,桩尖长1 m,桩尖直径750 mm 4.混凝土种类、强度等级:商品混凝土C30(20)	m³	298.50	858.31	256 205.54	
			本页小计				256 205.54	
			合　　计				256 205.54	

(4) 分部分项工程量清单综合单价分析。

综合单价分析表

工程名称：某工程　　　标段：　　　　　　　　　　　　　　　　　　　　　　　　第　页　共　页

项目编码	010302002001	项目名称	沉管灌注桩		计量单位	m³	工程量	298.5

清单综合单价组成明细

定额编号	定额名称	定额单位	数量	单价/元				合价/元			
				人工费	材料费	机械费	管理费和利润	人工费	材料费	机械费	管理费和利润
A2-24 换×1.017	沉管灌注混凝土桩桩长15 m以内商品混凝土最大粒径20 mm)乘以翻浆系数1.017	m³	1	196.06	403.08	128.67	67.94	196.06	403.08	128.67	67.94
A2-26	沉管灌注混凝土桩桩长15 m以内空桩费	m³	0.063 3	88.4	13.43	126.52	33.65	5.6	0.85	8.01	2.13
A2-32 换	预制钢筋混凝土桩尖（42.5 水泥 C30-20预制碎石混凝土）	m³	0.088 7	167.21	297.18	0.54	53.11	14.83	26.36	0.05	4.71
人工单价			小计					216.49	430.29	136.73	74.78
68元/工日			未计价材料费					0			
			清单项目综合单价					858.31			

续表

	主要材料名称、规格、型号	单位	数量	单价/元	合价/元	暂估单价/元	暂估合价/元
材料费明细	水	m³	(0.017)	4.5	(0.08)		
	水	m³	0.930 3	4.5	4.19		
	碎石 10~20 mm	m³	(0.073)	95	(6.93)		
	砂子 中粗	m³	(0.038 7)	130	(5.04)		
	C30 商品混凝土 最大粒径 20 mm	m³	1.220 4	315	384.43		
	预制碎石混凝土粒径≤20 mm(42.5 水泥) C30	m³	0.090 1	288.93	26.03		
	水泥 42.5	t	(0.032 5)	430	(13.98)		
	其他材料费				15.64		
	材料费小计				430.29		

注：① 定额计价考虑翻浆因素影响系数 $k=(15+0.25)\div15=1.017$；
② 定额计价空桩费工程量 $=3.14\times0.325\times0.325\times(1.2-0.25)\times60\ \text{m}^3=18.9\ \text{m}^3$；
③ 1 m³ 混凝土灌注桩中空桩费含量 $=18.9\div298.5\ \text{m}^3=0.0633\ \text{m}^3$；
④ 定额计价预制混凝土桩尖工程量 $=3.14\times0.375\times0.375\times1.0\times60\ \text{m}^3=26.49\ \text{m}^3$；
⑤ 1 m³ 混凝土灌注桩中预制混凝土桩尖含量 $=26.49\div298.5\ \text{m}^3=0.0887\ \text{m}^3$。

7.4 砌筑工程

7.4.1 砌筑工程工程量清单项目设置及计算规则

砌筑工程包括砖砌体、砌块砌体、石砌体、垫层等项目。

1. 砖砌体

砖砌体工程量清单项目设置、项目特征描述的内容、计量单位及工程量计算规则,应按表 7-10 的规定执行。

表 7-10　砖砌体(编号:010401)

项目编码	项目名称	项目特征	计量单位	工程量计算规则	工作内容
010401001	砖基础	1. 砖品种、规格、强度等级 2. 基础类型 3 砂浆强度等级 4. 防潮层材料种类	m³	按设计图示尺寸以体积计算 　包括附墙垛基础宽出部分体积,扣除地梁(圈梁)、构造柱所占体积,不扣除基础大放脚 T 形接头处的重叠部分及嵌入基础内的钢筋、铁件、管道、基础砂浆防潮层和单个面积 0.3 m² 以内的孔洞所占体积,靠墙暖气沟的挑檐不增加 　基础长度:外墙按外墙中心线,内墙按内墙净长线计算	1. 砂浆制作、运输 2. 砌砖 3. 防潮层铺设 4. 材料运输
010401002	砖砌挖孔桩护壁	1. 砖品种、规格、强度等级 2. 砂浆强度等级	m³	按设计图示尺寸以体积计算	1. 砂浆制作、运输 2. 砌砖 3. 材料运输
010401003	实心砖墙	1. 砖品种、规格、强度等级 2. 墙体类型 3. 砂浆强度等级、配合比	m³	按设计图示尺寸以体积计算 　扣除门窗、洞口、嵌入墙内的钢筋混凝土柱、梁、圈梁、挑梁、过梁及凹进墙内的壁龛、管槽、暖气槽、消火栓箱所占体积,不扣除梁头、板头、檩头、垫木、木楞头、沿缘木、木砖、门窗走头、砖墙内加固钢筋、木筋、铁件、钢管及单个面积 0.3 m² 以内的孔洞所占的体积。凸出墙面的腰线、挑檐、压顶、窗台线、虎头砖、门窗套的体积亦不增加,凸出墙面的砖垛并入墙体体积内计算 　1. 墙长度 　外墙按中心线、内墙按净长计算	

续表

项目编码	项目名称	项目特征	计量单位	工程量计算规则	工作内容
010401004	多孔砖墙		m³	2.墙高度 (1)外墙:斜(坡)屋面无檐口天棚者算至屋面板底;有屋架且室内外均有天棚者算至屋架下弦底另加 200 mm;无天棚者算至屋架下弦底另加 300 mm,出檐宽度超过 600 mm 时按实砌高度计算;与钢筋混凝土楼板隔层者算至板顶;平屋顶算至钢筋混凝土板底 (2)内墙:位于屋架下弦者,算至屋架下弦底;无屋架者算至天棚底另加 100 mm;有钢筋混凝土楼板隔层者算至楼板顶;有框架梁时算至梁底 (3)女儿墙:从屋面板上表面算至女儿墙顶面(如有混凝土压顶时算至压顶下表面) (4)内、外山墙:按其平均高度计算 3.框架间墙 不分内外墙按墙体净尺寸以体积计算 4.围墙 高度算至压顶上表面(如有混凝土压顶时算至压顶下表面),围墙柱并入围墙体积内	1.砂浆制作、运输 2.砌砖 3.刮缝 4.砖压顶砌筑 5.材料运输
010401005	空心砖墙				
010401006	空斗墙	1.砖品种、规格、强度等级 2.墙体类型 3.砂浆强度等级、配合比		按设计图示尺寸以空斗墙外形体积计算。墙角、内外墙交接处、门窗洞口立边、窗台砖、屋檐处的实砌部分体积并入空斗墙体积内	1.砂浆制作、运输 2.砌砖 3.装填充料 4.刮缝 5.材料运输
010401007	空花墙			按设计图示尺寸以空花部分外形体积计算,不扣除空洞部分体积	
010401008	填充墙	1.砖品种、规格、强度等级 2.墙体类型 3.填充材料种类及厚度 4.砂浆强度等级、配合比		按设计图示尺寸以填充墙外形体积计算	

续表

项目编码	项目名称	项目特征	计量单位	工程量计算规则	工作内容
010401009	实心砖柱	1.砖品种、规格、强度等级 2.柱类型 3.砂浆强度等级、配合比	m³	设计图示尺寸以体积计算。扣除混凝土及钢筋混凝土梁垫、梁头、板头所占体积	1.砂浆制作、运输 2.砌砖 3.刮缝 4.材料运输
010401010	多孔砖柱				
010401011	砖检查井	1.井截面、深度 2.砖品种、规格、强度等级 3.垫层材料种类、厚度 4.底板厚度 5.井盖安装 6.混凝土强度等级 7.砂浆强度等级 8.防潮层材料种类	座	按设计图示数量计算	1.砂浆制作、运输 2.铺设垫层 3.底板混凝土制作、运输、浇筑、振捣、养护 4.砌砖 5.刮缝 6.井池底、壁抹灰 7.抹防潮层 8.材料运输
010401012	零星砌砖	1.零星砌砖名称、部位 2.砖品种、规格、强度等级 3.砂浆强度等级、配合比	1.m³ 2.m² 3.m 4.个	1.以m³计量,按设计图示尺寸截面积乘以长度以体积计算 2.以m²计量,按设计图示尺寸水平投影面积计算 3.以m计量,按设计图示尺寸长度计算 4.以个计量,按设计图示数量计算	1.砂浆制作、运输 2.砌砖 3.刮缝 4.材料运输
010401013	砖散水、地坪	1.砖品种、规格、强度等级 2.垫层材料种类、厚度 3.散水、地坪厚度 4.面层种类、厚度 5.砂浆强度等级	m²	按设计图示尺寸以面积计算	1.土方挖、运、填 2.地基找平、夯实 3.铺设垫层 4.砌砖散水、地坪 5.抹砂浆面层

续表

项目编码	项目名称	项目特征	计量单位	工程量计算规则	工作内容
010401014	砖地沟、明沟	1. 砖品种、规格、强度等级 2. 沟截面尺寸 3. 垫层材料种类、厚度 4. 混凝土强度等级 5. 砂浆强度等级	m	按设计图示以中心线长度计算	1. 土方挖、运、填 2. 铺设垫层 3. 底板混凝土制作、运输、浇筑、振捣、养护 4. 砌砖 5. 刮缝、抹灰 6. 材料运输

注:① "砖基础"项目适用于各种类型砖基础:柱基础、墙基础、管道基础等。
② 基础与墙(柱)身使用同一种材料时,以设计室内地面为界(有地下室者,以地下室室内设计地面为界),以下为基础,以上为墙(柱)身。基础与墙身使用不同材料时,位于设计室内地面高度≤±300 mm时,以不同材料为分界线;高度>±300 mm时,以设计室内地面为分界线。
③ 砖围墙以设计室外地坪为界,以下为基础,以上为墙身。
④ 框架外表面的镶贴砖部分,按零星项目编码列项。
⑤ 附墙烟囱、通风道、垃圾道,应按设计图示尺寸以体积(扣除孔洞所占体积)计算并入所依附的墙体体积内。当设计规定孔洞内需抹灰时,应按《房屋建筑与装饰工程工程量计算规范》(GB 50854—2013)附录M(墙、柱面装饰与隔断、幕墙工程)中零星抹灰项目编码列项。
⑥ 空斗墙的窗间墙、窗台下、楼板下、梁头下等的实砌部分,按零星砌砖项目编码列项。
⑦ "空花墙"项目适用于各种类型的空花墙,使用混凝土花格砌筑的空花墙,实砌墙体与混凝土花格应分别计算,混凝土花格按混凝土及钢筋混凝土中预制构件相关项目编码列项。
⑧ 台阶、台阶挡墙、梯带、锅台、炉灶、蹲台、池槽、池槽腿、砖胎模、花台、花池、楼梯栏板、阳台栏板、地垄墙、0.3 m² 以内的孔洞填塞等,应按零星砌砖项目编码列项。砖砌锅台与炉灶可按外形尺寸以个计算,砖砌台阶可按水平投影面积以平方米计算,小便槽、地垄墙可按长度计算,其他工程按立方米计算。
⑨ 砖砌体内钢筋加固,应按《房屋建筑与装饰工程工程量计算规范》(GB 50854—2013)附录E(混凝土及钢筋混凝土工程)中相关项目编码列项。
⑩ 砖砌体勾缝按《房屋建筑与装饰工程工程量计算规范》(GB 50854—2013)附录M(墙、柱面装饰与隔断、幕墙工程)中相关项目编码列项。
⑪ 检查井内的爬梯按《房屋建筑与装饰工程工程量计算规范》(GB 50854—2013)附录E(混凝土及钢筋混凝土工程)中相关项目编码列项;井内的混凝土构件按《房屋建筑与装饰工程工程量计算规范》(GB 50854—2013)附录E(混凝土及钢筋混凝土工程)中混凝土及钢筋混凝土预制构件编码列项。
⑫ 如施工图设计标注做法见标准图集时,应在项目特征描述中注明标注图集的编码、页号及节点大样。

2. 砌块砌体

砌块砌体工程量清单项目设置、项目特征描述的内容、计量单位及工程量计算规则,应按表7-11的规定执行。

表 7-11 砌块砌体(编号:010402)

项目编码	项目名称	项目特征	计量单位	工程量计算规则	工作内容
010402001	砌块墙	1.砌块品种、规格、强度等级 2.墙体类型 3.砂浆强度等级	m³	按设计图示尺寸以体积计算 扣除门窗、洞口、嵌入墙内的钢筋混凝土柱、梁、圈梁、挑梁、过梁及凹进墙内的壁龛、管槽、暖气槽、消火栓箱所占体积,不扣除梁头、板头、檩头、垫木、木楞头、沿缘木、木砖、门窗走头、砌块墙内加固钢筋、木筋、铁件、钢管及单个面积 0.3 m² 以内的孔洞所占的体积。凸出墙面的腰线、挑檐、压顶、窗台线、虎头砖、门窗套的体积亦不增加,凸出墙面的砖垛并入墙体体积内计算 1.墙长度 外墙按中心线、内墙按净长计算 2.墙高度 (1)外墙:斜(坡)屋面无檐口天棚者算至屋面板底;有屋架且室内外均有天棚者算至屋架下弦底另加 200 mm;无天棚者算至屋架下弦底另加 300 mm,出檐宽度超过 600 mm 时按实砌高度计算;与钢筋混凝土楼板隔层者算至板顶;平屋面算至钢筋混凝土板底 (2)内墙:位于屋架下弦者,算至屋架下弦底;无屋架者算至天棚底另加 100 mm;有钢筋混凝土楼板隔层者算至楼板顶;有框架梁时算至梁底 (3)女儿墙:从屋面板上表面算至女儿墙顶面(如有混凝土压顶时算至压顶下表面) (4)内、外山墙:按其平均高度计算 3.框架间墙 不分内外墙按墙体净尺寸以体积计算 4.围墙 高度算至压顶上表面(如有混凝土压顶时算至压顶下表面),围墙柱并入围墙体积内	1.砂浆制作、运输 2.砌砖、砌块 3.勾缝 4.材料运输
010402002	砌块柱	1.砌块品种、规格、强度等级 2.墙体类型 3.砂浆强度等级	m³	按设计图示尺寸以体积计算。扣除混凝土及钢筋混凝土梁垫、梁头、板头所占体积	1.砂浆制作、运输 2.砌砖、砌块 3.勾缝 4.材料运输

注：① 砌体内加筋、墙体拉结的制作、安装，应按《房屋建筑与装饰工程工程量计算规范》(GB 50854—2013)附录 E(混凝土及钢筋混凝土工程)中相关项目编码列项。
② 砌块排列应上、下错缝搭砌，如果搭接缝长度满足不了规定的压搭要求，应采取压砌钢筋网片的措施，具体构造要求按设计规定。若设计无规定时，应注明由投标人根据工程实际情况自行考虑；钢筋网片按《房屋建筑与装饰工程工程量计算规范》(GB 50854—2013)附录 F(金属结构工程)中相应编码列项。
③ 砌体垂直灰缝宽>30 mm 时，采用 C20 细石混凝土灌实。灌注的混凝土应按《房屋建筑与装饰工程工程量计算规范》(GB 50854—2013)附录 E(混凝土及钢筋混凝土工程)相关项目编码列项。

3. 石砌体

石砌体包括石基础(010403001)、石勒脚(010403002)、石墙(010403003)、石挡土墙(010403004)、石柱(010403005)、石栏杆(010403006)、石护坡(010403007)、石台阶(010403008)、石坡道(010403009)、石地沟或石明沟(010403010)等清单项目。工程量清单项目设置、项目特征描述的内容、计量单位及工程量计算规则应按《房屋建筑与装饰工程工程量计算规范》(GB 50854—2013)的规定执行。

4. 垫层

垫层工程量清单项目设置、项目特征描述的内容、计量单位及工程量计算规则，应按表 7-12 的规定执行。

表 7-12 垫层(编号：010404)

项目编码	项目名称	项目特征	计量单位	工程量计算规则	工作内容
010404001	垫层	垫层材料种类、配合比、厚度	m^3	按设计图示尺寸以体积计算	1. 垫层材料的拌制 2. 垫层铺设 3. 材料运输

注：除混凝土垫层应按《房屋建筑与装饰工程工程量计算规范》(GB 50854—2013)附录 E(混凝土及钢筋混凝土工程)中相关项目编码列项外，没有包括垫层要求的清单项目应按本表垫层项目编码列项。

5. 其他相关问题按下列规定处理

标准砖尺寸应为 240 mm×115 mm×53 mm。
标准砖墙厚度应按 7-13 计算。

表 7-13 标准墙计算厚度表

砖数(厚度)	1/4	1/2	3/4	1	1.5	2	2.5	3
计算厚度(mm)	53	115	180	240	365	490	615	740

7.4.2 砌筑工程工程量清单计价

【例题三】 某工程采用 M7.5 混合砂浆砌 240 mm 厚煤矸砖实心砖墙，双面原浆勾缝，墙长 360 m、高 9.9 m，墙上有 C-1：1500 mm×1800 mm 共 25 樘，M-1：2100 mm×2500 mm 共 25 樘，试编制实心砖墙工程量清单及工程量清单计价。

(1) 分部分项工程量计算。

240 mm 实心砖墙工程量=(360×9.9−1.5×1.8×25−2.1×2.5×25)×0.24 m^3=807.66 m^3

实心砖墙勾缝工程量=(360×9.9−1.5×1.8×25−2.1×2.5×25) m^3=3 365.25 m^3

(2)分部分项工程量清单。

分部分项工程和单价措施项目清单与计价表

工程名称:某工程　　　　标段:　　　　　　　　　第 页 共 页

序号	项目编码	项目名称	项目特征	计量单位	工程量	金额/元		
						综合单价	合价	其中:暂估价
1	010401003001	实心砖墙	1.砖品种、规格、强度等级:煤矸砖、240 mm×115 mm×53 mm、MU10 2.墙体类型:实心砖墙 3.砂浆强度等级、配合比:M7.5混合砂浆	m³	807.66			
2	011201003001	墙面勾缝	1.勾缝类型:双面勾缝 2.勾缝材料种类:M7.5混合砂浆	m²	3 365.25			
			本页小计					
			合　　计					

(3)分部分项工程量清单计价。

分部分项工程和单价措施项目清单与计价表

工程名称:某工程　　　　标段:　　　　　　　　　第 页 共 页

序号	项目编码	项目名称	项目特征	计量单位	工程量	金额/元		
						综合单价	合价	其中:暂估价
1	010401003001	实心砖墙	1.砖品种、规格、强度等级:煤矸砖、240 mm×115 mm×53 mm、MU10 2.墙体类型:实心砖墙 3.砂浆强度等级、配合比:M7.5混合砂浆	m³	807.66	372.1	300 530.29	
2	011201003001	墙面勾缝	1.勾缝类型:双面勾缝 2.勾缝材料种类:M7.5混合砂浆	m²	3 365.25	2.95	9 927.49	
			本页小计				310 457.77	
			合　　计				310 457.77	

(4)分部分项工程量清单综合单价分析。

综合单价分析表(一)

工程名称：某宿舍楼　　　　标段：　　　　　　　　　　　　　　　　　　　　第　页　共　页

项目编码	010401003001	项目名称	实心砖墙		计量单位	m³	工程量	807.66

清单综合单价组成明细

定额编号	定额名称	定额单位	数量	单价/元				合价/元			
				人工费	材料费	机械费	管理费和利润	人工费	材料费	机械费	管理费和利润
A3-6 换	砖墙1砖(混合砂浆M7.5 砌筑砂浆)	10 m³	0.1	923.44	2 610.52	26.05	161.01	92.34	261.05	2.61	16.10
人工单价				小计				92.34	261.05	2.61	16.10
68元/工日				未计价材料费				0			
				清单项目综合单价				372.10			

材料费明细

主要材料名称、规格、型号	单位	数量	单价/元	合价/元	暂估单价/元	暂估合价/元
水泥 32.5	t	0.058 5	410.00	23.99		
石灰膏	m³	0.019	220.00	4.18		
水	m³	0.200 8	4.05	0.81		
砂子 中粗	m³	0.241 7	130.00	31.42		
机砖 240 mm×115 mm×53 mm	千块	0.528	380.00	200.64		
其他材料费						0
材料费小计				261.05		

综合单价分析表（二）

工程名称：某宿舍楼　　　　标段：　　　　　　　　　　　　　　　　　　　　　第　页　共　页

项目编码	011201003001	项目名称	墙面勾缝	计量单位	m²	工程量	3 365.25

清单综合单价组成明细

定额编号	定额名称	定额单位	数量	单价/元				合价/元			
				人工费	材料费	机械费	管理费和利润	人工费	材料费	机械费	管理费和利润
A3-22换	砖墙面勾缝原浆（混合砂浆M7.5砌筑砂浆）	100 m²	0.01	204.00	53.15	2.60	35.15	2.04	0.53	0.03	0.35
人工单价			小计					2.04	0.53	0.03	0.35
68元/工日			未计价材料费					0			

清单项目综合单价　　2.95

材料费明细	主要材料名称、规格、型号	单位	数量	单价/元	合价/元	暂估单价/元	暂估合价/元
	水泥 32.5	t	0.000 5	410.00	0.21		
	石灰膏	m³	0.000 2	220.00	0.04		
	水	m³	0.000 8	4.05	0.00		
	砂子中粗	m³	0.002 1	130.00	0.27		
	其他材料费				0		0
	材料费小计				0.53		0.53

7.5 混凝土及钢筋混凝土工程

7.5.1 混凝土及钢筋混凝土工程工程量清单项目设置及计算规则

混凝土及钢筋混凝土工程包括现浇混凝土基础、现浇混凝土柱、现浇混凝土梁、现浇混凝土墙、现浇混凝土板、现浇混凝土楼梯、现浇混凝土其他构件、后浇带、预制混凝土柱、预制混凝土梁、预制混凝土屋架、预制混凝土板、预制混凝土楼梯、其他预制构件、钢筋工程、螺栓铁件及其他相关问题等。

1. 现浇混凝土基础

现浇混凝土基础工程量清单项目设置、项目特征描述的内容、计量单位、工程量计算规则应按表 7-14 的规定执行。

表 7-14 现浇混凝土基础(编号:010501)

项目编码	项目名称	项目特征	计量单位	工程量计算规则	工作内容
010501001	垫层				1. 模板及支撑制作、安装、拆除、堆放、运输及清理模内杂物、刷隔离剂等 2. 混凝土制作、运输、浇筑、振捣、养护
010501002	带形基础	1. 混凝土种类 2. 混凝土强度等级	m³	按设计图示尺寸以体积计算。不扣除伸入承台基础的桩头所占体积	
010501003	独立基础				
010501004	满堂基础				
010501005	桩承台基础				
010501006	设备基础	1. 混凝土种类 2. 混凝土强度等级 3. 灌浆材料及其强度等级			

注:① 有肋带形基础、无肋带形基础应按本表中相关项目列项,并注明肋高。
② 箱式满堂基础中柱、梁、墙、板按《房屋建筑与装饰工程工程量计算规范》(GB 50854—2013)附录表 E.2、表 E.3、表 E.4、表 E.5 相关项目分别编码列项;箱式满堂基础底板按本表的满堂基础项目列项。
③ 框架式设备基础中柱、梁、墙、板分别按《房屋建筑与装饰工程工程量计算规范》(GB 50854—2013)附录表 E.2、表 E.3、表 E.4、表 E.5 相关项目编码列项;基础部分按本表相关项目编码列项。
④ 如为毛石混凝土基础,项目特征应描述毛石所占比例。

2. 现浇混凝土柱

现浇混凝土柱工程量清单项目设置、项目特征描述的内容、计量单位、工程量计算规则应按表 7-15 的规定执行。

表 7-15　现浇混凝土柱(编号:010502)

项目编码	项目名称	项目特征	计量单位	工程量计算规则	工作内容
010502001	矩形柱	1.混凝土种类 2.混凝土强度等级	m³	按设计图示尺寸以体积计算。型钢混凝土柱扣除构件内型钢所占体积 柱高: 1.有梁板的柱高,应自柱基上表面(或楼板上表面)至上一层楼板上表面之间的高度计算 2.无梁板的柱高,应自柱基上表面(或楼板上表面)至柱帽下表面之间的高度计算 3.框架柱的柱高:应自柱基上表面至柱顶高度计算 4.构造柱按全高计算,嵌接墙体部分(马牙槎)并入柱身体积 5.依附柱上的牛腿和升板的柱帽,并入柱身体积计算	1.模板及支架(撑)制作、安装、拆除、堆放、运输及清理模内杂物、刷隔离剂等 2.混凝土制作、运输、浇筑、振捣、养护
010502002	构造柱				
010502003	异形柱	1.柱形状 2.混凝土种类 3.混凝土强度等级			

注:混凝土种类指清水混凝土、彩色混凝土等,如在同一地区既使用预拌(商品)混凝土,又允许现场搅拌混凝土时,也应注明(下同)。

3. 现浇混凝土梁

现浇混凝土梁工程量清单项目设置、项目特征描述的内容、计量单位、工程量计算规则应按表 7-16 的规定执行。

表 7-16　现浇混凝土梁(编号:010503)

项目编码	项目名称	项目特征	计量单位	工程量计算规则	工作内容
010503001	基础梁	1.混凝土种类 2.混凝土强度等级	m³	按设计图示尺寸以体积计算。伸入墙内的梁头、梁垫并入梁体积内 型钢混凝土梁扣除构件内型钢所占体积 梁长: 1.梁与柱连接时,梁长算至柱侧面 2.主梁与次梁连接时,次梁长算至主梁侧面	1.模板及支架(撑)制作、安装、拆除、堆放、运输及清理模内杂物、刷隔离剂等 2.混凝土制作、运输、浇筑、振捣、养护
010503002	矩形梁				
010503003	异形梁				
010503004	圈梁				
010503005	过梁				

续表

项目编码	项目名称	项目特征	计量单位	工程量计算规则	工作内容
010503006	弧形、拱形梁	1.混凝土种类 2.混凝土强度等级	m³	按设计图示尺寸以体积计算。伸入墙内的梁头、梁垫并入梁体积内 梁长: 1.梁与柱连接时,梁长算至柱侧面 2.主梁与次梁连接时,次梁长算至主梁侧面	1.模板及支架(撑)制作、安装、拆除、堆放、运输及清理模内杂物、刷隔离剂等 2.混凝土制作、运输、浇筑、振捣、养护

4. 现浇混凝土墙

现浇混凝土墙工程量清单项目设置、项目特征描述的内容、计量单位、工程量计算规则应按表 7-17 的规定执行。

表 7-17　现浇混凝土墙(编号:010504)

项目编码	项目名称	项目特征	计量单位	工程量计算规则	工作内容
010504001	直形墙	1.混凝土种类 2.混凝土强度等级	m³	按设计图示尺寸以体积计算 扣除门窗洞口及单个面积 0.3 m³以外的孔洞所占体积,墙垛及突出墙面部分并入墙体体积计算内	1.模板及支架(撑)制作、安装、拆除、堆放、运输及清理模内杂物、刷隔离剂等 2.混凝土制作、运输、浇筑、振捣、养护
010504002	弧形墙				
010504003	短肢剪力墙				
010504004	挡土墙				

注:短肢剪力墙是指截面厚度不大于 300 mm、各肢截面高度与厚度之比的最大值大于 4 但不大于 8 的剪力墙;各肢截面高度与厚度之比的最大值不大于 4 的剪力墙按柱项目编码列项。

5. 现浇混凝土板

现浇混凝土板工程量清单项目设置、项目特征描述的内容、计量单位、工程量计算规则应按表 7-18 的规定执行。

表 7-18 现浇混凝土板(编号:010505)

项目编码	项目名称	项目特征	计量单位	工程量计算规则	工作内容
010505001	有梁板	1. 混凝土种类 2. 混凝土强度等级	m³	按设计图示尺寸以体积计算,不扣除单个面积0.3 m²以内的柱、垛以及孔洞所占体积 压形钢板混凝土楼板扣除构件内压形钢板所占体积 有梁板(包括主、次梁与板)按梁、板体积之和计算,无梁板按板和柱帽体积之和计算,各类板伸入墙内的板头并入板体积内,薄壳板的肋、基梁并入薄壳体积内计算	1. 模板及支架(撑)制作、安装、拆除、堆放、运输及清理模内杂物、刷隔离剂等 2. 混凝土制作、运输、浇筑、振捣、养护
010505002	无梁板				
010505003	平板				
010505004	拱板				
010505005	薄壳板				
010505006	栏板				
010505007	天沟(檐沟)、挑檐板			按设计图示尺寸以体积计算	
010505008	雨篷、悬挑板、阳台板	1. 混凝土种类 2. 混凝土强度等级		按设计图示尺寸以墙外部分体积计算。包括伸出墙外的牛腿和雨篷反挑檐的体积	
010505009	空心板			按设计图示尺寸以体积计算。空心板(GBF高强薄壁蜂巢芯板等)应扣除空心部分体积	
010505010	其他板			按设计图示尺寸以体积计算	

注:现浇挑檐、天沟板、雨篷、阳台与板(包括屋面板、楼板)连接时,以外墙外边线为分界线;与圈梁(包括其他梁)连接时,以梁外边线为分界线。外边线以外为挑檐、天沟、雨篷或阳台。

6. 现浇混凝土楼梯

现浇混凝土楼梯工程量清单项目设置、项目特征描述的内容、计量单位、工程量计算规则应按表7-19的规定执行。

表 7-19 现浇混凝土楼梯(编号:010506)

项目编码	项目名称	项目特征	计量单位	工程量计算规则	工作内容
010506001	直形楼梯	1. 混凝土种类 2. 混凝土强度等级	1. m² 2. m³	1. 以m²计量,按设计图示尺寸以水平投影面积计算。不扣除宽度≤500 mm的楼梯井,伸入墙内部分不计算 2. 以m³计量,按设计图示尺寸以体积计算	1. 模板及支架(撑)制作、安装、拆除、堆放、运输及清理模内杂物、刷隔离剂等 2. 混凝土制作、运输、浇筑、振捣、养护
010506002	弧形楼梯				

注:整体楼梯(包括直形楼梯、弧形楼梯)水平投影面积包括休息平台、平台梁、斜梁和楼梯的连接梁。当整体楼梯与现浇楼板无梯梁连接时,以楼梯的最后一个踏步边缘加300 mm为界。

7. 现浇混凝土其他构件

现浇混凝土其他构件包括散水及坡道(010507001)、室外地坪(010507002)、电缆沟及地沟(010507003)、台阶(010507004)、扶手及压顶(010507005)、化粪池及检查井(010507006)、其他构件(010507007)等清单项目，工程量清单项目设置、项目特征描述的内容、计量单位、工程量计算规则应按《房屋建筑与装饰工程工程量计算规范》(GB 50854—2013)的规定执行。

8. 后浇带

后浇带(010508001)工程量清单项目设置、项目特征描述的内容、计量单位、工程量计算规则应按《房屋建筑与装饰工程工程量计算规范》(GB 50854—2013)的规定执行。

9. 预制混凝土柱

预制混凝土柱包括矩形柱(010509001)、异形柱(010509002)等清单项目。工程量清单项目设置、项目特征描述的内容、计量单位、工程量计算规则应按《房屋建筑与装饰工程工程量计算规范》(GB 50854—2013)的规定执行。

10. 预制混凝土梁

预制混凝土梁包括矩形梁(010510001)、异形梁(010510002)、过梁(010510003)、拱形梁(010510004)、鱼腹式吊车梁(010510005)、其他梁(010510006)等清单项目。工程量清单项目设置、项目特征描述的内容、计量单位、工程量计算规则应按《房屋建筑与装饰工程工程量计算规范》(GB 50854—2013)的规定执行。

11. 预制混凝土屋架

预制混凝土屋架包括折线型(010511001)、组合(010511002)、薄腹(010511003)、门式刚架(010511004)、天窗架(010511005)等清单项目。工程量清单项目设置、项目特征描述的内容、计量单位、工程量计算规则应按《房屋建筑与装饰工程工程量计算规范》(GB 50854—2013)的规定执行。

12. 预制混凝土板

预制混凝土板包括平板(010512001)、空心板(010512002)、槽形板(010512003)、网架板(010512004)、折线板(010512005)、带肋板(010512006)、大型板(010512007)和沟盖板、井盖板、井圈(010512008)等清单项目。工程量清单项目设置、项目特征描述的内容、计量单位、工程量计算规则应按《房屋建筑与装饰工程工程量计算规范》(GB 50854—2013)的规定执行。

13. 预制混凝土楼梯

预制混凝土楼梯(010513001)，工程量清单项目设置、项目特征描述的内容、计量单位、工程量计算规则应按《房屋建筑与装饰工程工程量计算规范》(GB 50854—2013)的规定执行。

14. 其他预制构件

其他预制构件包括垃圾道、通风道、烟道(010514001)及其他构件(010514002)等清单项目，工程量清单项目设置、项目特征描述的内容、计量单位、工程量计算规则应按《房屋建筑与装饰工程工程量计算规范》(GB 50854—2013)的规定执行。

15. 钢筋工程

钢筋工程工程量清单项目设置、项目特征描述的内容、计量单位、工程量计算规则应按表 7-20 的规定执行。

表 7-20　钢筋工程(编号:010515)

项目编码	项目名称	项目特征	计量单位	工程量计算规则	工作内容
010515001	现浇构件钢筋	钢筋种类、规格	t	按设计图示钢筋(网)长度(面积)乘单位理论质量计算	1. 钢筋制作、运输 2. 钢筋安装 3. 焊接(绑扎)
010515002	预制构件钢筋				1. 钢筋笼制作、运输 2. 钢筋笼安装 3. 焊接(绑扎)
010515003	钢筋网片				1. 钢筋网制作、运输 2. 钢筋网安装 3. 焊接(绑扎)
010515004	钢筋笼				1. 钢筋笼制作、运输 2. 钢筋笼安装 3. 焊接(绑扎)
010515005	先张法预应力钢筋	1. 钢筋种类、规格 2. 锚具种类		按设计图示钢筋长度乘单位理论质量计算	1. 钢筋制作、运输 2. 钢筋张拉
010515006	后张法预应力钢筋	1. 钢筋种类、规格 2. 钢丝种类、规格 3. 钢铰线种类、规格 4. 锚具种类 5. 砂浆强度等级	t	按设计图示钢筋(丝束、绞线)长度乘单位理论质量计算 1. 低合金钢筋两端均采用螺杆锚具时,钢筋长度按孔道长度减 0.35 m 计算,螺杆另行计算 2. 低合金钢筋一端采用镦头插片、另一端采用螺杆锚具时,钢筋长度按孔道长度计算,螺杆另行计算 3. 低合金钢筋一端采用镦头插片、另一端采用帮条锚具时,钢筋增加 0.15 m 计算;两端均采用帮条锚具时,钢筋长度按孔道长度增加 0.3 m 计算 4. 低合金钢筋采用后张混凝土自锚时,钢筋长度按孔道长度增加 0.35 m 计算 5. 低合金钢筋(钢铰线)采用 JM、XM、QM 型锚具,孔道长度≤20 m 时,钢筋长度增加 1 m 计算,孔道长度>20 m 时,钢筋长度增加 1.8 m 计算 6. 碳素钢丝采用锥形锚具,孔道长度≤20 m 时,钢丝束长度按孔道长度增加 1 m 计算,孔道长度>20 m 时,钢丝束长度按孔道长度增加 1.8 m 计算 7. 碳素钢丝采用镦头锚具时,钢丝束长度按孔道长度增加 0.35 m 计算	1. 钢筋、钢丝、钢绞线制作、运输 2. 钢筋、钢丝、钢绞线安装 3. 预埋管孔道铺设 4. 锚具安装 5. 砂浆制作、运输 6. 孔道压浆、养护
010515007	预应力钢丝				
010515008	预应力钢绞线				

续表

项目编码	项目名称	项目特征	计量单位	工程量计算规则	工作内容
010515009	支撑钢筋（铁马）	1.钢筋种类 2.规格	t	按钢筋长度乘单位理论质量计算	钢筋制作、焊接、安装
010515010	声测管	1.材质 2.规格型号		按设计图示尺寸以质量计算	1.检测管截断、封头 2.套管制作、焊接 3.定位、固定

注：①现浇构件中伸出构件的锚固钢筋应并入钢筋工程量内。除设计（包括规范规定）标明的搭接外，其他施工搭接不计算工程量，在综合单价中综合考虑。

②现浇构件中固定位置的支撑钢筋、双层钢筋用的"铁马"在编制工程量清单时，如果设计未明确，其工程数量可为暂估量，结算时按现场签证数量计算。

16. 螺栓、铁件

螺栓、铁件包括螺栓（010516001）、预埋铁件（010516002）、机械连接（010516003）等清单项目，工程量清单项目设置、项目特征描述的内容、计量单位、工程量计算规则应按《房屋建筑与装饰工程工程量计算规范》(GB 50854—2013)的规定执行。

17. 相关问题及说明

(1) 预制混凝土构件或预制钢筋混凝土构件，如施工图设计标注做法见标准图集时，项目特征注明标准图集的编码、页号及节点大样即可。

(2) 现浇或预制混凝土和钢筋混凝土构件，不扣除构件内钢筋、螺栓、预埋铁件、张拉孔道所占体积，但应扣除劲性骨架的型钢所占体积。

7.5.2 混凝土及钢筋混凝土工程工程量清单计价

【例题四】 根据图7-1条件，混凝土基础采用C30（最大粒径20 mm，42.5水泥）现浇碎石混凝土，垫层采用C15（最大粒径20 mm，42.5水泥）现浇碎石混凝土，所有混凝土均采用现场搅拌，试编制混凝土基础及垫层混凝土工程量清单及工程量清单报价。

【解】 (1) 分部分项工程量计算。

$$\begin{aligned}
\text{基础混凝土工程量} &= \{[(13.5+7.5)\times 2+(7.5-1.3)\times 2]\times[1.3\times 0.25+(0.46+1.3)\\
&\quad \times 0.15\div 2]+4\times[0.42\times 0.15\times(2\times 0.46+1.3)\div 6]\}\ m^3\\
&= (54.4\times 0.457+4\times 0.023)\ m^3\\
&= 24.95\ m^3
\end{aligned}$$

$$\begin{aligned}
\text{垫层混凝土工程量} &= 1.5\times 0.1\times[(13.5+7.5)\times 2+(7.5-1.5)\times 2]\ m^3\\
&= 8.1\ m^3
\end{aligned}$$

(2) 分部分项工程量清单。

分部分项工程和单价措施项目清单与计价表

工程名称:某建筑工程　　　　标段:　　　　　　　第 页 共 页

序号	项目编码	项目名称	项目特征	计量单位	工程量	金额/元		
						综合单价	合价	其中:暂估价
1	010501002001	带形基础	1.混凝土种类:现浇碎石混凝土 2.混凝土强度等级:C30（最大粒径20 mm,42.5水泥）	m³	24.95			
2	010501001001	基础垫层	1.混凝土种类:现浇碎石混凝土 2.混凝土强度等级:C15（最大粒径20 mm,42.5水泥）	m³	8.1			
			本页小计					
			合　　计					

(3) 分部分项工程量清单计价。

分部分项工程和单价措施项目清单与计价表

工程名称:某建筑工程　　　　标段:　　　　　　　第 页 共 页

序号	项目编码	项目名称	项目特征	计量单位	工程量	金额/元		
						综合单价	合价	其中:暂估价
1	010501002001	带形基础	1.混凝土种类:现浇碎石混凝土 2.混凝土强度等级:C30（最大粒径20 mm,42.5水泥）	m³	24.95	472.5	11 788.88	
2	010501001001	基础垫层	1.混凝土种类:现浇碎石混凝土 2.混凝土强度等级:C15（最大粒径20 mm,42.5水泥）	m³	8.1	505.21	4 092.2	
			本页小计				15 881.08	
			合　　计				15 881.08	

(4) 分部分项工程量清单综合单价分析。

综合单价分析表（一）

工程名称：某建筑工程　　　标段：　　　　　　　　　　　　　　　　　　　　　　　　　第　页　共　页

项目编码	010501002001	项目名称	带形基础		计量单位	m³	工程量	

清单综合单价组成明细

| 定额编号 | 定额名称 | 定额单位 | 数量 | 单价/元 | | | | 合价/元 | | | |
				人工费	材料费	机械费	管理费和利润	人工费	材料费	机械费	管理费和利润
A4-3	带形基础混凝土无梁式（现浇碎石混凝土C30，粒径≤20 mm，42.5水泥）	10 m³	0.1	587.52	3 088.49	8.27	241.92	58.75	308.85	0.83	24.19
A4-197	现场搅拌混凝土加工费	10 m³	0.101 5	207.4		220.03	135.9	21.05		22.33	13.79
A12-61	带形基础模板无梁式	10 m³	0.1	116.28	61.37	3.23	46.1	11.63	6.14	0.32	4.61
人工单价			小计					91.43	314.99	23.48	42.6
68 元/工日			未计价材料费					0			
清单项目综合单价								472.5			

材料费明细	主要材料名称、规格、型号	单位	数量	单价/元	合价/元	暂估单价/元	暂估合价/元
	水泥 42.5	t	0.393 8	430	169.34		
	碎石 10～20 mm	m³	0.842 5	95	80.03		
	砂子 中粗	m³	0.395 9	130	51.46		
	水	m³	1.381	4.5	6.21		
	钢模板	t	0.000 5	5 100	2.55		
	其他材料费				5.40		
	材料费小计				314.99		

综合单价分析表(二)

工程名称:某建筑工程　　标段:　　　　　　　　　　　　　　第　页　共 8.1 页

项目编码	010501001001	项目名称	基础垫层		计量单位	m³	工程量	

清单综合单价组成明细

| 定额编号 | 定额名称 | 定额单位 | 数量 | 单价/元 | | | | 合价/元 | | | |
				人工费	材料费	机械费	管理费和利润	人工费	材料费	机械费	管理费和利润
A4-13	基础碎石混凝土浇捣 C15,粒径≤20 mm,42.5 水泥	10 m³	0.1	816.68	2 712.53	8.38	360.3	81.67	271.25	0.84	36.03
A4-197	现场搅拌混凝土加工费	10 m³	0.101	207.4		220.03	135.9	20.95		22.22	13.73
A12-71	基础垫层模板	10 m³	0.1	262.48	200.27	9.09	113.48	26.25	20.03	0.91	11.35
人工单价			小计					128.86	291.28	23.97	61.1
68 元/工日			未计价材料费						0		
清单项目综合单价									505.21		

材料费明细	主要材料名称、规格、型号	单位	数量	单价/元	合价/元	暂估单价/元	暂估合价/元
	水泥 42.5	t	0.290 9	430	125.08		
	砂子 中粗	m³	0.494 9	130	64.34		
	碎石 10~20 mm	m³	0.828 2	95	78.68		
	水	m³	0.702	4.5	3.16		
	模板料	m³	0.015	1 215	18.23		
	其他材料费				1.79		
	材料费小计				291.280		

7.6 金属结构工程

7.6.1 金属结构工程工程量清单项目设置及计算规则

金属结构工程包括钢网架、钢屋架(钢托架、钢桁架、钢桥架)、钢柱、钢梁、钢板楼板(墙板)、钢构件、金属制品等。

1. 钢网架

钢网架工程量清单项目设置、项目特征描述、计量单位及工程量计算规则应按表7-21的规定执行。

表7-21 钢网架(编码:010601)

项目编码	项目名称	项目特征	计量单位	工程量计算规则	工作内容
010601001	钢网架	1.钢材品种、规格 2.网架节点形式、连接方式 3.网架跨度、安装高度 4.探伤要求 5.防火要求	t	按设计图示尺寸以质量计算。不扣除孔眼的质量,焊条、铆钉等不另增加质量	1.拼装 2.安装 3.探伤 4.补刷油漆

2. 钢屋架、钢托架、钢桁架、钢架桥

钢屋架、钢托架、钢桁架、钢架桥工程量清单项目设置、项目特征描述、计量单位及工程量计算规则应按表7-22的规定执行。

表7-22 钢屋架、钢托架、钢桁架、钢桥架(编码:010602)

项目编码	项目名称	项目特征	计量单位	工程量计算规则	工作内容
010602001	钢屋架	1.钢材品种、规格 2.单榀质量 3.屋架跨度、安装高度 4.螺栓种类 5.探伤要求 6.防火要求	1.榀 2.t	1.以榀计量,按设计图示数量计算 2.以t计量,按设计图示尺寸以质量计算。不扣除孔眼的质量,焊条、铆钉、螺栓等不另增加质量	1.拼装 2.安装 3.探伤 4.补刷油漆
010602002	钢托架	1.钢材品种、规格 2.单榀质量 3.安装高度 4.螺栓种类 5.探伤要求 6.防火要求	t	按设计图示尺寸以质量计算。不扣除孔眼的质量,焊条、铆钉、螺栓等不另增加质量	
010602003	钢桁架				

续表

项目编码	项目名称	项目特征	计量单位	工程量计算规则	工作内容
010602004	钢架桥	1.桥类型 2.钢材品种、规格 3.单榀质量 4.安装高度 5.螺栓种类 6.探伤要求	t	按设计图示尺寸以质量计算。不扣除孔眼的质量,焊条、铆钉、螺栓等不另增加质量	1.拼装 2.安装 3.探伤 4.补刷油漆

注:以榀计量,按标准图设计的应注明标准图代号,按非标准图设计的项目特征必须描述单榀屋架的质量。

3. 钢柱

钢柱工程量清单项目设置、项目特征描述、计量单位及工程量计算规则应按表 7-23 的规定执行。

表 7-23　钢柱(编码:010603)

项目编码	项目名称	项目特征	计量单位	工程量计算规则	工作内容
010603001	实腹钢柱	1.柱类型 2.钢材品种、规格 3.单根柱质量 4.螺栓种类 5.探伤要求 6.防火要求	t	按设计图示尺寸以质量计算。不扣除孔眼的质量,焊条、铆钉、螺栓等不另增加质量,依附在钢柱上的牛腿及悬臂梁等并入钢柱工程量内	1.拼装 2.安装 3.探伤 4.补刷油漆
010603002	空腹钢柱				
010603003	钢管柱	1.钢材品种、规格 2.单根柱质量 3.螺栓种类 4.探伤要求 5.防火要求		按设计图示尺寸以质量计算。不扣除孔眼的质量,焊条、铆钉、螺栓等不另增加质量,钢管柱上的节点板、加强环、内衬管、牛腿等并入钢管柱工程量内	

注:① 实腹钢柱类型指十字形、T形、L形、H形等;
② 空腹钢柱类型指箱形、格构等;
③ 型钢混凝土柱浇筑钢筋混凝土,其混凝土和钢筋应按《房屋建筑与装饰工程工程量计算规范》(GB 50854—2013)附录 E 混凝土及钢筋混凝土工程中相关项目编码列项。

4. 钢梁

钢梁工程量清单项目设置、项目特征描述、计量单位及工程量计算规则应按表 7-24 的规定执行。

表 7-24　钢梁(编码:010604)

项目编码	项目名称	项目特征	计量单位	工程量计算规则	工作内容
010604001	钢梁	1.梁类型 2.钢材品种、规格 3.单根质量 4.螺栓种类 5.安装高度 6.探伤要求 7.防火要求	t	按设计图示尺寸以质量计算。不扣除孔眼的质量,焊条、铆钉、螺栓等不另增加质量,制动梁、制动板、制动桁架、车挡并入钢吊车梁工程量内	1.拼装 2.安装 3.探伤 4.补刷油漆
010604002	钢吊车梁	1.钢材品种、规格 2.单根质量 3.螺栓种类 4.安装高度 5.探伤要求 6.防火要求			

注:① 梁类型指 H 形、L 形、T 形、箱形、格构式等;
② 型钢混凝土梁浇筑钢筋混凝土,其混凝土和钢筋应按《房屋建筑与装饰工程工程量计算规范》(GB 50854—2013)附录 E 混凝土及钢筋混凝土工程中相关项目编码列项。

5. 钢板楼板、墙板

钢板楼板、墙板包括钢板楼板(010605001)、钢板墙板(010605002)等清单项目,工程量清单项目设置、项目特征描述、计量单位及工程量计算规则应按《房屋建筑与装饰工程工程量计算规范》(GB 50854—2013)的规定执行。

6. 钢构件

钢构件包括钢支撑或钢拉条(010606001)、钢檩条(010606002)、钢天窗架(010606003)、钢挡风架(010606004)、钢墙架(010606005)、钢平台(010606006)、钢走道(010606007)、钢梯(010606008)、钢护栏(010606009)、钢漏斗(010606010)、钢板天沟(010606011)、钢支架(010606012)、零星钢构件(010606013)等清单项目,工程量清单项目设置、项目特征描述、计量单位及工程量计算规则应按《房屋建筑与装饰工程工程量计算规范》(GB 50854—2013)的规定执行。

7. 金属制品

金属制品包括成品空调金属百页护栏(010607001)、成品栅栏(010607002)、成品雨篷(010607003)、金属网栏(010607004)、砌块墙钢丝网加固(010607005)、后浇带金属网(010607006)等清单项目,工程量清单项目设置、项目特征描述、计量单位及工程量计算规则应按《房屋建筑与装饰工程工程量计算规范》(GB 50854—2013)的规定执行。

8. 相关问题及说明

(1) 金属构件的切边,不规则及多边形钢板发生的损耗在综合单价中考虑。

(2) 防火要求指耐火极限。

7.7 木结构工程

7.7.1 木结构工程工程量清单项目设置及计算规则

木结构工程包括木屋架、木构件、屋面木基层等。其中木屋架包括木屋架(010701001)和钢木屋架(010701002);木构件包括木柱(010702001)、木梁(010702002)、木檩(010702003)、木楼梯(010702004)和其他木构件(010702005);屋面木基层(010703001)。工程量清单项目设置、项目特征描述、计量单位及工程量计算规则应按《房屋建筑与装饰工程工程量计算规范》(GB 50854—2013)的规定执行。

7.8 门窗工程

7.8.1 门窗工程工程量清单项目设置及计算规则

门窗工程包括木门、金属门、金属卷帘(闸)门、厂库房大门及特种门、其他门、木窗、金属窗、门窗套、窗台板、窗帘及窗帘盒(轨)等。

1. 木门

木门工程量清单项目设置、项目特征描述、计量单位及工程量计算规则应按表7-25的规定执行。

表7-25 木门(编码:010801)

项目编码	项目名称	项目特征	计量单位	工程量计算规则	工作内容
010801001	木质门	1.门代号及洞口尺寸 2.镶嵌玻璃品种、厚度	1.樘 2.m²	1.以樘计量,按设计图示数量计算 2.以m²计量,按设计图示洞口尺寸以面积计算	1.门安装 2.玻璃安装 3.五金安装
010801002	木质门带套				
010801003	木质连窗门				
010801004	木质防火门	1.门代号及洞口尺寸 2.镶嵌玻璃品种、厚度			
010801005	木门框	1.门代号及洞口尺寸 2.框截面尺寸 3.防护材料种类	1.樘 2.m	1.以樘计量,按设计图示数量计算 2.以m计量,按设计图示框的中心线以延长米计算	1.木门框制作、安装 2.运输 3.刷防护材料
010801006	门锁安装	1.锁品种 2.锁规格	个(套)	按设计图示数量计算	安装

注:① 木质门应区分镶板木门、企口木板门、实木装饰门、胶合板门、夹板装饰门、木纱门、全玻门(带木质扇框)、木质半玻门(带木质扇框)等项目,分别编码列项;
② 木门五金应包括:折页、插销、门碰珠、弓背拉手、搭机、木螺丝、弹簧折页(自动门)、管子拉手(自由门、地弹门)、地弹簧(地弹门)、角铁、门轧头(地弹门、自由门)等;
③ 木质带套计量按洞口尺寸以面积计算,不包括门套的面积,但门套应计算在综合单价中;
④ 以樘计量,项目特征必须描述洞口尺寸,以平方米计量,项目特征可不描述洞口尺寸;
⑤ 单独制作安装木门框按木门框项目编码列项。

2. 金属门

金属门工程量清单项目设置、项目特征描述、计量单位及工程量计算规则应按表7-26的规定执行。

表 7-26　金属门（编码：010802）

项目编码	项目名称	项目特征	计量单位	工程量计算规则	工作内容
010802001	金属（塑钢）门	1.门代号及洞口尺寸 2.门框或扇外围尺寸 3.门框、扇材质 4.玻璃品种、厚度	1.樘 2.m²	1.以樘计量，按设计图示数量计算 2.以 m² 计量，按设计图示洞口尺寸以面积计算	1.门安装 2.五金安装 3.玻璃安装
010802002	彩板门	1.门代号及洞口尺寸 2.门框或扇外围尺寸			
010802003	钢质防火门	1.门代号及洞口尺寸 2.门框或扇外围尺寸 3.门框、扇材质			
010702004	防盗门	1.门代号及洞口尺寸 2.门框或扇外围尺寸 3.门框、扇材质			1.门安装 2.五金安装

注：① 金属门应区分金属平开门、金属推拉门、金属地弹门、全玻门（带金属扇框）、金属半玻门（带扇框）等项目，分别编码列项；
② 铝合金门五金包括：地弹簧、门锁、拉手、门插、门铰、螺丝等；
③ 金属门五金包括 L 形执手插锁（双舌）、执手锁（单舌）、门轨头、地锁、防盗门机、门眼（猫眼）、门碰珠、电子锁（磁卡锁）、闭门器、装饰拉手等；
④ 以樘计量，项目特征必须描述洞口尺寸，没有洞口尺寸必须描述门框或扇外围尺寸，以平方米计量，项目特征可不描述洞口尺寸及框、扇的外围尺寸；
⑤ 以平方米计量，无设计图示洞口尺寸，按门框、扇外围以面积计算。

3. 金属卷帘（闸）门

金属卷帘（闸）门包括金属卷帘（闸）门（010803001）、防火卷帘（闸）门（010803002）等清单项目，工程量清单项目设置、项目特征描述、计量单位及工程量计算规则应按《房屋建筑与装饰工程工程量计算规范》（GB 50854—2013）的规定执行。

4. 厂库房大门、特种门

厂库房大门、特种门包括木板大门（010804001）、钢木大门（010804002）、全钢板大门（010804003）、防护铁丝门（010804004）、金属格栅门（010804005）、钢质花饰大门（010804006）、特种门（010804007）等清单项目，工程量清单项目设置、项目特征描述、计量单位及工程量计算规则应按《房屋建筑与装饰工程工程量计算规范》（GB 50854—2013）的规定执行。

5. 其他门

其他门包括平开电子感应门（010805001）、旋转门（010805002）、电子对讲门（010805003）、电动伸缩门（010805004）、全玻自由门（010805005）、镜面不锈钢饰面门（010805006）、复合材料门（010805007）等清单项目，工程量清单项目设置、项目特征描述、计量单位及工程量计算规则应按《房屋建筑与装饰工程工程量计算规范》（GB 50854—2013）的规定执行。

6. 木窗

木窗包括木质窗（010806001）、木飘（凸）窗（010806003）、木橱窗（010806002）、木纱窗（010801004）等清单项目，工程量清单项目设置、项目特征描述、计量单位及工程量计算规则应按《房屋建筑与装饰工程工程量计算规范》（GB 50854—2013）的规定执行。

7. 金属窗

金属窗工程量清单项目设置、项目特征描述、计量单位及工程量计算规则应按表 7-27 的规定执行。

表 7-27　金属窗（编码：010807）

项目编码	项目名称	项目特征	计量单位	工程量计算规则	工作内容
010807001	金属（塑钢、断桥）窗	1. 窗代号及洞口尺寸 2. 框、扇材质 3. 玻璃品种、厚度	1. 樘 2. m²	1. 以樘计量，按设计图示数量计算 2. 以 m² 计量，按设计图示洞口尺寸以面积计算	1. 窗安装 2. 五金、玻璃安装
010807002	金属防火窗				
010807003	金属百叶窗				
010807004	金属纱窗	1. 窗代号及框的外围尺寸 2. 框材质 3. 窗纱材料品种、规格		1. 以樘计量，按设计图示数量计算 2. 以 m² 计量，按框的外围尺寸以面积计算	1. 窗安装 2. 五金安装
010807005	金属格栅窗	1. 窗代号及洞口尺寸 2. 框外围尺寸 3. 框、扇材质		1. 以樘计量，按设计图示数量计算 2. 以 m² 计量，按设计图示洞口尺寸以面积计算	1. 窗制作、运输、安装 2. 五金、玻璃安装 3. 刷防护材料
010807006	金属（塑钢、断桥）橱窗	1. 窗代号 2. 框外围展开面积 3. 框、扇材质 4. 玻璃品种、厚度 5. 防护材料种类	1. 樘 2. m²	1. 以樘计量，按设计图示数量计算 2. 以 m² 计量，按设计图示尺寸以框外围展开面积计算	
010807007	金属（塑钢、断桥）飘（凸）窗	1. 窗代号 2. 框外围展开面积 3. 框、扇材质 4. 玻璃品种、厚度			1. 窗安装 2. 五金、玻璃安装
010807008	彩板窗	1. 窗代号及洞口尺寸 2. 框外围尺寸 3. 框、扇材质 4. 玻璃品种、厚度		1. 以樘计量，按设计图示数量计算 2. 以 m² 计量，按设计图示洞口尺寸或框外围以面积计算	
010807009	复合材料窗				

注：① 金属窗应区分金属组合窗、防盗窗等项目，分别编码列项；
　　② 以樘计量，项目特征必须描述洞口尺寸，没有洞口尺寸必须描述窗框外围尺寸，以平方米计量，项目特征可不描述洞口尺寸及框的外围尺寸；
　　③ 以平方米计量，无设计图示洞口尺寸，按窗框外围以面积计算；
　　④ 金属橱窗、飘（凸）窗以樘计量，项目特征必须描述框外围展开面积；
　　⑤ 金属窗五金包括：折页、螺丝、执手、卡锁、铰拉、风撑、滑轮、滑轨、拉把、角码、牛角制等。

8. 门窗套

门窗套包括木门窗套(010808001)、木筒子板(010808002)、饰面夹板筒子板(010808003)、金属门窗套(010808004)、石材门窗套(010808005)、门窗木贴脸(010808006)、成品木门窗套(010808007)等清单项目,工程量清单项目设置、项目特征描述、计量单位及工程量计算规则应按《房屋建筑与装饰工程工程量计算规范》(GB 50854—2013)的规定执行。

9. 窗台板

窗台板包括(010809001)木窗台板、(010809002)铝塑窗台板、(010809003)金属窗台板、(010809004)石材窗台板等清单项目,工程量清单项目设置、项目特征描述、计量单位及工程量计算规则应按《房屋建筑与装饰工程工程量计算规范》(GB 50854—2013)的规定执行。

10. 窗帘、窗帘盒、轨

窗帘、窗帘盒、轨包括窗帘(010810001)、木窗帘盒(010810002)、饰面夹板及塑料窗帘盒(010810003)、铝合金窗帘盒(010810004)、窗帘轨(010810005)等清单项目,工程量清单项目设置、项目特征描述、计量单位及工程量计算规则应按《房屋建筑与装饰工程工程量计算规范》(GB 50854—2013)的规定执行。

7.8.2 门窗工程工程量清单计价

【例题五】 某办公楼,门为单扇有亮胶合板门120樘,弹子锁,单层木门油聚氨酯漆,一油粉三聚氨酯漆,洞口尺寸1 000 mm×2 500 mm,该门装饰工程与建筑工程共同承包,编制分部分项工程量清单及分部分项工程量清单计价表。

【解】 (1)分部分项工程量计算。

$$木门工程量 = 1.0 \times 2.5 \times 120 \text{ m}^2 = 300 \text{ m}^2$$

$$门锁工程量 = 120 \text{ 个}$$

$$木门油漆工程量 = 1.0 \times 2.5 \times 120 \text{ m}^2 = 300 \text{ m}^2$$

(2)分部分项工程量清单。

分部分项工程和单价措施项目清单与计价表

工程名称:某办公楼　　　标段:　　　　　第 页 共 页

序号	项目编码	项目名称	项目特征	计量单位	工程量	金额/元 综合单价	合价	其中:暂估价
1	010801001001	木质门	门代号及洞口尺寸:普通木门,单扇有亮胶合板门;1 000 mm×2 500 mm	m²	300			
2	010801006001	门锁安装	锁品种、规格:弹子锁	个	120			

续表

序号	项目编码	项目名称	项目特征	计量单位	工程量	金额/元 综合单价	金额/元 合价	其中：暂估价
3	011401001001	木门油漆	1.门类型:普通木门 2.门代号及洞口尺寸:普通木门,单扇有亮胶合板门;1 000 mm×2 500 mm 3.腻子种类:石膏粉、大白粉 4.刮腻子遍数:三遍 5.油漆品种、刷漆遍数:聚氨酯漆、三遍	m²	300			
			本页小计					
			合　　计					

（3）分部分项工程量清单计价。

分部分项工程和单价措施项目清单与计价表

工程名称:某办公楼　　　　　标段:　　　　　　第　页　共　页

序号	项目编码	项目名称	项目特征	计量单位	工程量	金额/元 综合单价	金额/元 合价	其中：暂估价
1	010801001001	木质门	门代号及洞口尺寸:普通木门,单扇有亮胶合板门;1 000 mm×2 500 mm	m²	300	183.76	55 128	
2	010801006001	门锁安装	锁品种、规格:弹子锁	个	120	21.36	2 563.2	
3	011401001001	木门油漆	1.门类型:普通木门 2.门代号及洞口尺寸:普通木门,单扇有亮胶合板门;1 000 mm×2 500 mm 3.腻子种类:石膏粉、大白粉 4.刮腻子遍数:三遍 5.油漆品种、刷漆遍数:聚氨酯漆、三遍	m²	300	55.07	16 521	
			本页小计				74 212.2	
			合　　计				74 212.2	

（4）分部分项工程量清单综合单价分析。

综合单价分析表（一）

工程名称：某办公楼　　　标段：　　　　　　　　　　　　　　　第　页　共　300　页

项目编码	010801001001	项目名称	木质门		计量单位	m²	工程量	0.01
				清单综合单价组成明细				

| 定额编号 | 定额名称 | 定额单位 | 数量 | 单价/元 | | | | 合价/元 | | | |
				人工费	材料费	机械费	管理费和利润	人工费	材料费	机械费	管理费和利润
B4-3换	普通木门有亮单扇胶合板门	100 m²	0.01	2 856.68	14 311.64	147.66	1 058.65	28.57	143.12	1.48	10.59
人工单价			小计					28.57	143.12	1.48	10.59
68元/工日			未计价材料					0			
		清单项目综合单价						183.76			

	主要材料名称、规格、型号	单位	数量	单价/元	合价/元	暂估单价/元	暂估合价/元
材料费明细	板方木材 综合规格	m³	0.028 8	1 550.00	44.64	0	0
	木材干燥费	m³	0.025 8	59.38	1.53	0	0
	亮子面积	m²	0.171	32.6	5.58	0	0
	木门扇 成品	m²	0.679	125.00	84.88	0	0
	石灰膏	m³	0.002	220	0.44	0	0
	小五金费	元	2.783 1	1.00	2.78		
	其他材料费				3.28		
	材料费小计				143.12		

综合单价分析表(二)

工程名称:某办公楼　　　　标段:　　　　　　　　　　　　第 页 共 120 页

项目编码	010801006001	项目名称	门锁安装	计量单位	个	工程量	

清单综合单价组成明细

定额编号	定额名称	定额单位	数量	单价/元				合价/元			
				人工费	材料费	机械费	管理费和利润	人工费	材料费	机械费	管理费和利润
B4-77换	弹子锁安装	10个	0.1	53.72	140.00	0	19.91	5.37	14	0	1.99
人工单价				小计				5.37	14	0	1.99
68元/工日				未计价材料				0			
清单项目综合单价								21.36			

材料费明细	主要材料名称、规格、型号	单位	数量	单价/元	合价/元	暂估单价/元	暂估合价/元
	门锁 502-3型双保险 弹子锁	把	0.4	14.00	5.6		0
	其他材料费				0		
	材料费小计				14		0

综合单价分析表(三)

工程名称：某办公楼　　　标段：　　　　　　　　　　　　　　　　　　　　　　　　　　　第　页　共　页

项目编码	011401001001	项目名称	木门油漆		计量单位	m²	工程量	300

清单综合单价组成明细

定额编号	定额名称	定额单位	数量	单价/元				合价/元			
				人工费	材料费	机械费	管理费和利润	人工费	材料费	机械费	管理费和利润
B5-5 换	单层木门油聚氨酯漆 一油二粉二聚氨酯漆	100 m²	0.01	2 306.56	1 095.53	0	1 085.44	23.07	10.96	0	10.85
B5-14 换	单层木门油漆 每增加一遍 聚氨酯漆	100 m²	0.01	420.92	399.57	0	198.08	4.21	4.00	0	1.99
人工单价			小计					27.28	14.96	0	12.84
68元/工日			未计价材料								
			清单项目综合单价						55.07		

材料费明细	主要材料名称、规格、型号	单位	数量	单价/元	合价/元	暂估单价/元	暂估合价/元
	聚氨酯漆	kg	0.622 6	19.00	11.83	0	0
	油漆溶剂油	kg	0.075 4	3.50	0.26	0	0
	熟桐油（光油）	kg	0.068 9	15.00	1.03	0	0
	清油	kg	0.035 5	20.00	0.71	0	0
	大白粉	kg	0.186 7	0.50	0.09		
	二甲苯	kg	0.076 6	5.30	0.41		
	石膏粉	kg	0.053	0.80	0.04		
	其他材料费				0.58		
	材料费小计				14.96		

7.9 屋面及防水工程

7.9.1 屋面及防水工程工程量清单项目设置及计算规则

屋面及防水工程包括瓦、型材及其他屋面、屋面防水及其他、墙面防水防潮、楼(地)面防水防潮等。

1. 瓦、型材及其他屋面

瓦、型材及其他屋面包括瓦屋面(010901001)、型材屋面(010901002)、阳光板屋面(010901003)、玻璃钢屋面(010901004)、膜结构屋面(010901005)等清单项目,工程量清单项目设置、项目特征描述、计量单位及工程量计算规则应按《房屋建筑与装饰工程工程量计算规范》(GB 50854—2013)的规定执行。

2. 屋面防水及其他

屋面防水及其他工程量清单项目设置、项目特征描述、计量单位及工程量计算规则应按表7-28的规定执行。

表 7-28 屋面防水及其他(编码:010902)

项目编码	项目名称	项目特征	计量单位	工程量计算规则	工作内容
010902001	屋面卷材防水	1. 卷材品种、规格、厚度 2. 防水层数 3. 防水层做法	m²	按设计图示尺寸以面积计算 1. 斜屋顶(不包括平屋顶找坡)按斜面积计算,平屋顶按水平投影面积计算 2. 不扣除房上烟囱、风帽底座、风道、屋面小气窗和斜沟所占面积 3. 屋面的女儿墙、伸缩缝和天窗等处的弯起部分,并入屋面工程量内	1. 基层处理 2. 刷底油 3. 铺油毡卷材、接缝
010902002	屋面涂膜防水	1. 防水膜品种 2. 涂膜厚度、遍数 3. 增强材料种类			1. 基层处理 2. 刷基层处理剂 3. 铺布、喷涂防水层
010902003	屋面刚性层	1. 刚性层厚度 2. 混凝土种类 3. 混凝土强度等级 4. 嵌缝材料种类 5. 钢筋规格、型号		按设计图示尺寸以面积计算。不扣除房上烟囱、风帽底座、风道等所占面积	1. 基层处理 2. 混凝土制作、运输、铺筑、养护 3. 钢筋制安

续表

项目编码	项目名称	项目特征	计量单位	工程量计算规则	工作内容
010902004	屋面排水管	1.排水管品种、规格 2.雨水斗、山墙出水口品种、规格 3.接缝、嵌缝材料种类 4.油漆品种、刷漆遍数	m	按设计图示尺寸以长度计算。如设计未标注尺寸,以檐口至设计室外散水上表面垂直距离计算	1.排水管及配件安装、固定 2.雨水斗、山墙出水口、雨水篦子安装 3.接缝、嵌缝 4.刷漆
010902005	屋面排(透)气管	1.排(透)气管品种、规格 2.接缝、嵌缝材料种类 3.油漆品种、刷漆遍数	m	按设计图示尺寸以长度计算	1.排(透)气管及配件安装、固定 2.铁件制作、安装 3.接缝、嵌缝 4.刷漆
010902006	屋面(廊、阳台)泄(吐)水管	1.吐水管品种、规格 2.接缝、嵌缝材料种类 3.吐水管长度 4.油漆品种、刷漆遍数	根(个)	按设计图示数量计算	1.水管及配件安装、固定 2.接缝、嵌缝 3.刷漆
010902007	屋面天沟、檐沟	1.材料品种、规格 2.接缝、嵌缝材料种类	m²	按设计图示尺寸以展开面积计算	1.天沟材料铺设 2.天沟配件安装 3.接缝、嵌缝 4.刷防护材料
010902008	屋面变形缝	1.嵌缝材料种类 2.止水带材料种类 3.盖缝材料 4.防护材料种类	m	按设计图示以长度计算	1.清缝 2.填塞防水材料 3.止水带安装 4.盖缝制作、安装 5.刷防护材料

注:①屋面刚性层无钢筋,其钢筋项目特征不必描述;
②屋面找平层按《房屋建筑与装饰工程工程量计算规范》(GB 50854—2013)附录 K 楼地面装饰工程"平面砂浆找平层"项目编码列项;
③屋面防水搭接及附加层用量不另行计算,在综合单价中考虑;
④屋面保温找坡层按《房屋建筑与装饰工程工程量计算规范》(GB 50854—2013)附录 J 保温、隔热、防腐工程"保温隔热屋面"项目编码列项。

3. 墙面防水、防潮

墙面防水、防潮工程量清单项目设置、项目特征描述、计量单位及工程量计算规则应按表 7-29 的规定执行。

表 7-29 墙面防水、防潮(编码:010903)

项目编码	项目名称	项目特征	计量单位	工程量计算规则	工作内容
010903001	墙面卷材防水	1.卷材品种、规格、厚度 2.防水层数 3.防水层做法	m²	按设计图示尺寸以面积计算	1.基层处理 2.刷粘结剂 3.铺防水卷材 4.接缝、嵌缝
010903002	墙面涂膜防水	1.防水膜品种 2.涂膜厚度、遍数 3.增强材料种类	m²	按设计图示尺寸以面积计算	1.基层处理 2.刷基层处理剂 3.铺布、喷涂防水层
010903003	墙面砂浆防水(防潮)	1.防水层做法 2.砂浆厚度、配合比 3.钢丝网规格			1.基层处理 2.挂钢丝网片 3.设置分格缝 4.砂浆制作、运输、摊铺、养护
010903004	墙面变形缝	1.嵌缝材料种类 2.止水带材料种类 3.盖缝材料 4.防护材料种类	m	按设计图示以长度计算	1.清缝 2.填塞防水材料 3.止水带安装 4.盖缝制作、安装 5.刷防护材料

注:① 墙面防水搭接及附加层用量不另行计算,在综合单价中考虑;
② 墙面变形缝,若做双面,工程量乘系数 2;
③ 墙面找平层按《房屋建筑与装饰工程工程量计算规范》(GB 50854—2013)附录 M 墙、柱面装饰与隔断、幕墙工程"立面砂浆找平层"项目编码列项。

4. 楼(地)面防水、防潮

楼(地)面防水、防潮工程量清单项目设置、项目特征描述、计量单位及工程量计算规则应按表 7-30 的规定执行。

表 7-30　楼(地)面防水、防潮(编码:010904)

项目编码	项目名称	项目特征	计量单位	工程量计算规则	工作内容
010904001	楼(地)面卷材防水	1. 卷材品种、规格、厚度 2. 防水层数 3. 防水层做法 4. 反边高度	m²	按设计图示尺寸以面积计算 1. 楼(地)面防水:按主墙间净空面积计算,扣除凸出地面的构筑物、设备基础等所占面积,不扣除间壁墙及单个面积 0.3 m² 以内的柱、垛、烟囱和孔洞所占面积 2. 楼(地)面防水反边高度≤300 mm 算作地面防水,反边高度>300 mm 按墙面防水计算	1. 基层处理 2. 刷粘结剂 3. 铺防水卷材 4. 接缝、嵌缝
010904002	楼(地)面涂膜防水	1. 防水膜品种 2. 涂膜厚度、遍数 3. 增强材料种类 4. 反边高度			1. 基层处理 2. 刷基层处理剂 3. 铺布、喷涂防水层
010904003	楼(地)面砂浆防水(防潮)	1. 防水层做法 2. 砂浆厚度、配合比 3. 反边高度			1. 基层处理 2. 砂浆制作、运输、摊铺、养护
010904004	楼(地)面变形缝	1. 嵌缝材料种类 2. 止水带材料种类 3. 盖缝材料 4. 防护材料种类	m	按设计图示以长度计算	1. 清缝 2. 填塞防水材料 3. 止水带安装 4. 盖缝制作、安装 5. 刷防护材料

注:① 楼(地)面防水找平层按《房屋建筑与装饰工程工程量计算规范》(GB 50854—2013)附录 K 楼地面装饰工程"平面砂浆找平层"项目编码列项;
　② 楼(地)面防水搭接及附加层用量不另行计算,在综合单价中考虑。

7.9.2　屋面及防水工程工程量清单计价

【例题六】 某工程屋面为卷材防水,轴线尺寸为 80 m×16 m,女儿墙厚 240 m,四周女儿墙防水高 250 m,沿横向从中间向两边找坡 2%,屋面做法如下,试编制屋面工程量清单及工程量清单报价。

防水层:高聚物改性沥青卷材 4 mm(冷贴)满铺。

找平层:25 mm 厚 1:3 水泥砂浆,砂浆中掺聚丙烯。

保温层:80 mm 厚加气混凝土块保温。

找坡层:水泥加气混凝土碎渣 1:8 找 2%坡(最薄处 20 mm 厚)。

找平层:25 mm 厚 1:3 水泥砂浆,砂浆中掺聚丙烯。

结构层:钢筋混凝土板。

【解】(1)分部分项工程量计算。

屋面防水层[高聚物改性沥青卷材 4 mm(冷贴)满铺]工程量=$\{(80-0.24)\times(16-0.24)+[(80-0.24)+(16-0.24)]\times 2\times 0.25\}$ m² = (1 257.02+47.76) m² = 1 304.78 m²

找平层[保温层上面,25 mm 厚 1:3 水泥砂浆,砂浆中掺聚丙烯]工程量=$(80-0.24)\times(16-0.24)$ m² = 1 257.02 m²

保温层[80 mm 厚加气混凝土块保温]工程量=$(80-0.24)\times(16-0.24)$ m² = 1 257.02 m²

找坡层[水泥加气混凝土碎渣 1:8 找 2‰坡(最薄处 20 mm 厚)]工程量=$(80-0.24)\times(16-0.24)$ m² = 1 257.02 m²

找平层[结构层上面,25 mm 厚 1:3 水泥砂浆,砂浆中掺聚丙烯]工程量=$(80-0.24)\times(16-0.24)$ m² = 1 257.02 m²

(2)分部分项工程量清单。

分部分项工程和单价措施项目清单与计价表

工程名称:某工程　　　　　标段:　　　　　　　第　页　共　页

序号	项目编码	项目名称	项目特征	计量单位	工程量	金额/元		
						综合单价	合价	其中:暂估价
1	010902001001	屋面卷材防水	防水层:高聚物改性沥青卷材 4 mm(冷贴)满铺,四周女儿墙防水高 250 mm	m²	1 304.78			
2	011101006001	平面砂浆找平层	保温层上找平层:25 mm 厚 1:3 水泥砂浆,砂浆中掺聚丙烯	m²	1 257.02			
3	011001001001	保温隔热屋面	保温层:80 mm 厚加气混凝土块保温	m²	1 257.02			
4	011001001002	保温隔热屋面	找坡层:水泥加气混凝土碎渣 1:8 找 2‰坡(最薄处 20 mm 厚)	m²	1 257.02			
	011101006002	平面砂浆找平层	结构层上找平层:25 mm 厚 1:3 水泥砂浆,砂浆中掺聚丙烯	m²	1 257.02			
			本页小计					
			合　计					

(3) 分部分项工程量清单计价。

分部分项工程和单价措施项目清单与计价表

工程名称:某工程　　　　　　　标段:　　　　　　　　　　第　页　共　页

序号	项目编码	项目名称	项目特征	计量单位	工程量	金额/元		
						综合单价	合价	其中:暂估价
1	010902001001	屋面卷材防水	防水层:高聚物改性沥青卷材4 mm(冷贴)满铺,四周女儿墙防水高250 mm	m²	1 304.78	48.91	63 816.79	
2	011101006001	平面砂浆找平层	保温层上找平层:25 mm厚1:3水泥砂浆,砂浆中掺聚丙烯	m²	1 257.02	18.6	23 380.57	
3	011001001001	保温隔热屋面	保温层:80 mm厚加气混凝土块保温	m²	1 257.02	23.49	29 527.4	
4	011001001002	保温隔热屋面	找坡层:水泥加气混凝土碎渣1:8找2‰坡(最薄处20 mm厚)	m²	1 257.02	25.36	31 878.03	
	011101006002	平面砂浆找平层	结构层上找平层:25 mm厚1:3水泥砂浆,砂浆中掺聚丙烯	m²	1 257.02	15.97	20 074.61	
			本页小计				168 677.4	
			合　计				168 677.4	

(4) 分部分项工程量清单综合单价分析。

综合单价分析表（一）

工程名称：某工程　　　　标段：　　　　　　　　　　　　　　　　　　　　第　页　共　页

项目编码	010902001001	项目名称	屋面卷材防水	计量单位	m²	工程量	1 304.78

清单综合单价组成明细

定额编号	定额名称	定额单位	数量	单价/元				合价/元			
				人工费	材料费	机械费	管理费和利润	人工费	材料费	机械费	管理费和利润
A7-40	屋面高聚物改性沥青卷材（厚4 mm冷贴）满铺	100 m²	0.01	371.28	4 368.58	0	150.70	3.71	43.69	0	1.51
人工单价			小计					3.71	43.69	0	1.51
68元/工日			未计价材料费					0			
清单项目综合单价								48.91			

材料费明细	主要材料名称、规格、型号	单位	数量	单价/元	合价/元	暂估单价/元	暂估合价/元
	高聚物改性沥青卷材 4 mm	m²	1.145	28	32.06		
	高聚物改性沥青卷材 2 mm	m²	0.11	20	2.2		
	PVC卷材基层处理剂	kg	0.3	5	1.5		
	改性沥青粘结剂	kg	0.557 5	10	5.58		
	石油液化气	kg	0.24	9	2.16		
	其他材料费				0.19		
	材料费小计				43.69		

综合单价分析表(二)

工程名称:某工程　　　　　　　　　标段:　　　　　　　　　　　　　　　　　　　　　　　　第　页　共　页

项目编码	011010006001	项目名称	平面砂浆找平层		计量单位	m²	工程量	1 257.02

清单综合单价组成明细

定额编号	定额名称	定额单位	数量	单价/元				合价/元			
				人工费	材料费	机械费	管理费和利润	人工费	材料费	机械费	管理费和利润
A7-209	楼地面、屋面找平层 水泥砂浆加聚丙烯在填充料上厚20 mm(1:3水泥砂浆)	100 m²	0.01	505.24	814.63	27.78	213.90	5.05	8.15	0.28	2.14
A7-211	楼地面、屋面找平层 水泥砂浆加聚丙烯厚度每增减5 mm	100 m²	0.01	90.44	164.20	5.21	38.36	0.91	1.64	0.05	0.38
人工单价			小计					5.96	9.79	0.33	2.52
68元/工日			未计价材料费					0			
清单项目综合单价								18.6			

材料费明细	主要材料名称、规格、型号	单位	数量	单价/元	合价/元	暂估单价/元	暂估合价/元
	水泥32.5	t	0.012 3	410	5.04		
	水	m³	0.009 1	4.5	0.04		
	砂子 中粗	m³	0.031	130	4.03		
	聚丙烯纤维	kg	0.027 4	25	0.68		
	其他材料费						0
	材料费小计				9.79		

综合单价分析表(三)

工程名称:某工程　　　标段:　　　　　　　　　　　　　　　　第 页 共 页

项目编码	011001001001	项目名称	保温隔热层		计量单位	m²	工程量	1 257.02
清单综合单价组成明细									

定额编号	定额名称	定额单位	数量	单价/元				合价/元			
				人工费	材料费	机械费	管理费和利润	人工费	材料费	机械费	管理费和利润
A8-178	加气混凝土块	10 m³	0.008	308.72	2514.5		113.05	2.47	20.12		0.9
人工单价	68元/工日			小计				2.47	20.12		0.9
				未计价材料费				0				
				清单项目综合单价				23.49				

材料费明细	主要材料名称、规格、型号	单位	数量	单价/元	合价/元	暂估单价/元	暂估合价/元
	混凝土块加气	m³	0.085 6	235	20.12		
	其他材料费				0		
	材料费小计				20.12		

注:① 定额计价,保温层(80 mm厚加气混凝土块保温)工程量=(80−0.24)×(16−0.24)×0.08 m³=100.56 m³;

② 1 m²保温隔热屋面中加气混凝土块含量=100.56÷1 257.02 m³=0.08 m³。

综合单价分析表（四）

工程名称：某工程　　　　　标段：　　　　　　　　　　　　　　　　　　　　　　第　页　共　页

项目编码	011001001002	项目名称	保温隔热屋面	计量单位	m²	工程量	1 257.02

清单综合单价组成明细

定额编号	定额名称	定额单位	数量	单价/元				合价/元			
				人工费	材料费	机械费	管理费和利润	人工费	材料费	机械费	管理费和利润
A8-171	水泥加气混凝土碎渣 1:8	10 m³	0.009 9	683.4	1 633.63		250.25	6.77	16.17		2.47
人工单价			小计					6.77	16.17	0	2.47
68元/工日			未计价材料费						25.36		

清单项目综合单价

材料费明细	主要材料名称、规格、型号	单位	数量	单价/元	合价/元	暂估单价/元	暂估合价/元
	水泥 32.5	t	0.019 8	410	8.1		
	水	m³	0.040 3	4.5	0.18		
	加气混凝土碎渣	m³	0.121	65	7.86		
	其他材料费				0		
	材料费小计				16.14		

注：① 定额计价，找坡层[水泥加气混凝土碎渣1:8找2%坡（最薄处20 mm厚）]工程量=(80−0.24)×(16−0.24)×[(16−0.24)×0.02÷4+0.02] m³=124.19 m³；

② 1 m² 保温隔热屋面中加气混凝土碎渣含量=124.19÷1 257.02 m³=0.099 m³。

综合单价分析表(五)

工程名称:某工程　　　　标段:　　　　　　　　　　　第　页　共　页

项目编码	011101006002	项目名称	平面砂浆找平层		计量单位	m²	工程量	
清单综合单价组成明细								
定额编号	定额名称	定额单位	数量	单价/元			合价/元	
				人工费	材料费	机械费	管理费和利润	人工费	材料费	机械费	管理费和利润

定额编号	定额名称	定额单位	数量	人工费	材料费	机械费	管理费和利润	人工费	材料费	机械费	管理费和利润
A7-210 换	楼地面、屋面找平层 水泥砂浆加聚丙烯在混凝土或硬基层上厚20 mm(1:3水泥砂浆)	100 m²	0.01	438.60	652.79	21.71	184.92	4.39	6.53	0.22	1.85
A7-211 换	楼地面、屋面找平层 水泥砂浆加聚丙烯厚度每增减5 mm	100 m²	0.01	90.44	164.20	5.21	38.36	0.90	1.65	0.05	0.38
人工单价		小计						5.29	8.18	0.27	2.23
68元/工日		未计价材料费						0			
清单项目综合单价								15.97			

材料费明细	主要材料名称、规格、型号	单位	数量	单价/元	合价/元	暂估单价/元	暂估合价/元
	水泥 32.5	t	0.010 2	410	4.19		
	水	m³	0.013 6	4.5	0.06		
	砂子 中粗	m³	0.025 8	130	3.35		
	聚丙烯纤维	kg	0.022 8	25	0.57		
	其他材料费						0
	材料费小计				8.18		

1 257.02

7.10 保温、隔热、防腐工程

7.10.1 保温、隔热、防腐工程工程量清单项目设置及计算规则

保温、隔热、防腐工程包括保温及隔热、防腐面层、其他防腐等。

1. 保温、隔热

保温、隔热工程量清单项目设置、项目特征描述、计量单位及工程量计算规则应按表7-31的规定执行。

表7-31 保温、隔热(编码:011001)

项目编码	项目名称	项目特征	计量单位	工程量计算规则	工作内容
011001001	保温隔热屋面	1.保温隔热材料品种、规格、厚度 2.隔气层材料品种、厚度 3.粘结材料种类、做法 4.防护材料种类、做法	m²	按设计图示尺寸以面积计算。扣除面积0.3 m²以外的孔洞及占位面积	1.基层清理 2.刷粘结材料 3.铺粘保温层 4.铺、刷(喷)防护材料
011001002	保温隔热天棚	1.保温隔热面层材料品种、规格、性能 2.保温隔热材料品种、规格及厚度 3.粘结材料种类及做法 4.防护材料种类及做法		按设计图示尺寸以面积计算。扣除面积0.3 m²以外的柱、垛、孔洞所占面积,与天棚相连的梁按展开面积,计算并入天棚工程量内	
011001003	保温隔热墙面	1.保温隔热部位 2.保温隔热方式 3.踢脚线、勒脚线保温做法 4.龙骨材料品种、规格 5.保温隔热面层材料品种、规格、性能 6.保温隔热材料品种、规格及厚度 7.增强网及抗裂防水砂浆种类 8.粘结材料种类及做法 9.防护材料种类及做法		按设计图示尺寸以面积计算。扣除门窗洞口以及面积0.3 m²以外的梁、孔洞所占面积;门窗洞口侧壁以及与墙相连的柱,并入保温墙体工程量内	1.基层清理 2.刷界面剂 3.安装龙骨 4.填贴保温材料 5.保温板安装 6.粘贴面层 7.铺设增强格网、抹抗裂、防水砂浆面层 8.嵌缝 9.铺、刷(喷)防护材料
011001004	保温柱、梁			按设计图示尺寸以面积计算 1.柱按设计图示柱断面保温层中心线展开长度乘保温层高度以面积计算,扣除面积0.3 m²以外的梁所占面积 2.梁按设计图示梁断面保温层中心线展开长度乘保温层长度以面积计算	

项目编码	项目名称	项目特征	计量单位	工程量计算规则	工作内容
011001005	保温隔热楼地面	1. 保温隔热部位 2. 保温隔热材料品种、规格、厚度 3. 隔气层材料品种、厚度 4. 粘结材料种类、做法 5. 防护材料种类、做法	m²	按设计图示尺寸以面积计算。扣除面积 0.3 m² 以外的柱、垛、孔洞所占面积	1. 基层清理 2. 刷粘结材料 3. 铺粘保温层 4. 铺、刷(喷)防护材料
011001006	其他保温隔热	1. 保温隔热部位 2. 保温隔热方式 3. 隔气层材料品种、厚度 4. 保温隔热面层材料品种、规格、性能 5. 保温隔热材料品种、规格及厚度 6. 粘结材料种类及做法 7. 增强网及抗裂防水砂浆种类 8. 防护材料种类及做法	m²	按设计图示尺寸以展开面积计算。扣除面积 0.3 m² 以外的孔洞所占面积	1. 基层清理 2. 刷界面剂 3. 安装龙骨 4. 填贴保温材料 5. 保温板安装 6. 粘贴面层 7. 铺设增强格网、抹抗裂防水砂浆面层 8. 嵌缝 9. 铺、刷(喷)防护材料

注：① 保温隔热装饰面层，按《房屋建筑与装饰工程工程量计算规范》(GB 50854—2013)附录 L、M、N、P、Q 中相关项目编码列项；仅做找平层按《房屋建筑与装饰工程工程量计算规范》(GB 50854—2013)附录 L 楼地面装饰工程"平面砂浆找平层"或附录 M 墙、柱面装饰与隔断、幕墙工程"立面砂浆找平层"项目编码列项。

② 柱帽保温隔热应并入天棚保温隔热工程量内。

③ 池槽保温隔热应按其他保温隔热项目编码列项。

④ 保温隔热方式：指内保温、外保温、夹心保温。

⑤ 保温柱、梁适用于不与墙、天棚相连的独立柱、梁。

2. 防腐面层

防腐面层包括防腐混凝土面层(011002001)、防腐砂浆面层(011002002)、防腐胶泥面层(011002003)、玻璃钢防腐面层(011002004)、聚氯乙烯板面层(011002005)、块料防腐面层(011002006)、池和槽块料防腐面层(011002007)等清单项目，工程量清单项目设置、项目特征描述、计量单位及工程量计算规则应按《房屋建筑与装饰工程工程量计算规范》(GB 50854—2013)的规定执行。

3. 其他防腐

其他防腐包括隔离层(011003001)、砌筑沥青浸渍砖(011003002)、防腐涂料(011003003)等清单项目，工程量清单项目设置、项目特征描述、计量单位及工程量计算规则应按《房屋建筑与装饰工程工程量计算规范》(GB 50854—2013)的规定执行。

7.11 楼地面装饰工程

7.11.1 楼地面装饰工程工程量清单项目设置及计算规则

楼地面装饰工程包括整体面层及找平层、块料面层、橡塑面层、其他材料面层、踢脚线、楼梯面层、台阶装饰、零星装饰项目等。

1. 整体面层及找平层

整体面层及找平层工程量清单项目设置、项目特征描述的内容、计量单位及工程量计算规则应按表7-32的规定执行。

表7-32 整体面层及找平层（编码：011101）

项目编码	项目名称	项目特征	计量单位	工程量计算规则	工作内容
011101001	水泥砂浆楼地面	1. 找平层厚度、砂浆配合比 2. 素水泥浆遍数 3. 面层厚度、砂浆配合比 4. 面层做法要求	m²	按设计图示尺寸以面积计算。扣除凸出地面构筑物、设备基础、室内铁道、地沟等所占面积，不扣除间壁墙及0.3m²以内的柱、垛、附墙烟囱及孔洞所占面积。门洞、空圈、暖气包槽、壁龛的开口部分不增加面积	1. 基层清理 2. 抹找平层 3. 抹面层 4. 材料运输
011101002	现浇水磨石楼地面	1. 找平层厚度、砂浆配合比 2. 面层厚度、水泥石子浆配合比 3. 嵌条材料种类、规格 4. 石子种类、规格、颜色 5. 颜料种类、颜色 6. 图案要求 7. 磨光、酸洗、打蜡要求			1. 基层清理 2. 抹找平层 3. 面层铺设 4. 嵌缝条安装 5. 磨光、酸洗打蜡 6. 材料运输
011101003	细石混凝土楼地面	1. 找平层厚度、砂浆配合比 2. 面层厚度、混凝土强度等级			1. 基层清理 2. 抹找平层 3. 面层铺设 4. 材料运输
011101004	菱苦土楼地面	1. 找平层厚度、砂浆配合比 2. 面层厚度 3. 打蜡要求			1. 基层清理 2. 抹找平层 3. 面层铺设 4. 打蜡 5. 材料运输

续表

项目编码	项目名称	项目特征	计量单位	工程量计算规则	工作内容
011101005	自流坪楼地面	1. 找平层砂浆配合比、厚度 2. 界面剂材料种类 3. 中层漆材料种类、厚度 4. 面漆材料种类、厚度 5. 面层材料种类	m²		1. 基层处理 2. 抹找平层 3. 涂界面剂 4. 涂刷中层漆 5. 打磨、吸尘 6. 镘自流平面漆(浆) 7. 拌合自流平浆料 8. 铺面层
011101006	平面砂浆找平层	找平层厚度、砂浆配合比		按设计图示尺寸以面积计算	1. 基层清理 2. 抹找平层 3. 材料运输

注：① 水泥砂浆面层处理是拉毛还是提浆压光应在面层做法要求中描述；
② 平面砂浆找平层只适用于仅做找平层的平面抹灰；
③ 间壁墙指墙厚≤120 mm 的墙；
④ 楼地面混凝土垫层另按《房屋建筑与装饰工程工程量计算规范》(GB 50854—2013)附录 E.1 垫层项目编码列项,除混凝土外的其他材料垫层按《房屋建筑与装饰工程工程量计算规范》(GB 50854—2013)表 D.4 垫层项目编码列项。

2. 块料面层

块料面层工程量清单项目设置、项目特征描述的内容、计量单位及工程量计算规则应按表 7-33 的规定执行。

表 7-33　块料面层(编码:011102)

项目编码	项目名称	项目特征	计量单位	工程量计算规则	工作内容
011102001	石材楼地面	1. 找平层厚度、砂浆配合比 2. 结合层厚度、砂浆配合比 3. 面层材料品种、规格、颜色 4. 嵌缝材料种类 5. 防护层材料种类 6. 酸洗、打蜡要求	m²	按设计图示尺寸以面积计算。门洞、空圈、暖气包槽、壁龛的开口部分并入相应的工程量内	1. 基层清理 2. 抹找平层 3. 面层铺设、磨边 4. 嵌缝 5. 刷防护材料 6. 酸洗、打蜡 7. 材料运输
011102002	碎石材楼地面				
011102003	块料楼地面	1. 找平层厚度、砂浆配合比 2. 结合层厚度、砂浆配合比 3. 面层材料品种、规格、颜色 4. 嵌缝材料种类 5. 防护层材料种类 6. 酸洗、打蜡要求			

注：① 在描述碎石材项目的面层材料特征时可不用描述规格、品牌、颜色；
② 石材、块料与粘接材料的结合面刷防渗材料的种类在防护层材料种类中描述；
③ 本表工作内容中的磨边指施工现场磨边,后面章节工作内容中涉及到的磨边含义同此条。

3. 橡塑面层

橡塑面层包括橡胶板楼地面(011103001)、橡胶板卷材楼地面(011103002)、塑料板楼地面(011103003)、塑料卷材楼地面(011103004)等清单项目,工程量清单项目的设置、项目特征描述的内容、计量单位、工程量计算规则应按《房屋建筑与装饰工程工程量计算规范》(GB 50854—2013)执行。

4. 其他材料面层

其他材料面层包括地毯楼地面(011104001)、竹及木(复合)地板(011104002)、金属复合地板(011104003)、防静电活动地板(011104004)等清单项目,工程量清单项目的设置、项目特征描述的内容、计量单位、工程量计算规则应按《房屋建筑与装饰工程工程量计算规范》(GB 50854—2013)执行。

5. 踢脚线

踢脚线工程量清单项目设置、项目特征描述的内容、计量单位就工程量计算规则应按表7-34的规定执行。

表7-34 踢脚线(编码:011105)

项目编码	项目名称	项目特征	计量单位	工程量计算规则	工作内容
011105001	水泥砂浆踢脚线	1.踢脚线高度 2.底层厚度、砂浆配合比 3.面层厚度、砂浆配合比	1.m² 2.m	1.按设计图示长度乘高度以面积计算 2.按延长米计算	1.基层清理 2.底层和面层抹灰 3.材料运输
011105002	石材踢脚线	1.踢脚线高度 2.粘贴层厚度、材料种类 3.面层材料品种、规格、颜色 4.防护材料种类			1.基层清理 2.底层抹灰 3.面层铺贴、磨边 4.擦缝 5.磨光、酸洗、打蜡 6.刷防护材料 7.材料运输
011105003	块料踢脚线				
011105004	塑料板踢脚线	1.踢脚线高度 2.粘结层厚度、材料种类 3.面层材料种类、规格、颜色			
011105005	木质踢脚线	1.踢脚线高度 2.基层材料种类、规格 3.面层材料品种、规格、颜色			1.基层清理 2.基层铺贴 3.面层铺贴 4.材料运输
011105006	金属踢脚线				
011105007	防静电踢脚线				

注:石材、块料与粘接材料的结合面刷防渗材料的种类在防护材料种类中描述。

6. 楼梯面层

楼梯面层工程量清单项目设置、项目特征描述的内容、计量单位及工程量计算规则应按表 7-35 的规定执行。

表 7-35　楼梯面层（编码：011106）

项目编码	项目名称	项目特征	计量单位	工程量计算规则	工作内容
011106001	石材楼梯面层	1.找平层厚度、砂浆配合比 2.粘结层厚度、材料种类 3.面层材料品种、规格、颜色 4.防滑条材料种类、规格 5.勾缝材料种类 6.防护材料种类 7.酸洗、打蜡要求	m²	按设计图示尺寸以楼梯（包括踏步、休息平台及 500 mm 以内的楼梯井）水平投影面积计算。楼梯与楼地面相连时，算至梯口梁内侧边沿；无梯口梁者，算至最上一层踏步边沿加 300 mm	1.基层清理 2.抹找平层 3.面层铺贴、磨边 4.贴嵌防滑条 5.勾缝 6.刷防护材料 7.酸洗、打蜡 8.材料运输
011106002	块料楼梯面层				
011106003	拼碎块料面层				
011106004	水泥砂浆楼梯面层	1.找平层厚度、砂浆配合比 2.面层厚度、砂浆配合比 3.防滑条材料种类、规格			1.基层清理 2.抹找平层 3.抹面层 4.抹防滑条 5.材料运输
011106005	现浇水磨石楼梯面层	1.找平层厚度、砂浆配合比 2.面层厚度、水泥石子浆配合比 3.防滑条材料种类、规格 4.石子种类、规格、颜色 5.颜料种类、颜色 6.磨光、酸洗打蜡要求			1.基层清理 2.抹找平层 3.抹面层 4.贴嵌防滑条 5.磨光、酸洗、打蜡 6.材料运输
011106006	地毯楼梯面层	1.基层种类 2.面层材料品种、规格、颜色 3.防护材料种类 4.粘结材料种类 5.固定配件材料种类、规格	m²	按设计图示尺寸以楼梯（包括踏步、休息平台及 500 mm 以内的楼梯井）水平投影面积计算。楼梯与楼地面相连时，算至梯口梁内侧边沿；无梯口梁者，算至最上一层踏步边沿加 300 mm	1.基层清理 2.铺贴面层 3.固定配件安装 4.刷防护材料 5.材料运输
011106007	木板楼梯面层	1.基层材料种类、规格 2.面层材料品种、规格、颜色 3.粘结材料种类 4.防护材料种类			1.基层清理 2.基层铺贴 3.面层铺贴 4.刷防护材料 5.材料运输
011106008	橡胶板楼梯面层	1.粘结层厚度、材料种类 2.面层材料品种、规格、颜色 3.压线条种类			1.基层清理 2.面层铺贴 3.压缝条装钉 4.材料运输
011106009	塑料板楼梯面层				

注：① 在描述碎石材项目的面层材料特征时可不用描述规格、品牌、颜色；
② 石材、块料与粘接材料的结合面刷防渗材料的种类在防护材料种类中描述。

7. 台阶装饰

台阶装饰工程量清单项目设置、项目特征描述的内容、计量单位及工程量计算规则应按表7-36的规定执行。

表7-36 台阶装饰(编码:011107)

项目编码	项目名称	项目特征	计量单位	工程量计算规则	工作内容
011107001	石材台阶面层	1.找平层厚度、砂浆配合比 2.粘结材料种类 3.面层材料品种、规格、颜色 4.勾缝材料种类 5.防滑条材料种类、规格 6.防护材料种类	m²	按设计图示尺寸以台阶(包括最上层踏步边沿加300 mm)水平投影面积计算	1.基层清理 2.抹找平层 3.面层铺贴 4.贴嵌防滑条 5.勾缝 6.刷防护材料 7.材料运输
011107002	块料台阶面层				
011107003	拼碎块料台阶面层				
011107004	水泥砂浆台阶面层	1.找平层厚度、砂浆配合比 2.面层厚度、砂浆配合比 3.防滑条材料种类			1.基层清理 2.抹找平层 3.抹面层 4.抹防滑条 5.材料运输
011107005	现浇水磨石台阶面层	1.找平层厚度、砂浆配合比 2.面层厚度、水泥石子浆配合比 3.防滑条材料种类、规格 4.石子种类、规格、颜色 5.颜料种类、颜色 6.磨光、酸洗、打蜡要求			1.清理基层 2.抹找平层 3.抹面层 4.贴嵌防滑条 5.打磨、酸洗、打蜡 6.材料运输
011107006	剁假石台阶面层	1.找平层厚度、砂浆配合比 2.面层厚度、砂浆配合比 3.剁假石要求			1.清理基层 2.抹找平层 3.抹面层 4.剁假石 5.材料运输

注:① 在描述碎石材项目的面层材料特征时可不用描述规格、品牌、颜色;
② 石材、块料与粘接材料的结合面刷防渗材料的种类在防护材料种类中描述。

8. 零星装饰项目

零星装饰项目包括石材零星项目(011108001)、拼碎石材零星项目(011108002)、块料零星项目(011108003)、水泥砂浆零星项目(011108004)等清单项目,工程量清单项目的设置、项目特征描述的内容、计量单位、工程量计算规则应按《房屋建筑与装饰工程工程量计算规范》(GB 50854—2013)执行。

7.11.2 楼地面装饰工程工程量清单计价

【例题七】 如图 7-3 所示,嵌铜条的普通现浇水磨石地面,地面做法为:100 mm 厚 C15 (40,32.5 水泥)混凝土垫层;素水泥浆结合层一道;18 mm 厚 1:2.5 水泥砂浆找平层;素水泥浆结合层一道;12 mm 厚 1:2 白水泥彩色石子浆磨光,嵌 12 mm×2 mm 铜条;面层酸洗打蜡。该水磨石地面与建筑工程共同承包,试编制水磨石地面工程量清单计价。

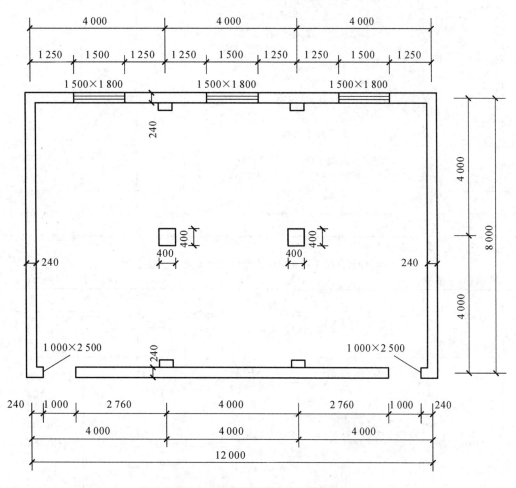

图 7-3 某房间平面图(单位:mm)

【解】 (1)分部分项工程量计算。

普通现浇水磨石楼地面清单工程量=(12−0.24)×(8−0.24) m²=91.26 m²

普通现浇水磨石楼地面垫层清单工程量=91.26×0.1 m³=9.13 m³

(2)分部分项工程量清单。

分部分项工程和单价措施项目清单与计价表

工程名称：某商店　　　　　标段：　　　　　　　　　第　页　共　页

序号	项目编码	项目名称	项目特征	计量单位	工程量	金额/元		
						综合单价	合价	其中：暂估价
1	011101002001	现浇水磨石楼地面	1. 找平层厚度、砂浆配合比：1:2.5水泥砂浆找平层 18 mm 厚 2. 面层厚度、水泥石子浆配合比：1:2白水泥彩色石子水磨石面层 12 mm 厚 3. 图案要求：12 mm×2 mm铜条分隔 4. 磨光、酸洗、打蜡要求：面层酸洗打蜡	m²	91.26			
2	010501001001	垫层	1. 混凝土种类：现场浇筑 2. 混凝土强度等级：C15(40)	m³	9.13			
			本页小计					
			合　计					

（3）分部分项工程量清单计价。

分部分项工程和单价措施项目清单与计价表

工程名称：某工程　　　　　标段：　　　　　　　　　第　页　共　页

序号	项目编码	项目名称	项目特征	计量单位	工程量	金额/元		
						综合单价	合价	其中：暂估价
1	011101002001	现浇水磨石楼地面	1. 找平层厚度、砂浆配合比：1:2.5水泥砂浆找平层 18 mm 厚 2. 面层厚度、水泥石子浆配合比：1:2白水泥彩色石子水磨石面层 12 mm 厚 3. 图案要求：12 mm×2 mm铜条分隔 4. 磨光、酸洗、打蜡要求：面层酸洗打蜡	m²	91.26	99.31	9 063.03	
2	010501001001	垫层	1. 混凝土种类：现场浇筑 2. 混凝土强度等级：C15(40)	m³	9.13	412.47	3 765.85	
			本页小计				12 828.88	
			合　计				12 828.88	

（4）分部分项工程量清单综合单价分析。

综合单价分析表（一）

工程名称：某商店　　　　　标段：　　　　　　　　　　　　　　　　　　　第　页　共　页

项目编码	011101002001	项目名称	现浇水磨石楼地面		计量单位	m²	工程量	91.26

清单综合单价组成明细

定额编号	定额名称	定额单位	数量	单价/元				合价/元			
				人工费	材料费	机械费	管理费和利润	人工费	材料费	机械费	管理费和利润
B1-10换	水磨石楼地面 带嵌条 厚18 mm+12 mm(水泥砂浆 1:2.5;水泥彩色石子浆（白水泥）1:2)	100 m²	0.01	3 481.6	2 181.68	310.16	1 527.28	34.82	21.82	3.1	15.27
B1-16	水磨石楼地面嵌铜条	100 m	0.025	49.64	901	1.55	20	1.24	22.53	0.04	0.5
人工单价				小计				36.06	44.34	3.14	15.77
68元/工日				未计价材料				0			
清单项目综合单价								99.31			

材料费明细	主要材料名称、规格、型号	单位	数量	单价/元	合价/元	暂估单价/元	暂估合价/元
	水泥 32.5	t	0.021 1	410	8.65		
	水	m³	0.068 5	4.5	0.31		
	砂子 中粗	m³	0.018 8	130	2.43		
	白石子 中八厘	kg	19.676 8	0.45	8.85		
	铜条 12 mm×2 mm	m	2.65	8.5	22.53		
	其他材料费				1.57		
	材料费小计				44.34		

注：① 定额计价中铜条工程量=91.26×(250÷100) m=228.15 m；
② 1 m²现浇水磨石地面中铜条含量=228.15÷91.26 m=2.5 m；
③ B(1-10)换算，去掉玻璃费用，减少4.25工日。

综合单价分析表（二）

工程名称：某商店　　标段：　　　　　　　　　　　　　　　　　　　　　　第　页　共　页

项目编码	010501001001	项目名称	垫层		计量单位	m³	工程量	9.13

清单综合单价组成明细

定额编号	定额名称	定额单位	数量	单价/元				合价/元			
				人工费	材料费	机械费	管理费和利润	人工费	材料费	机械费	管理费和利润
B1-152换	地面垫层 混凝土（32.5水泥 C15 现浇碎石混凝土 粒径≤40 mm）	10 m³	0.1	646	2 641.03	8.38	260.3	64.6	264.1	0.84	26.03
A4-197	现场搅拌混凝土加工费	10 m³	0.101	207.4		220.03	135.9	20.95		22.22	13.73
人工单价			小计					85.55	264.1	23.06	39.76
68元/工日			未计价材料					0			
清单项目综合单价								412.47			

材料费明细	主要材料名称、规格、型号	单位	数量	单价/元	合价/元	暂估单价/元	暂估合价/元
	水泥 32.5	t	0.295 9	410	121.33		
	水	m³	0.685 8	4.5	3.09		
	砂子 中粗	m³	0.454 5	130	59.09		
	碎石 20~40 mm	m³	0.848 4	95	80.6		
	其他材料费						0
	材料费小计				264.1		

【例题八】 某工程楼面为 600 mm×600 mm×20 mm 同安红磨光花岗岩,业主编制工程量清单见下表,按照单独承包装饰工程,试编制花岗岩楼面工程量清单报价。

分部分项工程和单价措施项目清单与计价表

工程名称:某工程　　　　　　标段:　　　　　　　　　　第 页 共 页

序号	项目编码	项目名称	项目特征	计量单位	工程量	金额/元		
						综合单价	合价	其中:暂估价
1	011102001001	石材楼地面	楼面:30 mm 厚 1:3 水泥砂浆粘贴 600 mm×600 mm×20 mm 同安红磨光花岗岩,进行酸洗打蜡,用麻袋进行成品保护	m²	165			花岗岩:60元/m²
			合　　计					

【解】 (1) 分部分项工程量清单计价。

分部分项工程和单价措施项目清单与计价表

工程名称:某工程　　　　　　标段:　　　　　　　　　　第 页 共 页

序号	项目编码	项目名称	项目特征	计量单位	工程量	金额/元		
						综合单价	合价	其中:暂估价
1	011102001001	石材楼地面	楼面:30 mm 厚 1:3 水泥砂浆粘贴 600 mm×600 mm×20 mm 同安红磨光花岗岩,进行酸洗打蜡,用麻袋进行成品保护	m²	165	117.12	19 324.80	花岗岩:60元/m²
			合　　计				19 324.80	

(2) 分部分项工程量清单综合单价分析。

综合单价分析表

工程名称：某工程　　标段：　　　　　　　　　　　　　　第 页 共 165 页

| 项目编码 | 011102001001 | 项目名称 | 清单综合单价组成明细 | | 石材楼地面 | | 计量单位 | m² | 工程量 | |

定额编号	定额名称	定额单位	数量	单价/元				合价/元			
				人工费	材料费	机械费	管理费和利润	人工费	材料费	机械费	管理费和利润
B1-25	花岗岩楼地面(30 mm厚水泥砂浆1:3)同安红磨光花岗岩	100 m²	0.01	2 653.51	7 132.03	77.22	1 019.87	26.54	71.32	0.77	10.20
B1-31	块料面层酸洗打蜡	100 m²	0.01	365.20	59.20	9.00	120.56	3.65	0.59	0.09	1.21
B8-19	麻袋保护地面	100 m²	0.01	161.85	61.36	0	51.87	1.62	0.61	0	0.51
人工单价			小计					31.81	72.52	0.86	11.92
83 元/工日			未计价材料					0			
			清单项目综合单价					117.12			

材料费明细	主要材料名称、规格、型号	单位	数量	单价/元	合价/元	暂估单价/元	暂估合价/元
	同安红磨光花岗岩板 600 mm×600 mm×20 mm	m²	1.015	60.00	60.90	60	60.90
	水泥 32.5	t	0.013 8	410.00	5.66		
	砂子 中粗	m³	0.031 1	130.00	4.04		
	其他材料费	元			1.92		
	材料费小计				72.52		60.90

7.12 墙、柱面装饰与隔断、幕墙工程

7.12.1 墙、柱面装饰与隔断、幕墙工程工程量清单项目设置及计算规则

墙、柱面装饰与隔断、幕墙工程包括墙面抹灰、柱（梁）面抹灰、零星抹灰、墙面块料面层、柱（梁）面镶贴块料、镶贴零星块料、墙饰面、柱（梁）饰面、幕墙工程、隔断等项目。

1. 墙面抹灰

墙面抹灰工程量清单项目设置、项目特征描述的内容、计量单位及工程量计算规则应按表7-37的规定执行。

表7-37 墙面抹灰（编码：011201）

项目编码	项目名称	项目特征	计量单位	工程量计算规则	工作内容
011201001	墙面一般抹灰	1. 墙体类型 2. 底层厚度、砂浆配合比 3. 面层厚度、砂浆配合比 4. 装饰面材料种类 5. 分格缝宽度、材料种类	m^2	按设计图示尺寸以面积计算。扣除墙裙、门窗洞口及单个面积0.3 m^2以外的孔洞面积，不扣除踢脚线、挂镜线和墙与构件交接处的面积，门窗洞口和孔洞的侧壁及顶面不增加面积。附墙柱、梁、垛、烟囱侧壁并入相应的墙面面积内 1. 外墙抹灰面积按外墙垂直投影面积计算 2. 外墙裙抹灰面积按其长度乘以高度计算 3. 内墙抹灰面积按主墙间的净长乘以高度计算 （1）无墙裙的，高度按室内楼地面至天棚底面计算 （2）有墙裙的，高度按墙裙顶至天棚底面计算 4. 内墙裙抹灰面按内墙净长乘以高度计算	1. 基层清理 2. 砂浆制作、运输 3. 底层抹灰 4. 抹面层 5. 抹装饰面 6. 勾分格缝
011201002	墙面装饰抹灰				
011201003	墙面勾缝	1. 勾缝类型 2. 勾缝材料种类			1. 基层清理 2. 砂浆制作、运输 3. 勾缝
011201004	立面砂浆找平层	1. 基层类型 2. 找平层砂浆厚度、配合比			1. 基层清理 2. 砂浆制作、运输 3. 抹灰找平

注：① 立面砂浆找平项目适用于仅做找平层的立面抹灰。
② 墙面抹石灰砂浆、水泥砂浆、混合砂浆、聚合物水泥砂浆、麻刀石灰浆、石膏灰浆等按本表中墙面一般抹灰列项；墙面水刷石、斩假石、干粘石、假面砖等按本表中墙面装饰抹灰列项。
③ 飘窗凸出外墙面增加的抹灰并入外墙工程量内。
④ 有吊顶天棚的内墙面抹灰，抹至吊顶以上部分在综合单价中考虑。

2. 柱(梁)面抹灰

柱(梁)面抹灰工程量清单项目设置、项目特征描述的内容、计量单位及工程量计算规则应按表 7-38 的规定执行。

表 7-38 柱(梁)面抹灰(编码:011202)

项目编码	项目名称	项目特征	计量单位	工程量计算规则	工作内容
011202001	柱、梁面一般抹灰	1. 柱(梁)体类型 2. 底层厚度、砂浆配合比 3. 面层厚度、砂浆配合比 4. 装饰面材料种类 5. 分格缝宽度、材料种类	m²	1. 柱面抹灰:按设计图示柱断面周长乘高度以面积计算 2. 梁面抹灰:按设计图示梁断面周长乘长度以面积计算	1. 基层清理 2. 砂浆制作、运输 3. 底层抹灰 4. 抹面层 5. 勾分格缝
011202002	柱、梁面装饰抹灰				
011202003	柱、梁面砂浆找平	1. 柱(梁)体类型 2. 找平的砂浆厚度、配合比			1. 基层清理 2. 砂浆制作、运输 3. 抹灰找平
011202004	柱面勾缝	1. 勾缝类型 2. 勾缝材料种类	m²	按设计图示柱断面周长乘高度以面积计算	1. 基层清理 2. 砂浆制作、运输 3. 勾缝

注:① 砂浆找平项目适用于仅做找平层的柱(梁)面抹灰。
② 柱(梁)面抹石灰砂浆、水泥砂浆、混合砂浆、聚合物水泥砂浆、麻刀石灰浆、石膏灰浆等按本表中柱(梁)面一般抹灰编码列项;柱(梁)面水刷石、斩假石、干粘石、假面砖等按本表中柱(梁)面装饰抹灰项目编码列项。

3. 零星抹灰

零星抹灰包括零星项目一般抹灰(011203001)、零星项目装饰抹灰(011203002)、零星项目砂浆找平(011203003)等清单项目,工程量清单项目设置、项目特征描述的内容、计量单位及工程量计算规则应按《房屋建筑与装饰工程工程量计算规范》(GB 50854—2013)执行。

4. 墙面块料面层

墙面块料面层工程量清单项目设置、项目特征描述的内容、计量单位及工程量计算规则应按表 7-39 的规定执行。

表 7-39 墙面块料面层(编码:011204)

项目编码	项目名称	项目特征	计量单位	工程量计算规则	工作内容
011204001	石材墙面	1. 墙体类型 2. 安装方式 3. 面层材料品种、规格、颜色 4. 缝宽、嵌缝材料种类 5. 防护材料种类 6. 磨光、酸洗、打蜡要求	m²	按镶贴表面积计算	1. 基层清理 2. 砂浆制作、运输 3. 粘结层铺贴 4. 面层安装 5. 嵌缝 6. 刷防护材料 7. 磨光、酸洗、打蜡
011204002	拼碎石材墙面				
011204003	块料墙面				

续表

项目编码	项目名称	项目特征	计量单位	工程量计算规则	工作内容
011204004	干挂石材钢骨架	1. 骨架种类、规格 2. 防锈漆品种遍数	t	按设计图示以质量计算	1. 骨架制作、运输、安装 2. 刷漆

注：① 在描述碎块项目的面层材料特征时可不用描述规格、品牌、颜色；
② 石材、块料与粘接材料的结合面刷防渗材料的种类在防护层材料种类中描述；
③ 安装方式可描述为砂浆或粘接剂粘贴、挂贴、干挂等，不论哪种安装方式，都要详细描述与组价相关的内容。

5. 柱(梁)面镶贴块料

柱(梁)面镶贴块料工程量清单项目设置、项目特征描述的内容、计量单位及工程量计算规则应按表 7-40 的规定执行。

表 7-40　柱(梁)面镶贴块料(编码:011205)

项目编码	项目名称	项目特征	计量单位	工程量计算规则	工作内容
011205001	石材柱面	1. 柱截面类型、尺寸 2. 安装方式 3. 面层材料品种、规格、颜色 4. 缝宽、嵌缝材料种类 5. 防护材料种类 6. 磨光、酸洗、打蜡要求	m²	按镶贴表面积计算	1. 基层清理 2. 砂浆制作、运输 3. 粘结层铺贴 4. 面层安装 5. 嵌缝 6. 刷防护材料 7. 磨光、酸洗、打蜡
011205002	块料柱面				
011205003	拼碎石材柱面				
011205004	石材梁面	1. 安装方式 2. 面层材料品种、规格、颜色 3. 缝宽、嵌缝材料种类 4. 防护材料种类 5. 磨光、酸洗、打蜡要求	m²	按镶贴表面积计算	1. 基层清理 2. 砂浆制作、运输 3. 粘结层铺贴 4. 面层安装 5. 嵌缝 6. 刷防护材料 7. 磨光、酸洗、打蜡
011205005	块料梁面				

注：① 在描述碎块项目的面层材料特征时可不用描述规格、品牌、颜色；
② 石材、块料与粘接材料的结合面刷防渗材料的种类在防护层材料种类中描述；
③ 柱梁面干挂石材的钢骨架按《房屋建筑与装饰工程工程量计算规范》(GB 50854—2013)表 M.4 相应项目编码列项。

6. 镶贴零星块料

镶贴零星块料工程量清单项目设置、项目特征描述的内容、计量单位及工程量计算规则应按表 7-41 的规定执行。

表 7-41 镶贴零星块料(编码:011206)

项目编码	项目名称	项目特征	计量单位	工程量计算规则	工作内容
011206001	石材零星项目	1.基层类型、部位 2.安装方式 3.面层材料品种、规格、颜色 4.缝宽、嵌缝材料种类 5.防护材料种类 6.磨光、酸洗、打蜡要求	m²	按镶贴表面积计算	1.基层清理 2.砂浆制作、运输 3.面层安装 4.嵌缝 5.刷防护材料 6.磨光、酸洗、打蜡
011206002	块料零星项目				
011206003	拼碎石材零星项目				

注:① 在描述碎块项目的面层材料特征时可不用描述规格、品牌、颜色;
② 石材、块料与粘接材料的结合面刷防渗材料的种类在防护材料种类中描述;
③ 零星项目干挂石材的钢骨架按《房屋建筑与装饰工程工程量计算规范》(GB 50854—2013)表 M.4 相应项目编码列项;
④ 墙、柱面 0.5 m² 以内的少量分散的镶贴块料面层按本表中零星项目执行。

7. 墙饰面

墙饰面包括墙面装饰板(011207001)、墙面装饰浮雕(011207002)等清单项目,工程量清单项目设置、项目特征描述的内容、计量单位及工程量计算规则应按《房屋建筑与装饰工程工程量计算规范》(GB 50854—2013)执行。

8. 柱(梁)饰面

柱(梁)饰面包括柱(梁)面装饰(011208001)、成品装饰柱(011208002)等清单项目,工程量清单项目设置、项目特征描述的内容、计量单位及工程量计算规则应按《房屋建筑与装饰工程工程量计算规范》(GB 50854—2013)执行。

9. 幕墙工程

幕墙工程包括带骨架幕墙(011209001)、全玻(无框玻璃)幕墙(011209002)等清单项目,工程量清单项目设置、项目特征描述的内容、计量单位及工程量计算规则应按《房屋建筑与装饰工程工程量计算规范》(GB 50854—2013)执行。

10. 隔断

隔断包括木隔断(011210001)、金属隔断(011210002)、玻璃隔断(011210003)、塑料隔断(011210004)、成品隔断(011210005)、其他隔断(011210006)等清单项目,工程量清单项目设置、项目特征描述的内容、计量单位及工程量计算规则应按《房屋建筑与装饰工程工程量计算规范》(GB 50854—2013)执行。

7.12.2 墙、柱面装饰与隔断、幕墙工程工程量清单计价

【例题九】 如图 7-4 所示，某工程 M5 混合砂浆砌筑煤矸砖墙，墙厚 240 mm，屋面梁断面为 250 mm×600 mm，内墙面水泥砂浆抹灰，15 mm 厚 1:3 水泥砂浆打底，5 mm 厚 1:2 水泥砂浆面层，抹灰面刷乳胶漆，满刮成品腻子，一底漆二面漆；内墙裙高 900 mm，1:3 水泥砂浆打底，1:1 水泥砂浆粘贴 300 mm×200 mm 瓷砖，门洞口侧面粘贴 100 mm 宽度瓷砖，该内墙装饰工程与建筑工程共同承包，编制工程量清单及工程量清单计价。(M:1 000 mm×2 700 mm 共 3 樘，C:1 500 mm×1 800 mm 共 4 樘)

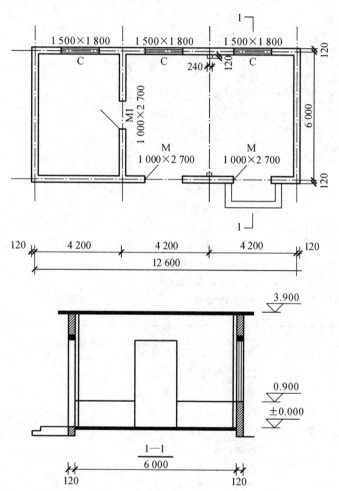

图 7-4 某工程平面图与剖面图

【解】 (1) 分部分项工程量计算。

内墙面抹灰工程量＝{[(4.20×3－0.24×2＋0.12×2)×2＋(6－0.24)×4]×(3.90－0.10－0.90)－1.00×(2.70－0.90)×4－1.50×1.80×4} m²＝120.504 m²

内墙裙瓷砖工程量＝{[(4.20×3－0.24×2＋0.12×2)×2＋(6－0.24)×4－1.00×4]×0.90＋0.9×0.1×6}m²＝39.924 m²

（2）分部分项工程量清单。

分部分项工程和单价措施项目清单与计价表

工程名称：某工程　　　　　标段：　　　　　　　　第 页 共 页

序号	项目编码	项目名称	项目特征	计量单位	工程量	金　额/元		
						综合单价	合价	其中：暂估价
1	011201001001	墙面一般抹灰	1. 墙体类型：M5 混合砂浆砌筑煤矸砖墙 2. 底层厚度、砂浆配合比：15 mm 厚 1:3 水泥砂浆打底 3. 面层厚度、砂浆配合比：5 mm 厚 1:2 水泥砂浆面层	m²	120.504			
2	011406001001	抹灰面油漆	1. 基层类型：抹灰面 2. 腻子种类：满刮成品腻子 3. 刮腻子遍数：三遍 4. 油漆品种、刷漆遍数：乳胶漆，一底漆二面漆 5. 部位：内墙面	m²	120.504			
3	011204003001	块料墙面	1. 墙体类型：M5 混合砂浆砌筑煤矸砖墙，内墙内 2. 安装方式：1:1 水泥砂浆粘贴 3. 防护材料种类：1:3 水泥砂浆打底 4. 面层材料品种：300 mm×200 mm 瓷砖	m²	39.924			
			本页小计					
			合　计					

(3) 分部分项工程量清单计价。

分部分项工程和单价措施项目清单与计价表

工程名称:某工程　　　　　　标段:　　　　　　　　　第 页 共 页

序号	项目编码	项目名称	项目特征	计量单位	工程量	金 额/元		
						综合单价	合价	其中:暂估价
1	011201001001	墙面一般抹灰	1.墙体类型:M5混合砂浆砌筑煤矸砖墙 2.底层厚度、砂浆配合比:15 mm厚1:3水泥砂浆打底 3.面层厚度、砂浆配合比:5 mm厚1:2水泥砂浆面层	m²	120.504	21.02	2 532.99	
2	011406001001	抹灰面油漆	1.基层类型:抹灰面 2.腻子种类:满刮成品腻子 3.刮腻子遍数:三遍 4.油漆品种、刷漆遍数:乳胶漆,一底漆二面漆 5.部位:内墙面	m²	120.504	22.47	2 707.72	
3	011204003001	块料墙面	1.墙体类型:M5混合砂浆砌筑煤矸砖墙,内墙内 2.安装方式:1:1水泥砂浆粘贴 3.防护材料种类:1:3水泥砂浆打底 4.面层材料品种:300 mm×200 mm瓷砖	m²	39.924	97.45	3 890.59	
			合　　计				9 131.31	

(4) 分部分项工程量清单综合单价分析。

综合单价分析表(一)

工程名称:某工程　　　　标段:　　　　　　　　　　　　　　　　　　　　　　　　第　页　共　页

项目编码	011201001001	项目名称	墙面一般抹灰	计量单位	m²	工程量	120.504

清单综合单价组成明细

定额编号	定额名称	定额单位	数量	单价/元				合价/元			
				人工费	材料费	机械费	管理费和利润	人工费	材料费	机械费	管理费和利润
2-16换	水泥砂浆砖、混凝土墙 厚15 mm+5 mm	100 m²	0.01	1 049.24	700.46	23.27	329.65	10.49	7.00	0.23	3.30
人工单价				小计				10.49	7.00	0.23	3.30
68元/工日				未计价材料费				0			
清单项目综合单价								21.02			

材料费明细	主要材料名称、规格、型号	单位	数量	单价/元	合价/元	暂估单价/元	暂估合价/元
	水泥 32.5	t	0.009 9	410.00	4.06		
	水	m³	0.008 7	4.05	0.04		
	砂子 中粗	m³	0.022 3	130.00	2.90		
	其他材料费						
	材料费小计				7.00		7.00

第7章 房屋建筑与装饰工程工程量计算及清单计价

综合单价分析表(二)

工程名称：某工程　　　　标段：　　　　　　　　　　　　　第　页　共　页

项目编码	011406001001	项目名称	抹灰面油漆	计量单位	m²	工程量	120.504

清单综合单价组成明细

定额编号	定额名称	定额单位	数量	单价/元				合价/元			
				人工费	材料费	机械费	管理费和利润	人工费	材料费	机械费	管理费和利润
5-166换	抹灰面刷乳胶漆，满刮成品腻子，一底漆二面漆	100 m²	0.01	514.08	1 491.28	0	241.92	5.14	14.91	0	2.42
人工单价			小计					5.14	14.91	0	2.42
68元/工日			未计价材料								
清单项目综合单价								22.47			

材料费明细	主要材料名称、规格、型号	单位	数量	单价/元	合价/元	暂估单价/元	暂估合价/元
	乳胶底漆	kg	0.11	30.00	3.30		
	乳胶面漆	kg	0.25	35.00	8.75		
	建筑腻子	kg	1.545	1.75	2.7		
	其他材料费				0.16		
	材料费小计				14.91		

综合单价分析表（三）

工程名称：某工程　　　　标段：　　　　　　　　　　　　　　　　　　第　页　共　页

项目编码	011204003001	项目名称	块料墙面		计量单位	m²	工程量	39.924

清单综合单价组成明细

定额编号	定额名称	定额单位	数量	单价/元				合价/元			
				人工费	材料费	机械费	管理费和利润	人工费	材料费	机械费	管理费和利润
2-79 换	贴瓷砖，砖、混凝土墙,300 mm×200 mm	100 m²	0.01	3 946.72	4 163.13	33.86	1 600.98	39.47	41.63	0.34	16.01
人工单价					小计			39.47	41.63	0.34	16.01
68 元/工日					未计价材料			0			
清单项目综合单价								97.45			

	主要材料名称、规格、型号	单位	数量	单价/元	合价/元	暂估单价/元	暂估合价/元
材料费明细	花瓷砖 300×200	千块	0.017	2 000.00	34.00		
	水泥 32.5	t	0.011	410.00	4.51		
	水	m³	0.008 3	4.05	0.03		
	砂子 中粗	m³	0.018 9	130.00	2.46		
	白水泥	kg	0.15	0.42	0.06		
	建筑胶	kg	0.24	2.00	0.48		
	其他材料费				0.09		
	材料费小计				41.63		

7.13 天棚工程

天棚工程包括天棚抹灰、天棚吊顶、采光天棚、天棚其他装饰等。

7.13.1 天棚工程工程量清单项目设置及计算规则

1. 天棚抹灰

天棚抹灰工程量清单项目设置、项目特征描述的内容、计量单位及工程量计算规则应按表7-42的规定执行。

表 7-42 天棚抹灰（编码：011301）

项目编码	项目名称	项目特征	计量单位	工程量计算规则	工作内容
011301001	天棚抹灰	1. 基层类型 2. 抹灰厚度、材料种类 3. 砂浆配合比	m^2	按设计图示尺寸以水平投影面积计算。不扣除间壁墙、垛、柱、附墙烟囱、检查口和管道所占的面积，带梁天棚的梁两侧抹灰面积并入天棚面积内，板式楼梯底面抹灰按斜面积计算，锯齿形楼梯底板抹灰按展开面积计算	1. 基层清理 2. 底层抹灰 3. 抹面层

2. 天棚吊顶

天棚吊顶工程量清单项目设置、项目特征描述的内容、计量单位及工程量计算规则应按表7-43的规定执行。

表 7-43 天棚吊顶（编码：011302）

项目编码	项目名称	项目特征	计量单位	工程量计算规则	工作内容
011302001	吊顶天棚	1. 吊顶形式、吊杆规格、高度 2. 龙骨材料种类、规格、中距 3. 基层材料种类、规格 4. 面层材料品种、规格 5. 压条材料种类、规格 6. 嵌缝材料种类 7. 防护材料种类	m^2	按设计图示尺寸以水平投影面积计算。天棚面中的灯槽及跌级、锯齿形、吊挂式、藻井式天棚面积不展开计算。不扣除间壁墙、检查口、附墙烟囱、柱垛和管道所占面积，扣除单个面积 $0.3\ m^2$ 以外的孔洞、独立柱及与天棚相连的窗帘盒所占的面积	1. 基层清理、吊杆安装 2. 龙骨安装 3. 基层板铺贴 4. 面层铺贴 5. 嵌缝 6. 刷防护材料

续表

项目编码	项目名称	项目特征	计量单位	工程量计算规则	工作内容
011302002	格栅吊顶	1. 龙骨材料种类、规格、中距 2. 基层材料种类、规格 3. 面层材料品种、规格 4. 防护材料种类	m²	按实际图示尺寸以水平投影面积计算	1. 基层清理 2. 安装龙骨 3. 基层板铺贴 4. 面层铺贴 5. 刷防护材料
011302003	吊筒吊顶	1. 吊筒形状、规格 2. 吊筒材料种类 3. 防护材料种类	m²	按实际图示尺寸以水平投影面积计算	1. 基层清理 2. 吊筒制作安装 3. 刷防护材料
011302004	藤条造型悬挂吊顶	1. 骨架材料种类、规格 2. 面层材料品种、规格	m²	按实际图示尺寸以水平投影面积计算	1. 基层清理 2. 龙骨安装 3. 铺贴面层
011302005	织物软雕吊顶		m²	按实际图示尺寸以水平投影面积计算	
011302006	装饰网架吊顶	网架材料品种、规格	m²	按实际图示尺寸以水平投影面积计算	1. 基层清理 2. 网架制作安装

3. 采光天棚

采光天棚(011303001)工程量清单项目设置、项目特征描述的内容、计量单位及工程量计算规则应按《房屋建筑与装饰工程工程量计算规范》(GB 50854—2013)执行。

4. 天棚其他装饰

天棚其他装饰包括灯带(槽)(011304001)、送风口及回风口(011304002)等清单项目,工程量清单项目设置、项目特征描述的内容、计量单位及工程量计算规则应按《房屋建筑与装饰工程工程量计算规范》(GB 50854—2013)执行。

7.13.2 天棚工程工程量清单计价

【例题十】 图7-5所示,层高3.5 m,天棚做法:不上人型双层U型轻钢龙骨纸面石膏板刷乳胶漆三遍,面层规格600 mm×600 mm,四周粘贴100 mm×10 mm石膏装饰条,该工程单独承包,计算天棚清单工程量及清单报价。

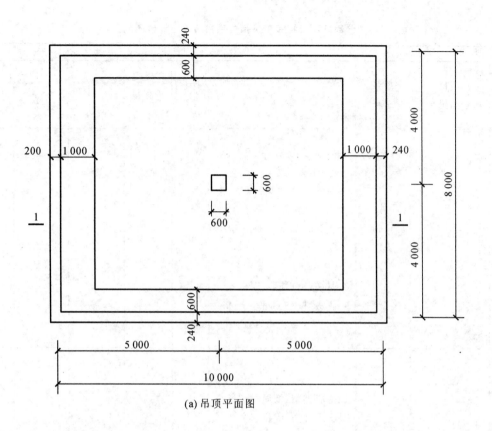

(a) 吊顶平面图

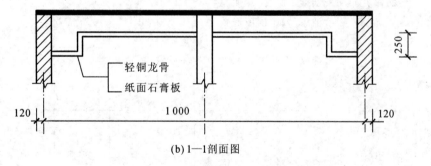

(b) 1—1剖面图

图 7-5 某工程吊顶图

【解】 （1）分部分项工程量计算。

吊顶天棚工程量 $=[(10-0.24)\times(8-0.24)-0.6\times 0.6]$ m^2 $=75.38$ m^2

天棚纸面石膏板刷乳胶漆工程量 $=\{(10-0.24)\times(8-0.24)-0.6\times 0.6+[(10-0.24-2.0)+(8-0.24-1.2)]\times 2\times 0.25\}$ m^2 $=82.54$ m^2

100 mm×10 mm 石膏装饰条工程量 $=(10-0.24+8-0.24)\times 2$ m $=35.04$ m

（2）分部分项工程量清单。

分部分项工程和单价措施项目清单与计价表

工程名称:某工程　　　　　标段:　　　　　　　　第 页 共 页

序号	项目编码	项目名称	项目特征	计量单位	工程量	金额/元		
						综合单价	合价	其中:暂估价
1	011302001001	吊顶天棚	1.吊顶形式、吊杆规格、高度:不上人型 2.龙骨材料种类、规格、中距:U型天棚轻钢大龙骨 h38,U型天棚轻钢中龙骨 h19(600 mm×600 mm) 3.基层材料种类、规格 4.面层材料品种、规格:12 mm 纸面石膏板	m²	75.38			
2	011406001001	抹灰面油漆	1.基层类型:纸面石膏板 2.腻子种类:成品腻子 3.刮腻子遍数:满刮三遍 4.油漆品种、刷漆遍数:乳胶漆,一底漆二面漆 5.部位:天棚面	m²	82.54			
3	011502004001	石膏装饰线	1.基层类型 2.线条材料品种、规格、颜色:白色石膏装饰条,100 mm×10 mm 3.防护材料种类	m	35.04			
			本页小计					
			合　计					

(3) 分部分项工程量清单计价。

分部分项工程和单价措施项目清单与计价表

工程名称：某工程　　　　　标段：　　　　　　　　第　页　共　页

序号	项目编码	项目名称	项目特征	计量单位	工程量	金额/元		
						综合单价	合价	其中：暂估价
1	011302001001	吊顶天棚	1.吊顶形式、吊杆规格、高度：不上人型 2.龙骨材料种类、规格、中距：U型天棚轻钢大龙骨 h38，U型天棚轻钢中龙骨 h19（600 mm×600 mm） 3.基层材料种类、规格 4.面层材料品种、规格：12 mm 纸面石膏板	m²	75.38	86.17	6 495.49	
2	011406001001	抹灰面油漆	1.基层类型：纸面石膏板 2.腻子种类：成品腻子 3.刮腻子遍数：满刮三遍 4.油漆品种、刷漆遍数：乳胶漆，一底漆二面漆 5.部位：天棚面	m²	82.54	23.53	1 942.17	
3	011502004001	石膏装饰线	1.基层类型 2.线条材料品种、规格、颜色：白色石膏装饰条，100 mm×10 mm 3.防护材料种类	m	35.04	3.98	139.46	
			本页小计				8 577.12	
			合　　计				8 577.12	

(4) 分部分项工程量清单综合单价分析。

综合单价分析表（一）

工程名称：某工程　　标段：　　　　　　　　　　　　　　　　　　　　　　　第　页　共　页

项目编码	011302001001	项目名称	吊顶天棚		计量单位	m²	工程量	75.38
清单综合单价组成明细									

定额编号	定额名称	定额单位	数量	单价/元				合价/元			
				人工费	材料费	机械费	管理费和利润	人工费	材料费	机械费	管理费和利润
B3-22换	天棚 U 型轻钢龙骨架（不上人）面层规格（mm）600×600 以内 跌级式	100 m²	0.010 1	1 757.94	2 542.31	0.00	842.96	17.76	25.68	0.00	8.51
B3-76换	天棚面层 石膏板螺接 U 型龙骨（跌级天棚其他面层）	100 m²	0.010 9	1 288.33	1 376.54	0.00	475.21	14.04	15.00	0.00	5.18
人工单价			小计				31.80	40.68	0.00	13.69
83 元/工日			未计价材料							
清单项目综合单价								86.17			

材料费明细	主要材料名称、规格、型号	单位	数量	单价/元	合价/元	暂估单价/元	暂估合价/元
	纸面石膏板厚 12 mm	m²	1.178 8	11.30	13.32		
	天棚轻钢中龙骨横撑 h19	m	2.000 4	2.70	5.40		
	U 型轻钢中龙骨 h19	m	1.844 6	2.70	4.98		
	U 型天棚轻钢大龙骨 h38	m	1.834 4	1.85	3.39		
	其他材料费				13.58		
	材料费小计				40.68		

注：① 定额计价不上人型双层 U 型轻钢龙骨工程量=75.74/75.38 m²=1.005 m²；
② 1 m² 吊顶天棚中轻钢龙骨含量=75.74/75.38 m²=1.005 m²；
③ 定额计价纸面石膏板工程量=((10−0.24)×(8−0.24)−0.6×0.6+[(10−0.24−1.2)+(8−0.24−1.2)]×2×0.25) m²=82.54 m²；
④ 1 m² 吊顶天棚中纸面石膏板含量=82.54/75.38 m²=1.095 m²。

综合单价分析表(二)

工程名称：某工程　　　　标段：　　　　　　　　　　　　　　　　　　　　　第 页 共 页

项目编码	011406001001	项目名称	抹灰面油漆	计量单位	m²	工程量	82.54

清单综合单价组成明细

定额编号	定额名称	定额单位	数量	单价/元				合价/元			
				人工费	材料费	机械费	管理费和利润	人工费	材料费	机械费	管理费和利润
B5-164换	抹灰面刷乳胶漆 满刮石膏腻子三遍	100 m²	0.01	851.58	1 173.19	0.00	328.32	8.52	11.73	0.00	3.28
人工单价			小计					8.52	11.73	0.00	3.28
83元/工日			未计价材料								
清单项目综合单价								23.53			

材料费明细	主要材料名称、规格、型号	单位	数量	单价/元	合价/元	暂估单价/元	暂估合价/元
	乳胶漆(室内)	kg	0.432 6	25.00	10.82	0.92	
	其他材料费						
	材料费小计				11.73		

综合单价分析表(三)

工程名称:某工程　　　标段:　　　　　　　　　　　　　　　第　页　共　页

项目编码	011502004001	项目名称	石膏装饰线	计量单位	m	工程量	35.04

清单综合单价组成明细

定额编号	定额名称	定额单位	数量	单价/元				合价/元			
				人工费	材料费	机械费	管理费和利润	人工费	材料费	机械费	管理费和利润
B6-48	石膏装饰条	100 m	0.01	177.62	161.39	0.00	58.64	1.78	1.61	0.00	0.59
人工单价		小计						1.78	1.61	0.00	0.59
83元/工日		未计价材料						0			
清单项目综合单价								3.98			

材料费明细	主要材料名称、规格、型号	单位	数量	单价/元	合价/元	暂估单价/元	暂估合价/元
	石膏装饰条	m	1.05	1.50	1.58		
	乳胶	kg	0.005 9	6.60	0.04		
	其他材料费				0		
	材料费小计				1.61		

7.14 油漆、涂料、裱糊工程

7.14.1 油漆、涂料、裱糊工程工程量清单项目设置及计算规则

油漆、涂料、裱糊工程包括门油漆、窗油漆、木扶手及其他板条线条油漆、木材面油漆、金属面油漆、抹灰面油漆、喷刷涂料、裱糊等。

1. 门油漆

门油漆工程量清单项目设置、项目特征描述的内容、计量单位及工程量计算规则应按表7-44的规定执行。

表7-44 门油漆(编号:011401)

项目编码	项目名称	项目特征	计量单位	工程量计算规则	工作内容
011401001	木门油漆	1.门类型 2.门代号及洞口尺寸 3.腻子种类 4.刮腻子遍数 5.防护材料种类 6.油漆品种、刷漆遍数	1.樘 2.m²	1.以樘计量,按设计图示数量计算 2.以m²计量,按设计图示洞口尺寸以面积计算	1.基层清理 2.刮腻子 3.刷防护材料、油漆
011401002	金属门油漆				1.除锈、基层清理 2.刮腻子 3.刷防护材料、油漆

注:① 木门油漆应区分木大门、单层木门、双层(一玻一纱)木门、双层(单裁口)木门、全玻自由门、半玻自由门、装饰门及有框门或无框门等项目,分别编码列项;

② 金属门油漆应区分平开门、推拉门、钢制防火门等项目,分别编码列项;

③ 以平方米计量,项目特征可不必描述洞口尺寸。

2. 窗油漆

窗油漆工程量清单项目设置、项目特征描述的内容、计量单位及工程量计算规则应按表7-45的规定执行。

表7-45 窗油漆(编号:011402)

项目编码	项目名称	项目特征	计量单位	工程量计算规则	工作内容
011402001	木窗油漆	1.窗类型 2.窗代号及洞口尺寸 3.腻子种类 4.刮腻子遍数 5.防护材料种类 6.油漆品种、刷漆遍数	1.樘 2.m²	1.以樘计量,按设计图示数量计算 2.以m²计量,按设计图示洞口尺寸以面积计算	1.基层清理 2.刮腻子 3.刷防护材料、油漆
011402002	金属窗油漆				1.除锈、基层清理 2.刮腻子 3.刷防护材料、油漆

注:① 木窗油漆应区分单层木门、双层(一玻一纱)木窗、双层框扇(单裁口)木窗、双层框三层(二玻一纱)木窗、单层组合窗、双层组合窗、木百叶窗、木推拉窗等项目,分别编码列项;

② 金属窗油漆应区分平开窗、推拉窗、固定窗、组合窗、金属隔栅窗等项目,分别编码列项;

③ 以平方米计量,项目特征可不必描述洞口尺寸。

3. 木扶手及其他板条、线条油漆

木扶手及其他板条、线条油漆包括木扶手油漆(011403001)、窗帘盒油漆(011403002)、封檐板及顺水板油漆(011403003)、挂衣板及黑板框油漆(011403004)、挂镜线、窗帘棍及单独木线油漆(011403005)等清单项目,工程量清单项目设置、项目特征描述的内容、计量单位及工程量计算规则应按《房屋建筑与装饰工程工程量计算规范》(GB 50854—2013)的规定执行。

4. 木材面油漆

木材面油漆包括木护墙及木墙裙油漆(011404001)、窗台板、筒子板、盖板、门窗套、踢脚线油漆(011404002)、清水板条天棚及檐口油漆(011404003)、木方格吊顶天棚油漆(011404004)、吸音板墙面、天棚面油漆(011404005)、暖气罩油漆(011404006)、其他木材面(011404007)、木间壁、木隔断油漆(011404008)、玻璃间壁露明墙筋油漆(011404009)、木栅栏、木栏杆(带扶手)油漆(011404010)、衣柜、壁柜油漆(011404011)、梁柱饰面油漆(011404012)、零星木装修油漆(011404013)、木地板油漆(011404014)、木地板烫硬蜡面(011404015)等清单项目,工程量清单项目设置、项目特征描述的内容、计量单位及工程量计算规则应按《房屋建筑与装饰工程工程量计算规范》(GB 50854—2013)的规定执行。

5. 金属面油漆

金属面油漆(011405001)工程量清单项目设置、项目特征描述的内容、计量单位及工程量计算规则应按《房屋建筑与装饰工程工程量计算规范》(GB 50854—2013)的规定执行。

6. 抹灰面油漆

抹灰面油漆工程量清单项目设置、项目特征描述的内容、计量单位及工程量计算规则应按表 7-46 的规定执行。

表 7-46 抹灰面油漆(编号:011406)

项目编码	项目名称	项目特征	计量单位	工程量计算规则	工作内容
011406001	抹灰面油漆	1.基层类型 2.腻子种类 3.刮腻子遍数 4.防护材料种类 5.油漆品种、刷漆遍数 6.部位	m^2	按设计图示尺寸以面积计算	1.基层清理 2.刮腻子 3.刷防护材料、油漆
011406002	抹灰线条油漆	1.线条宽度、道数 2.腻子种类 3.刮腻子遍数 4.防护材料种类 5.油漆品种、刷漆遍数	m	按设计图示尺寸以长度计算	
011406003	满刮腻子	1.基层类型 2.腻子种类 3.刮腻子遍数	m^2	按设计图示尺寸以面积计算	1.基层清理 2.刮腻子

7. 喷刷涂料

喷刷涂料工程量清单项目设置、项目特征描述的内容、计量单位及工程量计算规则应按表7-47的规定执行。

表 7-47　喷刷涂料(编号:011407)

项目编码	项目名称	项目特征	计量单位	工程量计算规则	工作内容
011407001	墙面喷刷涂料	1.基层类型 2.喷刷涂料部位 3.腻子种类 4.刮腻子要求 5.涂料品种、喷刷遍数	m²	按设计图示尺寸以面积计算	1.基层清理 2.刮腻子 3.刷、喷涂料
011407002	天棚喷刷涂料		m²	按设计图示尺寸以面积计算	
011407003	空花格、栏杆刷涂料	1.腻子种类 2.刮腻子遍数 3.涂料品种、刷喷遍数	m²	按设计图示尺寸以单面外围面积计算	1.基层清理 2.刮腻子 3.刷、喷涂料
011407004	线条刷涂料	1.基层清理 2.线条宽度 3.刮腻子遍数 4.刷防护材料、油漆	m	按设计图示尺寸以长度计算	
011407005	金属构件刷防火涂料	1.喷刷防火涂料构件名称 2.防火等级要求 3.涂料品种、喷刷遍数	1.m² 2.t	1.以m²计量,按设计展开面积计算 2.以t计量,按设计图示尺寸以质量计算	1.基层清理 2.刷防护材料、油漆
011407006	木材构件喷刷防火涂料		m²	以m²计量,按设计图示尺寸以面积计算	1.基层清理 2.刷防火材料

注:喷刷材料涂料部位要注明内墙或外墙。

8. 裱糊

裱糊工程量清单项目设置、项目特征描述的内容、计量单位及工程量计算规则应按表7-48的规定执行。

表 7-48　裱糊(编号:011408)

项目编码	项目名称	项目特征	计量单位	工程量计算规则	工作内容
011408001	墙纸裱糊	1.基层类型 2.裱糊部位 3.腻子种类 4.刮腻子遍数 5.粘结材料种类 6.防护材料种类 7.面层材料品种、规格、颜色	m²	按设计图示尺寸以面积计算	1.基层清理 2.刮腻子 3.面层铺粘 4.刷防护材料
011408002	织锦缎裱糊				

7.14.2 油漆、涂料、裱糊工程工程量清单计价

【例题十一】 如图 7-6 所示,某工程内墙面粘贴对花壁纸,门窗洞口侧面贴壁纸 100 mm,房间净高 3.2 m,踢脚板高 150 mm,墙面与天棚交接处粘钉 41 mm×85 mm 木装饰压角线,木线条油聚氨酯漆,一油粉二聚氨酯漆,该装饰工程为单独承包,编制工程量清单及工程量清单计价。

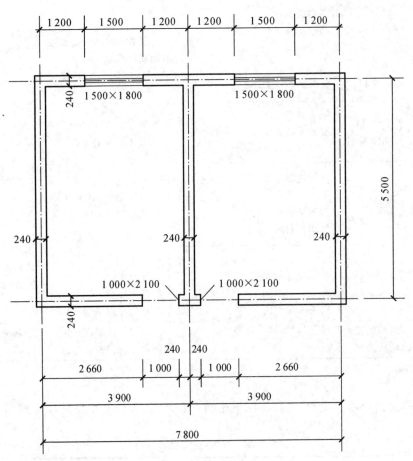

图 7-6 某房间平面图

【解】 (1) 分部分项工程量计算。

墙面粘贴壁纸工程量=｛(5.5-0.24+3.9-0.24)×2×(3.2-0.15)×2-1.0×(2.1-0.15)×2-1.5×1.8×2+[(2.1-0.15)×2+1.0]×0.1×2+(1.5+1.8)×2×0.1×2｝ m² = 101.824 m²

41 mm×85 mm 木装饰压角线工程量=(5.5-0.24+3.9-0.24)×2×2 m=35.68 m

(2) 分部分项工程量清单。

分部分项工程和单价措施项目清单与计价表

工程名称：某室内装饰工程　　　　　标段：　　　　　　第 页 共 页

序号	项目编码	项目名称	项目特征	计量单位	工程量	金 额/元		
						综合单价	合价	其中：暂估价
1	011408001001	墙纸裱糊	墙面粘贴对花壁纸，门窗洞口侧面贴壁纸 100 mm	m²	101.824			
2	011502002001	木质装饰线	41 mm×85 mm 木装饰压角线	m	35.68			
3	011403005001	单独线条油漆	木线条油聚氨酯漆，一油粉二聚氨酯漆	m	35.68			
			本页小计					
			合 计					

(3) 分部分项工程量清单计价。

分部分项工程和单价措施项目清单与计价表

工程名称：某室内装饰工程　　　　　标段：　　　　　　第 页 共 页

序号	项目编码	项目名称	项目特征	计量单位	工程量	金 额/元		
						综合单价	合价	其中：暂估价
1	011408001001	墙纸裱糊	墙面粘贴对花壁纸，门窗洞口侧面贴壁纸 100 mm	m²	101.824	42.18	4 294.94	
2	011502002001	木质装饰线	41 mm×85 mm 木装饰压角线	m	35.68	14.94	533.06	
3	011403005001	单独线条油漆	木线条油聚氨酯漆，一油粉二聚氨酯漆	m	35.68	6.15	219.43	
			本页小计				5 047.43	
			合 计				5 047.43	

(4) 分部分项工程量清单综合单价分析。

综合单价分析表（一）

工程名称：某室内装饰工程　　　　标段：　　　　　　　　　　第　页 共　页

项目编码	011408001001	项目名称	墙纸裱糊		计量单位	m²	工程量	101.824
			清单综合单价组成明细					

定额编号	定额名称	定额单位	数量	单价/元				合价/元			
				人工费	材料费	机械费	管理费和利润	人工费	材料费	机械费	管理费和利润
5-195换	墙面贴装饰纸 墙纸对花	100 m²	0.01	1 581.15	2 027.96	0	609.60	15.81	20.28	0	6.09
人工单价			小计					15.81	20.28	0	6.09
83元/工日			未计价材料					0			
			清单项目综合单价					42.18			

材料费明细	主要材料名称、规格、型号	单位	数量	单价/元	合价/元	暂估单价/元	暂估合价/元
	纸基塑料壁纸	m²	1.157 9	15.00	17.369	0	0
	聚醋酸乙烯乳胶（白乳胶）	kg	0.251	6.20	1.56	0	0
	其他材料费				1.35		
	材料费小计				20.28		

综合单价分析表（二）

工程名称：某室内装饰工程　　　　标段：　　　　　　　　　　　　　　　　　　　　　第　页　共　页

项目编码	011502002001	项目名称	木质装饰线		计量单位	m	工程量	35.68

清单综合单价组成明细

| 定额编号 | 定额名称 | 定额单位 | 数量 | 单价/元 | | | | 合价/元 | | | |
				人工费	材料费	机械费	管理费和利润	人工费	材料费	机械费	管理费和利润
6-37换	木装饰条 大压角线 宽60 mm以上	100 m	0.01	200.86	1 210.48	8.00	66.31	2.09	12.10	0.08	0.67
人工单价				小计				2.09	12.10	0.08	0.67
83元/工日				未计价材料				0			
清单项目综合单价								14.94			

材料费明细	主要材料名称、规格、型号	单位	数量	单价/元	合价/元	暂估单价/元	暂估合价/元
	木压角线 三线以上 41 mm×85 mm	m	1.03	11.50	11.85		0
	其他材料费				0.25		0
	材料费小计				12.10		

综合单价分析表(三)

工程名称:某室内装饰工程　　　　　标段:　　　　　　　　　　第　页　共　页

项目编码	项目名称		计量单位	工程量
011403005001	单独线条油漆		m	35.68

清单综合单价组成明细

定额编号	定额名称	定额单位	数量	单价/元				合价/元			
				人工费	材料费	机械费	管理费和利润	人工费	材料费	机械费	管理费和利润
5-50×0.65换	木扶手(无托板)油聚氨酯漆 一油粉二聚氨酯漆(装饰线条宽度60～100 mm)	100 m	0.01	395.45	68.27	0.00	152.47	3.95	0.68	0.00	1.52
人工单价			小计					3.95	0.68	0.00	1.52
83元/工日			未计价材料					0			
清单项目综合单价								6.15			

材料费明细	主要材料名称、规格、型号	单位	数量	单价/元	合价/元	暂估单价/元	暂估合价/元
	聚氨酯漆	kg	0.026 3	19	0.50	0	0
	熟桐油(光油)	kg	0.004 3	15	0.06		
	清油	kg	0.002 2	20	0.04		
	其他材料费				0.07		
	材料费小计				0.68		

7.15 其他装饰工程

其他装饰工程包括柜类及货架、压条及装饰线、扶手栏杆栏板装饰、暖气罩、浴厕配件、雨篷、旗杆、招牌及灯箱、美术字等项目。

7.16 拆除工程

拆除工程包括砖砌体拆除、混凝土及钢筋混凝土构件拆除、木构件拆除、抹灰层拆除、块料面层拆除、龙骨及饰面拆除、屋面拆除、铲除油漆涂料裱糊面、栏杆栏板轻质隔断隔墙拆除、门窗拆除、金属构件拆除、管道及卫生洁具拆除、灯具玻璃拆除、其他构件拆除、开孔(打洞)等。

7.17 措施项目

措施项目包括脚手架工程、混凝土模板及支架(撑)、垂直运输、超高施工增加、大型机械设备进出场及安拆、施工排水降水、安全文明施工及其他措施项目等。

7.17.1 措施项目工程量清单项目设置及计算规则

1. 脚手架工程

脚手架工程工程量清单项目设置、项目特征描述的内容、计量单位及工程量计算规则,应按表7-49的规定执行。

表7-49 脚手架工程(编码:011701)

项目编码	项目名称	项目特征	计量单位	工程量计算规则	工作内容
011701001	综合脚手架	1.建筑结构形式 2.檐口高度	m²	按建筑面积计算	1.场内、场外材料搬运 2.搭、拆脚手架、斜道、上料平台 3.安全网的铺设 4.选择附墙点与主体连接 5.测试电动装置、安全锁等 6.拆除脚手架后材料的堆放

续表

项目编码	项目名称	项目特征	计量单位	工程量计算规则	工作内容
011701002	外脚手架	1.搭设方式 2.搭设高度 3.脚手架材质	m²	按所服务对象的垂直投影面积计算	1.场内、场外材料搬运 2.搭、拆脚手架、斜道、上料平台 3.安全网的铺设 4.拆除脚手架后材料的堆放
011701003	里脚手架				
011701004	悬空脚手架	1.搭设方式 2.悬挑宽度 3.脚手架材质		按搭设的水平投影面积计算	
011701005	挑脚手架		m	按搭设长度乘以搭设层数以延长米计算	
011701006	满堂脚手架	1.搭设方式 2.搭设高度 3.脚手架材质	m²	按搭设的水平投影面积计算	
011701007	整体提升架	1.搭设方式及启动装置 2.搭设高度	m²	按所服务对象的垂直投影面积计算	1.场内、场外材料搬运 2.选择附墙点与主体连接 3.搭、拆脚手架、斜道、上料平台 4.安全网的铺设 5.测试电动装置、安全锁等 6.拆除脚手架后材料的堆放
011701008	外装饰吊篮	1.升降方式及启动装置 2.搭设高度及吊篮型号	m²	按所服务对象的垂直投影面积计算	1.场内、场外材料搬运 2.吊篮的安装 3.测试电动装置、安全锁、平衡控制器等 4.吊篮的拆卸

注：① 使用综合脚手架时，不再使用外脚手架、里脚手架等单项脚手架；综合脚手架适用于能够按"建筑面积计算规则"计算建筑面积的建筑工程脚手架，不适用于房屋加层、构筑物及附属工程脚手架。

② 同一建筑物有不同檐高时，按建筑物竖向切面分别按不同檐高编列清单项目。

③ 整体提升架已包括2 m高的防护架体设施。

④ 脚手架材质可以不描述，但应注明由投标人根据工程实际情况按照《建筑施工扣件式钢管脚手架安全技术规范》、《建筑施工附着升降脚手架管理规定》等规范自行确定。

2. 混凝土模板及支架(撑)

混凝土模板及支架(撑)工程量清单项目设置、项目特征描述的内容、计量单位及工程量计算规则及工作内容,应按表 7-50 的规定执行。

表 7-50　混凝土模板及支架(撑)(编码:011702)

项目编码	项目名称	项目特征	计量单位	工程量计算规则	工作内容
011702001	基础	基础类型	m²	按模板与现浇混凝土构件的接触面积计算 1. 现浇钢筋混凝土墙、板单个面积 0.3 m² 以内的孔洞不予扣除,洞侧壁模板亦不增加;单个面积 0.3 m² 以外的应予扣除,洞侧壁模板面积并入墙、板工程量内计算 2. 现浇框架分别按梁、板、柱有关规定计算;附墙柱、暗梁、暗柱并入墙内工程量内计算 3. 柱、梁、墙、板相互连接的重叠部分,均不计算模板面积 4. 构造柱按图示外露部分计算模板面积	1. 模板制作 2. 模板安装、拆除、整理堆放及场内外运输 3. 清理模板粘结物及模内杂物、刷隔离剂等
011702002	矩形柱				
011702003	构造柱				
011702004	异形柱	柱截面形状			
011702005	基础梁	梁截面形状			
011702006	矩形梁	支撑高度			
011702007	异形梁	1.梁截面形状 2.支撑高度			
011702008	圈梁				
011702009	过梁				
011702010	弧形、拱形梁				
011702011	直形墙	1.梁截面形状 2.支撑高度			
011702012	弧形墙				
011702013	短肢剪力墙、电梯井壁				
011702014	有梁板	支撑高度			
011702015	无梁板				
011702016	平板				
011702017	拱板				
011702018	薄壳板				
011702019	空心板				
011702020	其他板				
011702021	栏板				

续表

项目编码	项目名称	项目特征	计量单位	工程量计算规则	工作内容
011702022	天沟、檐沟	构件类型	m²	按模板与现浇混凝土构件的接触面积计算	1. 模板制作 2. 模板安装、拆除、整理堆放及场内外运输 3. 清理模板粘结物及模内杂物、刷隔离剂等
011702023	雨篷、悬挑板、阳台板	1. 构件类型 2. 板厚度		按图示外挑部分尺寸的水平投影面积计算,挑出墙外的悬臂梁及板边不另计算	
011702024	楼梯	类型		按楼梯(包括休息平台、平台梁、斜梁和楼层板的连接梁)的水平投影面积计算,不扣除宽度 500 mm 以内的楼梯井所占面积,楼梯踏步、踏步板、平台梁等侧面模板不另计算,伸入墙内部分亦不增加	
011702025	其他现浇构件	构件类型		按模板与现浇混凝土构件的接触面积计算	
011702026	电缆沟、地沟	1. 沟类型 2. 沟截面		按模板与电缆沟、地沟接触的面积计算	
011702027	台阶	台阶踏步宽		按图示台阶水平投影面积计算,台阶端头两侧不另计算模板面积。架空式混凝土台阶,按现浇楼梯计算	
011702028	扶手	扶手断面尺寸		按模板与扶手的接触面积计算	
011702029	散水	按模板与散水的接触面积计算		按模板与散水的接触面积计算	
011702030	后浇带	后浇带部位		按模板与后浇带的接触面积计算	
011702031	化粪池	1. 化粪池部位 2. 化粪池规格		按模板与混凝土接触面积计算	
011702032	检查井	1. 检查井部位 2. 检查井规格		按模板与混凝土接触面积计算	

注:① 原槽浇灌的混凝土基础、垫层,不计算模板。
② 混凝土模板及支撑(架)项目,只适用于以平方米计量,按模板与混凝土构件的接触面积计算。以"立方米"计量的模板及支撑(支架),按混凝土及钢筋混凝土实体项目执行,其综合单价中应包含模板及支撑(支架)。
③ 采用清水模板时,应在特征中注明。
④ 若现浇混凝土梁、板支撑高度超过 3.6 m 时,项目特征应描述支撑高度。

3. 垂直运输

垂直运输工程量清单项目设置、项目特征描述的内容、计量单位及工程量计算规则应按表 7-51 的规定执行。

表 7-51 垂直运输(编码:011703)

项目编码	项目名称	项目特征	计量单位	工程量计算规则	工作内容
011703001	垂直运输	1. 建筑物建筑类型及结构形式 2. 地下室建筑面积 3. 建筑物檐口高度、层数	1. m² 2. 天	1. 按建筑面积计算 2. 按施工工期日历天数计算	1. 垂直运输机械的固定装置、基础制作、安装 2. 行走式垂直运输机械轨道的铺设、拆除、摊销

注:① 建筑物的檐口高度是指设计室外地坪至檐口滴水的高度(平屋顶系指屋面板底高度),突出主体建筑物屋顶的电梯机房、楼梯出口间、水箱间、瞭望塔、排烟机房等不计入檐口高度;
② 垂直运输指施工工程在合理工期内所需垂直运输机械;
③ 同一建筑物有不同檐高时,按建筑物的不同檐高做纵向分割,分别计算建筑面积,以不同檐高分别编码列项。

4. 超高施工增加

超高施工增加工程量清单项目设置、项目特征描述的内容、计量单位及工程量计算规则应按表 7-52 的规定执行。

表 7-52 超高施工增加(编码:011704)

项目编码	项目名称	项目特征	计量单位	工程量计算规则	工作内容
011704001	超高施工增加	1. 建筑物建筑类型及结构形式 2. 建筑物檐口高度、层数 3. 单层建筑物檐口高度超过 20 m,多层建筑物超过 6 层部分的建筑面积	m²	按建筑物超高部分的建筑面积计算	1. 建筑物超高引起的人工工效降低以及由于人工工效降低引起的机械降效 2. 高层施工用水加压水泵的安装、拆除及工作台班 3. 通讯联络设备的使用及摊销

注:① 单层建筑物檐口高度超过 20 m,多层建筑物超过 6 层时,可按超高部分的建筑面积计算超高施工增加。计算层数时,地下室不计入层数。
② 同一建筑物有不同檐高时,可按不同高度的建筑面积分别计算建筑面积,以不同檐高分别编码列项。

5. 大型机械设备进出场及安拆

大型机械设备进出场及安拆工程量清单项目设置、项目特征描述的内容、计量单位及工程量计算规则应按表 7-53 的规定执行。

表 7-53 大型机械设备进出场及安拆(编码:011705)

项目编码	项目名称	项目特征	计量单位	工程量计算规则	工作内容
011705001	大型机械设备进出场及安拆	1.机械设备名称 2.机械设备规格型号	台次	按使用机械设备的数量计算	1.安拆费包括施工机械、设备在现场进行安装拆卸所需人工、材料、机械和试运转费用以及机械辅助设施的折旧、搭设、拆除等费用 2.进出场费包括施工机械、设备整体或分体自停放地点运至施工现场或由一施工地点运至另一施工地点所发生的运输、装卸、辅助材料等费用

6. 施工排水、降水

施工排水、降水工程量清单项目设置、项目特征描述的内容、计量单位及工程量计算规则应按表 7-54 的规定执行。

表 7-54 施工排水、降水(编码:011706)

项目编码	项目名称	项目特征	计量单位	工程量计算规则	工作内容
011706001	成井	1.成井方式 2.地层情况 3.成井直径 4.井(滤)管类型、直径	m	按设计图示尺寸以钻孔深度计算	1.准备钻孔机械、埋设护筒、钻机就位;泥浆制作、固壁;成孔、出渣、清孔等 2.对接上、下井管(滤管),焊接,安放,下滤料,洗井,连接试抽等
011707002	排水、降水	1.机械规格型号 2.降排水管规格	昼夜	按排、降水日历天数计算	1.管道安装、拆除,场内搬运等 2.抽水、值班、降水设备维修等

注:相应专项设计不具备时,可按暂估量计算。

7. 安全文明施工及其他措施项目

安全文明施工及其他措施项目工程量清单项目设置、计量单位、工作内容及包含范围应按表 7-55 的规定执行。

表 7-55　安全文明施工及其他措施项目(011707)

项目编码	项目名称	工作内容及包含范围
011707001	安全文明施工（含环境保护、文明施工、安全施工、临时设施）	1. 环境保护：现场施工机械设备降低噪音、防扰民措施费用；水泥和其他易飞扬细颗粒建筑材料密闭存放或采取覆盖措施等费用；工程防扬尘洒水费用；土石方、建渣外运车辆冲洗、防洒漏等费用；现场污染源的控制、生活垃圾清理外运、场地排水排污措施的费用；其他环境保护措施费用 2. 文明施工："五牌一图"的费用；现场围挡的墙面美化（包括内外粉刷、刷白、标语等）、压顶装饰费用；现场厕所便槽刷白、贴面砖、水泥砂浆地面或地砖费用，建筑物内临时便溺设施费用；其他施工现场临时设施的装饰装修、美化措施费用；现场生活卫生设施费用；符合卫生要求的饮水设备、淋浴、消毒等设施费用；生活用洁净燃料费用；防煤气中毒、防蚊虫叮咬等措施费用；施工现场操作场地的硬化费用；现场绿化费用、治安综合治理费用；现场配备医药保健器材、物品费用和急救人员培训费用；用于现场工人的防暑降温费、电风扇、空调等设备及用电费用；其他文明施工措施费用 3. 安全施工：安全资料、特殊作业专项方案的编制，安全施工标志的购置及安全宣传的费用；"三宝"（安全帽、安全带、安全网）、"四口"（楼梯口、电梯井口、通道口、预留洞口）、"五临边"（阳台围边、楼板围边、屋面围边、槽坑围边、卸料平台两侧）、水平防护架、垂直防护架、外架封闭等防护的费用；施工安全用电的费用，包括配电箱三级配电、两级保护装置要求、外电防护措施；起重机、塔吊等起重设备（含井架、门架）及外用电梯的安全防护措施（含警示标志）费用及卸料平台的临边防护、层间安全门、防护棚等设施费用；建筑工地起重机械的检验检测费用；施工机具防护棚及其围栏的安全保护设施费用；施工安全防护通道的费用；工人的安全防护用品、用具购置费用；消防设施与消防器材的配置费用；电气保护、安全照明设备费；其他安全防护措施费用 4. 临时设施：施工现场采用彩色、定型钢板，砖、砼砌块等围挡的安砌、维修、拆除费或摊销费；施工现场临时建筑物、构筑物的搭设、维修、拆除或摊销的费用，如临时宿舍、办公室、食堂、厨房、厕所、诊疗所、临时文化福利用房、临时仓库、加工场、搅拌台、临时简易水塔、水池等；施工现场临时设施的搭设、维修、拆除或摊销的费用，如临时供水管道、临时供电管线、小型临时设施等；施工现场规定范围内临时简易道路铺设，临时排水沟、排水设施安砌、维修、拆除；其他临时设施费搭设、维修、拆除或摊销的费用
011707002	夜间施工	1. 夜间固定照明灯具和临时可移动照明灯具的设置、拆除 2. 夜间施工时，施工现场交通标志、安全标牌、警示灯等的设置、移动、拆除 3. 包括夜间照明设备摊销及照明用电、施工人员夜班补助、夜间施工劳动效率降低等费用

续表

项目编码	项目名称	工作内容及包含范围
011707003	非夜间施工照明	为保证工程施工正常进行,在如地下室等特殊施工部位施工时所采用的照明设备的安拆、维护、摊销及照明用电等费用
011707004	二次搬运	包括由于施工场地条件限制而发生的材料、成品、半成品等一次运输不能到达堆放地点,必须进行二次或多次搬运的费用
011707005	冬雨季施工	1. 冬雨(风)季施工时增加的临时设施(防寒保温、防雨、防风设施)的搭设、拆除 2. 冬雨(风)季施工时,对砌体、混凝土等采用的特殊加温、保温和养护措施 3. 冬雨(风)季施工时,施工现场的防滑处理、对影响施工的雨雪的清除 4. 包括冬雨(风)季施工时增加的临时设施的摊销、施工人员的劳动保护用品、冬雨(风)季施工劳动效率降低等费用
011707006	地上、地下设施、建筑物的临时保护设施	在工程施工过程中,对已建成的地上、地下设施和建筑物进行的遮盖、封闭、隔离等必要保护措施所发生的费用
011707007	已完工程及设备保护	对已完工程及设备采取的覆盖、包裹、封闭、隔离等必要保护措施

注:本表所列项目应根据工程实际情况计算措施项目费用,需分摊的应合理计算摊销费用。

7.17.2 措施项目工程量清单计价

【例题十二】 某工程共16层,钢筋混凝土结构,层高2.9 m,室内外高差0.45 m,每层建筑面积450 m²,编制该工程脚手架、垂直运输、超高施工增加工程量清单及清单计价。

【解】(1)分部分项工程量计算。

$$脚手架工程量 = 450 \times 16 \text{ m}^2 = 7200 \text{ m}^2$$
$$垂直运输工程量 = 450 \times 16 \text{ m}^2 = 7200 \text{ m}^2$$
$$超高施工增加工程量 = 450 \times 10 \text{ m}^2 = 4500 \text{ m}^2$$

(2)分部分项工程量清单。

分部分项工程和单价措施项目清单与计价表

工程名称:某室内装修工程　　　　标段:　　　　　　第 页 共 页

序号	项目编码	项目名称	项目特征	计量单位	工程量	金额/元		
						综合单价	合价	其中暂估价
1	011701001001	综合脚手架	1. 钢筋混凝土结构 2. 檐口高度:46.85 m	m²	7 200			

续表

序号	项目编码	项目名称	项目特征	计量单位	工程量	金额/元		
						综合单价	合价	其中:暂估价
2	011703001001	垂直运输	1.高层建筑,钢筋混凝土结构 2.檐口高度 46.85 m,共 16 层	m²	7 200			
3	011704001001	超高施工增加	1.高层建筑,钢筋混凝土结构 2.檐口高度 46.85 m,共 16 层 3.超过 6 层部分的建筑面积 4500 m²	m²	4 500			
			本页小计					
			合　　计					

(3) 分部分项工程量清单计价。

分部分项工程和单价措施项目清单与计价表

工程名称:某室内装修工程　　　　　标段:　　　　　　　　第 页 共 页

序号	项目编码	项目名称	项目特征	计量单位	工程量	金额/元		
						综合单价	合价	其中:暂估价
1	011701001001	综合脚手架	1.钢筋混凝土结构 2.檐口高度:46.85 m	m²	7 200	35.15	253 080	
2	011703001001	垂直运输	1.高层建筑,钢筋混凝土结构 2.檐口高度 46.85 m,共 16 层	m²	7 200	48.37	348 264	
3	011704001001	超高施工增加	1.高层建筑,钢筋混凝土结构 2.檐口高度 46.85 m,共 16 层 3.超过 6 层部分的建筑面积 4500 m²	m²	4 500	65.21	293 445	
			本页小计				874 789	
			合　　计				874 789	

(4) 分部分项工程量清单综合单价分析。

综合单价分析表（一）

工程名称：某室内装饰工程　　标段：　　　　　　　　　　　　　第　页　共　页

项目编码	项目名称	计量单位	工程量
011701001001	综合脚手架	m²	7 200

清单综合单价组成明细

定额编号	定额名称	定额单位	数量	单价/元				合价/元			
				人工费	材料费	机械费	管理费和利润	人工费	材料费	机械费	管理费和利润
A12-210换	综合脚手架多、高层建筑物檐高50 m以内	100 m²	0.01	1 159.40	1 729.68	157.42	468.60	11.59	17.30	1.57	4.69
人工单价		小计						11.59	17.30	1.57	4.69
68元/工日		未计价材料						0			
		清单项目综合单价						35.15			

材料费明细	主要材料名称、规格、型号	单位	数量	单价/元	合价/元	暂估单价/元	暂估合价/元
	钢管脚手 48 mm×3.5 mm	t	0.001 3	5 800	7.54	0	0
	竹脚手板 3000 mm×330 mm×50 mm	m²	0.342 1	20	6.84	0	0
	其他材料费				2.92		
	材料费小计				17.30		

综合单价分析表(二)

工程名称：某室内装饰工程　　　标段：　　　　　　　　　　　　　　　　第 页 共 页

项目编码	011703001001	项目名称	垂直运输		计量单位	m²	工程量	7 200
清单综合单价组成明细									

| 定额编号 | 定额名称 | 定额单位 | 数量 | 单价/元 |||| 合价/元 ||||
				人工费	材料费	机械费	管理费和利润	人工费	材料费	机械费	管理费和利润
A12-256 换	垂直运输费 建筑物 檐高 50 m 以内	100 m²	0.01	476.00	0.00	3 866.52	494.00	4.76	0.00	38.67	4.94
人工单价				小计					4.76	0.00	38.67	4.94
68 元/工日				未计价材料					0			
清单项目综合单价										48.37		

材料费明细	主要材料名称、规格、型号	单位	数量	单价/元	合价/元	暂估单价/元	暂估合价/元
	其他材料费				0		0
	材料费小计				0		0

综合单价分析表(三)

工程名称：某室内装饰工程　　标段：　　　　　　　　第 页 共 页

项目编码	011704001001	项目名称	超高施工增加	计量单位	m²	工程量	4 500

清单综合单价组成明细

定额编号	定额名称	定额单位	数量	单价/元				合价/元			
				人工费	材料费	机械费	管理费和利润	人工费	材料费	机械费	管理费和利润
A11-4 换	多、高层建筑物超高增加费 16—18层檐高 60 m以内	100 m²	0.01	3 196.68	417.64	1 431.00	1 476.11	31.97	4.18	14.31	14.76
人工单价			小计					31.97	4.18	14.31	14.76
68元/工日			未计价材料					0.00			
			清单项目综合单价					65.21			

材料费明细	主要材料名称、规格、型号	单位	数量	单价/元	合价/元	暂估单价/元	暂估合价/元
	其他材料费				4.18		
	材料费小计				4.18		

【思考题】

7-1 沟槽、基坑、一般土方如何划分？

7-2 列出土方工程、灌注桩、砖砌体的清单项目设置及清单编码。

7-3 列出现浇混凝土基础、现浇混凝土梁、现浇混凝土墙、现浇混凝土板、钢筋工程的清单项目设置及清单编码。

7-4 列出木门、金属门、金属窗的清单项目设置及清单编码。

7-5 列出屋面防水及其他、保温隔热的清单项目设置及清单编码。

7-6 列出整体面层及找平层、块料面层、楼梯面层的清单项目设置及清单编码。

7-7 列出墙面抹灰、墙面块料面层、天棚吊顶、裱糊的清单项目设置及清单编码。

7-8 脚手架工程、混凝土模板及支架(撑)、安全文明施工及其他措施项目的清单项目设置及清单编码。

【习题】

下列习题所需图纸详见插图(×××公司办公楼建筑结构施工图)

7-1 计算土方工程清单工程量及清单综合单价。

7-2 计算平整场地清单工程量及清单综合单价。

7-3 计算砖基础清单工程量及清单综合单价。

7-4 计算二层平面图中墙体清单工程量及清单综合单价。

7-5 计算混凝土基础的混凝土(含模板)清单工程量及清单综合单价。

7-6 计算一层框架梁、现浇板混凝土(含模板)清单工程量及清单综合单价。

7-7 计算框架柱混凝土(含模板)清单工程量及清单综合单价。

7-8 计算楼梯混凝土(含模板)清单工程量及清单综合单价。

7-9 计算二层框架梁 KL5、KL8 钢筋清单工程量及清单综合单价。

7-10 计算框架柱钢筋清单工程量及清单综合单价。

7-11 计算一层现浇板钢筋清单工程量及清单综合单价。

7-12 计算混凝土基础钢筋清单工程量及清单综合单价。

7-13 计算门窗清单工程量及清单综合单价。

7-14 计算屋面清单工程量及清单综合单价。

7-15 计算一层办公室地面清单工程量及清单综合单价。

7-16 计算二层卫生间楼面清单工程量及清单综合单价。

7-17 计算楼梯面层清单工程量及清单综合单价。

7-18 计算三层办公室内墙抹灰清单工程量及清单综合单价。

7-19 计算三层办公室天棚抹灰清单工程量及清单综合单价。

7-20 计算办公楼综合脚手架清单工程量及清单综合单价。

7-21 计算办公楼垂直运输清单工程量及清单综合单价。

附录1 ×××公司办公楼建筑与装饰工程定额计价预算书

×××公司办公楼建筑与装饰工程定额计价预算书编制的施工图纸见插图，依据《河南省建设工程工程量清单综合单价(2008)》(建筑工程、装饰装修工程)、《混凝土结构设计规范》(GB 50010-2010)、《11G101－1混凝土结构施工图平面整体表示方法制图规则和构造详图(现浇混凝土框架、剪力墙、梁、板)》、《11G101－2混凝土结构施工图平面整体表示方法制图规则和构造详图(现浇混凝土板式楼梯)》、《11G101－3混凝土结构施工图平面整体表示方法制图规则和构造详图(独立基础、条形基础、筏形基础及桩基承台)》及《河南省建设工程设计标准图集》(05YJ)等有关新规范、新标准编写。主要内容如下：

(1) 工程预算书封面见附图1-1；
(2) 编制说明见附图1-2；
(3) 单位工程费用表见附表1-1；
(4) 单位工程预算表见附表1-2；
(5) 施工措施费用表见附表1-3；
(6) 技术措施费分部分项表见附表1-4；
(7) 组织措施项目分析表见附表1-5；
(8) 其他项目清单计价表见附表1-6；
(9) 人工、材料、机械价差表见附表1-7。

×××公司办公楼建筑和装饰工程预算书

建设单位：

工程名称：×××公司办公楼

建筑面积：1 123.78 m²

工程造价：1 191 070.30 元

施工单位：

编制单位：　　　　　　　　编制人：

审核单位：　　　　　　　　审核人：

附图1-1　工程预算书封面

一、编制依据

1. 《河南省建设工程工程量清单综合单价》(2008 建筑工程、装饰装修工程);
2. 《河南省建设工程设计标准图集》(05YJ);
3. 《混凝土结构设计规范》(GB 50010—2010);
4. 《11G101-1 混凝土结构施工图平面整体表示方法制图规则和构造详图(现浇混凝土框架、剪力墙、梁、板)》;
5. 《11G101-2 混凝土结构施工图平面整体表示方法制图规则和构造详图(现浇混凝土板式楼梯)》;
6. 《11G101-3 混凝土结构施工图平面整体表示方法制图规则和构造详图(独立基础、条形基础、筏形基础及桩基承台)》;
7. 最新造价信息。

二、造价分析

附图 1-2　编制说明

附表 1-1　单位工程费用表

工程名称:×××公司办公楼　　　　　　　　　　　　　　　　　　　　第 1 页　共 2 页

序号	费用名称	取费基础	费率/(%)	金额/元
1	定额直接费:(1)定额人工费	分部分项人工费		135 316.53
2	(2)定额材料费	分部分项材料费+分部分项主材费+分部分项设备费		62 2138.1
3	(3)定额机械费	分部分项机械费		12 911.03
4	定额直接费小计	[1]+[2]+[3]		770 365.66
5	综合工日	综合工日合计+技术措施项目综合工日合计		3 692.99
6	措施费:(1)技术措施费	技术措施项目人工费+技术措施项目材料费+技术措施项目机械费		76 794.74
7	(2)安全文明措施费:	现场安全文明施工措施费		37 017.54
8	①基本费	安全文明基本费		24 428.24
9	②考评费	安全文明考评费		7 420.18
10	③奖励费	安全文明奖励费		5 169.12
11	(3)二次搬运费	材料二次搬运费		

续表

工程名称：×××公司办公楼

第2页 共2页

序号	费用名称	取费基础	费率/(%)	金额/元
12	（4）夜间施工措施费	夜间施工增加费		
13	（5）冬雨季施工措施费	冬雨季施工增加费		
14	（6）其他			
15	措施费小计	[6]+[7]+[11]+[12]+[13]+[14]		113 812.28
16	调整：（1）人工费差价	人工价差		87 870.40
17	（2）材料费差价	材料价差		380 16.00
18	（3）机械费差价	机械价差		4 794.67
19	（4）其他			
20	调整小计	[16]+[17]+[18]+[19]		130 681.07
21	直接费小计	[4]+[15]+[20]		101 485 9.01
22	间接费：（1）企业管理费	分部分项管理费＋技术措施项目管理费		625 14.35
23	（2）规费：	[24]+[25]+[26]+[27]+[28]		361 17.44
24	① 工程排污费			
25	② 工程定额测定费	综合工日	0	
26	③ 社会保障费	综合工日	748	27 623.57
27	④ 住房公积金	综合工日	170	627 8.08
28	⑤ 意外伤害保险	综合工日	60	2 215.79
29	间接费小计	[22]+[23]		98 631.79
30	工程成本	[21]+[29]		111 349 0.80
31	利润	分部分项利润＋技术措施项目利润		443 67.89
32	其他费用：（1）总承包服务费	总承包服务费		
33	（2）零星工作项目费	零星工作项目费		
34	（3）优质优价奖励费	优质优价奖励费		
35	（4）检测费	检测费		
36	（5）其他	其他项目其他费		
37	其他费用小计	[32]+[33]+[34]+[35]+[36]		
38	税前造价合计	[30]+[31]+[37]		115 785 8.69
39	税金	[38]	3.477	402 58.75
40	甲供材料费	市场价甲供材料费		7 047.14
41	工程造价总计	[38]+[39]−[40]		119 107 0.30

附表 1-2 单位工程预算表

工程名称：×××公司办公楼　　　　　　　　　　　　　　　　　　　　　　　　　　　　　第 1 页　共 9 页

序号	编号	定额项目	单位	工程量	单价/元	合价/元	其中/元				综合工日	
							人工合价	材料合价	机械合价	管理费合价	利润合价	含量	合计
	0101	土石方工程				8 169.06							
1	1-1	平整场地	100 m²	3.681	464.13	1 708.32	1 281.99	—	—	217.64	208.7	8.1	29.81
2	1-18 R*2	人工挖沟槽一般土深度 1.5 m 以内（配合机械挖土）	100 m³	0.027	2 778.85	75.03	66.38	—	—	4.79	3.86	28.59	0.77
3	1-26 R*2	人工挖地坑一般土深度 1.5 m 以内（配合机械挖土）	100 m³	0.399	3 117.79	1 244.93	1 101.49	—	—	79.41	64.04	32.08	12.81
4	1-38 * 1.1	机械挖土一般土单位工程量小于 2000 m³	1 000 m³	0.384	2 786.92	1 069.34	60.98	—	949.33	30.03	29	9	3.45
5	1-46	装载机装土自卸汽车运土 1 km 内	1 000 m³	0.148	6 922.87	1 025.28	33.75	—	942.91	22.11	21.35	17.16	2.54
6	1-B4	回填土夯填	100 m³	2.782	1 091.05	3 034.97	2 174.57	5.16	137.25	369.16	354	18.18	50.57
7	1-128	原土打夯	100 m²	0.18	62.12	11.19	7.43	—	1.28	1.26	1.21	0.96	0.17
	0103	砌筑工程				48 472.22							
8	3-1 换	砖基础（水泥砂浆 M10 砌筑砂浆）	10 m³	1.231	2 555.73	3 146.1	618.79	2 278.25	24.35	121.23	103.49	12.01	14.78
9	3-6 换	砖墙 1 砖（混合砂浆 M10 砌筑砂浆）	10 m³	0.27	2 640.75	713	157.66	506.86	5.01	24.73	18.74	13.88	3.75

工程名称：×××公司名称　　　　　　　　　　　　　　　　　　　　　　　　　　　第 2 页　共 9 页

续表

序号	编号	定额名称	单位	工程量	单价/元	合价/元	其　中/元				综合工日	
							人工合价	材料合价	机械合价	管理费合价	利润合价	含量	合计
10	3-58 换	加气混凝土块墙（混合砂浆 M10 砌筑砂浆）	10 m³	20.869	2 137.77	4 4613.12	8 614.72	32 824.43	103.3	1 656.58	1 414.08	9.68	202.01
	0104	混凝土及钢筋混凝土工程				339 933.68							
11	4-3 换	带形基础混凝土无梁式（C30 商品混凝土，最大粒径 20 mm）	10 m³	3.418	3 377.16	1 1543.13	1 269.86	9 418.13	28.27	590.63	236.25	8.64	29.53
12	4-5 换	独立基础混凝土（C30 商品混凝土，最大粒径 20 mm）	10 m³	7.835	3 374.61	26 440.07	2 846.85	2 1542.25	64.8	1324.12	662.06	8.45	66.21
13	4-13 换	基础垫层混凝土（C15 商品混凝土，最大粒径 20 mm）	10 m³	3.479	3 127.36	10 880.09	1 796.66	7 800.79	29.15	835.66	417.83	12.01	41.78
14	4-14 换	矩形柱柱断面周长 1.2 m 以内（C30 商品混凝土，最大粒径 20 mm）	10 m³	0.135	4 277.59	577.47	101.53	371.19	1.81	58.08	44.86	17.49	2.36
15	4-15 换	矩形柱柱断面周长 1.8 m 以内（C30 商品混凝土，最大粒径 20 mm）	10 m³	7.792	4 101.11	31 955.85	5 190.02	21 398.78	104.65	2 969.14	2 293.26	15.49	120.7

附录1 ×××公司办公楼建筑与装饰工程定额计价预算书

续表
第 3 页 共 9 页

工程名称：×××公司办公楼

序号	编号	定额项目	单位	工程量	单价/元	合价/元	其　中/元					综合工日	
							人工合价	材料合价	机械合价	管理费合价	利润合价	含量	合计
16	4-16换	矩形柱柱断面周长1.8 m以上（C30商品混凝土，最大粒径20 mm）	10 m³	0.374	4 086.82	1 528.47	248.95	1 022.07	5.02	142.42	110	15.48	5.79
17	4-17换	异形柱（C30商品混凝土，最大粒径20 mm）	10 m³	0.188	4 101.11	771.01	125.22	516.3	2.52	71.64	55.33	15.49	2.91
18	4-20换	构造柱（C20商品混凝土，最大粒径20 mm）	10 m³	0.337	4 037.98	1 360.8	384.01	816.87	4.53	104.49	50.9	26.5	8.93
19	4-26换	圈（过）梁（C30商品混凝土，最大粒径20 mm）	10 m³	1.112	3 982.2	4 428.21	936.72	3 097.52	14.93	254.87	124.17	19.59	21.78
20	4-26	圈（过）梁（32.5水泥C20现浇碎石混凝土）	10 m³	0.143	3 027.79	432.97	120.46	261.85	1.92	32.78	15.97	19.59	2.8
21	4-29	墙厚100 mm以内（32.5水泥C20现浇碎石混凝土）	10 m³	0.012	3 610.56	43.33	9.76	22.71	0.26	5.38	5.22	18.91	0.23
22	4-33换	有梁板板厚100 mm以内（C25商品混凝土，最大粒径20 mm）	10 m³	4.932	3 318.68	16 367.73	1 609.66	13 055.99	66.24	887.17	748.68	7.59	37.43
23	4-34换	有梁板板厚100 mm以上	10 m³	11.726	3 338.35	39 145.49	4 129.55	30 661.73	157.48	2 276.02	1 920.72	8.19	96.04

续表

工程名称：×××公司办公楼　　　　　　　　　　　　　　　　　　　　　　　　　　　　第 4 页　共 9 页

序号	编号	定额项目	单位	工程量	单价/元	合价/元	人工合价	材料合价	其中/元 机械合价	管理费合价	利润合价	综合含量	综合工日 合计
24	4-42 换	雨篷(C20商品混凝土,最大粒径20 mm)(C25商品混凝土,最大粒径20 mm)	10 m³	0.107	4 123.81	441.25	97.91	272.19	2.84	45.54	22.77	21.28	2.28
25	4-47 换	直形整体楼梯(C20商品混凝土,最大粒径20 mm)	10 m²	4.102	941.05	3 860.19	825.49	2 435.52	23.26	383.95	191.97	4.68	19.2
26	4-50 换	压顶(C20商品混凝土,最大粒径20 mm)	10 m³	0.394	4 004.04	1 577.59	323.59	1 019.77	8.46	150.51	75.25	19.1	7.53
27	4-59 换	台阶(32.5水泥C15现浇碎石混凝土,最大粒径40 mm)	10 m²	1.055	483.18	509.75	122.94	297.31	3.73	57.18	28.59	2.71	2.86
28	4-85	外购板安装架空隔热板(M5混合砌筑砂浆)	10 m³	1.206	7 553.82	9 109.91	2 449.71	5 317.11	15.56	915.53	411.99	47.45	57.22
29	4-168	现浇构件钢筋Ⅰ级钢筋Φ10以内	t	0.445	4 172.87	1 856.93	197.47	1 509.59	11.68	92.12	46.06	10.35	4.61
30	4-170	现浇构件钢筋Ⅱ级钢筋综合	t	0.349	3 949.38	1 378.33	101.6	1 161.88	17.48	58.13	39.25	7.03	2.45
31	4-171	现浇构件钢筋Ⅲ级钢筋综合	t	38.669	4 361.38	168 650.2	11 256.93	144 667.3	1 936.93	6 440.71	4 348.33	7.03	271.77
32	4-181	点焊网片	t	0.45	7 322.73	3 295.23	691.76	1 668.6	382.72	368.1	184.05	40.9	18.41

附录1 ×××公司办公楼建筑与装饰工程定额计价预算书

工程名称：×××公司办公楼　　　　　　　　　　　　　　　　　　　　　　　第 5 页　共 9 页

续表

序号	编号	定额项目	单位	工程量	单价/元	合价/元	人工合价	材料合价	机械合价	管理费合价	利润合价	综合工日含量	合计
									其中/元				
33	4-B6	电渣压力焊接头	10 个	89.8	42.09	3 779.68	907.88	495.7	1 514.03	574.72	287.36	0.32	28.74
	0107	屋面及防水工程				31 638.26							
34	7-60	屋面隔离层（干铺）无纺织聚酯纤维布	100 m²	3.743	201.78	755.18	209.21	411.69		71.03	63.25	1.3	4.87
35	7-72	屋面 SBS 改性沥青防水涂料溶剂型厚 3 mm	100 m²	3.743	3 001.56	11 233.64	1 110.43	9 410.47		377.03	335.71	6.9	25.82
36	7-89 换	屋面细石防水混凝土厚 40 mm（C20 商品混凝土，最大粒径 15 mm）	100 m²	3.445	1 997.42	6 881.31	1 709.53	4 037.83	30.97	583.46	519.52	11.6	39.96
37	7-105	UPVC 水落管圆形 Φ150	10 m	9.12	590.98	5 389.74	1 176.48	3 458.12		399.46	355.68	3	27.36
38	7-110	PVC 落水口圆形 Φ150	10 个	0.8	492.62	394.1	81.18	260.8		27.57	24.54	2.36	1.89
39	7-209	楼地面、屋面找平层水泥砂浆加聚丙烯在填充料上厚 20 mm(1:3水泥砂浆)	100 m²	3.445	1 105.9	3 809.94	1 100.67	1 904.21	68.14	389.81	347.09	7.75	26.7
40	7-210	楼地面、屋面找平层水泥砂浆加聚丙烯在混凝土硬基层上厚 20 mm（1:3 水泥砂浆）	100 m²	3.445	921.41	3 174.35	955.5	1 528.52	53.26	337	300.07	6.7	23.08

工程名称：×××公司办公楼　　　　　　　　　　　　　　　　　　　　　　　　　　　第 6 页　共 9 页

序号	编号	定额项目	单位	工程量	单价/元	合价/元	人工合价	材料合价	机械合价	管理费合价	利润合价	综合工日含量	综合工日合计
	0108	防腐、隔热、保温工程				85 394.47							
41	8-175	水泥珍珠岩1∶8	10 m³	1.42	2 042.47	2 900.31	613.65	1 931.3		212.65	142.71	10.05	14.27
42	8-183	聚苯乙烯泡沫塑料板厚60 mm干铺	100 m²	3.445	1 692.81	5 831.9	577.74	4919.6		200.19	134.36	3.9	13.44
43	8-207换	聚苯板外墙面保温涂料饰面下	100 m²	9.634	7 957.8	76 662.26	8 699.14	627 33.04	192.67	3 014.35	2 023.06	21	202.31
	0112	建筑工程措施项目费				90 638.99							
44	12-61	带型基础模板无梁式	10 m³	3.418	183.98	628.84	251.33	209.76	10.19	96.42	61.15	1.72	5.88
45	12-62	独立基础模板	10 m³	7.835	430.58	3 373.59	1 266.76	1 158.64	75.14	487.02	386.03	3.79	29.69
46	12-71	基础垫层模板	10 m³	3.479	488.82	1 700.6	577.44	696.74	31.62	220.22	174.58	3.86	13.43
47	12-72	矩形柱模板柱断面周长1.2 m以内	10 m³	0.135	5 543.9	748.43	287.93	225.24	35.22	111.59	88.45	50.4	6.8
48	12-73	矩形柱模板柱断面周长1.8 m以内	10 m³	7.792	3 192.64	24 877.05	9 840.59	7 367.8	862.57	3 796.57	3 009.5	29.71	231.5
49	12-74	矩形柱模板柱断面周长1.8 m以上	10 m³	0.374	2 567.77	960.35	388.22	277.22	27.05	149.41	118.44	24.36	9.11
50	12-75	异形柱模板	10 m³	0.188	4 018.56	755.49	325.22	183.25	22.62	125.18	99.23	40.6	7.63
51	12-80	构造柱模板	10 m³	0.337	2 022.75	681.67	321.56	166.89	23.34	98.91	70.97	22.4	7.55
52	12-84	圈梁、叠合梁模板	10 m³	1.112	2 091.95	2 326.25	892.25	820.8	136.82	277.36	199.03	19.04	21.17

续表

工程名称：×××公司办公楼　　　　　　　　　　　　　　　　　　　　　　　　　　第 7 页　共 9 页

序号	编号	定额项目	单位	工程量	单价/元	合价/元	其　　中/元					综合工日	
							人工合价	材料合价	机械合价	管理费合价	利润合价	含量	合计
53	12-85	过梁模板	10 m³	0.143	4 263.08	609.62	284.27	154.71	20.51	87.41	62.72	46.66	6.67
54	12-88	直形墙模板墙厚 100 mm 以内	10 m³	0.012	5 516.19	66.19	24.35	20.45	2.77	9.42	9.19	47.89	0.57
55	12-94	有梁板模板板厚 100 mm 以内	10 m³	4.932	3 414.53	16 840.46	5 223.43	6 056.69	867.88	2 706.24	1 986.22	25.17	124.14
56	12-95	有梁板模板板厚 100 mm 以上	10 m³	11.726	2 601.58	30 506.13	9 524.68	10 903.19	1 528.13	4 931.02	3 619.11	19.29	226.19
57	12-103	雨篷模板	10 m³	0.107	8 246.24	882.35	312.79	333.82	20.64	119.99	95.11	68.38	7.32
58	12-109	楼梯板直形	10 m²	4.102	798.17	3 274.09	1 536.32	614.85	66.49	589.29	467.14	8.76	35.93
59	12-112	压顶模板	10 m³	0.394	5 435.8	2 141.71	974.67	483.12	16.35	372.38	295.18	57.63	22.71
60	12-116	台阶模板	10 m²	1.055	252.29	266.17	102.98	86.76	5.71	39.45	31.27	2.28	2.41
	0201	楼地面工程				53 907.66							
61	借 1-36	地板砖地面（规格 300 mm×300 mm）	100 m²	0.251	5 735.9	1 440.28	366.14	834.65		141.17	86.08	34.28	8.61
62	借 1-41	地板砖地面（规格 1 000 mm×1 000 mm）	100 m²	3.107	8 668.56	26 935.82	4 839.5	18 951.3	145.92	1 863.07	1 136.03	36.56	113.6
63	借 1-76	釉面砖踢脚线	100 m²	0.25	6 703.25	1 675.81	601.14	644.67	13.39	230.83	185.79	56.3	14.08
64	借 1-120	台阶面层 花岗岩	100 m²	0.085	24 016.88	2 036.63	201.43	1 671.56	14.93	77.67	71.04	55.85	4.74
65	借 1-136	地面垫层 3:7 灰土	10 m³	1.542	1 098.17	1 693.38	491.99	848.95	38.94	187.65	125.86	7.42	11.44

工程名称：×××公司办公楼　　　　　　　　　　　　　　　　　　　　　　　　　　　　　　第 8 页　共 9 页　续表

序号	编号	定额项目	单位	工程量	单价/元	合价/元	其中/元					综合工日	
							人工合价	材料合价	机械合价	管理费合价	利润合价	含量	合计
66	借1-152换	地面垫层混凝土（C15商品混凝土，最大粒径20 mm）	10 m³	3.356	2 919.43	9 797.61	1 370.93	7 524.99	28.12	522.86	350.7	9.5	31.88
67	借1-152换	地面垫层混凝土（32.5水泥，C15现浇碎石混凝土，最大粒径40 mm）	10 m³	3.128	2 321.41	7 260.44	1 277.62	5 142.49	26.21	487.28	326.83	9.5	29.71
68	借1-154	散水、坡道混凝土垫层	10 m³	0.398	2 857.86	1 136	228.36	755.19	6.94	87.09	58.42	13.36	5.31
69	借1-154换	散水、坡道垫层（C15商品混凝土，最大粒径20 mm）	10 m³	0.108	3 400.53	367.6	62.1	264.04	1.89	23.68	15.89	13.36	1.44
70	借1-156	散水 水泥砂浆抹面	100 m²	0.663	1 357.37	899.26	312.22	370.94	11.88	122.23	81.98	11.25	7.45
71	借1-157	防滑坡道 水泥砂浆面	100 m²	0.18	3 691.43	664.83	325.8	126.44	3.45	125.17	83.96	42.38	7.63
	0202	墙、柱面工程				22 364							
72	借2-6	混合砂浆砖混凝土墙厚(15+5) mm	100 m²	4.69	1 395.83	6 546.58	3 142.09	1 761.23	81.19	974.46	587.62	15.86	74.39
73	借2-22换	水泥砂浆 加气混凝土墙（水泥砂浆1:3）	100 m²	0.848	1 649.06	1 398.73	582.1	424.22	14.89	225.96	151.56	16.24	13.77

附录1 ×××公司办公楼建筑与装饰工程定额计价预算书

工程名称：×××公司办公楼

续表
第 9 页 共 9 页

序号	编号	定额项目	单位	工程量	单价/元	合价/元	其中/元					综合工日	
							人工合价	材料合价	机械合价	管理费合价	利润合价	含量	合计
74	借2-22换	水泥砂浆 加气混凝土墙（水泥砂浆1:2.5）	100 m²	8.54	1 688.45	14 418.69	5 860.56	4 607.37	149.96	2 274.95	1 525.86	16.24	138.68
	0203	天棚工程				5 096.24							
75	借3-6	天棚抹混合砂浆 混凝土面 厚（7+5）mm	100 m²	3.303	1 432.76	4 731.69	2 500.75	775.66	42.87	859.21	553.2	17.82	58.85
76	借3-6换	天棚抹混合砂浆 混凝土面（水泥砂浆1:3）	100 m²	0.249	1 466.42	364.55	188.25	66.76	3.23	64.68	41.64	17.82	4.43
	0204	门窗工程				81559.64							
77	借4-7	装饰木门有亮单扇 05YJ4-1,1PM	100 m²	0.162	29 437.51	4 768.88	362.79	4 160.06	33.42	138.37	74.24	52.08	8.44
78	借4-39	无框玻璃门制作安装单层12 mm	100 m²	0.632	23 914.83	15 114.17	3 391.56	9 552.47	182.52	1 293.53	694.09	124.8	78.87
79	借4-67	成品窗安装塑钢推拉窗	100 m²	3.102	19 885.41	61 676.59	3 667.64	55 844.03	15.51	1 398.82	750.59	27.5	85.29
	0205	油漆、涂料、裱糊工程				97 382.6							
80	借5-163	抹灰面刷乳胶漆满刮石膏腻子二遍	100 m²	8.241	1 440.93	11 874.99	3 090.12	6 485.25	—	1 178.57	1 121.05	8.72	71.86
81	借5-179	丙烯酸彩砂喷涂抹灰面	100 m²	8.54	10 013.07	85 507.61	4 222.83	76 524.47	1 423.72	1 709.97	1 626.62	12.21	104.27
		合计				864 556.82	135 316.53	622 138.1	12 911.03	54 983.48	39 207.7	—	3 185.381

附表 1-3 施工措施费用表

工程名称：×××公司办公楼　　　　　　　　　　　　　　　　第 1 页　共 1 页

序号	名称	单位	工程量	单 价/元	合 价/元
一	通用措施项目				37017.54
011707001001	安全文明施工（含环境保护、文明施工、安全施工、临时设施）	项	1	37017.54	37017.54
1.1	基本费	项	1	24428.24	24428.24
1.2	考评费	项	1	7420.18	7420.18
1.3	奖励费	项	1	5169.12	5169.12
011707002001	夜间施工	项	1		
011707003001	非夜间施工照明	项	1		
011707004001	二次搬运	项	1		
011707005001	冬雨季施工	项	1		
011707006001	地上、地下设施、建筑物的临时保护设施	项	1		
011707007001	已完工程及设备保护	项	1		
二	可计量措施项目				89485.79
011701001001	综合脚手架	项	1	15727.32	15727.32
011703001001	垂直运输	项	1	15579.65	15579.65
011705001001	大型机械设备进出场及安拆	项	1	52274.35	52274.35
01B001	混凝土泵送费±0.000以下	项	1	2182.51	2182.51
01B002	混凝土泵送费±0.000以上	项	1	3721.96	3721.96
	措施项目合计				126503.33

附录1　×××公司办公楼建筑与装饰工程定额计价预算书

附表1-4　技术措施费分部分项表

工程名称：×××公司办公楼

第1页　共1页

编号	定额项目	单位	工程量	单价/元	合价/元	其中/元			综合工日	
						人工合价	材料合价	机械合价	含量	合计
一	综合脚手架									
12-206	综合脚手架多层、高层建筑物檐高15 m以内	100 m²	11.2387	1 399.39	15 727.32	5 630.03	6 697.93	844.93	11.9	133.74
	分部小计				15 727.32	5 630.03	6 697.93	844.93		133.74
二	垂直运输									
12-253	垂直运输费民用建筑	100 m²	11.2387	1 386.25	15 579.65			13 700.99	8.4	94.41
	分部小计				15 579.65			13 700.99		94.41
三	大型机械设备进出场及安拆									
12-16	安装拆卸费塔式起重机 6t	台次	1	9 107.71	9 107.71	2 580	56	4 207.91	77	77
12-14	塔吊基础铺拆费固定式带配重	座	1	33 079.1	33 079.1	7 095	20 820.33	286.9	165.88	165.88
12-51	场外运输费塔式起重机 6t	台次	1	10 087.54	10 087.54	516	2 205.58	6 454.56	31	31
	分部小计				52 274.35	10 191	23 081.91	10 949.37		273.88
四										
12-278	混凝土泵送费±0.000以下	100 m³	1.9841	1 100	2 182.51			2 106.36	1.04	2.06
	分部小计				2 182.51			2 106.36		2.06
五										
12-279	混凝土泵送费±0.000以上泵送高度30 mm以内	100 m³	2.8124	1 323.41	3 721.96			3 592.22	1.25	3.52
	分部小计				3 721.96			3 592.22		3.52
	合计				89 485.79	15 821.03	29 779.84	31 193.87		507.6

附表 1-5　施工措施项目分析表

工程名称：×××公司办公楼　　　　　　　　　　　　　　　　　　　　　　第 1 页　共 1 页

序号	费用名称	费率/(%)	费用金额/元
1	安全文明施工(含环境保护、文明施工、安全施工、临时设施)		37 017.54
2	基本费	11.72	24 428.24
3	考评费	3.56	7 420.18
4	奖励费	2.48	5 169.12
5	夜间施工	0	
6	非夜间施工照明	0	
7	二次搬运	0	
8	冬雨季施工	0	
9	地上、地下设施、建筑物的临时保护设施	0	
10	已完工程及设备保护	0	
	组织措施项目费合计		37 017.54

附表 1-6　其他项目清单计价表

工程名称：×××公司办公楼　　　　　　　　　　　　　　　　　　　　　　第 1 页　共 1 页

序号	项目名称	取费基数	费率/(%)	金额/元	备注
1	总承包服务费				
2	零星工作项目费	零星工作费			
3	优质优价奖励费				
4	检测费				
5	其他				
	合　计			0	

附表 1-7　人工、材料、机械价差表

工程名称：×××公司办公楼　　　　　　　　　　　　　　　　　　　　　　第 1 页　共 2 页

序号	材料名称	单位	材料量	预算价/元	市场价/元	价差/元	价差合计/元
1	定额工日	工日	3514.816	43	68	25	87 870.40
	人工价差合计						87 870.40
2	C15 商品混凝土　最大粒径 20 mm	m³	70.125	220	240	20	1 402.51
3	C20 商品混凝土　最大粒径 15 mm	m³	13.918	240	265	25	347.96

续表

工程名称：×××公司办公楼

序号	材料名称	单位	材料量	预算价/元	市场价/元	价差/元	价差合计/元
4	C20 商品混凝土 最大粒径 20 mm	m³	18.474	235	265	30	554.21
5	C25 商品混凝土 最大粒径 20 mm	m³	169.079	245	276	31	5 241.44
6	C30 商品混凝土 最大粒径 20 mm	m³	211.668	265	280	15	3 175.02
7	机砖 240 mm×115 mm×53 mm	千块	14.873	280	300	20	297.46
8	聚苯乙烯泡沫塑料板 60 mm	m²	351.4	14	36	22	7 730.80
9	水泥 32.5	t	61.87	280	410	130	8043.13
10	石灰膏	m³	3.396	95	220	125	424.52
11	碎石 20～40 mm	m³	61.114	50	60	10	611.14
12	碎石 10～20 mm	m³	3.43	50	60	10	34.30
13	砂子 中粗	m³	118.046	80	130	50	5 902.30
14	黏土	m³	17.91	15	0	−15	−268.65
15	釉面踢脚板 500 mm×150 mm	m	170	3	5	2	340.00
16	钢筋 Ⅱ级	t	1.969	3 200	3 300	100	196.95
17	钢筋 Ⅲ级	t	39.829	3 600	3 700	100	3 982.91
	材料价差合计						38 016.00
18	定额工日	工日	191.787	43	68	25	4 794.67
	机械价差合计						4 794.67
价差合计：130 681.07							

附录2 ×××公司办公楼建筑与装饰工程工程量清单

×××公司办公楼建筑与装饰工程工程量清单编制实例所有的施工图纸见插图,依据《建设工程工程量清单计价规范》(GB 50500—2013)、《房屋建筑与装饰工程工程量计算规范》(GB 50854—2013)、《混凝土结构设计规范》(GB 50010—2010)、《11G101-1混凝土结构施工图平面整体表示方法制图规则和构造详图(现浇混凝土框架、剪力墙、梁、板)》、《11G101-2混凝土结构施工图平面整体表示方法制图规则和构造详图(现浇混凝土板式楼梯)》、《11G101-3混凝土结构施工图平面整体表示方法制图规则和构造详图(独立基础、条形基础、筏形基础及桩基承台)》及《河南省建设工程设计标准图集》(05YJ)等有关新规范、新标准编写。其主要内容如下:

(1)工程量清单封面见附图2-1;
(2)工程量清单扉页见附图2-2;
(3)工程量清单编制说明见附图2-3;
(4)分部分项工程和单价措施项目清单与计价表见附表2-1;
(5)总价措施项目清单与计价表见附表2-2;
(6)其他项目清单与计价汇总表见附表2-3;
(7)暂列金额明细表见附表2-4;
(8)材料(工程设备)暂估单价及调整表见附表2-5;
(9)专业工程暂估价及结算价表见附表2-6;
(10)计日工表见附表2-7;
(11)总承包服务费计价表见附表2-8;
(12)规费、税金项目计价表见附表2-9。

×××公司办公楼建筑与装饰工程

招标工程量清单

招 标 人：_____
（单位盖章）

造价咨询人：_____
（单位盖章）

年 月 日

附图 2-1 工程量清单封面

×××公司办公楼建筑与装饰工程

工程量清单

招 标 人：_____　　　　造价咨询人：_____
　　　　　　（单位盖章）　　　　　　　　　　　（单位资质专用章）

法定代表人　　　　　　　　　　　　　法定代表人
或其授权人：_____　　　　或其授权人：_____
　　　　　　（签字或盖章）　　　　　　　　　　（签字或盖章）

编 制 人：_____　　　　复 核 人：_____
　　　（造价人员签字盖专用章）　　　　　　（造价工程师签字盖专用章）

编制时间： 年 月 日　　　　　　　复核时间： 年 月 日

附图 2-2　工程量清单扉页

编制说明

工程名称：×××公司办公楼　　　　　　　　　　　　　　　　　　第1页　共1页

一、工程概况

　　1.工程概况：由×××公司投资兴建的办公楼，坐落于×××，建筑面积：1123.87 m²，建筑高度：13.9 m，层高3.6 m，层数3层，结构形式：框架结构，基础类型：框架柱采用独立基础，墙体采用带形基础。

二、现场条件

三、编制工程量清单的依据及有关资料

　　1.《建设工程工程量清单计价规范》(GB 50500—2013)
　　2.《房屋建筑与装饰工程工程量计算规范》(GB 50854—2013)
　　3.《混凝土结构设计规范》(GB 50010—2010)
　　4.《11G101－1混凝土结构施工图平面整体表示方法制图规则和构造详图(现浇混凝土框架、剪力墙、梁、板)》
　　5.《11G101－2混凝土结构施工图平面整体表示方法制图规则和构造详图(现浇混凝土板式楼梯)》
　　6.《11G101－3混凝土结构施工图平面整体表示方法制图规则和构造详图(独立基础、条形基础、筏形基础及桩基承台)》
　　7.《河南省建设工程设计标准图集》(05YJ)

四、对施工工艺、材料的特殊要求

五、其他

附图2-3　工程量清单编制说明

附表 2-1　分部分项工程和单价措施项目清单与计价表

工程名称：×××公司办公楼　　　　　　　标段：　　　　　　　　　　　第 1 页　共 8 页

序号	项目编码	项目名称	项目特征描述	计量单位	工程量	金额/元 综合单价	合价	其中：暂估价
1	010101001001	平整场地	1.土壤类别：一、二类土 2.弃土运距：自行考虑 3.取土运距：自行考虑	m²	368.07			
2	010101003001	挖沟槽土方	1.土壤类别：一、二类土 2.挖土深度：1.5 m 以内 3.弃土运距：1 km	m³	26.99			
3	010101004001	挖基坑土方	1.土壤类别：一、二类土 2.挖土深度：1.5 m 以内 3.弃土运距：1 km	m³	399.32			
4	010103001001	回填方	1.密实度要求：夯填 2.填方来源、运距：自行考虑	m³	278.17			
5	010103002001	余方弃置	1.运距：1 km	m³	148.14			
6	010401001001	砖基础	1.砖品种、规格、强度等级：MU10 煤矸砖 2.基础类型：条形基础 3.砂浆强度等级：M10 水泥砂浆	m³	10.43			
7	010401001003	砖基础（坡道墙）	1.名称：坡道砖基础 2.砂浆强度等级：M10 砌筑砂浆	m³	1.88			
8	010401003001	实心砖墙（坡道墙）	1.名称：坡道砖墙 2.砂浆强度等级、配合比：M10 砌筑砂浆	m³	2.7			
9	010402001001	砌块墙	1.砌块品种、规格、强度等级：A7.5 加气混凝土砌块 2.砂浆强度等级：M10 混合砂浆	m³	208.69			
10	010404001001	垫层	1.垫层材料种类、配合比、厚度：C15 混凝土垫层	m³	34.79			
			本页合计					

工程名称：×××公司办公楼　　　　　标段：　　　　　　　　　　　　　　　第2页　共8页

序号	项目编码	项目名称	项目特征描述	计量单位	工程量	金额/元		
						综合单价	合价	其中：暂估价
11	010404001002	坡道墙垫层	1.部位：坡道墙垫层 2.垫层材料种类、配合比、厚度：3:7灰土	m³	1.88			
12	010501001001	地面垫层	1.混凝土种类：商品混凝土 2.混凝土强度等级：C15	m³	33.56			
13	010501002001	带形基础	1.基础类型：带形基础 2.混凝土种类：商品混凝土 3.混凝土强度等级：C30 最大粒径 20 mm	m³	34.18			
14	010501003001	独立基础	1.基础类型：独立基础 2.混凝土种类：商品混凝土 3.混凝土强度等级：C30 最大粒径 20 mm	m³	78.35			
15	010502001001	矩形柱	1.混凝土种类：商品混凝土 2.混凝土强度等级：C30 最大粒径 20 mm 3.截面尺寸：1.8 m 以内	m³	77.92			
16	010502001002	矩形柱	1.混凝土种类：商品混凝土 2.混凝土强度等级：C30 最大粒径 20 mm 3.截面尺寸：1.8 m 以上	m³	3.74			
17	010502001003	矩形柱	1.混凝土种类：商品混凝土 2.混凝土强度等级：C30 最大粒径 20 mm 3.截面尺寸：1.2 m 以内	m³	1.35			
18	010502002001	构造柱	1.混凝土种类：商品混凝土 2.混凝土强度等级：C20 最大粒径 20 mm	m³	3.37			
19	010502003001	异形柱	1.柱形状：异形柱 2.混凝土种类：商品混凝土 3.混凝土强度等级：C30 最大粒径 20 mm	m³	1.88			
			本页合计					

工程名称：×××公司办公楼　　　　标段：　　　　　　　　　　第 3 页　共 8 页

序号	项目编码	项目名称	项目特征描述	计量单位	工程量	金额/元		
						综合单价	合价	其中：暂估价
20	010503004001	圈梁	1.混凝土种类:商品混凝土 2.混凝土强度等级:C30 最大粒径 20 mm	m³	11.12			
21	010503005001	过梁	1.混凝土种类:商品混凝土 2.混凝土强度等级:C20 最大粒径 20 mm	m³	1.43			
22	010504001001	直形墙	1.混凝土种类:现浇碎石混凝土 2.混凝土强度等级:C20	m³	0.12			
23	010505001001	有梁板	1.混凝土种类:商品混凝土 2.混凝土强度等级:C25 最大粒径 20 mm 3.板厚:100 mm 以外	m³	117.26			
24	010505001002	有梁板	1.混凝土种类:商品混凝土 2.混凝土强度等级:C25 最大粒径 20 mm 3.板厚:100 mm 以内	m³	49.32			
25	010505008001	雨篷、悬挑板、阳台板	1.名称:雨篷 2.混凝土种类:商品混凝土 3.混凝土强度等级:C20 最大粒径 20 mm	m³	1.07			
26	010506001001	直形楼梯	1.混凝土种类:商品混凝土 2.混凝土强度等级:C20 最大粒径 20 mm	m²	41.02			
27	010507001001	散水、坡道	1.垫层材料种类、厚度:150 mm 厚 3:7 灰土 2.面层厚度:60 mm 厚 C15 混凝土,面上加 5 mm 厚 1:1 水泥砂浆打光 3.混凝土种类:细石混凝土 4.混凝土强度等级:C15	m²	66.25			
			本页合计					

工程名称：×××公司办公楼　　　　　　　标段：　　　　　　　　　　　　　　　第 4 页　共 8 页

序号	项目编码	项目名称	项目特征描述	计量单位	工程量	金额/元		
						综合单价	合价	其中：暂估价
28	010507001002	坡道	1. 垫层材料种类、厚度：200 mm 3∶7灰土 2. 混凝土种类：商品混凝土 3. 混凝土强度等级：60 mm 厚 C15	m²	18.01			
29	010507004001	台阶	1. 踏步高、宽：140 mm、350 mm 2. 混凝土种类：碎石混凝土 3. 混凝土强度等级：C15	m²	10.55			
30	010507005001	扶手、压顶	1. 名称：压顶 2. 混凝土种类：商品混凝土 3. 混凝土强度等级：C20	m³	3.94			
31	010514002001	其他构件	1. 图代号：05YJ1-97-屋10 2. 厚度：35 mm 3. 混凝土强度等级：C20 4. 砂浆（细石混凝土）强度等级、配合比：1∶2水泥砂浆填缝	m³	12.06			
32	010515001001	现浇构件钢筋	钢筋种类、规格：现浇构件钢筋Φ10以内	t	0.252			
33	010515001003	现浇构件钢筋	钢筋种类、规格：现浇构件钢筋Ⅱ级钢筋综合	t	0.349			
34	010515001004	现浇构件钢筋	钢筋种类、规格：现浇构件钢筋Ⅲ级钢筋综合	t	38.669			
35	010515009001	支撑钢筋（铁马）	钢筋种类：现浇构件钢筋Ⅰ级钢筋Φ10以内	t	0.193			
36	010516003001	机械连接	连接方式：电渣压力焊	个	898			
37	010801001001	平开夹板百叶门	1. 图集号：05YJ4－1 2. 名称：平开夹板百叶门	m²	16.2			
38	010802001001	平开全玻门	1. 名称：平开全玻门 2. 玻璃品种、厚度：安全玻璃	m²	63.2			
			本页合计					

续表

工程名称：×××公司办公楼　　　　标段：　　　　　　　第5页　共8页

序号	项目编码	项目名称	项目特征描述	计量单位	工程量	金额/元		
						综合单价	合价	其中：暂估价
39	010807001001	塑钢窗	1. 名称：成品塑钢窗 2. 玻璃品种、厚度：平法透明玻璃、5 mm+9 mmA+5 mm 中空玻璃	m²	310.16			
40	010902002001	屋面涂膜防水	1. 防水膜品种：(干铺)无纺织聚酯纤维布 2. 涂料品种、规格：SBS改性沥青防水涂料溶剂型厚3 mm	m²	374.26			
41	010902003001	屋面刚性层	1. 刚性层厚度：40 mm 2. 混凝土种类：商品混凝土 3. 混凝土强度等级：C20 4. 嵌缝材料种类：细石防水混凝土 5. 钢筋规格、型号：A6@150	m²	344.51			
42	010902004001	屋面排水管	1. 排水管品种、规格：UPVC，Φ150 2. 雨水斗、山墙出水口品种、规格：PVC，Φ150	m	91.2			
43	011001001001	保温隔热屋面	1. 保温隔热材料品种、规格、厚度：60 mm厚聚苯乙烯泡沫板 2. 粘结材料种类、做法：干铺	m²	344.51			
44	011001001002	保温隔热屋面	1. 保温隔热材料品种、规格、厚度：最薄处20 mm厚水泥珍珠岩1:8	m²	344.51			
			本页合计					

续表

工程名称：×××公司办公楼　　　　　　　　标段：　　　　　　　　　第6页　共8页

序号	项目编码	项目名称	项目特征描述	计量单位	工程量	金额/元		
						综合单价	合价	其中：暂估价
45	011001003001	保温隔热墙面	1.墙体类型：砌块墙 2.保温隔热部位：外墙 3.保温隔热方式：40 mm厚机械固定单面钢丝网架夹芯苯板 4.保温隔热面层材料品种、规格、性能：涂料	m²	963.36			
46	011101006001	平面砂浆找平层	1.找平层厚度、砂浆配合比：20 mm 1:3水泥砂浆，砂浆中掺聚丙烯或锦纶—6纤维0.75~0.90 kg/m³ 2.基层类别：填充料	m²	344.51			
47	011101006002	平面砂浆找平层	1.找平层厚度、砂浆配合比：20 mm 1:3水泥砂浆，砂浆中掺聚丙烯或锦纶—6纤维0.75~0.90 kg/m³ 2.基层类别：硬基层	m²	344.51			
48	011102003001	块料楼地面	1.10 mm厚地砖铺实拍平，水泥浆擦缝 2.20 mm厚1:4干硬性水泥砂浆 3.素水泥浆结合层一遍 4.100 mm厚C15混凝土 5.素土夯实	m²	312.76			
49	011102003002	块料楼地面	1.素水泥浆结合层一遍 2.300 mm×300 mm×10 mm厚防滑 3.20 mm厚1:4干硬性水泥砂浆	m²	25.11			
50	011105003001	块料踢脚线	1.踢脚线高度：150 mm高 2.面层材料品种、规格、颜色：釉面砖	m²	25			
			本页合计					

续表

工程名称：×××公司办公楼　　　　标段：　　　　　　　　　第7页　共8页

序号	项目编码	项目名称	项目特征描述	计量单位	工程量	金额/元		
						综合单价	合价	其中：暂估价
51	011107001001	石材台阶面	1. 粘结材料种类：20 mm 厚 1:4 干硬性水泥砂浆 2. 面层材料品种、规格、颜色：花岗岩	m²	8.48			
52	011201001001	墙面一般抹灰	1. 墙体类型：砌块墙 2. 底层厚度、砂浆配合比：15 mm 厚 1:3 水泥砂浆 3. 面层厚度、砂浆配合比：5 mm 厚 1:2 水泥砂浆	m²	84.82			
53	011201001002	墙面一般抹灰	1. 墙体类型：砌块墙 2. 底层厚度、砂浆配合比：15 mm 厚 1:1:6 水泥石灰砂浆 3. 面层厚度、砂浆配合比：5 mm 厚 1:0.5:3 水泥石灰砂浆	m²	469.01			
54	011201001003	墙面一般抹灰	1. 墙体类型：砌块墙 2. 底层厚度、砂浆配合比：15 mm 厚 1:2.5 水泥砂浆 3. 面层厚度、砂浆配合比：5 mm 厚 1:2 水泥砂浆 4. 装饰面材料种类：丙烯酸彩砂喷涂	m²	853.96			
55	011301001001	天棚抹灰	1. 钢筋混凝土板底面清理干净 2. 7 mm 厚 1:1:4 水泥石灰砂浆 3. 5 mm 厚 1:0.5:3 水泥石灰砂浆	m²	330.25			
56	011301001002	天棚抹灰	1. 钢筋混凝土板底面清理干净 2. 7 mm 厚 1:3 水泥砂浆 3. 5 mm 厚 1:2 水泥砂浆	m²	24.86			
			本页合计					

工程名称：×××公司办公楼　　　　　　　　标段：　　　　　　　　第8页 共8页

序号	项目编码	项目名称	项目特征描述	计量单位	工程量	金额/元		
						综合单价	合价	其中：暂估价
57	011406001001	抹灰面油漆	1.基层类型:抹灰面刷乳胶漆 2.腻子种类:满刮石膏腻子 3.刮腻子遍数:二遍	m²	824.12			
58	011701001001	综合脚手架		m²	1123.87			
59	011703001001	垂直运输		m²	1123.87			
60	011705001001	大型机械设备进出场及安拆		台·次	1			
61	01B001	混凝土泵送费±0.000以下		m³	198.41			
62	01B002	混凝土泵送费±0.000以上		m³	281.24			
			本页小计					
			合　计					

附表2-2　总价措施项目清单与计价表

工程名称：×××公司办公楼　　　　　　　　标段：　　　　　　　　第1页 共2页

序号	项目编码	项目名称	计算基础	费率/(%)	金额/元	调整费率/(%)	调整后金额/元	备注
1	011707001001	安全文明施工(含环境保护、文明施工、安全施工、临时设施)						
2	1.1	基本费	(综合工日合计+技术措施项目综合工日合计)×34×1.66	11.72				

续表

工程名称：×××公司办公楼　　　　　　　　标段：　　　　　　　　第2页　共2页

序号	项目编码	项目名称	计算基础	费率/(%)	金额/元	调整费率/(%)	调整后金额/元	备注
3	1.2	考评费	（综合工日合计＋技术措施项目综合工日合计）×34×1.66	3.56				
4	1.3	奖励费	（综合工日合计＋技术措施项目综合工日合计）×34×1.66	2.48				
5	011707002001	夜间施工	综合工日合计＋技术措施项目综合工日合计					
6	011707003001	非夜间施工照明	综合工日合计＋技术措施项目综合工日合计					
7	011707004001	二次搬运	综合工日合计＋技术措施项目综合工日合计					
8	011707005001	冬雨季施工	综合工日合计＋技术措施项目综合工日合计					
9	011707006001	地上、地下设施、建筑物的临时保护设施	综合工日合计＋技术措施项目综合工日合计					
10	011707007001	已完工程及设备保护	综合工日合计＋技术措施项目综合工日合计					
合　计								

编制人(造价人员)：　　　　　　　　　　　　　　　　复核人(造价工程师)：

附表2-3 其他项目清单与计价汇总表

工程名称：×××公司办公楼　　　　　　　　　标段：　　　　　　　　　　第1页 共1页

序号	项目名称	金额/元	结算金额/元	备注
1	暂列金额	97918.83		
2	暂估价			
2.1	材料暂估价	—		
2.2	专业工程暂估价			
3	计日工			
4	总承包服务费			
	合计	97918.83		—

附表2-4 暂列金额明细表

工程名称：×××公司办公楼　　　　　　　　　标段：　　　　　　　　　　第1页 共1页

序号	项目名称	计量单位	暂定金额/元	备注
1	不可预见费	项	97918.83	
	合计		97918.83	—

附表2-5 材料(工程设备)暂估单价及调整表

工程名称：×××公司办公楼　　　　　　　　　标段：　　　　　　　　　　第1页 共1页

序号	材料(工程设备)名称、规格、型号	计量单位	数量		暂估价/元		确认价/元		差额/元		备注
			暂估	确认	单价	合价	单价	合价	单价	合价	
合计											

附表 2-6　专业工程暂估价及结算价表

工程名称：×××公司办公楼　　　　　标段：　　　　　　　　　　第1页　共1页

序号	工程名称	工程内容	暂估金额/元	结算金额/元	差额/元	备注
	合　　计					—

附表 2-7　计日工表

工程名称：×××公司办公楼　　　　　标段：　　　　　　　　　　第1页　共1页

编号	项目名称	单位	暂定数量	实际数量	综合单价/元	合价/元	
						暂定	实际
1	人工						
	人工小计						
2	材料						
	材料小计						
3	施工机械						
	施工机械小计						
4	企业管理费和利润						
	总　　计						

附表 2-8 总承包服务费计价表

工程名称：×××公司办公楼　　　　　标段：　　　　　　　　　　第1页 共1页

序号	项目名称	项目价值/元	服务内容	计算基础	费率/(%)	金额/元
	合　　计					

附表 2-9 规费、税金项目计价表

工程名称：×××公司办公楼　　　　　标段：　　　　　　　　　　第1页 共1页

序号	项目名称	计算基础	计算基数	计算费率/(%)	金额/元
1	规费	(1)工程排污费＋(2)定额测定费＋(3)社会保障费＋(4)住房公积金＋(5)意外伤害保险			
1.1	其中:(1)工程排污费				
1.2	(2)定额测定费	综合工日合计＋技术措施项目综合工日合计		0	
1.3	(3)社会保障费	综合工日合计＋技术措施项目综合工日合计		748	
1.4	(4)住房公积金	综合工日合计＋技术措施项目综合工日合计		170	
1.5	(5)意外伤害保险	综合工日合计＋技术措施项目综合工日合计		60	
2	税金	税前造价合计		3.477	
	合　　计				

编制人(造价人员)：　　　　　　　　　　　　　　　复核人(造价工程师)：

附录3 ×××公司办公楼建筑与装饰工程工程量清单计价

  ×××公司办公楼建筑与装饰工程工程量清单编制实例所有的施工图纸见插图，依据《建设工程工程量清单计价规范》(GB 50500—2013)、《房屋建筑与装饰工程工程量计算规范》(GB 50854—2013)、《河南省建设工程工程量清单综合单价》(2008 建筑工程、装饰装修工程)、《混凝土结构设计规范》(GB 50010—2010)、《11G101－1 混凝土结构施工图平面整体表示方法制图规则和构造详图(现浇混凝土框架、剪力墙、梁、板)》、《11G101－2 混凝土结构施工图平面整体表示方法制图规则和构造详图(现浇混凝土板式楼梯)》、《11G101－3 混凝土结构施工图平面整体表示方法制图规则和构造详图(独立基础、条形基础、筏形基础及桩基承台)》及《河南省建设工程设计标准图集》(05YJ)等有关新规范、新标准编写。其主要内容如下：

  (1) 投标报价封面见附图 3-1；
  (2) 投标报价扉页见附图 3-2；
  (3) 总说明见附图 3-3；
  (4) 单位工程投标报价汇总表见附表 3-1；
  (5) 分部分项工程和单价措施项目清单与计价表见附表 3-2；
  (6) 总价措施项目清单与计价表见附表 3-3；
  (7) 其他项目清单与计价汇总表见附表 3-4；
  (8) 暂列金额明细表见附表 3-5；
  (9) 材料(工程设备)暂估单价及调整表见附表 3-6；
  (10) 专业工程暂估价及结算价表见附表 3-7；
  (11) 计日工表见附表 3-8；
  (12) 总承包服务费计价表见附表 3-9；
  (13) 规费、税金项目计价表见附表 3-10；
  (14) 工程量清单综合单价分析表附表 3-11(由于篇幅限制，只列出部分工程量清单综合单价分析表)。

×××公司办公楼建筑与装饰工程

投标总价

投标人：_____
　　　　　　　　（单位签字盖章）

　　　　　　年　月　日

附图 3-1　投标报价封面

投标总价

招　标　人：_____

工　程　名　称：×××公司办公楼_____

投标总价(小写)：1 298 267.97_____
　　　　(大写)：壹佰贰拾玖万捌仟贰佰陆拾柒元玖角柒分

投　标　人：_____
　　　　　　　　　（单位盖章）

法定代表人
或其授权人：_____
　　　　　　　　　（签字盖章）

编　制　人：_____
　　　　　　（造价人员签字盖专用章）

编制时间：　　　　　年　月　日

附图 3-2　投标报价扉页

总 说 明

工程名称:×××公司办公楼　　　　　　　　　　　　　　　第1页　共1页

一、工程概况
  1.工程概况:由×××公司投资兴建的办公楼,坐落于×××,建筑面积:1 123.87 m²,建筑高度:13.9 m,层高 3.6 m,层数 3 层,结构形式:框架结构,基础类型:框架柱采用独立基础,墙体采用带形基础。

二、编制工程量清单的依据及有关资料
  1.《建设工程工程量清单计价规范》(GB 50500—2013)
  2.《房屋建筑与装饰工程工程量计算规范》(GB 50854—2013)
  3.《混凝土结构设计规范》(GB 50010—2010)
  4.《11G101—1 混凝土结构施工图平面整体表示方法制图规则和构造详图(现浇混凝土框架、剪力墙、梁、板)》
  5.《11G101—2 混凝土结构施工图平面整体表示方法制图规则和构造详图(现浇混凝土板式楼梯)》
  6.《11G101—3 混凝土结构施工图平面整体表示方法制图规则和构造详图(独立基础、条形基础、筏形基础及桩基承台)》
  7.《河南省建设工程工程量清单综合单价》(2008 建筑工程、装饰装修工程)
  8.《河南省建设工程设计标准图集》(05YJ)

附图 3-3　总说明

附表 3-1　单位工程投标报价汇总表

工程名称:×××公司办公楼　　　　　标段:　　　　　　　　第1页　共2页

序号	汇总内容	金额/元	其中:暂估价/元
1	清单项目费用	978 260.84	
1.1	其中:综合工日	3 179.78	
1.2	(1)定额人工费	213 609.5	
1.3	(2)定额材料费	656 414.3	
1.4	(3)定额机械费	14 208.18	
1.5	(4)企业管理费	54 890.32	
1.6	(5)利润	39 142.67	
2	措施项目费用	142 401.68	
2.1	其中:(1)技术措施费	105 440.24	
2.1.1	综合工日	507.6	
2.1.2	①人工费	25 019.3	
2.1.3	②材料费	33 054.04	

续表

工程名称:×××公司办公楼　　　　标段:　　　　　　　　第2页 共2页

序号	汇总内容	金额/元	其中:暂估价/元
2.1.4	③机械费	34 685.71	
2.1.5	④企业管理费	7 530.46	
2.1.6	⑤利润	5 156.41	
2.2	(2)安全文明措施费	36 961.44	
2.2.1	①基本费	24 391.22	
2.2.2	②考评费	7 408.94	
2.2.3	③奖励费	5 161.28	
2.3	(3)二次搬运费		
2.4	(4)夜间施工措施费		
2.5	(5)冬雨施工措施费		
2.6	(6)其他		
3	其他项目费用	97 918.83	
3.1	其中:(1)暂列金额	97 918.83	
3.2	(2)专业工程暂估价		
3.3	(3)计日工		
3.4	(4)总承包服务费		
3.5	(5)零星工作项目费		
3.6	(6)优质优价奖励费		
3.7	(7)检测费		
3.8	(8)其他		
4	规费	36 062.65	
4.1	其中:(1)工程排污费		
4.2	(2)定额测定费		
4.3	(3)社会保障费	27 581.66	
4.4	(4)住房公积金	6 268.56	
4.5	(5)意外伤害保险	2 212.43	
5	税前造价合计	1 254 644	
6	税金	43 623.97	
	投标报价合计=1+2+3+4+6	12 98 267.97	

附表 3-2　分部分项工程和单价措施项目清单与计价表

工程名称：×××公司办公楼　　　　　　　标段：　　　　　　　　　　　　第 1 页　共 9 页

序号	项目编码	项目名称	项目特征描述	计量单位	工程量	金额/元 综合单价	金额/元 合价	其中：暂估价
1	010101001001	平整场地	1.土壤类别：一、二类土 2.弃土运距：自行考虑 3.取土运距：自行考虑	m²	368.07	6.67	2 455.03	
2	010101003001	挖沟槽土方	1.土壤类别：一、二类土 2.挖土深度：1.5 m 以内 3.弃土运距：1 km	m³	26.99	6.93	187.04	
3	010101004001	挖基坑土方	1.土壤类别：一、二类土 2.挖土深度：1.5 m 以内 3.弃土运距：1 km	m³	399.32	7.44	2 970.94	
4	010103001001	回填方	1.密实度要求：夯填 2.填方来源、运距：自行考虑	m³	278.17	15.45	4 297.73	
5	010103002001	余方弃置	1.运距：1 km	m³	148.14	7.34	1 087.35	
6	010401001001	砖基础	1.砖品种、规格、强度等级：MU10煤矸砖 2.基础类型：条形基础 3.砂浆强度等级：M10水泥砂浆	m³	10.43	316.42	3 300.26	
7	010401001003	砖基础（坡道墙）	1.名称：坡道砖基础 2.砂浆强度等级：M10砌筑砂浆	m³	1.88	306.33	575.9	
8	010401003001	实心砖墙（坡道墙）	1.名称：坡道砖墙 2.砂浆强度等级、配合比：M10砌筑砂浆	m³	2.7	321.42	867.83	
9	010402001001	砌块墙	1.砌块品种、规格、强度等级：A7.5加气混凝土砌块 2.砂浆强度等级：M10混合砂浆	m³	208.69	243.94	50 907.84	
10	010404001001	垫层	垫层材料种类、配合比、厚度：C15混凝土垫层	m³	34.79	421.44	14 661.9	
						本页小计	81 311.82	

工程名称：×××公司办公楼　　　　　　　标段：　　　　　　　　　　　　　　　　第2页　共9页

序号	项目编码	项目名称	项目特征描述	计量单位	工程量	金额/元		
						综合单价	合价	其中：暂估价
11	010404001002	坡道墙垫层	1.部位：坡道墙垫层 2.垫层材料种类、配合比、厚度：3∶7 灰土	m³	1.88	110.77	208.25	
12	010501001001	地面垫层	1.混凝土种类：商品混凝土 2.混凝土强度等级：C15	m³	33.56	335.89	11 272.47	
13	010501002001	带形基础	1.基础类型：带形基础 2.混凝土种类：商品混凝土 3.混凝土强度等级：C30 最大粒径 20 mm	m³	34.18	397.27	13 578.69	
14	010501003001	独立基础	1.基础类型：独立基础 2.混凝土种类：商品混凝土 3.混凝土强度等级：C30 最大粒径 20 mm	m³	78.35	426.36	33 405.31	
15	010502001001	矩形柱	1.混凝土种类：商品混凝土 2.混凝土强度等级：C30 最大粒径 20 mm 3.截面尺寸：1.8 m 以内	m³	77.92	857.6	66 824.19	
16	010502001002	矩形柱	1.混凝土种类：商品混凝土 2.混凝土强度等级：C30 最大粒径 20 mm 3.截面尺寸：1.8 m 以上	m³	3.74	781.33	2 922.17	
17	010502001003	矩形柱	1.混凝土种类：商品混凝土 2.混凝土强度等级：C30 最大粒径 20 mm 3.截面尺寸：1.2 m 以内	m³	1.35	1 167.09	1 575.57	
			本页小计				129 786.65	

工程名称：×××公司办公楼　　　　　标段：　　　　　　　　　第3页　共9页

续表

序号	项目编码	项目名称	项目特征描述	计量单位	工程量	金额/元 综合单价	金额/元 合价	其中：暂估价
18	010502002001	构造柱	1.混凝土种类：商品混凝土 2.混凝土强度等级：C20 最大粒径 20 mm	m^3	3.37	758.78	2 557.09	
19	010502003001	异形柱	1.柱形状：异形柱 2.混凝土种类：商品混凝土 3.混凝土强度等级：C30 最大粒径 20 mm	m^3	1.88	897.44	1 687.19	
20	010503004001	圈梁	1.混凝土种类：商品混凝土 2.混凝土强度等级：C30 最大粒径 20 mm	m^3	11.12	719.08	7 996.17	
21	010503005001	过梁	1.混凝土种类：商品混凝土 2.混凝土强度等级：C20 最大粒径 20 mm	m^3	1.43	965.48	1 380.64	
22	010504001001	直形墙	1.混凝土种类：现浇碎石混凝土 2.混凝土强度等级：C20	m^3	0.12	1 158.15	138.98	
23	010505001001	有梁板	1.混凝土种类：商品混凝土 2.混凝土强度等级：C25 最大粒径 20 mm 3.板厚：100 mm 以上	m^3	117.26	694.14	81 394.86	
24	010505001002	有梁板	1.混凝土种类：商品混凝土 2.混凝土强度等级：C25 最大粒径 20 mm 3.板厚：100 mm 以内	m^3	49.32	786.69	38 799.55	
			本页小计				133 954.48	

续表

工程名称：×××公司办公楼　　　　　　　标段：　　　　　　　第4页　共9页

序号	项目编码	项目名称	项目特征描述	计量单位	工程量	金额/元		
						综合单价	合价	其中：暂估价
25	010505008001	雨篷、悬挑板、阳台板	1.名称：雨篷 2.混凝土种类：商品混凝土 3.混凝土强度等级：C20 最大粒径 20 mm	m^3	1.07	1 491.6	1 596.01	
26	010506001001	直形楼梯	1.混凝土种类：商品混凝土 2.混凝土强度等级：C20 最大粒径 20 mm	m^2	41.02	214.81	8 811.51	
27	010507001001	散水、坡道	1.垫层材料种类、厚度：150 mm 厚 3:7 灰土 2.面层厚度：60 mm 厚 C15 混凝土，面上加 5 mm 厚 1:1 水泥砂浆打光 3.混凝土种类：细石混凝土 4.混凝土强度等级：C15	m^2	66.25	59.26	3 925.98	
28	010507001002	坡道	1.垫层材料种类、厚度：200 mm 3:7 灰土 2.混凝土种类：商品混凝土 3.混凝土强度等级：60 mm 厚 C15	m^2	18.01	67.27	1 211.53	
29	010507004001	台阶	1.踏步高、宽：140 mm、350 mm 2.混凝土种类：碎石混凝土 3.混凝土强度等级：C15	m^2	10.55	78.4	827.12	
30	010507005001	扶手、压顶	1.名称：压顶 2.混凝土种类：商品混凝土 3.混凝土强度等级：C20	m^3	3.94	1 166.26	4 595.06	
			本页小计				20 967.21	

工程名称：×××公司办公楼　　　　　标段：　　　　　　　　　第5页　共9页

序号	项目编码	项目名称	项目特征描述	计量单位	工程量	金额/元		
						综合单价	合价	其中：暂估价
31	010514002001	其他构件	1.厚度:35 mm 2.混凝土强度等级:C20 3.砂浆(细石混凝土)强度等级、配合比:1:2 水泥砂浆填缝	m³	12.06	885.76	10 682.27	
32	010515001001	现浇构件钢筋	钢筋种类、规格:现浇构件钢筋Φ10以内	t	0.252	4 431.64	1 116.77	
33	010515001003	现浇构件钢筋	钢筋种类、规格:现浇构件钢筋Ⅱ级钢筋综合	t	0.349	4 228.09	1 475.60	
34	010515001004	现浇构件钢筋	钢筋种类、规格:现浇构件钢筋Ⅲ级钢筋综合	t	38.669	4 640.08	179 427.25	
35	010515009001	支撑钢筋（铁马）	钢筋种类:现浇构件钢筋Ⅰ级钢筋Φ10以内	t	0.193	4 431.67	855.31	
36	010516003001	机械连接	连接方式:电渣压力焊	个	898	5.01	4 498.98	
37	010801001001	平开夹板百叶门	1.图集号:05YJ4-1 2.名称:平开夹板百叶门	m²	16.2	307.38	4 979.56	
38	010802001001	平开全玻门	1.名称:平开全玻门 2.玻璃品种、厚度:安全玻璃	m²	63.2	270.35	17 086.12	
39	010807001001	塑钢窗	1.名称:成品塑钢窗 2.玻璃品种、厚度:平法透明玻璃、5 mm＋9 mmA＋5 mm 中空玻璃	m²	310.16	205.73	63809.22	
40	010902002001	屋面涂膜防水	1.防水膜品种:(干铺)无纺织聚酯纤维布 2.涂料品种、规格:SBS改性沥青防水涂料溶剂型厚 3 mm	m²	374.26	34.09	12 758.52	
			本页小计				296689.60	

附录3 ×××公司办公楼建筑与装饰工程工程量清单计价

续表

工程名称：×××公司办公楼　　　　标段：　　　　　　第6页 共9页

序号	项目编码	项目名称	项目特征描述	计量单位	工程量	金额/元		
						综合单价	合价	其中：暂估价
41	010902003001	屋面刚性层	1.刚性层厚度:40 mm 2.混凝土种类:现浇 3.混凝土强度等级:C20 4.嵌缝材料种类:细石防水混凝土 5.钢筋规格、型号:A6@150	m²	344.51	35.63	12 274.89	
42	010902004001	屋面排水管	1.排水管品种、规格:UPVC,Φ150 2.雨水斗、山墙出水口品种、规格:PVC,Φ150	m	91.2	71.44	6 515.33	
43	011001001001	保温隔热屋面	1.保温隔热材料品种、规格、厚度:60 mm 厚聚苯乙烯泡沫板 2.粘结材料种类、做法:干铺	m²	344.51	40.34	13 897.53	
44	011001001002	保温隔热屋面	保温隔热材料品种、规格、厚度:最薄处20 mm 厚水泥珍珠岩1:8	m²	344.51	10.37	3 572.57	
45	011001003001	保温隔热墙面	1.墙体类型:砌块墙 2.保温隔热部位:外墙 3.保温隔热方式:40 mm 厚机械固定单面钢丝网架夹芯苯板 4.保温隔热面层材料品种、规格、性能:涂料	m²	963.36	84.83	81 721.83	
46	011101006001	平面砂浆找平层	1.找平层厚度、砂浆配合比:20 mm 1:3 水泥砂浆,砂浆中掺聚丙烯或锦纶—6纤维 0.75～0.90 kg/m³ 2.基层类别:填充料	m²	344.51	15.62	5 381.25	
			本页小计				123 363.40	

续表

工程名称：×××公司办公楼　　　　　　标段：　　　　　　第 7 页　共 9 页

序号	项目编码	项目名称	项目特征描述	计量单位	工程量	综合单价	合价	其中：暂估价
47	011101006002	平面砂浆找平层	1.找平层厚度、砂浆配合比：20 mm 1:3 水泥砂浆，砂浆中掺聚丙烯或锦纶—6 纤维 0.75～0.90 kg/m³ 2.基层类别：硬基层	m²	344.51	12.99	4475.18	
48	011102003001	块料楼地面	1.10 mm 厚地砖铺实拍平，水泥浆擦缝 2.20 mm 厚 1:4 干硬性水泥砂浆 3.素水泥浆结合层一遍 4.100 mm 厚 C15 混凝土 5.素土夯实	m²	312.76	130.2	40 721.35	
49	011102003002	块料楼地面	1.素水泥浆结合层一遍 2.300 mm×300 mm×10 mm 厚防滑 3.20 mm 厚 1:4 干硬性水泥砂浆	m²	25.11	67.71	1 700.20	
50	011105003001	块料踢脚线	1.踢脚线高度：150 mm 2.面层材料品种、规格、颜色：釉面砖	m²	25	100.41	2 510.25	
51	011107001001	石材台阶面	1.粘结材料种类：20 mm 1:4 干硬性水泥砂浆 2.面层材料品种、规格、颜色：花岗岩	m²	8.48	258.26	2 190.04	
52	011201001001	墙面一般抹灰	1.墙体类型：砌块墙 2.底层厚度、砂浆配合比：15 mm 厚 1:3 水泥砂浆 3.面层厚度、砂浆配合比：5 mm 厚 1:2 水泥砂浆	m²	84.82	23.06	1 955.95	
			本页小计				53 552.97	

续表

工程名称：×××公司办公楼　　　　　　标段：　　　　　　　　第8页　共9页

序号	项目编码	项目名称	项目特征描述	计量单位	工程量	金额/元		
						综合单价	合价	其中：暂估价
53	011201001002	墙面一般抹灰	1.墙体类型：砌块墙. 2.底层厚度、砂浆配合比：15 mm 厚 1:1:6 水泥石灰砂浆 3.面层厚度、砂浆配合比：5 mm 厚 1:0.5:3 水泥石灰砂浆	m²	469.01	20.19	9 469.31	
54	011201001003	墙面一般抹灰	1.墙体类型：砌块墙 2.底层厚度、砂浆配合比：15 mm 厚 1:2.5 水泥砂浆 3.面层厚度、砂浆配合比：5 mm 厚 1:2 水泥砂浆 4.装饰面材料种类：丙烯酸彩砂喷涂	m²	853.96	126.86	108 333.37	
55	011301001001	天棚抹灰	1.钢筋混凝土板底面清理干净 2.7 mm 厚 1:1:4 水泥石灰砂浆 3.5 mm 厚 1:0.5:3 水泥石灰砂浆	m²	330.25	20.14	6 651.24	
56	011301001002	天棚抹灰	1.钢筋混凝土板底面清理干净 2.7 mm 厚 1:3 水泥砂浆 3.5 mm 厚 1:2 水泥砂浆	m²	24.86	20.46	508.64	
57	011406001001	抹灰面油漆	1.基层类型：抹灰面刷乳胶漆 2.腻子种类：满刮石膏腻子 3.刮腻子遍数：二遍	m²	824.12	16.59	13 672.15	
			小计				978 260.84	
58	011701001001	综合脚手架		m²	1 123.87	16.96	19 060.84	
			本页小计				157 695.55	

续表

工程名称：×××公司办公楼　　　　　　标段：　　　　　　　第9页　共9页

序号	项目编码	项目名称	项目特征描述	计量单位	工程量	金额/元		其中：暂估价
						综合单价	合价	
59	011703001001	垂直运输		m²	1 123.87	15.96	17 936.97	
60	011705001001	大型机械设备进出场及安拆		台·次	1	62 395.55	62 395.55	
61	01B001	混凝土泵送费±0.00以下		m³	198.41	11.27	2 236.08	
62	01B002	混凝土泵送费±0.00以上		m³	281.24	13.55	3 810.80	
			小计				105 440.24	
			合　计				1 083 701.08	

附表3-3　总价措施项目清单与计价表

工程名称：×××公司办公楼　　　　　　标段：　　　　　　　第1页　共2页

序号	项目编码	项目名称	计算基础	费率/(%)	金额/元	调整费率/(%)	调整后金额/元	备注
1	011707001001	安全文明施工（含环境保护、文明施工、安全施工、临时设施）			36 961.44			
2	1.1	基本费	(综合工日合计＋技术措施项目综合工日合计)×34×1.66	11.72	24 391.22			
3	1.2	考评费	(综合工日合计＋技术措施项目综合工日合计)×34×1.66	3.56	7 408.94			
4	1.3	奖励费	(综合工日合计＋技术措施项目综合工日合计)×34×1.66	2.48	5 161.28			

续表

工程名称：×××公司办公楼　　　　　标段：　　　　　　　　　　第2页　共2页

序号	项目编码	项目名称	计算基础	费率/(%)	金额/元	调整费率/(%)	调整后金额/元	备注
5	011707002001	夜间施工	综合工日合计+技术措施项目综合工日合计	0				
6	011707003001	非夜间施工照明	综合工日合计+技术措施项目综合工日合计	0				
7	011707004001	二次搬运	综合工日合计+技术措施项目综合工日合计	0				
8	011707005001	冬雨季施工	综合工日合计+技术措施项目综合工日合计	0				
9	011707006001	地上、地下设施、建筑物的临时保护设施	综合工日合计+技术措施项目综合工日合计	0				
10	011707007001	已完工程及设备保护	综合工日合计+技术措施项目综合工日合计	0				
		合　计			36 961.44			

编制人(造价人员)：　　　　　　　　　　　　　　　　　　复核人(造价工程师)：

附表3-4　其他项目清单与计价汇总表

工程名称：×××公司办公楼　　　　　标段：　　　　　　　　　　第1页　共1页

序号	项目名称	金额/元	结算金额/元	备注
1	暂列金额	97918.83		
2	暂估价			
2.1	材料暂估价	—		
2.2	专业工程暂估价			
3	计日工			
4	总承包服务费			
	合　计	97918.83		—

注：材料(工程设备)暂估单价进入清单项目综合单价，此处不汇总。

附表 3-5　暂列金额明细表

工程名称：×××公司办公楼　　　　　　　标段：　　　　　　　　　　　　　第1页　共1页

序号	项目名称	计量单位	暂定金额/元	备注
1	不可预见费		97918.83	
	合　　计		97918.83	—

注：此表由招标人填写，如不能详列，也可只列暂列金额总额，投标人应将上述暂列金额计入投标总价中。

附表 3-6　材料（工程设备）暂估单价及调整表

工程名称：×××公司办公楼　　　　　　　标段：　　　　　　　　　　　　　第1页　共1页

序号	材料（工程设备）名称、规格、型号	计量单位	数量		暂估价/元		确认价/元		差额/元		备注
			暂估	确认	单价	合价	单价	合价	单价	合价	
	合计										

注：此表由招标人填写"暂估单价"，并在备注栏说明暂估价的材料、工程设备拟用在那些清单项目上，投标人应将上述材料、工程设备暂估单价计入工程量清单综合单价报价中。

附表 3-7　专业工程暂估价及结算价表

工程名称：×××公司办公楼　　　　　　　标段：　　　　　　　　　　　　　第1页　共1页

序号	工程名称	工程内容	暂估金额/元	结算金额/元	差额/元	备注
	合　　计				—	

注：此表由招标人填写，投标人应将上述专业工程暂估价计入投标总价中。

附表 3-8 计日工表

工程名称：×××公司办公楼　　　　　　　　标段：　　　　　　　　　　第1页　共1页

编号	项目名称	单位	暂定数量	实际数量	综合单价(元)	合价	
						暂定	实际
1	人工						
	人工小计						
2	材料						
	材料小计						
3	施工机械						
	施工机械小计						
4	企业管理费和利润						
	总　　计						

注：此表项目名称、暂定数量由招标人填写，编制招标控制价时，单价由招标人按有关计价规定确定；投标时，单价由投标人自主报价，按暂定数量计算合价计入投标总价中。结算时，按发承包双方确认的实际数量计算合价。

附表 3-9 总承包服务费计价表

工程名称：×××公司办公楼　　　　　　　　标段：　　　　　　　　　　第1页　共1页

序号	项目名称	项目价值/元	服务内容	计算基础	费率/(%)	金额/元
	合　　计					

注：此表项目名称、服务内容由招标人填写，编制招标控制价时，费率及金额由招标人按有关计价规定确定；投标时，费率及金额由投标人自主报价，计入投标总价中。

附表 3-10　规费、税金项目计价表

工程名称：×××公司办公楼　　　　标段：　　　　　　　　　第1页　共1页

序号	项目名称	计算基础	计算基数	计算费率/(%)	金额/元
1	规费	(1)工程排污费＋(2)定额测定费＋(3)社会保障费＋(4)住房公积金＋(5)意外伤害保险	36 062.65		36 062.65
1.1	其中:(1)工程排污费				
1.2	(2)定额测定费	综合工日合计＋技术措施项目综合工日合计	3 687.387 9	0	
1.3	(3)社会保障费	综合工日合计＋技术措施项目综合工日合计	3 687.387 9	748	27 581.66
1.4	(4)住房公积金	综合工日合计＋技术措施项目综合工日合计	3 687.387 9	170	6 268.56
1.5	(5)意外伤害保险	综合工日合计＋技术措施项目综合工日合计	3 687.387 9	60	2 212.43
2	税金	税前造价合计	1 254 644	3.477	43 623.97
		合计			79686.62

编制人(造价人员)：　　　　　　　　　　　　　　　　　　　　复核人(造价工程师)：

附录3 ×××公司办公楼建筑与装饰工程工程量清单计价

附表3-11 工程量清单综合单价分析表

工程名称：×××公司办公楼　　　　　标段：　　　　　第1页 共13页

项目编码	010101001001	项目名称	平整场地	计量单位	m²	工程量	368.07
清单综合单价组成明细							

定额编号	定额名称	定额单位	数量	单价/元				合价/元			
				人工费	材料费	机械费	管理费和利润	人工费	材料费	机械费	管理费和利润
1-1	平整场地	100 m²	0.01	550.8	0	0	115.83	5.51	0	0	1.16
人工单价				小计				5.51	0	0	1.16
68元/工日				未计价材料费				0			
清单项目综合单价								6.67			

材料费明细	主要材料名称、规格、型号	单位	数量	单价/元	合价/元	暂估单价/元	暂估合价/元
	其他材料费				0		0
	材料费小计				0		0

续表

工程名称：×××公司办公楼　　　　　标段：　　　　　第 2 页 共 13 页

项目编码	010101003001	项目名称	挖沟槽土方		计量单位	m³	工程量	26.99
			清单综合单价组成明细					
定额编号	定额名称	定额单位	数量	单价/元				
				人工费	材料费	机械费	管理费和利润	
1-38 *1.1	机械挖土一般土（单位工程量小于2000 m³）	1000 m³	0.0009	251.33	0	2606.64	153.84	
1-18 R*2	人工挖沟槽一般土深度1.5 m以内（配合机械挖土）	100 m³	0.001	3888.1	0	0	320.2	
				合价/元				
				人工费	材料费	机械费	管理费和利润	
				0.23	0	2.35	0.14	
				3.89	0	0	0.32	
人工单价		小计		4.12	0	2.35	0.46	
68元/工日		未计价材料费						
		清单项目综合单价		6.93				
材料费明细	主要材料名称、规格、型号		单位	数量	单价/元	合价/元	暂估单价/元	暂估合价/元
	其他材料费					0		0
	材料费小计					0		0

续表

工程名称：×××公司办公楼　　　　　　　　　　　　　　标段：　　　　　　　　　　　　　　第 3 页　共 13 页

项目编码	010101004001	项目名称	挖基坑土方		计量单位	m³	工程量	399.32
清单综合单价组成明细								
定额编号	定额名称	定额单位	数量	单价/元			合价/元	
				人工费	材料费	机械费	管理费和利润	人工费	材料费	机械费	管理费和利润

定额编号	定额名称	定额单位	数量	人工费	材料费	机械费	管理费和利润	人工费	材料费	机械费	管理费和利润
1-26 R*2	人工挖地坑一般土深度 1.5 m 以内（配合机械挖土）	100 m³	0.001	4 362.34	0	0	359.25	4.36	0	0	0.36
1-38 *1.1	机械挖土一般土（单位工程量小于 2 000 m³）	1 000 m³	0.000 9	251.33	0	2 606.64	153.84	0.23	0	2.35	0.14
人工单价			小计					4.59	0	2.35	0.5
68 元/工日			未计价材料费								
清单项目综合单价								7.44			

材料费明细	主要材料名称、规格、型号	单位	数量	单价/元	合价/元	暂估单价/元	暂估合价/元
	其他材料费				0		0
	材料费小计				0		0

工程名称：×××公司办公楼　　　　　标段：　　　　　第 4 页　共 13 页

项目编码	010402001001	项目名称	砌块墙		计量单位	m³	工程量	208.69

清单综合单价组成明细

定额编号	定额名称	定额单位	数量	单价/元				合价/元			
				人工费	材料费	机械费	管理费和利润	人工费	材料费	机械费	管理费和利润
3-58换	加气混凝土块墙（混合砂浆 M10 砌筑砂浆）	10 m³	0.1	652.8	1 632.42	6.95	147.14	65.28	163.24	0.7	14.71
人工单价			小计					65.28	163.24	0.7	14.71
68元/工日			未计价材料费					0			
			清单项目综合单价					243.94			

材料费明细	主要材料名称、规格、型号	单位	数量	单价/元	合价/元	暂估单价/元	暂估合价/元
	水	m³	0.125 2	4.05	0.51		
	水泥 32.5	t	0.017 5	410	7.15		
	砂子 中粗	m³	0.064 3	130	8.35		
	石灰膏	m³	0.003 8	220	0.83		
	蒸养灰砂砖 240 mm×115 mm×53 mm	千块	0.026	260	6.76		
	混凝土块加气	m³	0.963	145	139.64		
	其他材料费						
	材料费小计				163.24		0

续表

工程名称：×××公司办公楼　　　　　　　标段：　　　　　　　第 5 页　共 13 页

项目编码	010502001001	项目名称	矩形柱		计量单位	m³	工程量	0.1

清单综合单价组成明细

定额编号	定额名称	定额单位	数量	单价/元				合价/元			
				人工费	材料费	机械费	管理费和利润	人工费	材料费	机械费	管理费和利润
4-15 换	矩形柱柱断面周长1.8 m 以内(C30 商品混凝土 最大粒径20 mm)	10 m³	0.1	1 053.32	2 898.5	13.43	675.36	105.33	289.85	1.34	67.54
12-73	矩形柱模板柱断面周长1.8 m 以内	10 m³	0.1	1 997.16	945.56	119.2	873.47	199.72	94.56	11.92	87.35
人工单价			小计					305.05	384.41	13.26	154.88
68 元/工日			未计价材料费					0			
清单项目综合单价								857.6			

材料费明细	主要材料名称、规格、型号	单位	数量	单价/元	合价/元	暂估单价/元	暂估合价/元
	水	m³	1.345	4.05	5.45		
	其他材料费	元	1.378	1	1.38		
	模板料	m³	0.011 6	1 215	14.09		
	草袋	m²	0.058	3.5	0.2		
	C30 商品混凝土 最大粒径20 mm	m³	1.015	280	284.2		
	钢模板	t	0.007 4	5 100	37.74		
	零星卡具	kg	4.614	4.5	20.76		
	回库维修费	元	3.007	1	3.01		
	钢支撑	kg	2.171	4.2	9.12		
	其他材料费						8.46
	材料费小计				384.41		

续表

工程名称：×××公司办公楼　　　　标段：　　　　　　　　　　　　　　　　第 6 页　共 13 页

项目编码	010502003001	项目名称	异形柱		计量单位	m³	工程量	1.88

清单综合单价组成明细

定额编号	定额名称	定额单位	数量	单价/元				合价/元			
				人工费	材料费	机械费	管理费和利润	人工费	材料费	机械费	管理费和利润
4-17 换	异形柱(C30 商品混凝土 最大粒径 20 mm)	10 m³	0.092 8	1 053.32	2 898.5	13.43	675.36	97.71	268.88	1.25	62.65
12-75	异形柱模板	10 m³	0.092 8	2 735.64	974.72	129.56	1 193.64	253.77	90.42	12.02	110.73
人工单价			小计					351.49	359.3	13.26	173.38
68 元/工日			未计价材料费					0			
清单项目综合单价								897.44			

材料费明细	主要材料名称、规格、型号	单位	数量	单价/元	合价/元	暂估单价/元	暂估合价/元
	水	m³	1.247 7	4.05	5.05		
	其他材料费	元	1.278 3	1	1.28		
	模板料	m³	0.019 5	1 215	23.69		
	草袋	m²	0.053 8	3.5	0.19		
	C30 商品混凝土 最大粒径 20 mm	m³	0.941 6	280	263.65		
	钢模板	t	0.006 5	5 100	33.15		
	零星卡具	kg	5.051 1	4.5	22.73		
	回库维修费	元	2.434 2	1	2.43		
	钢支撑	kg	1.052	4.2	4.42		
	其他材料费						2.77
	材料费小计				359.3		359.3

工程名称：×××公司办公楼　　　　　　　　　　　　　　标段：　　　　　　　　　　　　　　第7页　共13页

项目编码	项目名称	计量单位	工程量
010505001001	有梁板	m³	117.26

清单综合单价组成明细

定额编号	定额名称	定额单位	数量	单价/元				合价/元			
				人工费	材料费	机械费	管理费和利润	人工费	材料费	机械费	管理费和利润
4-34换	有梁板板厚100 mm以上（C25商品混凝土最大粒径20 mm）	10 m³	0.1	556.92	2 929.5	13.43	357.9	55.69	292.95	1.34	35.79
12-95	有梁板模板板厚100 mm以上	10 m³	0.1	1 284.52	929.83	140.32	729.16	128.45	92.98	14.03	72.92
人工单价				小计				184.14	385.93	15.38	108.71
68元/工日				未计价材料费				0			
清单项目综合单价								694.14			

材料费明细	主要材料名称、规格、型号	单位	数量	单价/元	合价/元	暂估单价/元	暂估合价/元
	水	m³	1.642	4.05	6.65		
	其他材料费	元	0.636	1	0.64		
	模板料	m³	0.018 9	1 215	22.96		
	草袋	m²	1.76	3.5	6.16		
	钢模板	t	0.005 3	5 100	27.03		
	零星卡具	kg	2.495	4.5	11.23		
	回库维修费	元	3.316	1	3.32		
	钢支撑	kg	6.398	4.2	26.87		
	C25商品混凝土 最大粒径20 mm	m³	1.015	276	280.14		0.94
	其他材料费						
	材料费小计				385.93		

续表

工程名称：×××公司办公楼　　　　　标段：　　　　　　　　　　　　　　　　　　　第 8 页 共 13 页

项目编码	010507001001	项目名称	散水、坡道	计量单位	m²	工程量	66.25

清单综合单价组成明细

定额编号	定额名称	定额单位	数量	单价/元				合价/元			
				人工费	材料费	机械费	管理费和利润	人工费	材料费	机械费	管理费和利润
借1-136	地面垫层 3:7 灰土	10 m³	0.015	504.56	376.33	25.25	203.31	7.57	5.65	0.38	3.05
借1-154	散水、坡道混凝土垫层	10 m³	0.006	908.48	2 622.1	17.47	366.06	5.45	15.73	0.1	2.2
借1-156	散水 水泥砂浆抹面	100 m²	0.01	745.28	834.31	25.18	308.25	7.45	8.34	0.25	3.08
人工单价			小计					20.47	29.72	0.74	8.33
68 元/工日			未计价材料费					0			
			清单项目综合单价					59.26			

材料费明细	主要材料名称、规格、型号	单位	数量	单价/元	合价/元	暂估单价/元	暂估合价/元
	水	m³	0.117 2	4.05	0.47		
	其他材料费	元	0.076 3	1	0.08		
	水泥 32.5	t	0.032 6	410	13.36		
	砂子 中粗	m³	0.046 8	130	6.08		
	模板料	m³	0.000 9	1 215	1.09		
	其他材料费				8.64		
	材料费小计				29.72		

续表

工程名称：×××公司办公楼　　　标段：　　　　　　　第 9 页　共 13 页

项目编码	010515001004	项目名称	现浇构件钢筋	计量单位	t	工程量	38.669

清单综合单价组成明细

定额编号	定额名称	定额单位	数量	单价/元				合价/元			
				人工费	材料费	机械费	管理费和利润	人工费	材料费	机械费	管理费和利润
4-171	现浇构件钢筋Ⅲ级钢筋综合	t	1	460.36	3 844.17	56.54	279.01	460.36	3 844.17	56.54	279.01
人工单价			小计								
68元/工日			未计价材料费					0			
清单项目综合单价								4640.08			

材料费明细	主要材料名称、规格、型号	单位	数量	单价/元	合价/元	暂估单价/元	暂估合价/元
	其他材料费	元	1.09	1	1.09		
	镀锌铁丝22#	kg	2.68	6	16.08		16
	钢筋Ⅲ级	t	1.03	3 700	3 811		
	其他材料费						
	材料费小计				3 844.17		

续表

工程名称：×××公司办公楼　　　　标段：　　　　　　　　　　第 10 页 共 13 页

项目编码	010807001001	项目名称	塑钢窗	计量单位	m²	工程量	310.16

清单综合单价组成明细

定额编号	定额名称	定额单位	数量	单价/元				合价/元			
				人工费	材料费	机械费	管理费和利润	人工费	材料费	机械费	管理费和利润
借4-67	成品窗安装塑钢推拉窗	100 m²	0.01	1 870	18 004.91	5	693	18.7	180.05	0.05	6.93
人工单价		小计						18.7	180.05	0.05	6.93
68元/工日		未计价材料费						0			
清单项目综合单价								205.73			

材料费明细	主要材料名称、规格、型号	单位	数量	单价/元	合价/元	暂估单价/元	暂估合价/元
	软填料	kg	0.525 3	9.8	5.15		
	塑钢推拉窗（含玻璃、配件）	m²	0.966 4	180	173.95		
	其他材料费				0.95		
	材料费小计				180.05		

续表

工程名称：×××公司办公楼　　　　　　　　　　　　　标段：　　　　　　　　　　　　　　　　　第 11 页 共 13 页

项目编码	010902002001	项目名称	屋面涂膜防水	计量单位	m²	工程量	374.26

清单综合单价组成明细

定额编号	定额名称	定额单位	数量	单价/元				合价/元			
				人工费	材料费	机械费	管理费和利润	人工费	材料费	机械费	管理费和利润
7-60	屋面隔离层（干铺）无纺织聚酯纤维布	100 m²	0.01	88.4	110	0	35.88	0.88	1.1	0	0.36
7-72	屋面SBS改性沥青防水涂料溶剂型厚3 mm	100 m²	0.01	469.2	2 514.42	0	190.44	4.69	25.14	0	1.9
人工单价		小计						5.58	26.24	0	2.26
68元/工日		未计价材料费						0			
		清单项目综合单价						34.09			

材料费明细	主要材料名称、规格、型号	单位	数量	单价/元	合价/元	暂估单价/元	暂估合价/元
	其他材料费	元		1	0.29		
	聚氨酯涂料	kg	0.43	12	5.16		
	SBS改性沥青溶剂型涂料 3 mm	kg	3.283	6	19.7		
	其他材料费				1.1		1.1
	材料费小计				26.24		26.24

续表

工程名称：×××公司办公楼　　　　标段：　　　　第12页　共13页

项目编码	011201001001	项目名称	墙面一般抹灰	计量单位	m²	工程量	84.82

清单综合单价组成明细

定额编号	定额名称	定额单位	数量	单价/元				合价/元			
				人工费	材料费	机械费	管理费和利润	人工费	材料费	机械费	管理费和利润
借2-22换	水泥砂浆1:3	100 m²	0.01	1 085.28	750.9	24.66	445.08	10.85	7.51	0.25	4.45
人工单价			小计					10.85	7.51	0.25	4.45
68元/工日			未计价材料费					0			
			清单项目综合单价					23.06			

材料费明细	主要材料名称、规格、型号	单位	数量	单价/元	合价/元	暂估单价/元	暂估合价/元
	水	m³	0.009 9	4.05	0.04		
	其他材料费	元	0.042 4	1	0.04		
	水泥32.5	t	0.010 4	410	4.25		
	砂子 中粗	m³	0.023 2	130	3.02		0.16
	其他材料费						
	材料费小计				7.51		

工程名称：×××公司办公楼　　　　　　标段：　　　　　　　　　　　　　　　　　　　　　第 13 页　共 13 页

项目编码	011301001001	项目名称	天棚抹灰	计量单位	m²	工程量	330.25

清单综合单价组成明细

定额编号	定额名称	定额单位	数量	单价/元				合价/元			
				人工费	材料费	机械费	管理费和利润	人工费	材料费	机械费	管理费和利润
借3-6	天棚抹混合砂浆 混凝土面厚7 mm+5 mm	100 m²	0.01	1 197.48	371.03	18.23	427.68	11.97	3.71	0.18	4.28
人工单价		小计						11.97	3.71	0.18	4.28
68元/工日		未计价材料费						0			
		清单项目综合单价						20.14			

材料费明细	主要材料名称、规格、型号	单位	数量	单价/元	合价/元	暂估单价/元	暂估合价/元
	水	m³	0.009 4	4.05	0.04		
	其他材料费	元	0.095 4	1	0.1		
	水泥32.5	t	0.003 9	410	1.58		
	砂子 中粗	m³	0.011 4	130	1.49		
	石灰膏	m³	0.002 3	220	0.51		
	其他材料费						0
	材料费小计				3.71		

参 考 文 献

[1] 中华人民共和国住房与城乡建设部.建设工程工程量清单计价规范(GB 50500—2013)[S]. 北京:中国计划出版社,2013.

[2] 中华人民共和国住房与城乡建设部.房屋建筑与装饰工程工程量计算规范(GB 50854—2013)[S].北京:中国计划出版社,2013.

[3] 规范编制组.2013建设工程计价计量规范辅导[M].北京:中国计划出版社,2013.

[4] 河南省建筑工程标准定额站.河南省建设工程工程量清单综合单价(2008建筑工程、装饰装修工程)[M].北京:中国计划出版社,2008.

[5] 崔秀琴,肖钧.建筑工程计量与计价[M].武汉:华中科技大学出版社,2010.

[6] 代学灵,崔秀琴.建筑工程计量与计价[M].2版.郑州:郑州大学出版社,2012.

[7] 于庆展.建筑与装饰装修工程工程量清单计价[M].郑州:河南科学技术出版社,2010.

[8] 全国工程造价师执业资格考试培训教材编审组.工程造价计价与控制[M].北京:中国计划出版社,2013.

[9] 王朝霞.建筑工程定额与计价[M].3版.北京:中国电力出版社,2009.

[10] 宋建学.建筑工程计量与计价[M].郑州:郑州大学出版社,2007.

[11] 代学灵,林家农.建筑工程计量与计价[M].郑州:郑州大学出版社,2007.